本书受到湘潭大学2020年精品教材项目资助

高等教育一体化系列教材

高等技术应用型人才计算机类专业系列教材

Java：从语言到程序

刘　新　主　编

杨晟院　王　婷　副主编

電子工業出版社
Publishing House of Electronics Industry
北京・BEIJING

内 容 简 介

本书不仅介绍了 Java 的基本语法规则，还将 J2SE 平台提供的功能融合进来，着重介绍在此平台上如何编写有实际用途的程序，培养学生良好的编程习惯，提高学生的工程应用能力。

本书在章节组织中以快速带领读者进入工程编程领域为目标。在编程工具的选择上，介绍了目前主流且免费的开发工具：VS Code。在介绍完 Java 基础的语法知识之后，立即开始介绍 Java 中的常用工具类，包括数组、字符串、数学类、系统类等。学完这一部分，读者已经可以编写有一定实用价值的程序了。在介绍完面向对象的高级特性之后，着重介绍了在工程开发中经常会遇见的一些问题，如字符编码的转换问题、文件的内容和属性的处理问题。在多线程章节中，着重介绍了线程的互斥和同步处理方法，这也是工程编程中的难点问题。

整本教材中提供了大量的编程实例，大多数问题都以程序代码来讲解，代码编写遵循工程编程规范，充分体现了“talk is cheap, show me the code”的精神。

图书在版编目（CIP）数据

Java：从语言到程序 / 刘新主编. —北京：电子工业出版社，2022.3

ISBN 978-7-121-36214-9

Ⅰ. ①J…　Ⅱ. ①刘…　Ⅲ. ①JAVA 语言—程序设计—高等学校—教材　Ⅳ. ①TP312.8

中国版本图书馆 CIP 数据核字（2022）第 036635 号

责任编辑：贺志洪
印　　刷：涿州市般润文化传播有限公司
装　　订：涿州市般润文化传播有限公司
出版发行：电子工业出版社
　　　　　北京市海淀区万寿路 173 信箱　邮编 100036
开　　本：787×1092 1/16　印张：22.5　字数：576 千字
版　　次：2022 年 3 月第 1 版
印　　次：2023 年 12 月第 3 次印刷
定　　价：59.80 元

凡所购买电子工业出版社图书有缺损问题，请向购买书店调换。若书店售缺，请与本社发行部联系，联系及邮购电话：（010）88254888，88258888。

质量投诉请发邮件至 zlts@phei.com.cn，盗版侵权举报请发邮件至 dbqq@phei.com.cn。

本书咨询联系方式：（010）88254609，hzh@phei.com.cn。

前　言

Java 是目前流行的程序开发语言之一。作为一种完全向对象的语言，它吸取了别的编程语言的各种优点，设计简洁而优美，使用便捷而高效，是一门典型的门槛低而天花板高的语言。它既像 Python 那样易于入门，又像 C/C++那样具有强大的实际应用能力。而且与其他纯粹的语言不同，Java 其实是一个完整的技术平台，这也就决定了学习 Java 和其他语言有一些区别。

市面上介绍 Java 的书籍很多，既包括了国外的经典名著，也包括了国内各种各样的教学书籍，但真正适合大学计算机本科专业教学的书籍却不多。对于国外名著，由于作者的思维方式总是和中国读者有一定的距离，以及存在知识背景的差异，刚入门的读者无法领略其中的精妙。而大多数的教材，则将 Java 当作纯粹的语言来教学，忽视了它作为一个应用平台的强大威力，读者看了之后，难免误会 Java 不过是一个精简了的 C++，只是学会了一些零散的语法知识，并不能真正从事开发工作。

作者从 2003 年开始从事本科生的 Java 程序设计课程的教学工作，同时以 Java 为语言工具从事商业项目开发。在教学过程中，作者发现很难找到一本真正适合本科生的 Java 教材。有感于此，作者在自己平时所用课件的基础上，编写了本书。本书深入浅出、由易到难地介绍了 Java 的所有语言基础知识，每个知识点都采用了以例程讲解为主、理论分析为辅的方式进行介绍。

本书不需要读者有任何的编程经验，举例时尽量避免复杂的数据结构和算法设计。每个例子都着重于 Java 知识点本身，尽量浅显易懂，不涉及其他的知识。为了让读者养成良好的编程习惯，本书的程序代码均尽量按照软件工程中的规范来编写。全书配合了大量的示例程序、图例及代码说明，所有例程作者均仔细调试过，确保无错误。

作者根据多年的 Java 教学经验和工程经验，总结出 Java 初学者最需要的知识及正确的学习方法，帮助读者用最少的时间获取最大的收益。本书特别适合于计算机、软件工程、网络工程专业作为教材使用，也适用于自学。

当然由于时间仓促，作者本人水平有限，书中错误也在所难免，欢迎读者来信予以批评指正。

1. 本书的内容安排

本书共分为 13 章，首先讲述了 Java 的基本语法，然后介绍了面向对象的编程思想，再介绍 Java 中的一些高级技术。随后，进入到实际编程阶段，先后介绍了 GUI 程序设计和网络程序设计。具体章节安排如下。

第 1 章是入门准备，介绍 Java 的运行开发环境，详细讲解了 JDK 的安装和配置，以及如何使用 VS Code 来编辑和运行一个 Java 源程序。

第 2 章是编程初探，介绍了 Java 的基础知识，包括数据类型、运算符与表达式、流程控制等。最后以几个实例来引导读者步入程序设计的大门。这一章是整个 Java 程序设计的基础。

第 3 章和第 4 章是面向对象编程初步，介绍了如何使用 Java 来进行面向对象的程序设计，这包括对象和类的定义与使用、Java 的数组、字符串、常用工具类等。

第 5 章是面向对象高级特性，包括单继承和多重继承机制、Java 的多态机制、抽象类、内部类、包的使用。

第 6 章至第 10 章是工程编程初步，介绍了 Java 编写实用程序时必不可少的一些功能，包括包和内部类、异常处理机制、文件读写、多线程的实现及网络程序设计。读者学完这几章，已经可以编写一些实用程序了。

第 11 章至 13 章介绍了 Java 中的一些高级技术，包括运行时类型识别、泛型和集合等。这些内容是编写复杂实用程序的基础。使用它们，可以大大降低编程的烦琐程度和难度。

由于篇幅有限，本书未提供习题。作为补充，作者专门为本书建立了一个配套资源网站：http://java.myxls.cn/，内有本书配套 PPT 课件、本书全部的代码、考试试题、上课视频，以及作者历年搜集和撰写的一些读书和编程心得，还提供 Online Judge 类型的练习题，欢迎读者使用。

2. 本书的特点

本书是根据作者多年的教学经验和软件开发经验总结出来的，涵盖了几乎所有的 Java 基础知识。本书将知识范围锁定在了适合本科教学部分，以大量的实例进行示范和解说，其特点主要体现在以下几个方面。

（1）本书的编排采用循序渐进的方式，适合初级、中级学者逐步掌握复杂的编程技术。

（2）本书采用了大量的编程示例，讲述 Java 基本知识点，并且尽量使这些示例简洁规范，让读者能专心于知识点上，而不被其他事务所干扰。

（3）对于有特点的实例进行详细的解释和分析，帮助读者理解和模拟实践。

（4）对于学习和编程中经常遇到的问题，需要注意的关键点予以特别提示。

（5）对于市面上一些教材中普遍犯下的错误进行了澄清。

（6）本书采用技术要点、详细介绍、运行效果等多种方式进行讲解，系统性强、可读性强。

3. 致谢

本书大部分章节修改自作者的课件，其中有少部分素材来自网络，已经无法一一标明出处，特向原作者致谢；在成书过程中，不少听课的学生也提出了自己的看法和改进意见；本书受到湘潭大学 2020 年精品教材项目的资助；研究生黄浩钰、李广、马中昊、罗兵辉、焦小龙、李文桂、张思维华、陈勇和付鹏程参与了此书的文字校对和程序调试工作，在此一并表示感谢。

由于作者水平有限，本书中的疏漏之处在所难免，欢迎读者提出宝贵意见。

作　者
2021 年 5 月

目　　录

第 1 章　入门准备

学好 Java 最重要的一个步骤就是上机编程，熟悉 Java 的开发运行环境是成为一个 Java 程序员的第一步。本章将详细介绍如何安装并配置好 Sun 公司提供的 JDK11 for Windows，如何编写一个简单的 Java 程序，如何编译一个 Java 源程序，如何运行编译好的 class 文件，如何避免初学者常犯的错误。通过本章的学习，您将轻松迈入 Java 的殿堂。

1.1　Java 的运行环境与虚拟机

任何一个可执行文件，都必须在某个平台上才能运行。比如 Windows 下的 exe 文件，必须在 Windows 环境下，X86 硬件平台上才能运行。这些 exe 文件，通常是使用 C/C++、Pascal 或 VB 等语言编程，然后通过编译、链接而成的。这些可执行文件中，包含了运行它的硬件平台的相关信息，所以如果要移植到其他平台上，必须要重新编译。如果调用了系统相关的 API，还需要修改源文件。

Java 和这些语言不同，它的最大特色是平台无关性。Java 文件编译后生成的是一个后缀名为 class 的文件，这是一种字节码文件，它不像普通可执行文件那样包含硬件信息，完全与硬件平台无关，也就无法直接由操作系统调用运行。所以 Java 的应用程序，需要一个更为复杂的平台才能运行。这个运行平台，包括计算机操作系统、适配器、Java 虚拟机、Java 基本软件和 Java 应用程序接口，它们负责将 Java 的字节码翻译成硬件可以接收的指令，被称为运行时系统，如图 1-1 所示。

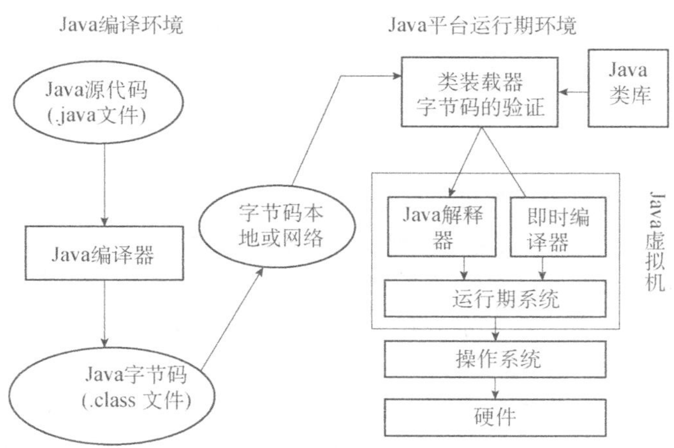

图 1-1　Java 运行时系统

Java运行系统执行Java应用程序的过程包括三个步骤：代码的装入、代码的验证和代码的执行。

代码的装入由类装配器完成，它主要负责装入程序运行时所需要的全部代码，包括程序运行中调用到的其他类。当类装配器装入一个类后，该类被放在自己的名字空间中，除了通过符号引用其他类，该类不能影响其他类所在的空间。当装入了运行程序所需要的所有类后，运行系统就能确定整个可执行程序的内存布局。

然后，被装入的代码将由字节码验证器进行安全检查，以确保字节码不存在违反访问权限、不规范的数据类型、非法调用等问题。

通过校验之后，代码就可以运行了，Java的字节码有以下两种运行方式。

- 解释执行方式：通过“解释器”将字节码翻译成机器码，然后由“运行支持库”将机器码送入硬件执行。整个执行过程是一边翻译一边执行，称为解释执行。Java系统一般采用这种方式。
- 即时编译方式：通过“代码生成器”先一次性地将所有字节码翻译成适用于特定计算机系统的机器码，然后送给硬件执行。对程序运行速度要求较高时才会采用这种方式。

从图1-1可以看出，Java的字节码并没有直接运行在硬件平台上，而是在一个虚拟的软件平台上运行，这个虚拟的软件平台，被称为Java虚拟机（Java Virtual Machine，JVM）。为了让编译产生的字节码可以更好地解释与执行，通常把JVM分成6个功能模块：JVM解释器、指令系统、寄存器、栈、存储区和碎片回收区。

- JVM解释器：JVM解释器负责将字节码转换成为CPU能执行的机器指令。
- 指令系统：指令系统同硬件计算机很相似。一条指令分成操作码和操作数两部分。操作码为8位二进制数，操作数可以根据需要而定。操作码是为了说明一条指令的功能，所以JVM可以有多达256种不同的操作指令。
- 寄存器：JVM有自己的虚拟寄存器，这样就可以快速地和JVM的解释器进行数据交换。为了实现必须的功能，JVM设置了4个常用的32位寄存器：pc（程序计数器）、optop（操作数栈顶指针）、frame（当前执行环境指针）、vars（指向当前执行环境中第一个局部变量的指针）。
- 栈：栈是指令执行时数据和信息存储的场所和控制中心，它提供给JVM解释器运算所需要的信息。
- 存储区：存储区主要用于把编译后的字节码等信息存储起来。
- 碎片回收区：碎片回收是指将那些使用后的Java类的具体实例从内存中进行回收，这就使得开发人员免去了自己编程控制内存的麻烦和危险。随着JVM的不断升级，其碎片回收技术和算法也更加合理。比较经典的算法有引用计数、复制、标记—清除和标记—整理。在JVM1.4.1版以后产生了一种叫分代收集技术，简单来说就是利用对象在程序中生存的时间划分成代，以这个为标准进行碎片回收。

📖 JVM的运用，真正让Java实现了“一次编译，处处运行”，它是整个运行系统的核心。

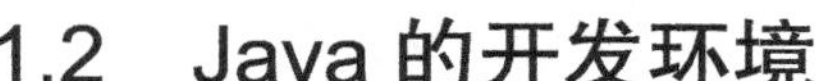

1.2　Java 的开发环境

要开发 Java 程序，必须要有一个开发环境。而一提到开发环境，读者可能首先想到的就是那些大名鼎鼎的集成开发工具：Eclipse、IntelliJ IDEA、Net Beans、Visual Age for Java、WebLogic Workshop、Sublime、Visual Studio Code 等。但实际上，如此众多的开发工具中，除了早期微软的 Visual J++（现已停止开发）是使用自己的编译器外，其余的都是使用 Oracle 公司提供的免费的 JDK 作为编译器，自己不过是开发了一个集成环境套在外面，方便程序员编程而已。

这些集成开发工具，虽然方便了程序员开发大型软件，但是它们封装了很多有关 JDK 的基本使用方法，某些方面又过于复杂，并不太适合初学者使用。因此，本书将首先介绍最基本的 JDK 的安装和使用。

1.2.1　JDK 的安装

JDK（Java Development Kit）是 Sun 公司（目前已被 Oracle 收购）发布的免费的 Java 开发工具，它于 1996 年发布了第一个 Alpha1.0 版本，先后经历了 JDK1.0、JDK2.0、JDK3.0（不过按照多数程序员的习惯称呼，这些版本被叫作 JDK1.0、JDK1.2、JDK1.3……）多次升级。编写本书时的最新版本是 2021 年年初发布的 JDK 16。

按照应用平台分，JDK 有三个主要成员：可扩展的企业级应用 Java 2 平台 J2EE（Java 2 Enterprise Edition），用于工作站和 PC 机的 Java 标准平台 J2SE（Java 2 Standard Edition）及用于嵌入式消费电子平台的 J2ME（Java 2 Micro Edition）。目前最为火爆的 J2ME 平台就是谷歌公司的 Android 系统。

按照运行的操作系统分，JDK 分别有 for Windows、for Linux、for UNIX 和 for MacOS 等不同版本。

> 📖 本书中使用的是 J2SE 平台的 JDK11 for Windows。由于 JDK 是向下兼容的，后继版本也可以编译运行本书中的例子程序。

各个版本的 JDK 安装和配置过程并无多大的差异。下面就以 JDK11 为例来介绍它的安装和配置。

首先，读者需要到 Oracle 公司或者是其他相关网站下载 JDK11 for Windows 的版本。JDK11 自推出后经过了多次升级，本书使用的是 LTS（长期支持版本）。下载的文件名为“jdk-11.0.11_windows-x64_bin.exe”，这是一个普通的 Windows 下的可执行文件，可以安装在 Windows 7 及其以后所有版本的 Windows 平台上。双击该文件，就可以开始安装了。首先是自解压过程，用户不必干涉，稍作等待，自解压过程完成后，将出现需要用户选择的步骤。

第一步是标准的 Windows 安装界面，用户只能单击“下一步”按钮，随后进入选择要安装的模块和路径步骤，这是安装中最重要的一步，如图 1-2 所示。

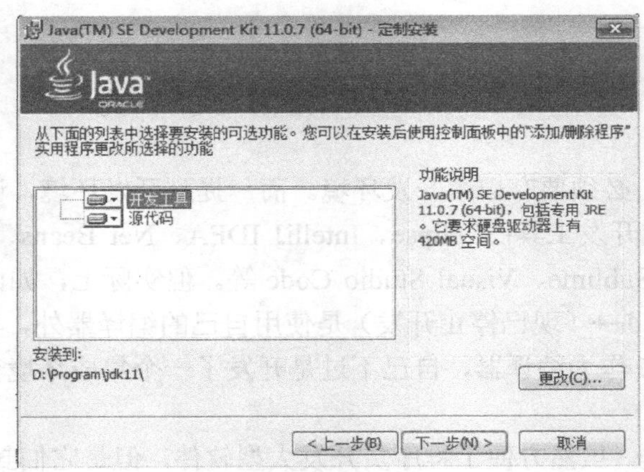

图 1-2　JDK11 安装界面

其中“开发工具”是必选的，“源代码”是给开发者做参考的，除非硬盘空间非常紧张，否则最好安装。

安装路径是默认安装到 C 盘，如果需要更改此路径，单击“更改”按钮，选择想要安装的盘符，并填入文件夹名称，这里将它安装到“D:\Program\jdk11”下面。读者一定要记录下自己的安装路径，因为稍后对 JDK 进行配置时将用到此路径。后续的安装步骤很简单，不再赘述。

JDK 安装完毕后，在安装路径下有以下文件夹。

- bin 文件夹：存放编程所要用到的开发工具，包括编译器、解释执行程序、小应用程序浏览器、调试器、文档生成工具、反编译器等。
- include 文件夹：存放本地文件（Native Means）。
- jre 文件夹：Java 运行时环境的根目录，存放 JVM 所需的各种文件。
- lib 文件夹：存放库文件。
- sample 文件夹：类似于 demo 文件夹，也用于存放 Java 的源程序，多数是和网络相关的。

📖 和一般的 Windows 程序不同，JDK 安装成功后，不会在“开始”菜单和桌面生成快捷方式，这是因为 bin 下面的可执行程序都不是图形界面的，它们必须在控制台中以命令行方式运行。而且，还需要用户手工配置一些环境变量才能正常使用。

1.2.2　设置系统环境变量

环境变量是包含关于系统及当前登录用户的环境信息的字符串，一些程序使用此信息确定在何处放置和搜索文件。和 JDK 相关的环境变量有两个：path 和 classpath。其中 path 环境变量告诉操作系统到哪里去查找 JDK 工具，classpath 环境变量则告诉 JDK 工具到哪里去查找类文件（class 文件）。

假设 JDK 安装在“D:\Program\jdk11”下面，下面介绍如何在 Windows 7 系统上设置环境变量，后续的 Windows 版本设置环境变量的方法是完全一样的，具体方法为：

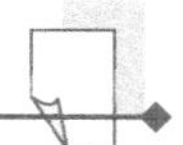

从“开始”菜单进入“控制面板”→“系统”→“高级系统设置”→“高级”→“环境变量”；或者在桌面上单击“计算机”图标，单击鼠标右键弹出属性菜单，依次单击“高级系统设置”→“高级”→“环境变量”，找到如图 1-3 所示位置。图 1-3 中“××的用户变量”设置之后只对该用户有效，而“系统变量”则对所有用户有效。建议读者对用户变量进行操作。如果原环境变量中没有变量 classpath 则单击“新建”按钮，进入如图 1-4 所示界面进行设置。在图 1-3 中如果已经有了 classpath，则选中它，单击“编辑”按钮，在图 1-4 中的“变量值”文本框的末尾加入“D:\Program\jdk11\lib;”，然后单击“确定”按钮就可以了。

环境变量末尾有个分号，分号后面有一个圆点，它表示当前工作目录的意思。

图 1-3　设置环境变量

图 1-4　设置环境变量 classpath

对于环境变量 path 的设计与 classpath 类似，原先没有该变量的就新建它，有则编辑它，如图 1-5 所示。

环境变量设置完成后，在图 1-3 中单击“确定”按钮就可以保存设置，然后开始使用 JDK。初学者最容易犯的错误就是环境变量设置错误，这样当运行 Java 程序时，总会出现下面这样的提示：

Exception in thread “main” java.lang.NoClassDefFoundError：×××

如果确认程序没有错误，就需要检查环境变量是否设置正确。除了按照上面的步骤重新检查设置之外，也可以在控制台（也就是俗称的“DOS 窗口”）中进行检查。方法是从“开始”菜单处的输入框中输入“cmd”，然后敲回车键，如图 1-6 所示。在命令行输入“set”，就可以查看前面设置的环境变量是否正确。

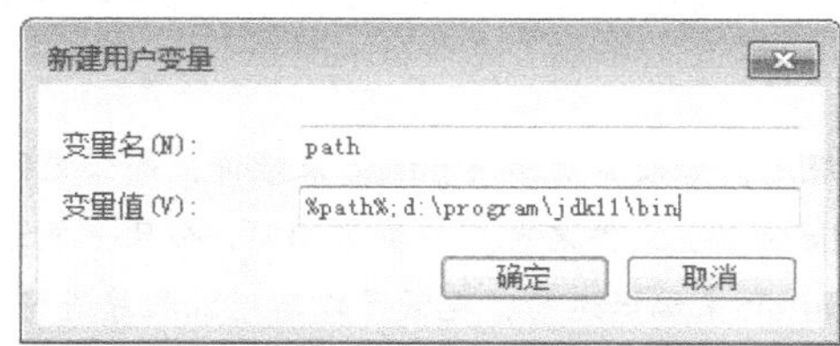

图 1-5　设置环境变量 path

图 1-6　运行 cmd 命令

如果读者还要使用 Eclipse、Tomcat 之类的 Java 编写的工具，通常还要设置一个环境变量 JAVA_HOME，所用的方法与上面相同，将其配置成“D:\Program\jdk11”即可。

另外，从 JDK 5.0 开始，Windows 版本的 JDK 会自动查找 JDK 自带的 class 文件所在的位置，所以不需要设置 classpath 也可以正常使用。但使用第三方包时，如果没有正确设置该变量将会出问题。

1.2.3 编写一个简单的 Java 应用程序

有了前面的基础，就可以开始编制自己的第一个程序了。本节先介绍一个最简单的应用程序的编制。

【例 1-1】编程输出字符串：Hello，World！

//----------文件名 HelloWorldApp.java -------------

```
public class HelloWorldApp{
    public static void main (String args[ ]) {
        System.out.println("Hello World!");
    }
}
```

- 程序中，首先用保留字 class 来声明一个新的类，其类名为 HelloWorldApp，它是一个公共类(public)。整个类定义由大括号“{}”括起来。
- 在该类中定义了一个 main()方法，其中 public 表示访问权限，表明所有的类都可以使用本方法。
- static 指明该方法是一个类方法（又称静态方法），它可以通过类名直接调用。
- void 指明 main()方法不返回任何值。对于一个应用程序来说，main()方法是必需的，而且必须按照如上的格式来定义。Java 解释器以 main()为入口来执行程序，main()方法定义中，括号中的“String args[ ]”是传递给 main()方法的参数。
- 在 main()方法的实现（大括号）中，只有一条语句“System.out.println ("Hello World!");”，它用来实现字符串“Hello World!”的输出。
- System.out.println 方法是最常用的输出方法，括号内的参数一般是一个字符串，也可以是后面要介绍的各种数据类型。

该源程序可以用前面介绍的记事本或其他纯文本编辑器来编辑。

📖 Java 源程序是区分大小写的，如该程序中的 String 和 System 两个单词都必须以大写字母开头，请不要输错，否则编译无法通过。

📖 存盘的时候，文件名也是区分大小写的。Java 规定，如果类前面用 public 来修饰，那么文件名必须和类名完全相同。这里建议无论类前面是否有 public 修饰，文件名也应与类名相同，而且一个源程序中，只定义一个类。这么做不仅便于编程时使用 UltraEdit 来编译运行，也便于以后对源程序进行修改和维护。

像上面这个程序，它的类名为 HelloWorldApp，这里就将源文件命名为 HelloWorldApp.java，并保存在“D:\Program\jdk11\example ”下面。

1.2.4　编译命令的使用

编写完源代码，接着就要编译和运行这个程序。这需要使用 JDK 中提供的程序。

JDK 中所有的命令都集中在安装目录的 bin 文件夹下面，而且都是控制台程序，要以命令行方式运行，基本步骤和上一节运行 set 命令类似，只是最后输入的命令不是 set，而是相应的程序名称。JDK 所提供的开发工具主要有编译程序、解释执行程序、调试程序、文档管理程序、包管理程序等。

JDK 的编译程序是 javac.exe，该命令将 Java 源程序编译成字节码，生成与类名称相同但后缀为.class 的文件。编译器会把 class 文件放在和 Java 源文件相同的一个文件夹里，除非用了“-d”选项。如果引用到某些自己定义的类，必须指明它们的存放路径，这就需要利用环境变量参数 CLASSPATH。注意，它总是将系统类的目录默认地加在 CLASSPATH 后面，除非用“-classpath”选项来编译。javac 的一般用法如下：

```
javac [-选项] file.java...
```

其中“file.java”是要编译的源文件，这是必需的，[-选项]表示可选项，具体用法和含义如表 1-1 所示。

表 1-1　javac 中的编译选项及含义

选　　项	含　　义
-g	生成所有调试信息
-g:none	不生成任何调试信息
-g:{lines,vars,source}	只生成某些调试信息
-nowarn	不生成任何警告
-verbose	输出有关编译器正在执行的操作的消息
-deprecation	输出使用已过时的 API 的源位置
-classpath <路径>	指定查找用户类文件的位置
-cp <路径>	指定查找用户类文件的位置
-sourcepath <路径>	指定查找输入源文件的位置
-bootclasspath <路径>	覆盖引导类文件的位置
-extdirs <目录>	覆盖安装的扩展目录的位置
-endorseddirs <目录>	覆盖签名的标准路径的位置
-d <目录>	指定存放生成的类文件的位置
-encoding <编码>	指定源文件使用的字符编码
-source <版本>	提供与指定版本的源兼容性
-target <版本>	生成特定 VM 版本的类文件
-version	版本信息

续表

选　项	含　义
-help	输出标准选项的提要
-X	输出非标准选项的提要
-J<标志>	直接将 <标志> 传递给运行时系统

虽然 javac 的选项众多，但对于初学者而言，并不需要一开始就掌握这么多选项的用法，以上一节编好的“HelloWorldApp.java”为例，我们来看看最简单的用法：

（1）运行 cmd 命令进入控制台。

（2）执行 DOS 命令进入 D:盘。

```
C:\Users\Liuxin>d:
```

（3）进入 D:\Program\jdk11\example 文件夹下面。

```
D:\>cd   Program\jdk11\example
```

（4）使用编译命令编译源程序。

```
D:\Program\jdk11\example>javac   HelloWorldApp.java
```

如果有错误提示，请仔细检查源程序编辑是否正确。初学者很容易犯一些极不起眼的小错误，比如漏写一个分号，写错一个字母，就会导致编译失败。如果没有任何提示，则表示编译成功，Java 遵循的是“没有消息就是好消息”。

编译生成的是一个名为“HelloWorldApp.class”的文件，与“HelloWorld.java ”放在同一个目录下面，读者可以用 dir 命令或是资源管理器来查看是否生成了该文件。

> 📖 这个 class 文件的主文件名并不一定和 HelloWorld.java 的主文件同名，它的名称会和源程序中定义的类的名字相同。

编译成功后，下一步就是运行这个 class 文件，这需要用到解释执行命令。

1.2.5 解释执行命令的使用

JDK 的解释执行程序是 java.exe，该程序将编译好的 class 加载到内存，然后调用 JVM 来执行它。它有两种用法：

```
执行一个 class 文件：   java [-选项] class [参数...]
执行一个 jar 文件：     java [-选项] -jar jarfile [参数...]
```

关于 jar 文件，将在后面介绍。注意上面命令中的[参数...]，表示要传递给执行文件的参数，称为“命令行参数”，它的详细用法将在第 3 章介绍。java 命令中的选项及含义如表 1-2 所示。

表 1-2　java 命令中的选项及含义

选　项	含　义
-client	选择客户虚拟机（这是默认值）

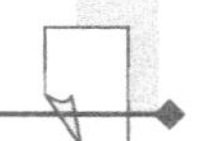

续表

选　　项	含　　义
-hotspot	与 client 相同
-cp <class search path of directories and zip/jar files>	用分号分隔的一系列文件的搜索路径
-classpath <class search path of directories and zip/jar files>	与 cp 相同
-D<name>=<value>	设置系统属性
-verbose[:class|gc|jni]	开启详细输出
-version	输出产品的版本然后退出
-version:<value>	指定要特定版本才能运行
-showversion	输出产品的版本然后继续运行
-jre-restrict-search | -jre-no-restrict-search	在版本搜索中包含/排除用户私有的 JRE
-? -help	显示帮助信息
-X	显示非标准选项的帮助
-ea[:<packagename>...|:<classname>]	开启断言
-enableassertions[:<packagename>...|:<classname>]	与 ea 相同
-da[:<packagename>...|:<classname>]	关闭断言
-disableassertions[:<packagename>...|:<classname>]	与 da 相同
-esa | -enablesystemassertions	开启系统断言
-dsa | -disablesystemassertions	关闭系统断言
-agentlib:<libname>[=<options>]	装载本地代理库
-agentpath:<pathname>[=<options>]	装载指定了全路径的本地代理库
-javaagent:<jarpath>[=<options>]	装载 Java 程序的语言代理

与 javac 相同，初学者只要掌握最简单的用法就可以了。比如上例中，生成了一个“HelloWorldApp.class”的文件，读者可以执行 java 命令，运行程序：

```
D:\Program\jdk11\example>java  HelloWorldApp
```

如果一切顺利，将在屏幕上显示一行字符串：

```
Hello，World!
```

如果没有上面这行字符串，而是这样一行提示：

```
Exception in thread  “main”  java.lang.NoClassDefFoundError: HelloWorldApp
```

通常是因为环境变量设置错误，或者是输入 java 命令时大小写弄错了，也有少部分是由于源程序中的 main()方法的名字或者是参数写错了，请读者仔细检查。

> 📖 Java 不仅源程序中区分大小写，它的命令“java”也是区分大小写的，大小写不同，表示不同的文件。所以文件名 HelloWorldApp 一定不能写成 helloworldapp 或 HELLOWORLDAPP 之类的。还有，文件的后缀.class 也不能要，只要主文件名就可以了。具体原因将在后续章节中说明。

上面的步骤，就是编制一个程序的一般过程。其中有多步可能会出错，需要反复修改源程序。越是复杂的程序，修改源程序的次数就越多，这也是程序员积累编程经验的过程。整个程序编制的过程如图 1-7 所示。

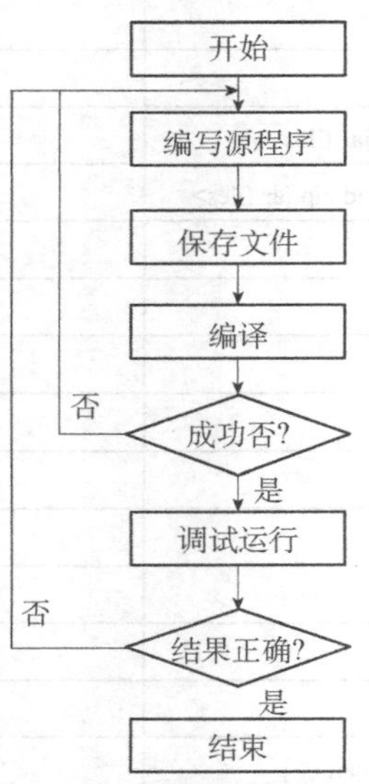

图 1-7　程序编制的过程

限于篇幅，不能一一介绍 JDK 中所有的命令。读者如果要详细了解这些命令的使用，可以查阅 Oracle 公司发布的 JDK 11 Documentationas 中的 JDK Tools and Utilities 部分，也可以直接在命令行输入想要执行的程序名，可以看到一个简要的帮助。

1.3 配置 VS Code 集成开发工具

Java 的源程序必须以纯文本文件的形式编辑、保存。而在 JDK 中，并没有提供文本编辑器。用户编辑源程序时，需要自行选择文本编辑器。最简单的纯文本编辑器是 Windows 自带的记事本。但是记事本的功能太弱，而且编译运行等操作也不太方便。

正因为记事本存在诸多不足，所以这里推荐使用功能更为强大、使用更方便的集成开发工具——Visual Studio Code，作为学习 Java 过程中的编程开发工具。VS Code 是一个跨平台的功能强大、开源、多语言编程开发工具，由微软公司于 2015 年出品，目前已经风靡全世界。读者可以到它的官方网站“https://code.visualstudio.com/docs/?dv=win”下载 Windows 版本。本书使用的是 1.45.1 英文版。

VS Code 是一个可以支持多种语言开发的集成工具。它本质上是将编辑工具和编译运行调试工具集成在一起，它自身只提供编辑功能，还需要另外安装各种语言的编译工具。所以安装好 VS Code 之后，作为 Java 语言的开发工具使用时，需要首先按照前面两节的方法安装并配置好 JDK，然后需要安装 Java 语言插件，如图 1-8 所示。

在联网环境下，单击左侧导航栏中的“Extensions”按钮，然后在搜索栏中输入“Java”，下面将会列出与 Java 语言相关的插件。其中最重要的一个叫作“Java Extension Pack”，这是微软强烈推荐的一个 Java 语言开发插件包，内含多个与 Java 相关的语言支持、项目支持、编译调试等插件，装好这一个包，就能满足大多数的开发需要了。

安装好这个插件包之后，就可以进行开发测试，下面来看一些关键步骤。

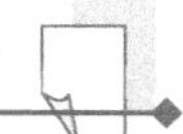

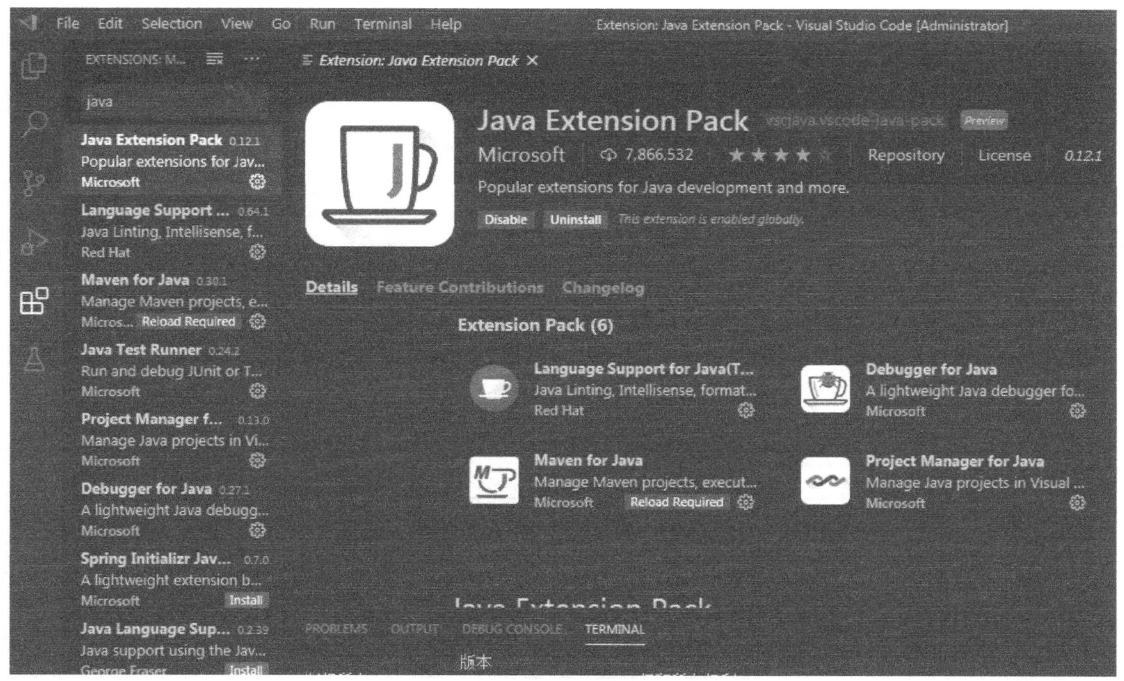

图 1-8　安装 Java 语言插件

1. 新建和编辑源程序

启动 VS Code 后，执行菜单中的“File→New File”命令来新建一个空白文档，用户可以在此编辑自己的 Java 程序，编辑时的各种操作和记事本的使用完全相同，如图 1-9 所示。

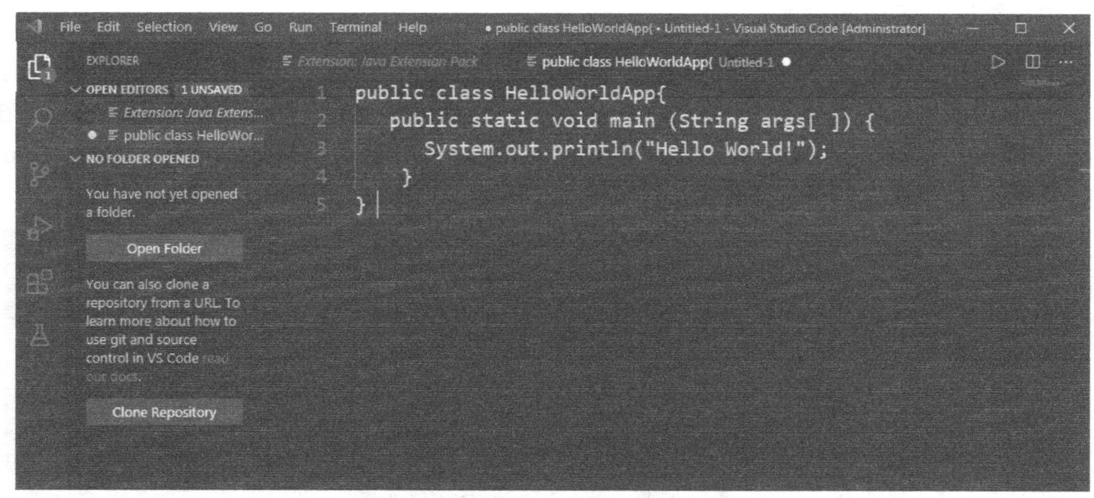

图 1-9　在空白文档中编辑一个源程序

2. 保存源程序

文档编辑后，需要保存。这要执行菜单中的“File→Save”命令，将出现如图 1-10 所示的对话框。

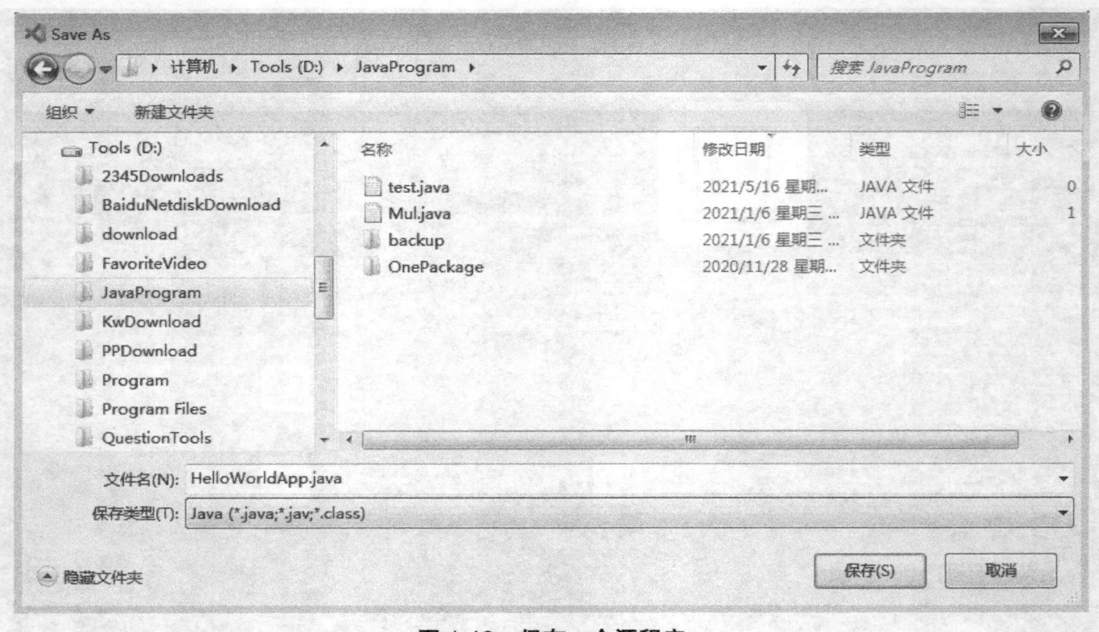

图 1-10　保存一个源程序

📖　图 1-10 中，选择的保存类型是“Java”，这样文件名可以只要主文件名，而无须扩展名。如果没有选择保存类型为“Java”，而是其他类型，则文件名必须是“主文件名.java”的形式。

保存成功后，就可以看到源程序中各种关键字、数字、字符串等都以不同的颜色显示，这就是 VS Code 的“语法高亮度”功能。

3. 编译和运行源程序

要编译和运行源程序，不必再运行 cmd 转到控制台界面，可以直接在 VS Code 中编译。如果前面的插件安装无误的话，VS Code 就具有了自动编译功能，如果代码有错，它自动在有错的那一行前面显示错误标记；如果没有错误的话，用户就可以执行编辑窗口中的“Run”命令运行代码，或者单击鼠标右键，在属性菜单中选择“Run”选项运行，如图 1-11 所示。

```
Extension: Java Extension Pack    HelloWorldApp.java ●
D: > JavaProgram > HelloWorldApp.java > HelloWorldApp > main(String[])
public class HelloWorldApp{
    Run | Debug
    public static void main (String args[ ]) {
        System.out.println("Hello World!");
    }
}
```

图 1-11　编译运行一个源程序

如果程序没有错误，将在下方的控制台窗口中出现编译命令和运行结果，如图 1-12 所示。

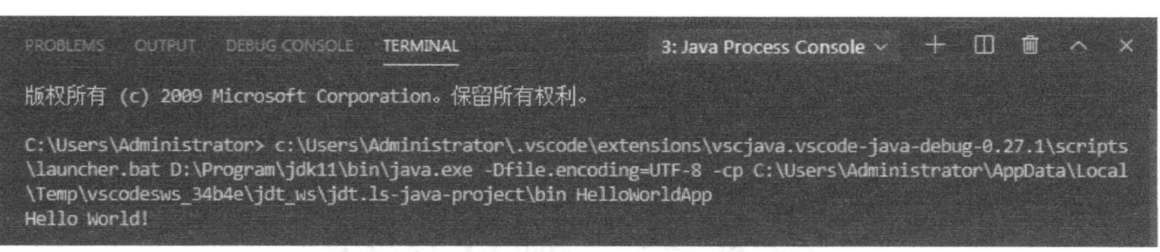

图 1-12　VS Code 控制台信息

> 📖 上面的操作中，准备编译或执行的文件必须是当前活动文件。

如果要编译或者运行的程序不是当前活动文件，只要简单地单击文件对应的标签，就可将它置为活动文件。以上讲解的是以英文版的 VS Code 为标准的，若读者想要切换成中文版则只需要在插件框中搜索 Chinese 插件并安装就可以，操作也是完全相同的，只是上面这些图片中显示的信息为对应的中文。

如果读者对 Java Extension Pack 中的 Run 插件不习惯，也可以安装“Java Test Runner”插件，它更接近于手工编译的方式。

VS Code 除了上述功能，还有很强大的辅助功能，比如代码调试、git 管理、Maven 项目管理、文件编码转换、自动格式调整、自动注释等非常实用的功能。

关于 VS Code 的使用技巧，需要介绍的内容非常多，但是限于本书篇幅，不能一一展开。读者有兴趣的话，可以在官方网站上查看相应的文档。

第 2 章　编程初探

本章主要介绍 Java 语言的基础知识，包括 Java 语言的特点、程序结构、数据类型、流程控制语句等。熟练掌握这些基础知识，是运用 Java 语言编写程序的前提条件。

曾经学习过 C 语言的读者会发现，Java 语言的数据类型和流程控制语句与 C 语言非常相像。考虑到大多数 Java 语言的读者都已经学习过 C 语言，为节省篇幅，这一章写得较为简略。如果读者没有任何程序设计的经验，则需要仔细阅读本章，最好能将本章结尾部分的程序全部上机调试出来，通过编程来掌握基本的语法知识。为了让读者能够集中精力学习基本语法，本章所有的例子尽量浅显易懂，没有涉及任何复杂的算法。

2.1 Java 语言概述

Java 语言从 1995 年正式诞生，在不到 6 年的时间里，就一举超越 C/C++，成为使用者最多的编程语言，并且在随后的 20 年内一直保持在前三的位置，这样的发展速度，令人惊叹不已。

Java 能取得这样的成功，并非偶然。它的设计者充分吸取了现存语言的优点，将各种语言的长处集于一身。有人评价说，Java 没有哪一项技术是自己独创的，但它的设计却是最为先进的。具体来说，Java 有这样一些特点：跨平台性、完全面向对象、分布式、鲁棒性、安全性、高性能、多线程及动态性等。

2.1.1 Java 语言特点

1. 跨平台性（可移植性）

跨平台性是指用 Java 写的应用程序不用修改就可在不同的软硬件平台上运行。平台无关有两种：源代码级和目标代码级。C 和 C++具有一定程度的源代码级平台无关，用 C 或 C++写的应用程序不用修改只需重新编译就可以在不同平台上运行。Java 的跨平台性是目标代码级的，它通过 JVM 实现了“一次编译，处处运行”，比如在 Windows 下编译生成的目标代码可以毫无阻碍地运行在 UNIX/Linux 平台上。

Java 的跨平台性具有深远意义，它使得编程人员所梦寐以求的事情（开发一次软件在任意平台上运行）变成事实，这大大加快和促进了软件产品的开发。跨平台性使 Java 程序可以方便地被移植到网络中不同的机器上，让网络计算成了现实。

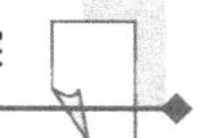

2. 完全面向对象

Java 是一种完全面向对象的程序设计语言，它除了数值、布尔和字符三种基本数据类型之外的其他类型都是对象，完全摒弃了非面向对象的特性。Java 语言的设计集中于对象及其接口，它提供了简单的类机制及动态的接口模型。对象中封装了它的状态变量及相应的方法，实现了模块化和信息隐藏。而类则提供了一类对象的原型，并且通过继承机制，子类可以使用父类所提供的方法，实现代码的复用，大大提高了程序开发的效率。

3. 鲁棒性（Robust）

Java 最初的设计目的是应用于电子类消费产品，因此要求较高的可靠性。虽然 Java 的流程控制语句源于 C++，但它消除了许多 C++的不可靠因素，可以防止许多程序错误。

- Java 不支持指针，杜绝了内存的非法访问。
- Java 解释器运行时实施检查，可以发现数组访问的越界，解决了令 C/C++程序员极为头痛的下标越界问题。
- Java 提供自动垃圾收集来进行内存管理，程序员无须操心内存泄露问题，不仅大大提高了开发效率，同时也避免了内存泄露的发生，这一特点特别适合服务软件的需求。
- 采用了面向对象的异常处理机制，该机制方便而强大。同时还引入了检查型异常，强制程序员对可能发生的异常进行处理，提高程序的健壮性。
- Java 是强类型的语言，要求显式地变量声明，不会进行自动缩减转换，这保证了编译器可以发现变量使用错误，保证程序更加可靠。

4. 安全性

由于 Java 主要用于网络应用程序开发，因此对安全性有较高的要求。如果没有安全保证，用户从网络下载程序执行就非常危险。Java 通过自己的安全机制防止了病毒程序的产生和下载程序对本地系统的威胁破坏。当 Java 字节码进入解释器时，首先必须经过字节码校验器的检查，然后由 Java 解释器决定程序中各个类在内存中的布局，随后，类装载器负责把来自网络的类装载到单独的内存区域，避免应用程序之间相互干扰破坏。最后，客户端用户还可以限制从网络上装载的类只能访问某些文件系统。上述几种机制结合起来，使得 Java 成为安全的编程语言。

2.1.2 Java 程序的构成

本节中再次以例 1-1 为例，详细分析一个 Java 程序的构成。为了便于说明，这里给源程序加上行号。读者在编程时，千万不要加行号。

```
1. public class HelloWorldApp
2. {
3.     public static void main (String args[ ])
4.     {
5.         System.out.println("Hello World!");
6.     }
7. }
```

- Java 是完全面向对象的语言，任何一个程序，都必须以类的形式来组织。
- 第 1 行是对类的声明。关键字“class”用来声明一个类，紧跟在它后面的“HelloWorldApp”就是类名。这个名字可以由程序员随便取——前提是要遵循 Java 的命名规则。这两个词都不可缺少。关键字“public”表示本类是一个公共类，它是可以省略的。建议读者使用 public 来修饰类，当类名和保存的文件名不同的时候，编译器会报错，这可以减少错误的发生。
- 第 2 行的“{”和第 7 行的“}”是成对出现的。它是类体的界定符号，在这对括号之间的东西都属于类 HelloWorldApp。一个类体中可以什么都没有，也就是说 3~6 行都是可以省略的。不过这样，该类就什么事也不能做。但即便是个空的类，界定符号也不能省。
- 第 3 行在该类中定义了一个 main()方法，“main”是 Java 规定的名字，不能更改，Jave 解释器以 main()为入口来执行程序。main 后面的“()”是方法的参数列表括号，不能缺少。
- 括号中的“String args[ ]”是传递给 main()方法的参数。“String”是系统预定义的字符串类。“args[ ]”表示它是一个数组，其中 args 是用户取的名字，可以更改。
- main 前面的关键字 public 表示访问权限，表明所有的类都可以使用本方法。
- static 指明该方法是一个类方法（又称静态方法），它可以通过类名直接调用，而无须创建对象。
- void 指明 main()方法不返回任何值。
- 对于一个应用程序来说，main()方法是必需的，而且必须按照如上的格式来声明。
- 第 4 行的“{”和第 6 行的“}”是成对出现的。它是方法体的界定符号，在这对括号之间的东西都属于方法 main()，被称为方法体。即使方法体内为空，这对符号也不能少。
- 第 5 行是 main()方法体中的执行语句。它用来实现字符串“Hello World!”的输出。其中“System.out.println()”是系统类中预定义好的一个静态方法，专门用来输出信息，我们后面将反复用到它，读者需要牢牢掌握它的使用方法。
- “Hello World!”是用户自己定义的字符串，可以改成你想要的任何信息，也可以是中文，比如“世界，你好！”。
- 第 5 行的最末尾是一个“;”，它是 Java 规定的语句结束符，任何一条可执行语句的末位都必须有这样一个分号。
- Java 规定，一行可以写多个语句，一个语句也可写成多行。
- 各个单词之间，可以用空格、Tab、回车键来分隔，也可以由“(”“)”“{”“}”“[”“]”及各种运算符来分隔。

上面关于程序的分析，都是以单词为单位的。细心的读者可能已经注意到，这些单词分为两类：一类像“public”“class”“static”，它们都有固定的含义，是系统预定义的符号，都是不可更改的，被称为**关键字**。Java 中有 50 多个关键字，后面我们会详细介绍。

另一类单词如“HelloWorldApp”“args”是可以由用户自行定义并更改的，被称为用户自

定义标识符。这些标识符可以用来标识变量、方法和类名，必须遵循一定的命名规则。

Java 规定，标识符是由字母、下划线（_）或美元符（$）开头，后面跟 0 个或多个字母、下划线（_）、美元符（$）或数字组成的符号序列。根据此定义，下列单词都是合法的标识符：

```
i  count  num_day  Scoll_Lock  $a789  a89  _Java  Int
```

而下列标识符是不合法的：

```
abc&#  a3*4  int  b-c  #ab  class
```

从 JDK 5.0 开始，Java 允许用户使用中文作为标识符，但无论从传统习惯上还是编程的方便性来看，很少有程序员使用中文作为标识符。

> 注意，Java 是区分大小写的。int 是关键字，而 Int 是合法的用户标识符。

2.1.3　程序文本风格

一个好的程序，不仅能够正确运行出结果，而且要具有易读性，就是要求编写的程序不仅编程者自己看得懂，而且也要让别人能看懂；不仅今天看得懂，而且过个三年五载也要能看懂。程序如同一篇文章，易于被人看懂，读起来流畅，必要时容易修改，或者说易于维护。

程序文本的风格主要体现在三个方面：用户自定义标识符既要规范又能表达语义；注释要简明扼要、位置合理；程序文本编排的格式清晰易读。

关于自定义标识符的命名方法，将在 2.2.3 小节中讲解。本节主要讨论注释的使用和程序的编排格式问题。

1. 注释

所谓注释，是指程序中的解释性文字。这些文字是给程序的阅读者看的，编译器将不对其进行编译。注释能够帮助读者理解程序，并为后续进行测试和维护提供明确的指导信息。注释是说明代码做些什么，而不是怎么做的。注释要简明、恰到好处，没有注释的晦涩代码是糟糕的编程习惯的显著标志。根据注释符的不同，在 Java 程序中有三种注释。

1）行注释符“//”

编译器会认为以“//”开头的字符直至本行末尾都是注释，所以又称行注释。如果注释的文字有多行，需要在每一行的开头都写上“//”。本章前面所有的例子，使用的都是这种注释。它一般用于对某条语句或是某个变量的注释，适合那些文字不多的注释。

大多数的程序员在编写注释时，会将对代码的注释放在其上方或右边相邻位置。而对数据结构的注释通常放在其右边相邻位置，不会放在下面。变量、常量的注释也一般放在其上方相邻位置或右边。本书中所有的注释都遵循这个习惯。

2）块注释符“/*”和“*/”

“/*”和“*/”是成对出现的，它们之间的文字都是注释。这些注释可以分成多行，不必再添加注释符。相对于行注释，块注释显得有些麻烦（要多打两个字符），而且它的功能基本上能被下面将介绍的文档注释所实现，所以现在很少有单独使用块注释的。

另外，在程序设计过程中，往往会出现怀疑某些代码块有问题的情况，这时一般不会马上删除这些代码，而是用块注释符将这些可疑的代码块暂时屏蔽掉。一旦发现判断失误还可以改回来。

3）文档注释“/**”和“*/”

文档注释符也是一种块注释，它是用来生成帮助文件的。当程序员编完程序以后，可以通过 JDK 提供的 javadoc 命令，生成所编程序的 API 文档，而该文档中的内容主要就是从文档注释中提取的。该 API 文档以 HTML 文件的形式出现，与 Java 帮助文档的风格与形式完全一致。凡是在“/**”和“*/”之间的内容都是文档注释。

2. 程序的格式编排

程序的格式编排就是通过使用缩进、空格和空行等方法对程序文本外观做必要的处理，以提高程序的可读性，具体说来，要达到这样两个目的：一是用程序文本结构反映算法的逻辑结构；二是使得程序的视觉效果好，至少读起来眼睛不易疲劳。

常见的编排方法是根据语句间的逻辑关系采用缩进对齐。一般情况下，块语句“{}”中的语句应该要比它的控制语句缩进几格，如果里面有嵌套的块语句要做同样处理，所有处在同一层次的语句要对齐。这种格式被称为“犬齿格式”。

2.2 数据及类型转换

一个程序，应当包含两个方面的内容：

- 数据的描述。
- 操作步骤，即动作的描述。

数据是操作的对象，操作的结果会改变数据的状况。作为程序设计人员，必须认真考虑和设计数据结构与操作步骤（算法）。

本章主要介绍 Java 语言和它的开发环境，而不会深入介绍数据结构和算法等方面的内容。Java 提供的数据结构是以基本数据类型和复合数据类型的形式出现的。

2.2.1 基本数据类型

Java 语言中，为解决具体问题，要采用各种类型的数据，数据类型不同，它所表示的数据范围、精度和所占据的存储空间均不相同。Java 中的数据类型可分为两大类：

- 基本类型：包括整型、浮点型、布尔型和字符型。
- 复合类型：包括数组类型、类和接口。

本节先简单介绍 4 种基本数据类型。

1. 整型

Java 中的整型数据也可分为 4 种：

- 基本型，用 int 表示。

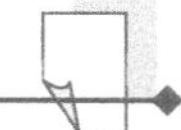

- 短整型，用 short 表示。
- 长整型，用 long 表示。
- 字节型，用 byte 表示。

各种整型数据所占位数和数的范围如表 2-1 所示。

表 2-1　各种整型数据所占空间及数的范围

数据类型	所占内存空间	数的范围
byte	8 位（1 字节）	−128～127
short	16 位（2 字节）	−32768～32767
int	32 位（4 字节）	-2^{31}～$2^{31}-1$
long	64 位（8 字节）	-2^{63}～$2^{63}-1$

Java 中的整型数据是以补码形式存放在内存中的。以 short 类型为例，它有 16 位，能存储的最小的数是：

1	0	0	0	0	0	0	0	0	0	0	0	0	0	0	0

这个数是-2^{15}，换算成十进制数是−32768。

它能存储的最大的数是：

0	1	1	1	1	1	1	1	1	1	1	1	1	1	1	1

这个数是 $2^{15}-1$，换算成十进制数是 32767。其他类型数的范围，读者可以用同样的方法来验证。如果对补码不熟悉，可以参阅有关的计算机基础书籍。

注意，与 C、C++不同，Java 中没有无符号型整数，而且明确规定了各种整型数据所占的内存字节数，这样就保证了跨平台性。

2. 浮点型

Java 中用浮点类型来表示实数。浮点型也有两种：单精度数和双精度数，分别以 float 和 double 表示。它的有关参数如表 2-2 所示。

表 2-2　浮点类型所占位数及数值范围

数据类型	所占内存空间	有效数字	数值范围
float	32 位（4 字节）	7 个十进制位	约$\pm 3.4\times 10^{38}$
double	64 位（8 字节）	15～16 个十进制位	约$\pm 1.8\times 10^{308}$

Java 中的浮点数，是按照 IEEE-754 标准来存放的。有兴趣的读者可以查阅相关资料。

3. 字符型

Java 中的字符型用 char 来表示。和 C/C++不同，它用两个字节（16 个位）来存放一个字符，而且存放的并不是 ASCII 码，而是 Unicode 码。

Unicode 码是一种在计算机上使用的字符编码。它为每种语言中的每个字符设定了统一并且唯一的二进制编码，以满足跨语言、跨平台进行文本处理的要求。无论是英文字符还是中文汉字，都可以在其中找到唯一的编码。而且它和 ASCII 码是兼容的，所有的 ASCII 码字符，都会在高字节位置添上 0，成为 Unicode 编码。比如字母“a”的 ASCII 码是 0x61，在 Unicode 中，编码是 0x0061。

4. 布尔类型

布尔类型用 boolean 表示，它是用来处理逻辑值的，所以布尔类型又被称为逻辑类型。布尔类型只有两个取值：true 和 false，分别表示条件成立或不成立。

> 注意，Java 中不再像 C/C++那样，能用整型值来表示逻辑结果，它只能用布尔类型表示。

Java 中数据有常量和变量之分，它们分别属于上面 4 种类型。本章将分别以常量和变量为例来详细介绍这些基本的数据类型。

2.2.2 常量

常量是值程序运行过程中，其值不能被改变的量。按数据类型分，常量包括布尔常量、整型常量、浮点型常量、字符常量和字符串常量。例如，12 是整型常量，−1.2 是浮点型常量，'a'是字符常量，“hello”是字符串常量。

1. 整型常量

整型常量即整常数。Java 中的整常数，由一个或多个数字组成，可以带正负号。根据进制的不同，又可分为十进制数、八进制数和十六进制数，分别用下面的形式表示：

- 十进制整数，如 123、−456、0。
- 八进制整数，规定以数字 0 开头的都是八进制数。如 0123 表示八进制数 123，等于十进制数的 83。−011 等于十进制数的−9。
- 十六进制数，以 0X 或 0x 开头的都是十六进制数。如 0x123 和 0X123 都是十六进制数 123，等于十进制数的 291。−0x12 和−0X12 等于十进制数−18。

2. 浮点型常量

浮点型常量有两种形式：

- 普通的十进制数形式。它由数字和小数点组成。比如：0.123、123.0、.123、123.、0.0 都是合法的实数常量。
- 指数形式。指数形式类似于科学计数法，比如 1.5E5 表示 1.5×10^5；2.9E-7 表示 2.9×10^{-7}。注意字母 E（也可以是小写的 e）之前必须有数字，且 E 后面的指数必须是整数。如 E3、2E1.7 都不是合法的指数形式。

Java 还规定，浮点常量默认为双精度数，如果需要指定为单精度数，需要在末尾加上 F 或 f，如 12.5F、12E5f。

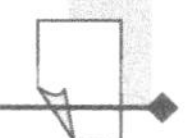

3. 字符常量

字符常量是用单引号（即撇号）括起来的一个字符，如'a'、'D'、'$'都是字符常量，单个的汉字和标点符号，比如'程'、'序'、'！'、'￥'等也都是字符。

某些特殊的字符比如回车符、换行符、退格符等，无法直接用单引号括起来，为了表示这些字符，Java 提供了一种特殊形式的字符常量，就是以一个“\”开头的字符序列，“\”后面的字符不再是原来的含义，所以又被称为转义序列或换码序列。转义序列及其含义如表 2-3 所示。

表 2-3　转义序列及其含义

字符形式	含　义	字符形式	含　义
\n	换行	\\	反斜杠“\”
\r	回车	\'	单引号“'”
\v	竖向跳格	\t	横向跳格（Tab）
\b	退格	\uhhhh	1 到 4 位十六进制数所表示的 Unicode 码
\"	双引号“"”		

4. 字符串常量

在前面的例子中，经常出现这样的语句：

```
System.out.println("字符变量 ch="+ch);
```

这其中"字符变量 ch="，就是一个字符串常量。直观来看，它是一个由若干个字符组成的序列，以双引号作为界定符。Java 中的字符串常量其实是一个 String 类型的对象。

5. 布尔常量

布尔常量只有两个值：true 和 false。也有的把 true 称为真，把 false 称为假。在程序中，可以直接使用 true 和 false 这两个常量。

以上介绍的常量可以直接看出其存储的值是什么，被称为字面常量。字面常量虽然使用起来很简单，但却存在很大的隐患。首先，程序的阅读者可能只知道它的值却不能明白这个值所代表的实际意义。比如某人写的程序中，用 1 表示男性，用 2 表示女性。那么别人看到这个 1 的时候，很难弄明白它到底是代表男性还是女性。甚至隔了一段时间之后，连程序的作者也可能忘了 1 和 2 的具体意义。

另外一个问题是，常量的修改和维护不方便。如果在程序中大量使用某个常量，比如 3.14，后来又需要修改这个值，如改成 3.1416。这就需要程序员到每一个地方去修改，只要有一个地方被遗漏，就很有可能导致整个程序运行错误。

正由于字面常量存在这样的问题，所以又被称为“神仙数”，意为只有神仙才能看懂的数。为了解决这个问题，Java 又提供了符号常量，即用标识符来表示一个常量。由于标识符是有意义的字符串，所以阅读者很容易从字面上来了解这个常量的实际意义。定义符号常量的方法如下：

```
final int MALE=1;
final int FEMALE=2;
```

关键字 final 表示定义一个常量，int 表示它是一个整型值，MALE 是常量名，1 是它具体的值。常量只在定义的时候被赋值，以后它的值再也不能被改变。

程序后面再用到“男性”或“女性”的时候，使用“MALE”或“FEMALE”就可以了。而且如果要修改它的具体值，只需要在定义的位置修改，免去了到处修改的麻烦。

在很多情况下，程序员在使用符号常量的时候，只关心它的实际意义，并不关心它的具体值。比如想使用红色，就用常量 RED，至于 RED 是等于 1 还是等于 2，并没有必要知道。JDK 中定义了很多符号常量，以方便程序员编程使用。

习惯上，符号常量名用大写字母，普通变量名用小写字母，以示区别。建议读者使用符号常量以提高程序的可读性和可维护性。

2.2.3 变量

在程序运行过程中，其值可以改变的量称为变量。一个变量会有一个名字，在内存中占据一定的存储单元，在该存储单元中存放变量的值。请注意区分变量名和变量值这两个不同的概念。

Java 和其他高级语言一样，用来标识变量名、常量名、方法名、类名等的有效字符序列都被称为用户自定义标识符，简称标识符。前面第 2.1.3 节已经介绍过标识符的命名规则。变量名作为标识符的一种，也要遵循这些规则。

定义变量的一般格式是：

```
类型名 标识符 1[=初始值 1, 标识符 2=[初始值 2,[...]]]
```

注意：本书使用[]表示可以省略的项。

读者在给变量命名时，除了要遵循命名规则外，最好要选择相应的一个或多个英文单词作为它的名称，这样可以“见名知意”，增强程序的可读性。

为了和其他的程序员交流，读者也应当学习他人的命名方法。目前比较流行的命名方法有两种：一种是微软推行的匈牙利命名法，一种是基于 UNIX/Linux 的命名法。Oracle 公司在随 JDK 发布的例子程序中，变量使用的是一种简化的匈牙利命名法，被称为驼峰命名法，它只有两条规则：

- 如果只有一个单词，则整个单词小写。
- 如果有两个以上的单词，则第一个单词全部小写，其余各单词的首字母大写。

比如：customField、jpgFilter、previewer、chooser 等都是按照这个规则来命名的。Java 的标识符可以是任意长度，但建议不要取得太长，最好不要超过 4 个单词。因为太长的名字容易出现输入错误，降低编程效率。

另外，虽然 JDK 5 支持用中文给变量命名，不过还很少有人采用中文变量名。一个直观的原因就是在中文输入法下，标点符号也是中文的，但 Java 只支持西文的标点符号，这样输入容易出错。

说明：在本书中，多数采用的是驼峰命名法，只有简单循环变量会采用 i，j，k 之类的单字符。

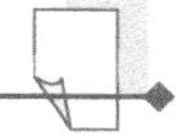

1. 整型变量

整型变量按照占用的内存空间不同，可以分成 4 种，即字节型、短整型、基本型和长整型，分别用 byte、short、int 和 long 来定义。和其他所有类型的变量一样，整型变量在使用之前必须要先定义。

> 说明：初学者往往以为这些十进制数、八进制数、十六进制数会按照它的进制形式被存储到计算机中。而实际上，计算机只“认识”二进制数，无论程序员书写的时候采用什么进制，存储到计算机中的时候，都会被转换成二进制数。这些进制，仅仅只是写给人看的。所以只有常量才有“几进制”一说，变量绝无这种说法。

使用整型变量时最容易犯一个错误：数据超出了它所能容纳的范围，被称为“溢出”。编译器不可能将所有溢出错误都检查出来，这会导致程序运行出错。所以在设计程序的时候，选用哪一种整型变量，需要根据程序运行时所容纳数值的大小来确定。

2. 浮点型变量

浮点型变量分为单精度和双精度两类，分别用 float 和 double 来定义。

浮点型变量的有效位数是有限的，float 型只有 7 个有效位（以十进制计），double 型只有 15～16 个有效位，超过部分会自动做四舍五入处理。

由于浮点型变量也是采用二进制方式存储的，而二进制的浮点数往往不能精确表示一个十进制小数，即使这个小数是个有限小数，比如 1.3，它存储在内存中也是一个无限小数，既可能是 1.299999，也可能是 1.300001，所以要尽量避免直接比较两个浮点数是否精确相等。通常的方法是比较两个浮点数的差值是否足够接近零。

3. 字符变量

一个字符变量占据两个字节，只能存放一个字符。字符变量用关键字 char 来定义。将一个字符存放到字符变量中，实际上并不是把该字符“本身”存放到内存单元中，而是将该字符的 Unicode 码存放到内存单元中。比如字符'A'的 Unicode 码是 0x0041，它会以二进制的形式存放在内存中，如下：

0	0	0	0	0	0	0	0	0	1	0	0	0	0	0	1

它的存储类型与 short 很相似，其实 Java 确实是将字符变量作为无符号的短整型数据来处理的，这就决定了 Java 中的字符数据和整型数据之间可以通用。可以对字符型数据进行算术运算，此时相当于将它的 Unicode 码看成一个整数进行运算。

4. 布尔变量

布尔变量只有两个值：true 和 false。布尔变量要用关键字 boolean 来定义，在流程控制中经常要用到它。

> 注意：与 C/C++不同，Java 中的整型数据不能当作布尔值来使用，布尔值也不能当作整型数据进行运算。

程序中通常需要对变量预先设定一些值再参与后面的计算，这被称为赋初值。一种常见的赋初值的方法是：

```
int   i;
i = 100;
```

这样写需要两条语句，比较烦琐，Java 允许在定义变量的同时对变量进行初始化，上面这两条语句与下面这一条语句等价：

```
int   i=100;
```

Java 规定，一个局部变量在使用之前必须要初始化，否则将无法通过编译。所谓局部变量，是指定义在方法里面的变量。它只在定义它的方法中有效，在此方法以外，是无法使用这些变量的。

Java 并未规定变量定义的具体位置，也就是说，程序员可以在需要使用变量的地方开始定义它，随后就可以使用它，直到包含该定义的方法结束为止，变量都是有效的。这个有效区域，就被称为变量的作用域。Java 规定，在变量的作用域中，不允许出现同名的变量，但在不同的作用域中，可以出现同名变量，互不干扰。

Java 还规定，变量可以定义在块语句中，那么它的作用域仅限于块语句。关于块语句的介绍，请参阅 2.4 小节。

2.2.4 数据类型转换

本节中的基本数据类型，除了布尔类型外，其余类型的数据是可以混合在一起运算的。例如，“10+'a'+1.5-5.123*'b'” 是合法的。不过在运算时，如果某个运算符两侧的数据类型不一致，就必须要转换成同一类型，才能运算，转换的基本原则是：范围小的转换成范围大的，精度小的转换成精度大的。

按照数据转换时是否会损失精度，Java 中的转换可以分成两类：扩展转换和缩减转换。

1. 扩展转换

Java 规定，凡是符合如表 2-4 所示的转换，都称为扩展转换，可以由系统自动进行，无须程序员干涉。

表 2-4 扩展转换

原类型	目的类型
byte	short，int，long，float，double
short	int，long，float，double
char	int，long，float，double
int	long，float，double
long	float，double
float	double

按照表 2-4 的规定，如果运算符的两侧，有一个数据是在第一列中，另一个数据在它对应的第二列中，那么第一列中的数据会自动转换成第二列中那个数据类型。

例如有：

byte + int

会自动转换成：

int + int

若有：

int + double

则会转换成：

double + double

Java 还规定，若是两个数据类型没有出现在同一行的两列中，则两个数据都必须转换成同一类型，若这个目的类型有多个可以选择，则选精度、范围最小的那个。

例如有：

byte + char

会转换成为：

int + int

由于扩展转换是由系统自动进行的，所以又称自动类型转换，这种转换不会损失精度。

2. 缩减转换

Java 规定，凡是符合如表 2-5 所示的转换，就被称为缩减转换。这种转换会损失精度，系统不会自动进行，必须由程序员显式地指定，也被称为强制类型转换。

表 2-5　缩减转换

原类型	目的类型
short	byte，char
char	byte，short
int	byte，short，char
long	byte，short，char，int
float	byte，short，char，int，long
double	byte，short，char，int，long，float

要将第一列中的数据转换成第二列中的数据类型，必须使用强制类型转换。它的基本格式是：

(数据类型)数据

例如有：

int　a;

要将 a 转换成为 byte 类型，需要这样写：

(byte)a;

如果需要将一个表达式的结果进行数据类型转换，则要将整个表达式用括号括起来。例如有：

```
int a, b;
```

要将 a+b 的结果转换成 byte 类型，需要这样写：

```
(byte)(a+b)
```

Java 在根据程序员的指令进行缩减转换的时候，有一套比较复杂的规则，原则上是在保证符号的情况下，丢弃高字节的内容。但这么做并不能保证转换的结果符合程序员的预期效果。除非程序员有十足的把握，否则不要轻易进行数据类型的缩减转换。

强制类型转换除了用在缩减转换中，也可以用在扩展转换中。比如有：

```
int+long+byte
```

可以写成：

```
(long)int+long+(long)byte
```

这么写的目的一是可以让程序阅读时更为清晰，二是可以让编译器产生更为优化的代码，加快运算的速度。

最后要强调一点，无论是扩展转换还是缩减转换，都会产生原数据的一个副本，转换的结果不会对原数据有任何影响。

2.3 运算符与表达式

Java 中的运算符共有 36 种，按照运算类型可以分成六大类，如表 2-6 所示。

表 2-6 Java 中的运算符

类　型	运算符
算术运算符	+, -, *, /, %, ++, --
关系运算符	>, <, ==, >=, <=, !=
逻辑运算符	!, &&, ||
条件运算符	? :
位运算符	<<, >>, >>>, ^, ~, |, &
赋值运算符	=, +=, -=, *=, /=, &=, |=, ^=, %=, <<=, >>=, >>>=

任何一个运算符都要对一个或多个数据进行运算操作，所以运算符又称操作符，而参与运算的数据被称为操作数。一个完整的运算符和操作数组成一个表达式，任何一个表达式都会计算出一个具有确定类型的值。表达式本身也可以作为操作数参与运算，所以操作数可以是变量、常量或者表达式。

运算符的优先级指表达式求值时，按运算符的优先级由高到低的次序计算，如大家习惯的“先乘除后加减”。Java 语言中运算符优先级规则与现代数学中的规则是相同的，它是 Java 能够以正确的次序计算表达式的准则。

当求值由多个运算符组成表达式时，我们熟知的计算顺序是，除非遇到括号，否则，同一优先级的运算总按从左到右的顺序进行，这就是所谓的运算符的结合性。运算符的结合性

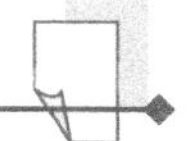

是指运算分量对运算符的结合方向。结合性确定了在相同优先级运算符连续出现的情况下的计算顺序。Java 语言的运算符不仅具有不同的优先级，还要受运算符结合性的制约。

Java 语言中运算符的结合性分为两种，即左结合性（自左至右）和右结合性（自右至左）。比如算术运算符的结合性是自左至右，即先左后右。例如，表达式 a–b+c，则 b 应先与减号"–"结合，先执行 a–b 运算，然后再执行+c 的运算。这种自左至右的结合方向就称为"左结合性"。自右至左的结合方向称为"右结合性"。最典型的右结合性运算符是赋值运算符。例如，表达式 a=b=1，由于赋值运算符"="具有右结合性，所以应先计算子表达式 b=1，即表达式 a=b=1 等价于 a=(b=1)。读者在应用中应注意区别 Java 运算符的结合性，以避免理解错误。

Java 中也可以根据操作数的个数将这些运算符分成单目运算符、双目运算符和三目运算符。本节将逐一介绍这些运算符及由它们所组成的表达式。

2.3.1　算术运算符和算术表达式

1. 加法和减法运算符

加法运算符是"+"，减法运算符是"–"。它们的用法和数学中的用法一样，比如 3+5、5–2。它们需要左右两侧均有数据，所以被称为双目运算符。基本类型中，只有 boolean 类型不能参与加法和减法运算。它们的一般形式是：

```
<exp1>+<exp2>
<exp1>-<exp2>
```

"+"的两侧也可以是字符串，它会把两个字符串拼接起来形成一个新的字符串。比如："Hello" + " world"会得到"Hello world"。

2. 正值和负值运算符

正值运算符是"+"，负值运算符是"-"。它们的用法和数学中的用法也是一样的，比如：–5、–a、+2、+a，它们只有右侧有数据，所以被称为单目运算符。还要注意一点，这两个运算符都不能改变操作数本身的值。比如 a=1，做了–a 操作后，a 仍然等于 1，不会变成–1。boolean 类型不能参与此类运算。它们的一般形式是：

```
<+><exp>
<-><exp>
```

3. 乘法和除法运算符

乘法运算符是"*"，除法运算符是"/"。它们都是双目运算符，和数学中的用法相同，比如 5.2*3.1、5/3、5.0/3.0。boolean 类型不能参与此类运算。它们的一般形式是：

```
<exp1>*<exp2>
<exp1>/<exp2>
```

如果"/"两侧的操作数都是整型数据，系统会自动对结果进行取整。比如 5.0/3 的结果是 1.6666667，而 5/3 的结果是 1。在多个数据进行混合运算时，初学者特别容易在这里犯错误，请看例 2-1。

【例 2-1】除法运算示例。

//--------------文件名 Division.java------------

```
public class Division{
   public static void main(String args[]){
      System.out.println("5/3*3="+5/3*3); //这里三个操作数都是整数
      System.out.println("5/3*3.0="+5/3*3.0);//乘法运算中有一个浮点数
      System.out.println("5.0/3*3="+5.0/3*3);//除法运算中有一个浮点数
   }
}
```

读者可以先思考一下它的结果，再对比一下真正的运行结果：

```
5/3*3=3
5/3*3.0=3.0
5.0/3*3=5.0
```

可以看到，无论后面的数据是什么类型的，5/3 得到的结果总是 1。这个例子说明，Java 在做自动类型转换和获取中间运算结果的类型时，只考虑现在正在运算的运算符两边的数据类型，同一个表达式中其余的数据类型不在考虑范围之内。

4. 取余运算符

取余运算符是“%”，它是一个双目运算符，和数学中的取余运算规则类似，它的一般形式是：

```
<exp1>%<exp2>
```

它的操作数通常是正整数，也可以是负数，甚至是浮点数。如果有负数参与此运算，则需要特别注意。对于整数，Java 的取余运算规则如下：

```
a%b=a-(a/b)*b
```

5. 自加和自减运算符

自加运算符是“++”，自减运算符是“--”，它们都是单目运算符。其中，“++”的作用是将变量自身的值加 1，“--”的作用是将变量自身的值减 1。它们的操作数只允许是变量，而不能是常量。自加和自减运算是 Java 中唯一能改变操作数本身值的两个运算符。

“++”和“--”既可以放在变量前面使用，比如：++i 和--i。也可以放在变量后面使用，比如 i++和 i--。放在前面时，称为前缀加（减）；放在后面时，称为后缀加（减）。它们的一般形式是：

```
<变量>++    后缀加
<变量>--    后缀减
++<变量>    前缀加
--<变量>    前缀减
```

对于变量 i 而言，++i 和 i++的作用是一样的，都是将 i 的值加 1。但是前缀加（减）和后缀加（减）的参与运算时的方式是不同的。

无论是前缀加（减）还是后缀加（减）都是同一个运算符，具有相同的运算优先级；但它们参与运算时表达式得到的结果却不一样。Java 规定前缀加（减）操作是：将变量的值加（减）1，然后将变量当前值作为表达式的值参与后续运算。后缀加（减）的操作是：先将变

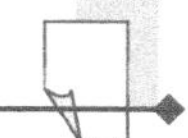

量的值赋给一个副本，然后将变量的值加（减）1，然后用副本的值参与后续运算。所以当它们参与其他运算时，前缀加（减）和后缀加（减）得到的结果是不同的。

下面我们以例 2-2 来说明它们的区别。

【例 2-2】前缀加（减）和后缀加（减）的区别示例。

```
public class Compare{
    public static void main(String args[]){
        int prefix, postfix,rs;
        prefix=1;
        rs=++prefix; //先加 1 再赋值
        System.out.println("前缀加运算后：prefix="+prefix+ "    rs=" + rs);
        prefix=1;
        rs=--prefix;    //先减 1 再赋值
        System.out.println("前缀减运算后：prefix="+prefix+"    rs=" + rs);
        postfix=1;
        rs=postfix++; //将 postfix 加 1 之前的值赋给了 rs
        System.out.println("后缀加运算后：postfix="+postfix+" rs="+ rs);
        postfix=1;
        rs=postfix--; //将 postfix 减 1 之前的值赋给了 rs
        System.out.println("后缀减运算后：postfix="+prefix+" rs=" + rs);
    }
}
```

程序的运行结果如下：

```
前缀加运算后：prefix=2    rs=2
前缀减运算后：prefix=0    rs=0
后缀加运算后：postfix=2    rs=1
后缀减运算后：postfix=0    rs=1
```

运算结果表明，无论是前缀加（减），还是后缀加（减），对变量自身的影响都是一样的，只是提取的表达式的值不同，所以 rs 的结果不相同。

++和--的结合规则是从右到左，其优先级与取负（-）同级。所以，如下表达式：

```
-i++;
```

相当于：

```
-(i++);
```

而不是：

```
(-i)++;
```

最后还要强调一点，自加和自减这两个运算符是 Java 中仅有的能够改变变量本身值的运算，所以它要求操作数一定要是变量，而不允许是任何形式的常量或表达式，比如 3++、(a+b)++这样的式子都是错误的。

2.3.2　关系运算符和关系表达式

关系运算符决定操作数之间的逻辑关系。比如决定两个运算对象相等还是不相等，数据

a 比数据 b 是否大一些等。用关系运算符连接起来的表达式称为关系表达式，任何一个关系表达式的值都是布尔类型的，也就是只有 true 或者 false 两个值。

1. 相等运算符

Java 中的相等运算符是两个连续的等号“==”，它是一个双目运算符。它的一般形式是：

```
<exp1>==<exp2>
```

它两侧的操作数可以是任意相同或相容类型的数据或表达式。比如：

```
5==3
(a*3)==b+2
true==true
```

如果“==”两侧的值相等（比如 2+4==6），则返回 true，可以直观地理解为等式成立；如果不相等（比如 5==3），则返回 false，表示等式不成立。

尽管“==”两侧的操作数可以是浮点数，由于浮点数往往不能精确表示，则一般不会用==来判断浮点数是否相等。

2. 不相等运算符

Java 中的不相等运算符是“!=”，它是一个双目运算符。它的一般形式是：

```
<exp1>!=<exp2>
```

两侧的操作数可以是任意相同或相容类型的数据或表达式。比如：

```
5!=3
(a*3)!=b+2
true!=false
```

如果“!=”两侧的值相等（比如 2+4!=6），则返回 false，表示判断不成立；如果不相等（比如 5!=3），则返回 true，表示判断成立。

3. 大小关系运算符

Java 中的大小关系运算符共有 4 个：“>”大于、“<”小于、“>=”大于等于、“<=”小于等于。它们都是双目运算符，一般形式是：

```
<exp1><关系运算符><exp2>
```

这些关系运算符的运算规则和代数中相应符号的规则完全相同。操作数的类型只能是整型或浮点类型。若关系成立，返回 true，否则返回 false。

设 a==3，b==4，下面这些表达式：

```
a>b  结果为 false
a<b  结果为 true
a>=b 结果为 false
a<=b 结果为 true
```

如果参与运算的操作数类型不相同，则会进行自动类型转换。

2.3.3　逻辑运算符和逻辑表达式

关系运算所能反映的是两个运算对象之间是否满足某种“关系”，譬如是“大于”还是“小于”。逻辑运算则用来判断一个命题是“成立”还是“不成立”。所以，逻辑判断的结果也是 boolean 值，只有 true 和 false，其中 true 表示该逻辑运算的结果是“成立”的（即命题为“真”），false 表示该逻辑运算的结果是“不成立”的（即命题为“假”）。

通常，将参与逻辑运算的数据对象称为逻辑量。用逻辑运算符将关系表达式或逻辑量连接起来的式子称为逻辑表达式。逻辑表达式的值又称为逻辑值。参与逻辑运算的操作数必须是 boolean 类型的数据或是表达式，不允许其他类型。

逻辑运算符有 3 种：与运算、或运算和非运算（也称取反运算）。它们之间还可以任意组合成更复杂的逻辑表达式，逻辑表达式极大地方便了程序员编写程序控制流程。逻辑表达式通常使用在 if~else 语句、for 语句、while 语句的判断部分。

1. 逻辑与运算符

逻辑与运算符是“&&”，它是双目运算符。它所组成的逻辑表达式的一般形式为：

```
<exp1>&&<exp2>
```

其中，exp1 和 exp2 可以是 Java 语言中 boolean 类型的表达式或者数据，比较常见的是前面介绍的关系表达式或者也是一个逻辑表达式。

逻辑与表达式“exp1 && exp2”所表达的语义是：当且仅当表达式 exp1“与”表达式 exp2 的值同时为 true，整个表达式的值才为 true；否则，整个表达式的值为 false。表 2-7 归纳了运算符“&&”的含义，这种表通常称为“真值表”。

表 2-7　逻辑与运算符的真值表

exp1	exp2	exp1 && exp2
false	false	false
false	true	false
true	false	false
true	true	true

例如，程序需要判断变量 a 的值是否处于[0，100]的区间内，通常数学的写法是：0<=a<=100。但在 Java 中不能这样写，需要将两个不等式分开来写，然后用逻辑与来连接：

```
(0<=a) && (a<=100)
```

当该表达式的值为 true 时，a 的值一定是在[0，100]之间。

再比如，需要判断一个字母是否为大写的英文字母，可以用下面的逻辑表达式来表达：

```
('A'<=ch) && (ch<='Z')
```

其中，ch 是要判断的字符。当且仅当两个关系式（即两个条件）为真时，由“&&”构成的组合条件才为真，也就是说，当该逻辑表达式的值为 true 时，变量 ch 一定是大写英文字母。

2. 逻辑或运算符

逻辑与运算符是“||”，它是双目运算符。它所组成的逻辑表达式的一般形式为：

```
<exp1> || <exp2>
```

其中，exp1 和 exp2 可以是 Java 语言中 boolean 类型的表达式或者数据，比较常见的是前面介绍的关系表达式或者也是一个逻辑表达式。

逻辑或表达式“exp1 || exp2”所表达的语义是：只要表达式 exp1“或者”表达式 exp2 的值中有一个为 true，整个表达式的值就为 true；否则，整个表达式的值为 false。表 2-8 是运算符“||”的真值表。

表 2-8　逻辑或运算符的真值表

exp1	exp2	exp1 || exp2
false	false	false
false	true	true
true	false	true
true	true	true

例如，程序需要判断字符 ch 是否为英文字母，但大小写不限，则可以用如下表达式描述：

```
('A'<=ch) && (ch<='Z') || ('a'<=ch) && (ch<='z')
```

由于运算符“||”的优先级比“&&”低，它们都具有左结合性。因此，只要逻辑“或”运算符“||”两边的表达式的值有一个为 true，整个表达式的值也就为 true。此时，变量 ch 可能是小写字母，也可能是大写字母，但决不会是其他字符。

因为逻辑运算符“&&”和“||”的优先级比关系运算符都低，而且“||”的优先级比“&&”的优先级低，所以上面的表达式又可以简写为下面的形式：

```
'A'<=ch && ch<='Z' || 'a'<=ch && ch<='z'
```

但从结构上看，这个表达式显然没有前面的那个清晰。

需要特别指出的是，逻辑“与”和逻辑“或”运算符分别具有以下性质。对于表达式：

```
exp1 && exp2
exp1 || exp2
```

如果下列条件有一个满足：

- 在逻辑与表达式中，exp1 的计算结果为 false。
- 在逻辑或表达式中，exp1 的计算结果为 true。

则整个表达式计算完毕，因为这时已经能够确定整个表达式的逻辑值，所以 exp2 不会被计算。这个特性，被称为短路运算。

利用两种逻辑运算的短路特点可以提高程序的效率。比如，在组织含有“&&”运算的表达式时，将最可能为“假”的条件安排在最左边；在组织含有“||”运算的表达式时，将最可能为“真”的条件安排在最左边。

3. 逻辑非运算符

逻辑非运算符是“!”，它是单目运算符。它所组成的逻辑表达式的一般形式为：

```
!<exp>
```

exp 可以是 Java 语言中 boolean 类型的表达式或者数据，比较常见的是前面介绍的关系表达式或者也是一个逻辑表达式。

逻辑非表达式“!exp”所表达的语义是：只要表达式 exp 为 true，整个表达式的值就为 false；否则，整个表达式的值为 true。所以它又被称为逻辑反。表 2-9 是运算符“!”的真值表。

表 2-9　逻辑非运算符的真值表

exp	!exp
true	false
false	true

由于逻辑非运算符“!”是一个单目运算符，它与其他单目运算符具有同样的优先级，比所有的双目运算符的优先级都高，且具有右结合性。所以，要检测变量 x 的值是否不小于变量 y 的值，可用如下表达式描述：

```
!(x < y)
```

其中，圆括号是必需的，以确保表达式的正确计算。当 x 和 y 都等于 3 时，关系式 x<y 的结果等于 false，所以，表达式!(x<y)的值为 true。

巧妙地利用关系运算和逻辑运算，常常能表达复杂的条件判断。例如，编制日历程序需要判定某年是否为闰年。由历法可知，4 年设一闰，但每 100 年少一个闰年，即能被 4 整除但不能被 100 整除的年份为闰年；每 400 年又增加一个闰年，即能被 400 整除的年份也为闰年。记年份为 year，则 year 年是闰年的条件可以用逻辑表达式描述如下：

```
( year % 4 == 0 && year %100 != 0 ) || year % 400 == 0
```

可以看到这个式子非常简洁而易懂，这正是使用逻辑表达式的优势。

2.3.4　条件运算符和条件表达式

条件运算符是一个三目运算符，即它需要 3 个操作数。它使用两个符号（“?”和“:”）来表示这个运算符。Java 语言中使用条件运算的原因是它使得编译器能产生比 if…else 更优化的代码，可以认为它是 if…else 语句的一种更简便的替代表示法。三目条件运算表达式的一般形式是：

```
<表达式 1>? <表达式 2>: <表达式 3>
```

“表达式 1”通常是一个关系表达式或逻辑表达式。条件运算表达式的运算规则是：首先计算表达式 1，当其结果为 true 时，条件运算表达式取表达式 2 的值为整个表达式的值，否则取表达式 3 的值为其值。表达式 2 和表达式 3 可以是不同的数据类型，但必须是相容的。

可见，条件运算符像逻辑运算符一样，也能控制子表达式的求值顺序。

条件运算符最适用于这样的情况：根据某些条件将两个值中的一个，赋值给指定的变量。

例如，欲将 x 与 y 两者中的较大者送给 max，可以用如下语句实现：

```
max = (x > y) ? x : y;
```

执行上述语句时，首先检测条件 x>y，如果条件成立（为“真”），那么计算“?”后面的表达式 x，并将该表达式的值（即 x 的值）赋给变量 max；如果条件不成立（为“假”），则计算“:”后面的表达式 y，并将该表达式的值（即 y 的值）赋给变量 max。

> 📖 注意：上述表达式中，子表达式(x>y)的圆括号不是必需的，加上圆括号只是为了增加表达式的可读性。因为，三目条件运算符的优先级只高于赋值运算符，低于其他所有的运算符，而且是“从右到左”结合的。

下面是三目条件运算符的另一个示例：

```
(x % 2 == 1) ? 1 : 0
```

- 当 x 为奇数时，整个表达式的值为 1。
- 当 x 为偶数时，整个表达式的值为 0。

2.3.5 位运算符和位运算表达式

Java 语言提供了多种位运算符。位运算将操作数解释成有序的“位”集合，这些位中的某一位或若干位相互可以具有独立的含义。它使得 Java 语言也能像 C 语言一样可以随心所欲地操纵存储单元中的二进制位（bit）。位运算符通常用于整数，且参与运算的操作数均以补码形式出现。Java 语言提供了 7 种位运算符，表 2-10 归纳了这些运算符的用法。

表 2-10 位运算符及其用法

运算符	使用形式	含义	运算描述
&	var1 & var2	按位与	如果两个操作数的相应位都为 1，则结果中的相应位为 1
|	var1 | var2	按位或	如果两个操作数的相应位有一个为 1，则结果中的相应位为 1
^	var1 ^ var2	按位异或	如果两个操作数的相应位只有一个为 1，则结果中的相应位为 1
~	~var	取反	将操作数中的所有 0 置为 1，所有 1 置为 0
<<	var << bit_num	左移	将操作数中的所有位左移指定的位数，右边空出的位补 0
>>	var >> bit_num	带符号右移	将操作数的所有位右移指定的位数，左边空出的位填补符号
>>>	var>>>bit_num	无符号右移	将操作数的所有位右移指定的位数，左边空出的位填补 0

下面通过实例来说明它们的用法。

1. 按位与运算符

按位与运算符“&”是双目运算符，其功能是将参与运算的两个操作数各对应的二进制位做“与”运算。只有对应的两个二进位均为 1 时，结果位才为 1，否则为 0。表达式的一般形式是：

```
<操作数>&<操作数>
```

在实际应用中，按位与运算通常用于将操作数的某（些）位清 0（又称屏蔽）而其他位的值保持不变。例如，设 a 为长度为 16 位的 short 变量，其值为 0x4567。现要求将 a 的高 8

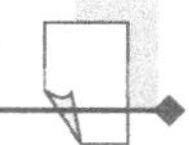

位清 0，保留低 8 位。可通过表达式 a&255 实现，如图 2-1 所示。

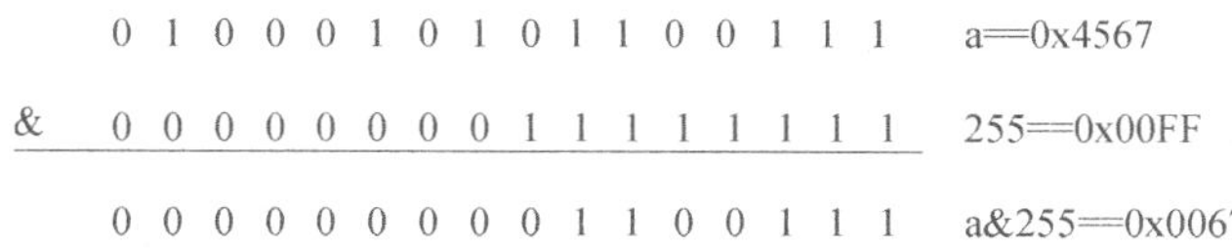

图 2-1　表达式 a&255 的演算过程

2. 按位或运算符

按位或运算符"|"是双目运算符，其功能是参与运算的两个操作数各对应的二进位做"或"运算。只要对应的两个二进制位有一个为 1，结果位就为 1；只有对应的两个二进制位同时为 0 时，结果位才为 0。

```
<操作数> | <操作数>
```

该运算可以很方便地将操作数的某（些）位置 1，而其他位仍不改变其值。例如，仍设 a 的值为 0x4567，现要将最高位置为 1，其他位保持不变。可通过表达式 a | 0x8000 实现，如图 2-2 所示。

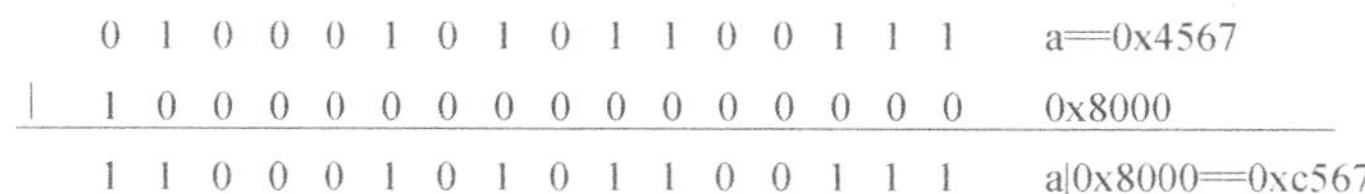

图 2-2　表达式 a|0x8000 的演算过程

3. 按位异或运算符

按位异或运算符"^"是双目运算符，其功能是参与运算的两数各对应的二进制位做"异或"运算。仅当两个对应的二进位不相同时，结果为 1；否则结果为 0。表达式的一般形式是：

```
<操作数> ^ <操作数>
```

异或运算最普遍的用法是能快速将变量的值清 0。由此可见，也能快速判断两个操作数是否相等。例如，表达式"a = a ^ a"，可以将整数 a 的值清为"0"，如图 2-3 所示。

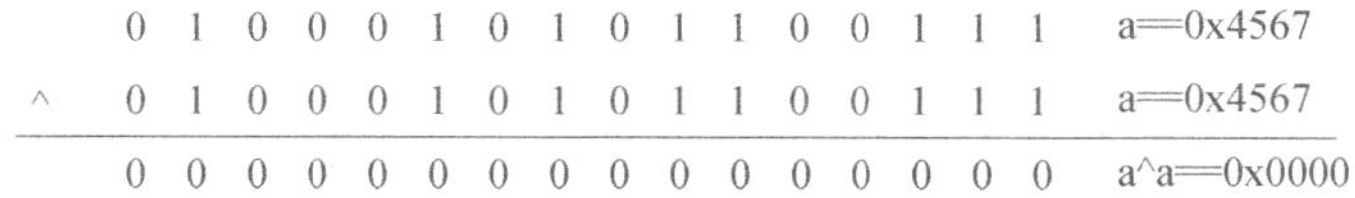

图 2-3　表达式 a^a 的演算过程

异或运算还有个很重要的特性就是，对于任意的整型数据 a，b 有：

a^b^b=a

异或运算的这一功能可以用来作为简单的加密，即以 b 为密钥，与 a 进行异或操作，就可对明文 a 进行加密。解密时仍然以 b 为密钥，对密文进行异或，可以还原为明文 a。

4. 取反运算符

取反运算符"~"为单目运算符，具有右结合性。表达式的一般形式是：

```
~<操作数>
```

其功能是对参与运算的数的各二进位按位取反。例如，对 short 类型的数据 9 的取反运算，即：

```
~(0000000000001001)
```

结果为：

```
1111111111110110
```

> 注意：取反运算不会改变数据本身的值，只是计算的结果为原数据的按位反。

很容易证明，对于任意整型数据 a，有~(~a)=a。这个也可以用于简单的数据加密或转换。

5. 左移位运算符

左移运算符是“<<”，它是双目运算符，其表达式的一般形式为：

```
<操作数><<<移位位数>
```

其功能是将运算符“<<”左边的操作数的各二进位全部左移指定的位数。左移时，操作数移出左边界的位被丢弃，从右边开始用 0 填补空位。例如，设 byte a=15，则赋值表达式“a = a<<3”的结果是 120。其运算过程如图 2-4 所示。

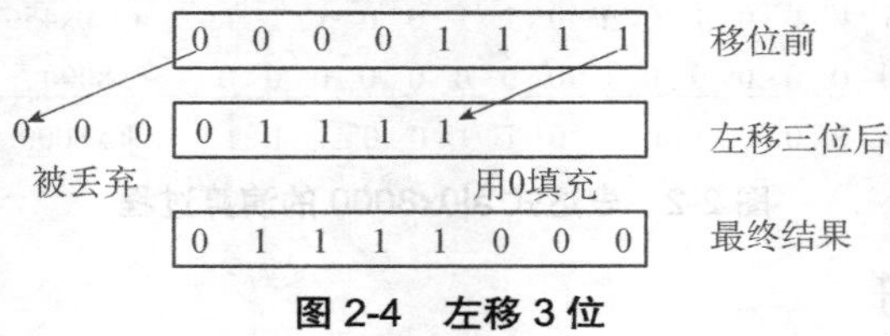

图 2-4　左移 3 位

细心的读者可能会发现 a<<3=120=$a\times 2^3$，其实很容易证明，对于任意的整数 a 和 n，有下式成立：

$$a<<n=a\times 2^n$$

由于移位操作的速度远远超过乘法运算，所以在对速度要求比较高的场合，可以用移位运算来代替乘以 2 的幂运算。

6. 带符号右移位运算符

带符号右移位运算符是“>>”，它是双目运算符，其表达式的一般形式为：

```
<操作数>>><移位位数>
```

其功能是将运算符“>>”左边的操作数的各二进位全部右移指定的位数。右移时，操作数移出右边界的位被丢弃，从左边开始用符号位填补空位。如果原先最高位是 1，则填补 1；如果是 0，则填补 0。例如，设 byte　a=25，则赋值表达式“a = a>>3”的结果是 3。其运算过程如图 2-5 所示。

若 a=−25，则用补码表示为 11100111，此时表达式“a=a>>3”的值为 11111100，这个值用十进制表示是−2。运算过程如图 2-6 所示。

对于正整数而言，每右移 1 位，相当于被 2 整除一次。带符号移位，保证了数据的正负不会发生变化。

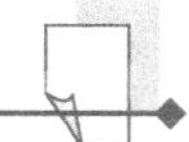

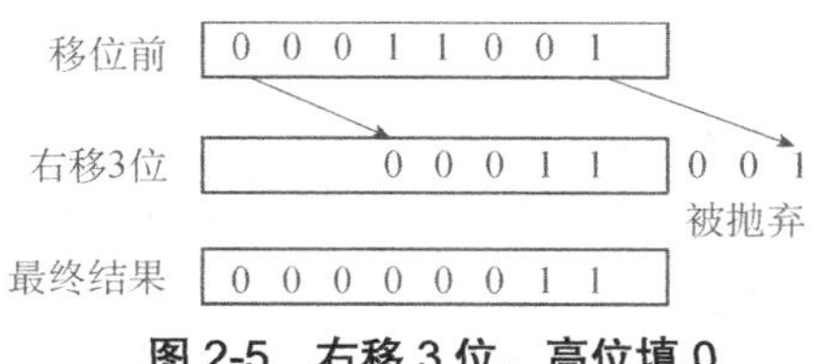

图 2-5　右移 3 位，高位填 0

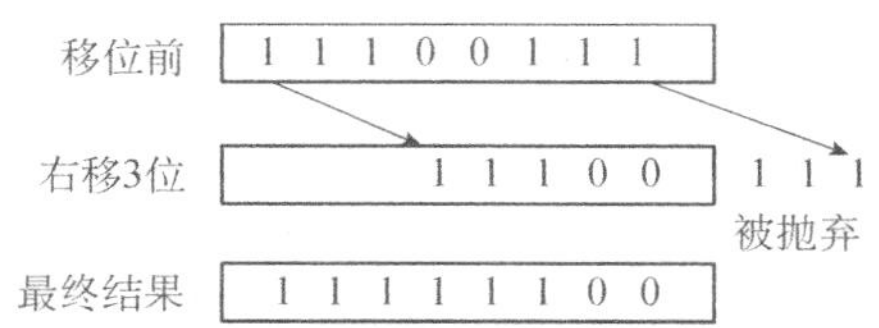

图 2-6　右移 3 位，高位填 1

7. 不带符号右移位运算符

不带符号右移位运算符是“>>>”，它是双目运算符，其表达式的一般形式为：

```
<操作数>>>><移位位数>
```

其功能是将运算符“>>>”左边的操作数的各二进位全部右移指定的位数。右移时，操作数移出右边界的位被丢弃，从左边开始用 0 填补空位。而与原符号位无关。除此之外，它的操作和“>>”并没有什么不同。

最后，我们要提醒读者注意的是，不要将位运算与逻辑运算混为一谈。比如，逻辑运算“!a”，它的操作数只能是 boolean 值。但按位取反运算“~a”则不同，它的操作数必须是整型值。

再来看逻辑与“&&”和逻辑或“||”运算，它们与按位与“&”和按位或“|”的区别主要在如下两个方面：

- 在逻辑表达式中，如果左边的操作数已经能够决定整个表达式的值，就不再对其右边的操作数求值。但“&”和“|”运算符两边的操作数都必须求值。
- 逻辑运算主要用于测试逻辑表达式的结果是 true 还是 false，按位运算则用于比较它们的操作数中对应的“位”。

2.3.6　赋值运算符和赋值表达式

Java 中的赋值运算符有两种：一种是简单的赋值运算符“=”，另一种是将“=”与其他的运算符复合在一起形成的复合赋值运算符。

1. 简单赋值运算

符号“=”被定义为赋值运算符。它不是代数中的等于运算符，等于运算符被定义为“==”。由“=”连接的式子称为赋值表达式。因此，凡是可以出现表达式的地方，都可以赋值。例如，下面是赋值表达式的一个例子：

```
x = y+10
```

在这个表达式中，赋值运算“=”由左操作数 x 和右操作数 y+10 组成。赋值表达式的求解过程是：先计算赋值运算右操作数的值，然后将右操作数的值存放到左操作数指定的存储位置；但赋值运算本身也是一个表达式，它也应该有一个值，其值就是左操作数的新值。这个新值还可以被引用。

在 Java 中，出现在赋值号左边的操作数称为左值，出现在右边的操作数称为右值。常量和表达式不能作为左值。

所谓赋值，其物理意义就是将右操作数的值存放到其左操作数所标识的存储单元中。看下面这个表达式：

a=a+1

从代数的角度看，它不是一个合法的表达式，但它在 Java 中是合法的。设变量 a 的值为 1，用程序语言来描述这个表达式就是：将 a 号存储单元的内容加 1，其结果再存放到 a 号单元中，即该表达式被计算后，a 号单元的内容被更新为 2。

如果赋值运算符两边的数据类型不相同，需要进行类型转换，即把赋值运算符右边的类型转换成左边的类型（即“向左看齐”），然后再赋值。如果这种转换是扩展转换，系统将自动进行类型转换。如果是缩减转换，则需要程序员用强制类型转换来实现。

2. 复合赋值运算

在程序设计中，类似下面的表达式是司空见惯的：

x = x + y

这类运算的特点是：参与运算的量既是操作数，又是存储对象。为避免对同一存储对象的地址重复计算，提高运行效率，Java 引入复合赋值运算符。凡是双目运算符都可以与赋值运算符组合成复合赋值运算符。Java 提供了 11 种复合赋值运算符，它们是：

+=、-=、*=、/=、%=、<<=、>>=、>>>=、&=、^=、|=

下面举例说明复合赋值运算的含义：

```
x += 6.0            等效于    x = x + 6.0
z *= x + y          等效于    z = z * (x + y)
a += a -= b + 5     等效于    a = a + (a = a - (b + 5))
```

一般地，记 θ 为某个双目运算符，复合赋值运算：

x θ= e

其等价的表达式为：

x = x θ (e)

注意，当 e 是一个复杂表达式时，其等价表达式的括号是必需的，如：

y *= a+b

的等价形式是：

y = y * (a+b)

赋值运算符和所有复合赋值运算符的优先级全相同，并且都具有右结合性，它们的优先级低于 Java 中其他所有运算符的优先级。

2.3.7 表达式的求值顺序

前面介绍了 10 多种运算符，当它们混合在一起进行运算的时候，往往会让初学者为一个表达式的求值顺序而伤透脑筋。

当一个表达式包含多个运算符时，表达式的求值顺序是由以下三个因素决定的：

- 运算符的优先级。
- 运算符的结合性。
- 运算符是否控制求值顺序。

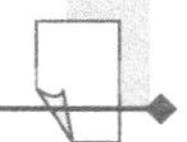

这里的第 3 个因素是指 Java 语言中的 3 个运算符：逻辑与“&&”、逻辑或“||”和条件运算符“? :”。它们可以对整个表达式的求值顺序施加控制。它们或者保证某个子表达式能够在另一个子表达式的所有求值过程完成之前进行求值，或者使某个子表达式被完全跳过不再求值。

如果不考虑第 3 个因素的影响，Java 中求值顺序的基本规则是：两个相邻运算符的计算顺序由它们的优先级决定；如果它们的优先级相同，那么它们的结合性就决定了它们的计算顺序。如果使用了小括号“()”，那么它具有最高优先权。它可以改变运算符的优先级和结合性。

可见，人们熟知的运算符优先级并不能完全决定表达式的求值顺序，它在表达式求值过程中的主要作用是如何划分表达式的各个部分。考察下面这个表达式：

a*b+c*d

显然，乘法运算应该优先于加法运算，而且 3 个运算符的结合方向都是从左到右，所以它等价于：

(a*b)+(c*d)

如果程序员想改变它的运算顺序，可以这样来打括号：

a*(b+c)*d

另外一个容易混淆的例子是：

a+++b

似乎理解成为：

(a++)+b　或者　a+(++b)

都可以。但对于计算机而言，这样的歧义是要绝对禁止的，所以 Java 专门规定了它的处理方法。Java 在从左到右扫描运算符时，会尽可能多地扫描字符，以匹配成一个合法的操作符。所以“a+++b”会被处理成为“(a++)+b”。

为了避免出现这种使人理解上的歧义，推荐读者自己加上括号。

最后来看看 Java 对于运算优先级的规定，如表 2-11 所示。

表 2-11　Java 运算符的优先级

优先级	运算符	结合方向	优先级	运算符	结合方向
1	++　--　~　!	从右向左	8	^	从左向右
2	*　/　%	从左向右	9	|	从左向右
3	+ -	从左向右	10	&&	从左向右
4	<<、>>>、>>	从左向右	11	||	从左向右
5	<、<=、>、>=	从左向右	12	?:	从右向左
6	==　!=	从左向右	13	=　+=　-=　*=　/=　%=　>>=　>>>=　<<=　&=　^=　|=	从右向左
7	&	从左向右			

📖 说明：细心的读者可能会发现，表中并没有常用的“()”，也没有数组中要用到的“[ ]”。这是 Java 和 C/C++的一个重要区别。“()”“{ }”“[ ]”“;”“,”“.”都是 Java 中的分隔符。所以“( )”在 Java 中不是运算符，但可以用它来改变表达式的求值顺序和结合顺序。建议读者使用括号来明确规定表达式中各个子式的运算顺序。

2.4 流程控制语句

语句是程序的控制成分，它具有特定的语法规则和严格的表达方法，用来控制程序的运行。Java 语言尽管是面向对象的设计语言，但是在具体完成某一任务时，仍然需要用一个一个的方法来完成。在这些方法中间，面向对象是无法派上用场的，需要的仍然是传统的结构化编程方法。因此，它的语句还是一些结构化的控制结构。1966 年，计算机科学家 Bohm 和 Jacopini 发表论文，证明了只需用顺序、选择和循环三种基本控制结构就可以实现任何单入口单出口的程序。这实际上说明，编写任何一个 Java 程序，只需要能实现这三种结构的语句就足够了。

2.4.1 顺序语句

1. 表达式语句

表达式语句，就是在表达式后面加一个分号“;”。分号是语句终结符，除了复合语句以外其他任何一个 Java 语句都必须以分号结束，即分号是 Java 语句必不可少的成分。

表达式和表达式语句的区别在于表达式代表的是一个数值，而表达式语句则代表一种动作。最常见的表达式语句是赋值语句。方法调用语句也是一种典型的表达式语句。Java 语言允许方法调用可以作为一个独立的语句使用。

下面这些都是典型的表达式语句：

```
a += 3;
++a;
b = a>>2;
a=(int)Math.random();
```

2. 空语句

比表达式语句更简单的是空语句，空语句的形式就是一个分号：

```
;
```

空语句不执行任何动作，通常被安排在语法上要求一条语句，而逻辑上并不需要的地方。

在程序中，凡可以出现语句的地方都可以出现空语句，它既不会影响程序的结果，也不会产生编译错误。

表达式语句和空语句都属于简单语句。Java 中规定语句中不再含有其他语句的，称为简单语句。由简单语句构成的语句序列，在默认情况下，它们出现的先后顺序就是其执行顺序。这种结构就是顺序控制结构。

3. 块语句

块语句又称复合语句，它是一个以下形式的语句：

```
{
```

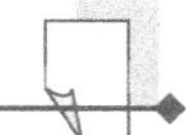

```
    语句序列
}
```

即块语句是用一个左花括号"{"开始，以一个右花括号"}"结束，其间的"语句序列"可以是一个或多个任何合法的 Java 语句。注意"}"后面没有分号。

块语句从形式上看是多个语句的组合，但在语法意义上它只相当于一条简单语句，在任何简单语句存在的地方都可以是复合语句。例如，下面是一种简单的块语句形式：

```
{
        System.out.println( "This is a compound statement." );
}
```

尽管它没必要构成块语句，但它在语法上是完全合法的。块语句是非常有用的，因为在分支语句和循环语句的控制体中，只允许一条简单语句，但必须要多条语句才能实现功能。这时就可以将这些语句用"{ }"括起来成为一条块语句，放在控制体中。

块语句可以嵌套，也就是在块语句中间还可以定义块语句，比如下面这个样子：

```
{
  a=10;
  {
    System.out.println("This is a inner compound statement ");
  }
}
```

无论是外层的块语句还是内层的块语句，语法功能都只是一条简单语句。

和块语句相关的是局部变量。一般的局部变量被定义在方法体内，其作用域也是整个方法体。Java 规定局部变量也可以被定义在块语句中，但其作用域只限于定义它的这一个块语句。

2.4.2 分支语句

为了实现选择结构，Java 提供了相应的分支语句。从逻辑上说，这些分支语句可以分成两类：一类是两路分支，以 if 和 if…else 语句为代表；另一类是多路分支，以 switch…case 语句和 if…else if…else 为代表。如果以关键字来分类，则是 if…else 一类，switch…case 语句为另一类。本节先介绍 if 语句。

if 语句是用来判定所给定的条件是否满足，根据判定的结果（真或假）决定执行给出的两种操作之一。Java 提供了三种形式的 if 语句。

1. 单一的 if 语句

它的语法形式为：

```
if(exp)
  statement;
```

- 其中 exp 可以是 Java 中任意合法的关系表达式或逻辑表达式或者 boolean 量，必须放在括号内。
- statement 只能是一条语句，这条语句可以是简单语句或块语句。
- 语句 statement 可以和 if(exp)写在同一行。

该语句的功能是：如果表达式 exp 的值为真，则执行 statement 所表示的操作，否则该语句什么也不做，程序执行该语句的后续语句。if 结构流程如图 2-7 所示。

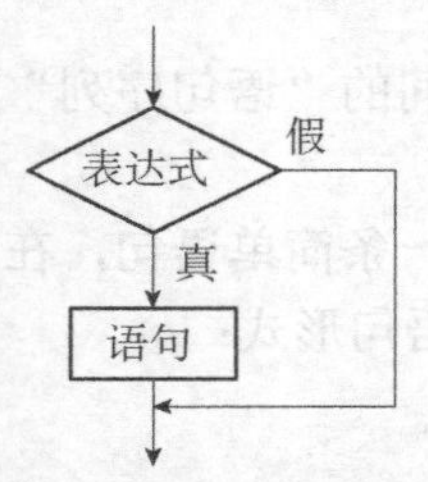

图 2-7　if 结构流程

下面用一个例子进一步说明 if 选择结构的用法。

【例 2-3】随机产生两个整数，输出其中较大的那个数。

不妨设这两个整数是 x 和 y，先假定较大的数是 x。如果假设正确，就什么事情都不用做；如果 y 比 x 更大，就把 y 和 x 的值交换一下。所谓交换，是将 x 的值赋给 y，然后将 y 的值赋给 x。解决这个问题的思路可以参考日常生活。比如某人左手拿了一个苹果，右手拿一只香蕉。要将这两个水果换一只手，一种简单的方法是将左手中的苹果暂时放到桌子上，然后把右手的香蕉递给左手，最后用右手把桌子上的苹果拿起来。

计算机中虽然没有桌子，但是可以设置一个变量来充当桌子，这种变量叫作临时变量。下面的程序演示了如何实现这一思路。

```
public class OutputMax_1{
  public static void main(String args[]){
    int x=(int)(Math.random()*1000);
    int y=(int)(Math.random()*1000);
    int temp;      //定义临时变量
    if (y>x)       //准备交换 x 和 y 的值
    {
       temp=x;   //先把 x 的值存起来
       x=y;      //接受 y 的值
       y=temp;   //y 接受 x 原先的值
    }
    System.out.println("Max="+x);
  }
}
```

初学者在实际应用 if 语句时，一个比较常见的错误是，当条件为“真”必须执行多条语句时，往往忘记应该将这些语句构成复合语句，从而导致结果出错。这类错误称为运行时错误或逻辑错误，编译器并不检查这一类错误，需要程序员通过调试程序来发现。

比如上面程序中 6~11 行的代码，逻辑上的含义是：如果 y>x，则执行花括号对里的 3 条语句，否则一条都不执行。但如果读者粗心地把它们写成如下程序段：

```
if (y>x)
       temp=x;  //（1）
        x=y;      //（2）
        y=temp;  //（3）
```

虽然编排格式并没有变化，但实际上逻辑含义完全发生了变化。它所表达的逻辑含义变成了：如果 y>x，则执行第（1）步；然后无论 x 是否小于 y，（2）和（3）两步都被执行。

读者要理解的是，这个错误使得编译器不再将（2）和（3）对应的两个语句看作 if 语句结构的一部分。因为在语法上，if(expression)后面要求只使用一条语句。（2）和（3）是不属于 if 语句的独立语句。

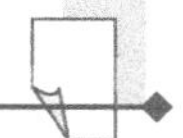

2. if…else 语句

如果说 if 语句是单路选择结构，if…else 语句就是双路选择结构。它的语法形式为：

```
if (exp)
    stat1;
else
    stat2;
```

其功能可以描述为：如果表达式 exp 的值为真，则执行 stat1；否则执行 stat2。与 if 语句相比，它增加了 else 部分，使得它在表达式 exp 为真或假时执行不同的动作，二者必居其一。语句 stat1 和 stat2 都是一条语句，如果需要多条语句，需要用“{}”将其合并为块语句。它的程序流程如图 2-8 所示。

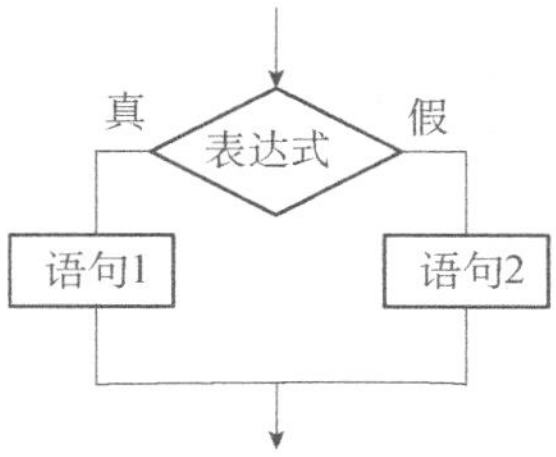

图 2-8 if…else 结构流程图

这里仍然使用【例 2-3】这个问题来说明 if…else 的使用。我们可以换一种思路，不用交换两个数据的值，而是采用更为直观的方法：如果 x 大一些，就输出 x，否则就输出 y。

```
1. public class OutputMax_2{
2.     public static void main(String args[]){
3.         int x=(int)(Math.random()*1000);
4.         int y=(int)(Math.random()*1000);
5.         if (x>y)
6.             System.out.println("Max="+x);
7.         else
8.             System.out.println("Max="+y);
9.     }
10. }
```

- 程序中第 6 和 8 行的两个输出语句后面都有分号，这是由于分号是 Java 语句中不可缺少的部分，这个分号是 if 语句中的内嵌语句所要求的。如果无此分号，则出现语法错误。
- 不要误认为第 5 至 8 行是两个语句（if 语句和 else 语句）。它们都属于同一个 if 语句。
- 第 7 行的 else 子句不能作为语句单独使用，它必须是 if 语句的一部分，与 if 配对使用。

这个程序看上去比前面那段代码更易懂，足见 if…else 的作用。

3. if…else if…else 语句

在某些程序设计中，可能根据条件有多个不同的操作，这称为多路分支。从理论上来说，任意的多路分支都可以用二路分支来实现。但为了方便程序员编程，Java 对 if…else 语句进行了扩展，可以支持多路分支判断。它的一般形式如下：

```
if(exp1)
    stat1;
else if(exp2)
    stat2;
else if(exp3)
    stat3;
```

```
…………
else if(expm)
    stat m;
else
    stat n;
```

关于表达式 exp 和语句 stat 的语法规定，和前面 if…else 的规定完全相同。它的程序流程是从前往后依次进行判断，只要有一个判断为真，就执行对应的语句，后面的判断都不会被执行。如果没有一个判断为真，就执行 else 后面的语句。当然，这里可以不写 else 语句，那样有可能一条语句也没有被执行。程序流程如图 2-9 所示。

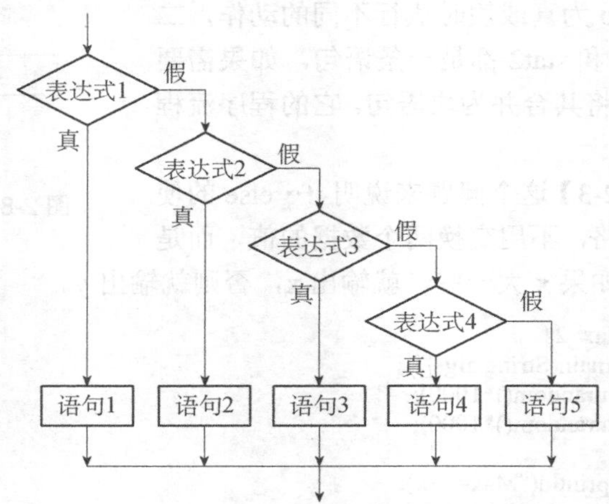

图 2-9　if…else if…else 结构流程图

【例2-4】评定等级。

给定一个 0～100 内的分数（假定是整数）。按照下列标准评定其等级并输出：0～59 分为不及格，60～69 分为及格，70～79 分为中等，80～89 分为良好，90～100 分为优秀。

这是一个典型的多路分支，假定成绩用变量 score 存储，只要判断 score 属于哪一个分数段就可以输出对应的等级。这里唯一的难点是如何判断 score 所属的分数段。比如 score 是 95 分，属于 90～100 这个分数段，初学者可能会认为这么来写：

```
90<=score<=100
```

但这是代数的写法，在 Java 中是完全错误的，应该这么来写：

```
90<=score && score<=100
```

整个程序如下：

```
public class Ranking{
    public static void main(String args[]){
        int score=(int)(Math.random()*100);    //产生一个随机整数
        if (0<=score && score<=59)
                System.out.println("成绩为"+score+"分，评定为不及格");
        else if(60<=score && score<=69)
                System.out.println("成绩为"+score+"分，评定为及格");
        else if(70<=score && score<=79)
                System.out.println("成绩为"+score+"分，评定为中等");
```

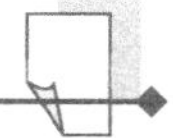

```
        else if(80<=score && score<=89)
                System.out.println("成绩为"+score+"分，评定为良好");
        else if(90<=score && score<=100)
                System.out.println("成绩为"+score+"分，评定为优秀");
    }
}
```

这个程序能够很好地工作，但它并不是一个简洁、高效的程序，因为其中某些判断完全是多余的。根据 if…else if…else 的规则，是一个个 else if 依次判断过来的，比如执行到“else if(70<=score && score<=79)”这一个判断，意味着前面的判断都不成立，也就是说 score 一定不可能小于 70，所以“70<=score”这个判断是多余的，只要判断“score<=79”是否成立就可以了。这种改进，留给读者自行完成。

4. if 语句的嵌套

前面介绍的是 if 语句的基本用法。在很多情况下，一个简单的 if…else 并不足以满足判断的需要，往往需要在 if 语句中又包含一个或多个 if 语句才行，这种情况称为 if 语句的嵌套。它的一般形式如下：

```
if(exp1)
    if(exp2)  语句 1;  //内嵌 if
    else        语句 2;
else
    if(exp3)  语句 3;  //内嵌 if
    else        语句 4;
```

应当注意 if 与 else 的配对关系。Java 规定，else 总是与它前面的最近的、未曾配对的 if 配对。假如写成：

```
if(exp1)
    if(exp2)  语句 1;  //内嵌 if（1）
else
    if(exp3)  语句 3;  //内嵌 if（2）
    else        语句 4;
```

程序的编写者把第一个 else 写在与第一个 if（外层 if）同一列上，希望 else 与第一个 if 配对，但实际上 else 与内嵌 if（1）配对，因为它们相距最近。

一种避免错误的解决方法是使内嵌 if 语句也包含 else 部分（如前面列出的标准形式），这样 if 的数目和 else 的数目相同，从内层到外层一一对应，不致出错。

如果 if 与 else 的数目不一样，为实现程序设计者的意图，可以加花括弧来确定配对关系。例如：

```
if(exp1)
{
    if(exp2)  语句 1  //内嵌 if（1）
}
else
    if(exp3)  语句 3  //内嵌 if（2）
    else        语句 4
```

这时“{ }”限定了内嵌 if 语句的范围，因此第一个 else 会与第一个 if 配对。下面通过一个例子来说明嵌套 if 的使用方法。

【例 2-5】用 if…else 嵌套实现符号函数。

所谓符号函数是指：若某数大于 0，则函数结果为 1；若小于 0，则结果为 1；若等于 0，则为结果为 0。

```
public class SignByIF{
    public static void main(String args[]){
        int number,flag,sign;
        //产生一个（-10，10）之间的随机整数
        number=(int)(Math.random()*10);
        sign=Math.random()<0.5 ? -1 : 1;
        number = sign * number;
        //开始用 if～else 做判断
        if(number<0)
            flag=-1;
        else
            if(number==0)
                flag=0;
            else
                flag=1;
        System.out.println("number=" + number + " flag=" + flag);
    }
}
```

它的程序流程图如图 2-10 所示。

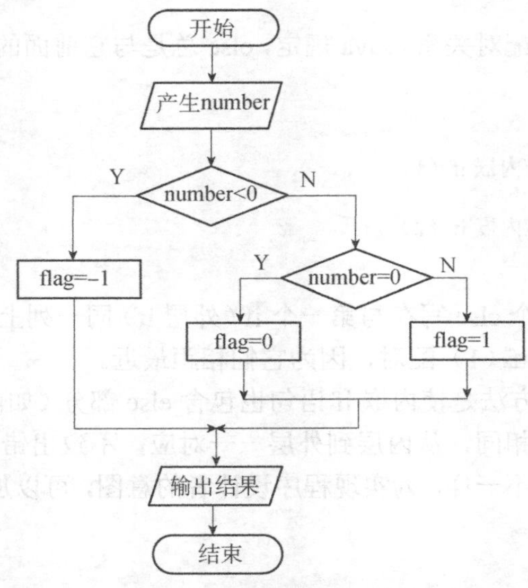

图 2-10　符号函数的流程图

5. 多路分支 switch…case 语句

Java 提供了 switch…case 语句用来专门处理“多中择其一”的情况语句，故又称之为多路选择语句或开关语句。在这种情况下，使用 switch 语句写出的程序往往比使用 if…else 语句写的程序更简洁、清晰，且不易出错。

该语句结构包含若干个 case 标号和一个可以选择的 default 子句。switch 语句的一般格式

为：

```
switch(exp){
    case exp1:
                语句序列 1
                break;
    case exp2:
                语句序列 2
                break;
      ……
      case expn:
                语句序列 n
                break;
      default:
                语句序列 n+1
                break;
}
```

该语句由以下几部分构成：

（1）一个控制开关。关键字 switch 后面用括号括起来的表达式 exp 被称为“控制开关”。exp 是可求值的表达式或变量，其值必须是整型、字符型或布尔型。它的作用是用来控制选择执行后面的哪一个“语句序列”。

（2）一组 case 标号。它由关键字 case 后加一个常量或完全由常量组成的表达式及冒号构成。表达式 exp1，exp2，…，expn 称为标号，因为它们将与控制开关表达式 exp 的值做比较，所以，其值也必须是整型、字符型或布尔型的，且 exp1，exp2，…，expn 的值应互不相同。各个 case 语句出现的次序可以由程序员任意安排。

（3）与一个或一组 case 标号相关联的“语句序列”，称为 case 子句。各 case 子句允许有 0 条或多条语句，或是空语句，当是多条语句时不需要构成块语句。执行完一个 case 后面的语句后，流程控制转移到下一个 case 继续执行。case 的语句标号只是一个标识语句的作用，并不是在该处进行条件判断。在执行 switch 语句时，根据 switch 后面表达式的值找到匹配的入口标号，就从此标号开始执行下去，不再进行判断。这说明多个 case 可以共用同一组执行语句。

（4）break 语句。它不是必需的，由程序员根据需要取舍。一旦遇到 break 语句，将跳出整个 switch 语句。正常情况下，每个 case 子句的最后是一条 break 语句。如果程序员有意省略这个 break 语句，反而被认为是不正常的，此时，程序员应该附加注释，说明此处不是遗漏而是确实不需要 break 语句。

（5）可选的 default 项。如果控制开关表达式 exp 的值与任意一个 case 标号都不匹配，则紧跟在关键字 default 后面的“语句序列 n+1”被执行。如果不使用 default 关键字，则也不应有“语句序列 n+1”。default 子句中可以没有 break，但为了保证和前面形式上的统一，一般会加上 break 语句。

（6）default 并不一定要出现在最后，其实也可以出现在中间，但通常不会这么写。如果没有 default，也没有出现任何与 case 匹配的情况，那么这个 switch 实际上成了一个空语句，什么也不做。

下面用一个例子来说明它的使用方法。这里使用的题目仍然是例 2-4 的题目，不过改成用 switch…case 语句来完成。

【例2-6】用switch…case语句评定等级。

给定一个0～100内的分数（假定是整数），按照下列标准评定其等级并输出：0～59分为不及格，60～69分为及格，70～79分为中等，80～89分为良好，90～100分为优秀。

这里的一个难点是：case后面是一个标号，不能像if语句那样写成

```
case 0<=score && score<=59 :
```

不过仔细观察题目要求，可以发现，除了不及格这一等级外，在同一等级中，虽然个位数字不同，但十位数字是相同的。所以只要将分数除以10，就可以得到它的十位上的数字，这个数字相同的，自然就在同一等级。程序如下：

```
public class RankingBySwitch{
   public static void main(String args[]){
      int score=(int)(Math.random()*100);
      switch(score/10){
         case 10:
         case   9: System.out.println("成绩为"+score+"分，评定为优秀");
                    break;
         case   8: System.out.println("成绩为"+score+"分，评定为良好");
                    break;
         case   7: System.out.println("成绩为"+score+"分，评定为中等");
                    break;
         case   6: System.out.println("成绩为"+score+"分，评定为及格");
                    break;
         default: System.out.println("成绩为"+score+"分，评定为不及格");
                    break;
      }
   }
}
```

由于100分和90～99分都属于优秀等级，但它们的十位数字并不相同，所以程序中用了两个标号“case 10”和“case 9”共用同一组操作。而对于不及格的，十位数字有6种，可以统一归到default中。这个程序虽然简单，但却用到了编程中switch…case语句实际使用时的大多数常用技巧，请读者仔细体会。

2.4.3 循环语句

在许多问题中需要用到循环控制。例如，要输入全校学生成绩、求若干个数之和、迭代求根等。几乎所有实用的程序都包含循环。循环结构是程序设计的基本结构之一，它和顺序结构、选择结构共同作为各种复杂程序的基本构造单元。因此熟练掌握选择结构和循环结构的概念及使用是程序设计最基本的要求。

1. 当型循环while语句

while语句又称当型循环控制语句，它的一般形式为：

```
while(exp)
    stat;
```

其中，“exp”是任意合法的关系表达式或逻辑表达式，也可以是布尔变量或常量，被称为循

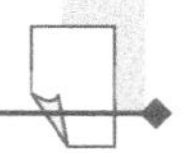

环条件测试表达式；"stat"是一条语句，称为循环体。语法上规定，循环体只能是一条语句。因此，当需要循环重复执行多条语句时，应使用块语句。

while 语句的执行流程是：首先对表达式 exp 求值，若其值为真，则执行循环体；循环体执行完毕后，再次去判断表达式 exp，若其值为真，则又去执行循环体；如此反复，直到表达式 exp 的值为假，就退出循环。显然，while 语句的特点是先判断，后执行。因此，其循环体有可能一次也不执行。流程如图 2-11 所示。

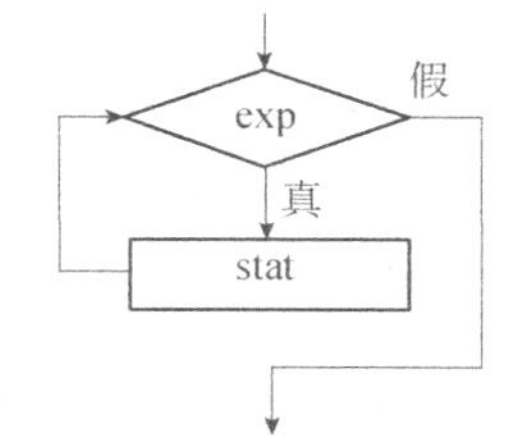

图 2-11　while 语句的流程图

下面通过一个简单的例子来说明 while 语句的使用。

【例 2-7】求 1+2+……+100 的和。

累加求和是计算机中最常见的问题之一。对于本题，可以用等差数列求和公式来求。但对于另外一些无规律的累加问题，就只能一个一个地将数据相加。为了教给读者解决更普遍问题的方法，这里使用循环来完成累加求和。

容易看出，这里一共要进行 99 次加法，只是每次相加的两个数据不同。右侧的数据每次会要加 1，而左侧数据则需要记录前面所有数据之和。通用的技巧是用一个变量存储每次两个数据相加的和，而后这个变量参与下一次相加，并且再次记录相加的和，如此反复。这个变量被称为累加器。

```
public class AccumulationByWhile{
  public static void main(String args[]){
    int sum=0;  //累加器清零
    int cnt=1;  //加数赋初值
    while(cnt<=100){
        sum =sum+cnt; //累加
        cnt++;
    }
    System.out.println("sum="+sum);
  }
}
```

2. 直到型循环 do…while 语句

do…while 语句是 Java 中另一种结构形式的循环语句。其语法形式是：

```
do{
    stat;
}while(exp);
```

其中，stat 是循环体，它可以是一条简单语句或一条复合语句。exp 是循环结束的条件，它可以是 Java 中任意合法的关系表达式或逻辑表达式，也可以是逻辑变量或常量。在多数情况下，即便循环体中只有一条语句，也会打上"{}"，这样程序看上去更为清晰，不易和 while 语句混淆。

do…while 语句的功能是，重复执行由"stat"构成的循环体，直到紧跟在 while 后的表达式 exp 的值为假时结束循环。语句的流程如图 2-12 所示。

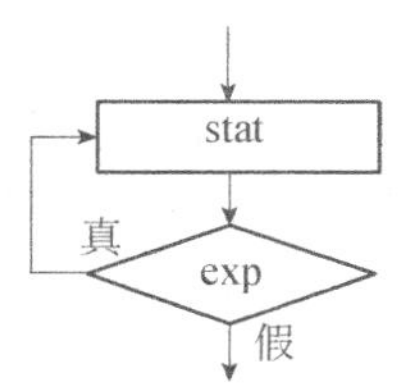

图 2-12　do…while 语句的流程图

与 while 语句相比，do…while 语句有一些不同：

- do…while 语句总是先执行循环体，然后再判断循环结束条件。因此，循环体至少被执行一次。
- do…while 循环本身被看成是一条语句，所以“while(exp)”后面需要一个终止的分号。循环体如果多于一个语句，则应构成复合语句。

下面仍然以例 2-7 的题目为例，来说明 do…while 语句的使用。

```
public class AccumulationByDoWhile{
   public static void main(String args[]){
      int sum=0;   //累加器清零
      int cnt=1;   //加数赋初值
      do{
         sum =sum+cnt; //累加
         cnt++;
      }while(cnt<=100);
      System.out.println("sum="+sum);
   }
}
```

用 do…while 来解决累加求和问题和 while 程序的编写难度并没有多大的区别。通常情况下，都会使用 while 语句来编写。由于 do…while 语句至少要执行一次循环体，所以在满足这一条件的问题中，使用 do…while 语句比 while 语句编写的程序更为简洁一些。

3. 当型循环 for 语句

Java 中的 for 语句使用最为灵活，不仅可以用于循环次数已经确定的情况，也可以用于循环次数不确定而只给出循环条件结束的情况，它完全可以替代 while 语句。for 语句的一般形式为：

```
for(exp1; exp2; exp3)
    stat;
```

- exp1 是循环初值表达式。它在第一次循环开始前计算，且仅计算一次，其作用是给循环控制变量赋初值。
- exp2 是循环条件测试表达式。它在每次循环即将开始前计算，以决定是否继续循环。因此，正常情况下，该表达式决定了循环的次数。
- exp3 是循环控制变量调整表达式。它在每次循环结束时计算，以更新循环控制变量的值。
- stat 是循环体。可以是简单语句或块语句。当有多条语句时，必须使用块语句。最简单的循环体只有一个空语句。

for 循环的执行过程如下：首先计算 exp1，然后再计算 exp2，若 exp2 的值为真，则执行循环体；否则，退出 for 循环，执行 for 循环后的语句。如果执行了循环体，则循环体每执行完一次，都要重新计算 exp3，然后再计算 exp2，依此循环，直至 exp2 的值为假。for 循环的流程如图 2-13 所示。

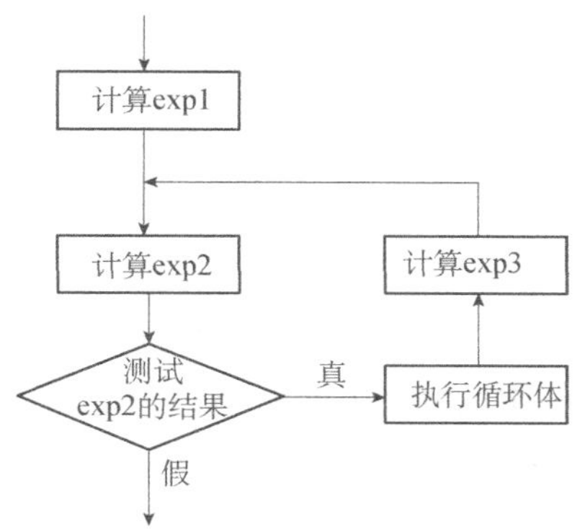

图 2-13 for 循环的流程图

for 语句最简单的应用形式也就是最容易理解的形式如下：

```
for(循环变量赋初值;循环条件;循环变量改变值)
    语句;
```

下面仍然以例 2-7 的题目为例，用 for 语句来完成累加求和。

```
public class AccumulationByFor{
  public static void main(String args[]){
    int sum=0;   //累加器清零
    int cnt;
    for(cnt=1;cnt<=100;cnt++)
      sum += cnt;
    System.out.println("sum="+sum);
  }
}
```

它的执行过程与程序 AccumulationByDoWhile 完全一样。其中的语句序列：

```
int cnt;
for(cnt=1;cnt<=100;cnt++)
  sum += cnt;
```

与下面的语句序列功能相同：

```
int cnt=1;
while(cnt<=100){
    sum =sum+cnt; //累加
    cnt++;
}
```

显然，用 for 语句更为简单方便。使用 for 语句时，还应注意下面几点：

（1）for 语句的一般形式中的“exp1”可以省略，此时应在 for 语句之前给循环变量赋初值。注意省略 exp1 时，其后的分号不能省略。

（2）如果 exp2 省略，即不判断循环条件，循环将无终止地进行下去。也就是认为 exp2 始终为真。

（3）exp3 也可以省略，但此时程序设计者应另外设法保证循环能正常结束。

（4）exp1 和 exp3 可以是一个简单的表达式，也可以是逗号分隔的多个赋值表达式，即包含一个以上的简单表达式，中间用逗号间隔。如：

```
for(sum=0,cnt=1; cnt<=100; cnt++)
   sum=sum+cnt;
```

或

```
for(i=0,j=100; i<=j; i++,j--)
   k=i+j;
```

exp1 和 exp3 都是逗号表达式，各包含两个赋值表达式，即同时设两个初值，使两个变量增值。逗号表达式是从左到右依次运算。上面的 exp1 中，先算 i=0，再算 j=100。

（5）在 exp1 中，可以定义变量，比如：

```
for(int i=0; i<10; i++)
```

这个变量 i 被称为循环控制变量，它也是一个局部变量，它的作用域仅限于 for 语句的循环体内。习惯上，人们经常把循环变量的声明放在 for 语句的括号中。

理论上来说，while 语句、do…while 语句和 for 语句是可以相互替代的，不过在具体编程时，需要视情况选择最合适的循环语句。一般情况下，如果循环次数能够预先确定，或者循环变量是递增或递减的，都会选择 for 循环；如果至少要循环一次，就会选择 do…while 循环；如果是无限循环通常选择 while。

Java 还提供了另外一种 for…each 循环，主要应用在数组和集合中，将在第 4 章中介绍。

4. 循环的嵌套

前面所讨论的三种循环结构的循环体在语法上要求是一条语句。如果这条语句又是一个循环语句或者是包含循环语句的块语句，则称这个循环结构是二层循环结构。如此类推，可能出现三层、四层乃至更多层循环结构。这种循环体中又套有另一个循环的结构叫作循环的嵌套。三种循环语句 for、while、do…while 可以互相嵌套自由组合。但要注意的是，各循环必须完整，相互之间绝不允许交叉。例如，下面几种都是合法的形式。

```
（1）while(exp1){//外层循环
        ………
        While(exp2){//内层循环
            ……
        }
    }
（2）do{//外层循环
        ………
        for(exp1;exp2;exp3){//内层循环
            ………
        }
    }while(exp);
（3）for(exp1;exp2;exp3){//外层循环
        ………
        for(exp4;exp5;exp6){//内层循环
            ………
        }
    }
```

当然合法的形式远不止这么几种，嵌套的层次也可以更深。Java 并没有规定最多允许嵌套的层数，但如果嵌套层次过多，将影响程序的可读性。所以建议嵌套层次不要超过 3 层，

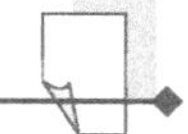

如果有必要嵌套多层，可将内层的循环另外写成方法供外层循环调用。

【例 2-8】依次输出 1，2，3，…，100，每行 10 个数字，共 10 行。

这个题目可以用一层循环来实现，不过用双层循环嵌套更为直观。外层循环用来控制输出的行数，这里共有 10 行。内层循环用来控制每行输出的数字，数字是递增的，每行 10 个。这里内外两层循环都是定长循环，用 for 来实现。另外用一个变量从 1 开始逐步增加，作为输出用的数据。

```
public class ShowDoubleLoop{
    public static void main(String args[]){
        int cnt=1; //用作输出的数据
        for(int i=1; i<=10; i++){    //外层循环，控制行数
            for(int j=1; j<=10; j++){    //内层循环，控制每行输出的数字数目
                System.out.print(cnt+"");
                cnt++;
            }
            //每行 10 个数字输出完后，需要加一个换行符，它属于外层循环
            System.out.println();
        }
    }
}
```

6. 跳转语句 break

break 语句用来实现控制转移。在前面学习 switch 语句时，我们已经接触到 break 语句，在 case 子句执行完后，通过 break 语句使控制立即跳出 switch 结构。在循环结构中，有时我们需要在循环体中提前跳出循环。break 语句就是用来提前退出某个循环的。

1）一般的 break 语句

它的形式是：

```
break;
```

它的功能是将程序流程转向所在结构之后。在 switch 结构中，break 语句使控制跳转到该 switch 结构之后。在循环结构中，break 语句使控制跳出包含它的那一层循环，并从循环之后的第一条语句继续执行。break 语句不能用于循环体和 switch 语句之外的任何地方。

break 语句会导致循环有两个出口，程序的可读性会降低，因此不能滥用 break 的这个功能。

2）带标号的 break 语句

Java 语言没有提供受到广泛争议的 goto 语句，而是为 break 语句提供了标号功能。所谓标号，就是用来标记某一条语句的位置的，其基本的语法格式为：

```
<标号>:<语句>
```

使用标号的 break 语句形式为：

```
break 标号;
```

当执行到本条语句时，立即跳转到标号所标记的语句处。对于 break 而言，所标记的语句只能是包含本 break 语句的内层或外层循环语句。

对于 break 而言，如果标号标记的是包含它的循环语句，跳转到该语句处就相当于跳转出这一层循环。如果有多层循环嵌套，利用标号可以从最内存的循环一步就跳转出所有的循环嵌套。下面这个简单的例子演示了它的使用方法。

【例 2-9】利用标号语句跳转出所有循环嵌套。

```
public class BreakAllLoop{
  public static void main( String args[] ){
outer:          //标记 while 循环
      while(true)
        for(int i=0;i<10;i++){
          System.out.print(i+"");
          if (i>4)
            break outer;      //跳转出由 outer 所标记的循环
        }
    }
}
```

上面的程序中，外层循环 while 是一个无限循环，但由于被 outer 所标记，所以当执行到内层循环中的“break outer;”时，仍然可以跳出该循环。程序的输出如下：

```
0 1 2 3 4 5
```

7. 跳转语句 continue

continue 语句的功能是，使当前执行的循环体中止，即跳过 continue 语句后面尚未执行的该循环体中所有语句，但不结束整个循环，而是继续进行下一轮循环。和 break 语句一样，continue 也有两种用法。

1）一般的 continue 语句

它的形式是：

```
continue;
```

continue 语句只能出现在循环体中。执行本语句，会立即跳转到包含本语句的当前循环语句的循环条件表达式处，进行条件测试，以确定是否进行下一次循环。包含 continue 语句的 for 语句的执行流程如图 2-14 所示。

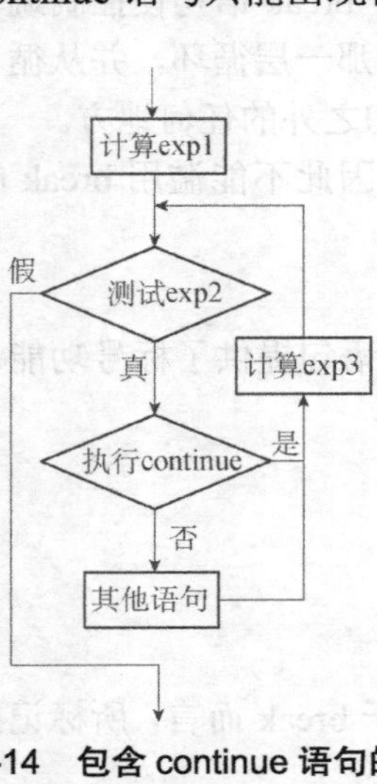

图 2-14　包含 continue 语句的 for 循环流程

2）带标号的 continue 语句

continue 后面也可以跟标号，它的语法形式是：

```
continue 标号;
```

标号的规则与 break 的完全相同。如果标号所标记的是包含 continue 的外层循环，则内层循环被终止，计算外层循环的条件测试，以确定是否进行下一趟循环。

【例 2-10】输出[100，200]间的所有素数。

判断一个数是否为素数，需要从 2 开始做试除，一直到该数的平方根为止。如果所有的试除数都除不尽，则该数为素数。本例中要做的不过是反复判断多个数是否为素

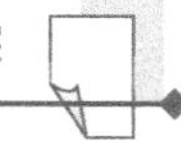

数。做重复的事情，正是计算机最拿手的本领。

```
public class PrimeNumber{
   public static void main( String args[] ){
         System.out.println(" ** prime numbers between 100 and 200 **");
   outer:for(int num=101; num<200; num+=2){ //标记外层循环
            int sqrt=(int)Math.sqrt(num);
            //下面的循环判断当前的 num 是否为素数
            for(int i=2; i<=sqrt; i++)
               if( num%i==0 )
                  continue outer;//不是素数，跳到外层循环，进行下一个数的判断
             System.out.print(num+""); //如果能执行到这里，一定是素数
         }
      }
}
```

break 语句和 continue 语句都会中断循环语句的正常运行，造成循环语句有多个出口。因此有人认为这破坏了结构化的原则，降低了程序的可读性。特别是带标号的 break 和 continue，可能会导致人们阅读程序时理解流程的混乱。所以除非有特别的需要（例如，可以极大地提高程序的效率），否则应尽量避免使用这两种语句。

2.5　控制台输入和输出

Java 程序要从控制台输入数据是一件比较麻烦的事情。这是因为 Java 将输入设备也看成文件，而对文件的读写可能会发生异常，所以需要使用异常处理机制，导致一个简单的数据输入程序要写 10 来行代码。到 JDK5.0 出来之后，这一状况终于发生了改变。在 JDK5.0 中，新增加了一个 Scanner 类来处理控制台输入。对于控制台的输出，一般情况下用 System.out.print()方法即可（本书前面用的都是这种方法）。但对于某些特殊情形，需要将各个输出项按照某种规则对齐（比如长短不等的数据需要右对齐），就需要用到功能更强的格式化输出 System.out.printf()方法了。

2.5.1　控制台输入类 Scanner

要使用控制台输入类，首先要构造一个 Scanner 对象，并让它附属于标准输入流 System.in。其用法如下：

Scanner in = new Scanner(System.in);

随后就可以用它的各种方法实现输入操作了。由于 Scanner 被定义在 util 包中，所以在源代码的最前面需要添加一条语句：

```
import java.util.*;
```

关于这一语句的详细解释，请看第 6 章。

Scanner 中有大量的方法以适应各种数据的输入，其中常用的部分方法如表 2-12 所示。

表 2-12　Scanner 类的常用方法

方　法	说　明
boolean hasNext()	测试是否还有下一个输入项
boolean hasNextByte()	测试下一个输入项是否能按照默认的进制被解释成为一个 byte 数据
boolean hasNextDouble()	测试下一个输入项是否能被解释成为一个 double 数据
boolean hasNextInt()	测试下一个输入项是否能被解释成为一个 int 数据
byte nextByte()	以 byte 类型获取下一个输入项
double nextDouble()	以 double 类型获取下一个输入项
int nextInt()	以 int 类型获取下一个输入项
String nextLine()	读到本行末尾
Scanner useRadix(int radix)	设置本对象的默认进制

【例 2-11】Scanner 使用示例。

```
import java.util.*;    //必须引入 util 包
public class UseScanner{
   public static void main(String argv[]){
//创建输入对象，并指明从标准输入设备（键盘）输入
       Scanner in = new Scanner(System.in);
       System.out.print("请输入你的姓名：");
       String name = in.nextLine();    //读入一行字符
       System.out.print("请输入你的年龄：");
       int age = in.nextInt();        //读入一个整型数据
       System.out.print("请输入你的身高（单位：米）：");
       double height = in.nextDouble(); //读入一个浮点型数据
       System.out.println("姓名："+name+"年龄："+age+"身高：" + height );
       in.close();
   }
}
```

如果在输入的过程中，用户未按程序指定的类型输入数据，Scanner 对象会抛出异常，程序会提前终止。

2.5.2　格式化输出 printf

在前面的例子中，所有的输出使用的都是 System.out.println()和 System.out.print()方法。这两种方法虽然简单，但是也有很大的局限，就是无法控制每一个输出项目的宽度。如果需要更为美观，像下面这个样子：

```
2020-09-21   18:47     1,246 MyDataIO.class
2020-11-25   18:47            25 testfile.dat
2020-11-05   20:11                 575 ReadAndWrite.java
2020-11-05   20:11                 861 ReadAndWrite.class
2020-11-25   20:27                 735 ReadAndWriteFile.java
2020-11-25   22:01              1,249 dir.java
2020-11-25   22:01              1,626 dir.class
```

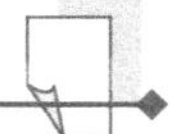

也就是说，虽然输出项目自身的宽度不同，但要求输出之后在屏幕上的宽度却是相同的。在这种情况下，用 System.out.println()是无法解决这个问题的。在 JDK 5.0 之前，需要使用 NumberFormat 类和 DateFormat 类来完成任务。

从 JDK 5.0 起，Java 加入了格式化输出方法：System.out.printf()。它沿用了 C 语言中的 printf 函数，使用方法上也极为相似。例如，调用：

```
System.out.printf("%8d",k);
```

会以 8 个字符的宽度来输出整型数据 k，如果 k 的宽度不够 8 位，会在前面加上空格补足 8 位。

printf 一般的输出格式如下：

```
System.out.printf("<格式控制字符串>",<参数表>);
```

“参数表”表示需要输出的一系列参数，也就是要输出的数据项（简称输出项）。输出项可以是常量、变量、表达式和函数返回值，它可以是零个、一个或多个，其个数必须与格式控制串中所列出的输出格式符的个数和类型相一致，各参数之间用逗号隔开，且顺序必须一一对应。

“格式控制字符串”是由 0 个或多个格式转换说明组成的一个字符串序列。格式转换说明的一般形式为：

```
%[格式修饰符]格式转换符
```

其中，用方括号括起来的内容称之为格式修饰符，可任选。每个格式转换说明对应一个输出项。格式转换说明的作用是将对应输出项的内容按输出格式转换符要求产生出字符序列，并按格式修饰符的要求排版后输出。

格式说明包括五类字符：%、普通字符、转义字符和输出格式转换符及格式修饰符，其作用如下：

- %：格式转换说明的特征字符。
- 普通字符：这是要求按原样输出的字符。
- 转义字符：要求按转义字符的意义输出，如‘\n’，表示输出时按回车键换行。常用的转义字符在本书前面的字符常量一节已经介绍过。

例如，假设变量 a 和 b 是 int 型的，其值分别为 10 和 20，希望输出如下一行：

```
a=10, b=20, a+b=30
```

则可以用如下输出语句实现：

```
System.out.printf("a=%d, b=%d, a+b=%d\n", a,b,a+b);
```

在上述语句中，由双引号括起来的字符串“a=%d,b=%d,a+b=%d\n”为格式控制字符串，它由“a=%d”“, b=%d”和“, a+b=%d\n”三个格式转换说明组成，它分别对应其后的三个输出项 a、b 和 a+b。其中“d”是输出格式符，表示以十进制整数方式输出，“%d”就是要求在它所在的位置输出一个十进制整数；“a=”“, b=”和“, a+b=”都是普通字符，输出时被原样输出，其中逗号后面加一个空格是因为这样做使得输出结果更清晰；“\n”是转义字符。这个语句显然没有包含格式转换说明中带方括号的任选项，即对输出没有加修饰说明。

所有转换符的含义如表 2-13 所示。

表 2-13　printf 格式转换符及其作用

格式转换符	作　用
d	以十进制形式输出整数（以实际长度输出，正数不输出符号）
o（字母 o）	以无符号八进制形式输出整数（不输出前导 0）
x 或 X	以无符号十六进制形式输出整数（不输出前导 0x）
a 或 A	以十六进制形式输出浮点数
c 或 C	以字符形式输出，只输出一个字符
s 或 S	输出字符串
f	以小数形式输出单、双精度数，隐含输出 6 位小数
e 或 E	以标准指数形式输出单、双精度数，数字部分小数位数为 6 位
g 或 G	选用%f 或%e 输出宽度较短的一种格式，不输出无意义的 0
h 或 H	输出哈希码
b 或 B	输出布尔值
tx	输出日期时间（x 可用其他符号替换，详见 12.6 节）
n	输出与平台有关的行分隔符
%	输出%本身

表 2-13 中的格式转换符用于一般数据的输出，如果要输出的数据是日期和时间，还有专门的转换符，这将在学习完 Date 类之后再详细介绍。

除了格式转换符，还有很重要的一部分是格式修饰符，它们用于美化输出。修饰符的说明如表 2-14 所示。

表 2-14　printf 格式修饰符及其作用

格式修饰符	作　用
+	输出正数和负数前面的符号
空格	在正数之前添加空格
m.n	输出项总共占 m 位，小数部分占 n 位，m 和 n 都必须是正整数常量。默认为右对齐
0	数字前面补 0，凑齐指定宽度
-	左对齐，后面补空格
(	将负数输出在括号内
,	数字每 3 位添加一个,号作为分隔符
#	如果是 f 格式，输出小数点，即便小数部分为 0
#	如果是 x 或 o 格式，添加前缀 0x 或 o

续表

格式修饰符	作　用
^	十六进制数以大写形式输出
$	指定将被格式化的参数索引。例如%1$d,%1$x 将分别以十进制和十六进制输出第一个参数
<	格式化前面说明的数值。例如%d%<x 将以十进制和十六进制输出同一个数

无论是什么类型的数据，都可以用%s 的形式来输出，系统自动将其转换为字符串。表 2-13 和表 2-14 虽然看上去比较繁杂，但实际编程中使用最多的还是类似于“%8d”这种简单的控制整型数据宽度的格式。关于这些格式控制符的详细使用例子，可参见本章的最后一节。

2.6 应用实例

前面已经介绍了 Java 的基础知识，本节将综合运用这些知识编制一些简单的程序，以帮助读者巩固所学知识，并逐步熟悉编程的一些常见技巧。

2.6.1 求最大公约数和最小公倍数

对于两个正整数 m 和 n，求它们的最大公约数有一种简单的方法，就是从 min（n，m）起，依次递减直到 1 为止，测试是否能同时被 m 和 n 整除，一旦能被两个数整除，那么这个除数就是最大公约数。不过这种方法的效率比较低，这里介绍一个效率更高的算法：欧几里德辗转相除法。它只有以下三步：

（1）求余数，r←m%n。

（2）令 m←n，n←r。

（3）若 r==0，则 m 为最大公约数，退出循环；否则转第（1）步。

这里不对算法的正确性做出证明，读者可以自行思考。这个算法很明显就是一个直到型循环，可以用 do…while 来实现。求出最大公约数 q 之后，最小公倍数只要用 m×n÷q 就可以了。

【例 2-12】用辗转相除法求最大公约数和最小公倍数。

```
import java.util.*;
public class GcdAndGcm{
   public static void main(String args[]){
  Scanner sc = new Scanner(System.in);
      int m = sc.nextInt();
      int n = sc.nextInt();
      int r;
      int sm=m, sn=n;   //保存这两个数的值
      //下面的循环根据辗转相除法求最大公约数
      do{
          r = m % n;
          m = n;
          n = r;
      }while(r>0);
      //循环结束，最大公约数存储在 m 中
```

```
            System.out.println(sm + "和" + sn + "的最大公约数是：" + m);
            System.out.println(sm + "和" + sn + "的最小公倍数是：" + sm*sn/m);
            sc.close();
        }
    }
```

某一次运行的结果如下：

```
760 和 612 的最大公约数是：4
760 和 612 的最小公倍数是：116280
```

注意程序中的 do…while 循环，几乎就是将前面的算法一句句翻译成 Java 语言。这其实就是编程的实质：将自然语言所描述的算法翻译成为程序设计语言。对于初学者，掌握程序设计语言是基本任务，但如果要更进一步提高编程能力，学习常用的算法则是必需的。

2.6.2 Fibonacci数列

菲波那契（Fibonacci）数列是数学中非常有名的一个数列，因为数学家 Fibonacci 发现而得名。它的递推公式为：

$K_n=1$　　当 $n=1$，2 时

$K_n=K_{n-1}+K_{n-2}$　当 $n\geqslant 3$ 时

即从第三项起，每一项都是它前面两项之和。

【例2-13】求 Fibonacci 数列的前24项。

设当前所求项为 K_3，K_3 的前一项为 K_2，K_2 的前一项为 K_1，则 $K_3=K_2+K_1$，任意项的求解过程如图 2-15 所示。

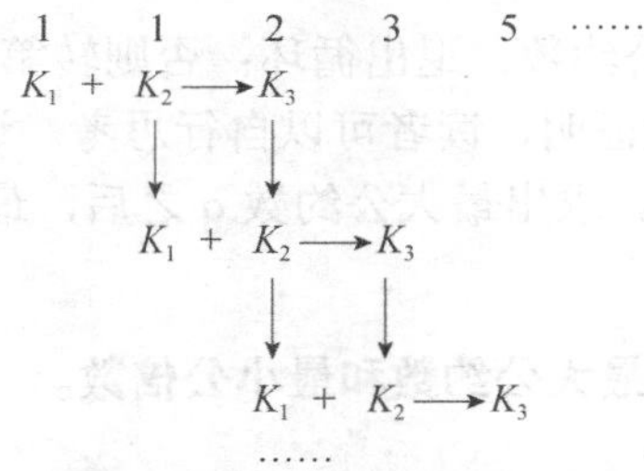

图 2-15　Fibonacci 数列求值过程示意图

这里只有 3 个变量：K_3、K_2 和 K_1，却要输出 24 项，所以要用到一个迭代技巧。每当输出一个项 K_n 后，K_{n-2} 项不再有用，于是可以将 K_{n-1} 赋给 K_{n-2}，将 K_n 赋给 K_{n-1}，把 K_n 空出来，继续求 K_{n+1}。具体代码如下：

```
public class Fibonacci{
    public static void main(String args[]){
        int K1=1, K2=1, K3;
        System.out.printf("%6d%6d",K1,K2); //输出前两位，每个输出项占 6 个字符位宽
        for (int i=3; i<=24; i++){
            K3 = K1 + K2;
            System.out.printf("%6d",k3);
            if( i%8 == 0)
```

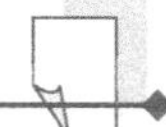

```
            System.out.println();   //每行输出 8 项
        //开始迭代，保存最近的两项
        K1 = K2;
        K2 = K3;
      }
    }
}
```

在本例中，使用了格式化输出方法 System.out.printf()来控制输出项的格式，

2.6.3 拆分数字和进制转换

对数字进行处理，是计算机中的常见问题，也属于比较基础的知识。

【例 2-14】将任意一个正整数逆向输出。比如整数为 32496，其逆向输出为 69423。

解决此问题的基本思路是要将数据分离成一个一个的数字。对于 32496，先将 6 分离出来；再将 9 分离出来……最后将 3 分离出来。在分离的过程中将数据依次输出就可以得到逆序的序列。

要分离出最低位是很简单的事情，只要对 10 取余即可。问题是如何将中间的数字也分离出来。其实，在最低位分离出来之后，最低位不再有用，完全可以抛弃，然后将第 2 位变成最低位。这只需要将数字用 10 整除，比如 32496/10=3249，现在就可以对 9 进行操作了。

上面这两步反复做下去，形成一个循环，就可以依次处理百位、千位……但是还有一个问题，就是什么时候终止这个循环？容易想到，当最高位被分离出来之后，再整除 10，结果会为 0，这时就不用再循环下去了。

程序实现如下：

```
import java.util.*;
public class ConverseNumber{
   public static void main(String args[]){
   Scanner    sc = new Scanner(System.in);
        int number = sc.nextInt(); //从控制台输入一个整型数
        int remainder;
        System.out.println("要处理的数字是："+number);
        System.out.print("逆向输出的数字是：");
        while(number>0){   //循环直到数字变成 0 为止
            remainder = number % 10;   //分离出个位
            System.out.print(remainder);
            number /= 10;
        }
        sc.close();
   }
}
```

在上面这个程序中，数字对 10 取余然后再整除 10，其实本质上是将一个二进制数（计算机内部所有数据都是二进制的）转换为十进制数。只要将当作除数的 10 改成 2、8、16 等数值，这个程序就可以将任何一个整数转换成对应的二进制、八进制、十六进制数据。当然，得到的结果是逆序，如果需要得到正序，还需要将结果存储在数组中再逆序输出。

2.6.4 输出九九口诀表

【例 2-15】输出一个如下所示的九九口诀表。

```
1×1= 1
2×1= 2 2×2= 4
3×1= 3 3×2= 6 3×3= 9
4×1= 4 4×2= 8 4×3=12 4×4=16
5×1= 5 5×2=10 5×3=15 5×4=20 5×5=25
6×1= 6 6×2=12 6×3=18 6×4=24 6×5=30 6×6=36
7×1= 7 7×2=14 7×3=21 7×4=28 7×5=35 7×6=42 7×7=49
8×1= 8 8×2=16 8×3=24 8×4=32 8×5=40 8×6=48 8×7=56 8×8=64
9×1= 9 9×2=18 9×3=27 9×4=36 9×5=45 9×6=54 9×7=63 9×8=72 9×9=81
```

这个乘法口诀表看上去比较复杂，其实仔细分析一下，它具有很强的规律性。

（1）若把每一个等式看成一个整体的输出项——比如把它想象成“*”，那么它实际上是要输出一个直角等腰三角形，如下所示：

```
*
**
***
****
*****
******
*******
********
*********
```

（2）再来分析它的每一个等式。例如“2×6=12”，它由两个部分构成：一部分是“×”和“=”，这个是不变的。另一部分“2、6、12”都是变化的，其中“6”与它所在的行号相同，且同一行中所有的等式这个值都相同；“12”是“2×6”计算的结果，如果能够确定“2”，也就能确定“12”；而“2”恰好是这个等式在本行中的序号。这样一来，三个变量与行号、序号的关系就确定下来了。根据这个关系，不难写出下面的程序：

```
public class MultiplyTable{
  public static void main(String args[]){
        int i, j;
        for(i=1; i<=9; i++){
          for(j=1; j<=i; j++)
                System.out.printf(" %d×%d=%2d",i,j,i*j);          //控制输出等式
          System.out.println();                                    //每输完一行就要换行
        }
  }
}
```

这个问题的解决也提醒我们：当碰到一个陌生问题的时候，可以想一想它是否可以归结为另外一个自己熟悉的问题，用现有的方法就可以解决它。

第3章　面向对象入门

在当今的计算机大型应用软件开发领域，面向对象技术正在逐步取代面向过程的程序设计技术。本章将介绍面向对象的基本知识和 Java 实现面向对象程序设计的主要工具——类和对象。如果读者缺乏关于面向对象程序设计的背景，一定要仔细地阅读本章。如果读者有 C++编程经验，也要注意二者之间的区别，毕竟 Java 在类的具体实现上与 C++有比较大的差别。

3.1　面向对象的基本概念

面向对象（Object Oriented，OO）是当前计算机界关心的重点，它是 20 世纪 90 年代后期以来软件开发方法的主流。面向对象的概念和应用已超越了程序设计和软件开发，扩展到很宽的范围，如数据库系统、交互式界面、应用结构、应用平台、分布式系统、网络管理结构、CAD 技术、人工智能等领域。

谈到面向对象，这方面的文章非常多，但是明确给出“面向对象”的定义却非常少。起初，“面向对象”是专指在程序设计中采用封装、继承、抽象等设计方法。可是，这个定义显然不再适合于现在的情况。面向对象的思想已经涉及软件开发的各个方面，如面向对象的分析（Object Oriented Analysis，OOA）、面向对象的设计（Object Oriented Design，OOD），以及我们经常说的面向对象的编程实现（Object Oriented Programming，OOP）。许多有关面向对象的文章时都只是讲述在面向对象的开发中所需要注意的问题或所采用的比较好的设计方法。看这些文章时只有真正懂得什么是对象，什么是面向对象，才能有所收获。

说明：在本章中，着重讨论 OOP，有关 OOA 和 OOD 的内容请读者查阅有关软件工程的书籍。

本书作者认为：OOP 是从所处理的数据入手的，**以数据为中心**而不是以服务（功能）为中心来描述系统。它把编程问题视为一个数据集合，在这个集合上对数据进行操作。因为数据相对于功能而言，具有更强的稳定性。OOP 同结构化程序设计相比最大的区别就在于：前者首先关心的是所要处理的数据，而后者首先关心的是功能。

3.1.1　对象

OOP 是一种围绕真实世界的概念来组织模型的程序设计方法，它采用对象来描述问题空间的实体。可以说，“对象”这个概念是 OOP 最本质的概念之一。但是，如何给“对象”下一个严谨的定义，却是一个棘手的问题，业界目前对此还没有统一的认识。

在现实生活中，一般认为对象是行动或思考时作为目标的各种事物。对象所代表的本体可能是一个物理存在，也可能是一个概念存在，如一枝花、一个人、一项计划等。在使用计算机解决问题时，对象是作为计算机模拟真实世界的一个抽象，一个对象就是一个物理实体或逻辑实体，它反映了系统为之保存信息和（或）与它交互的能力。

在计算机程序中，对象相当于一个基本程序模块，它包含了属性（数据）和加在这些数据上的操作（行为）。对象的属性是描述对象的数据，属性值的集合称为对象的状态。对象的行为则会修改这些数据值并改变对象的状态。因此，在程序设计领域，可以用“对象=数据+作用于这些数据上的操作”这一公式来表达。

下面以一个生活中常见的例子来说明对象这个概念。例如，“椅子”这个对象，它是“家具”这个更大一类对象的一个成员。椅子应该具有家具所具有的一些共性，如价格、质量、所有者等属性。它们的值也说明了椅子这个对象的状态。比如，价格为100元，质量为5千克，所有者是小王等。类似地，家具中的桌子、沙发等对象也具有这些属性。这些对象所包含的成分可以用图3-1来说明。

对象的操作是对对象属性的修改，在面向对象的程序设计中，对象属性的修改只能通过对象的操作来进行，这种操作又称为方法。比如上面的对象都有“所有者”这一个属性，修改该属性的方法可能是“卖出”，一旦执行了“卖出”操作，“所有者”这个属性就会发生变化，对象的状态也就发生了改变。现在的问题是，所有的对象都有可能执行“卖出”操作，那么如何具体区分卖出了哪个对象，这是需要考虑的。面向对象的设计思路把“卖出”这个操作包含在对象里面，执行“卖出”操作，只对包含了该操作的对象有效。因此，整个对象就会变成如图3-2所示的样子。

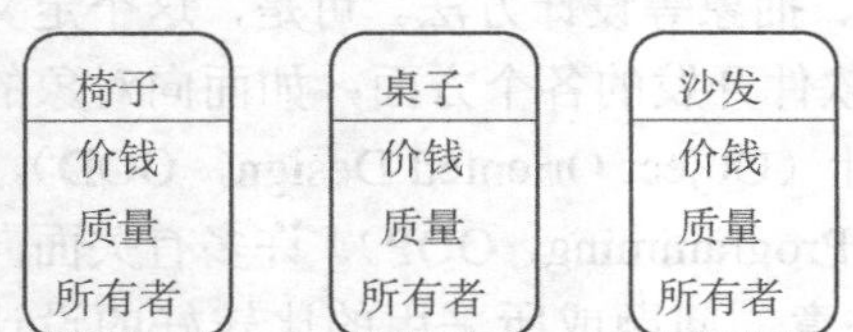

图3-1　对象的属性集合

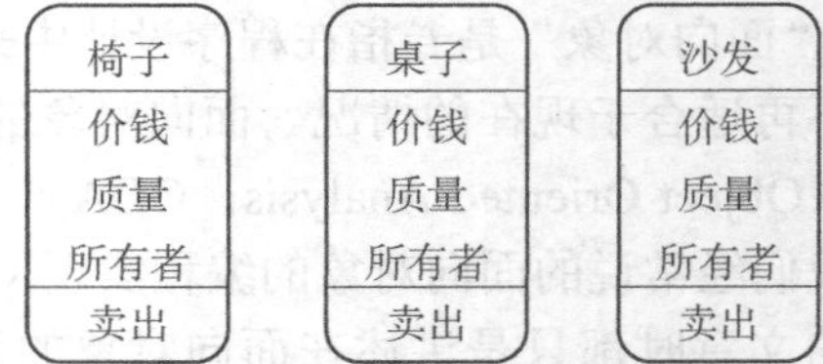

图3-2　封装了属性和操作的对象

由于对象椅子已经包含了“卖出”操作，这样当执行“卖出”操作时，对象外部的使用者并不需要关心它的实现细节，只需要知道如何来调用该操作，以及会获得怎样的结果就可以了，甚至不需要知道它到底修改了哪个属性值。这样做不仅实现了模块化和信息隐藏，也有利于对复杂对象的管理，提升了程序的可移植性和安全性。

3.1.2　类

物以类聚是人们区分、归纳客观事物的方法。在面向对象系统中，人们不需要逐个去描述各个具体的对象，而是关注具有同类特性的一类对象，抽象出这样一类对象共有的结构和行为，进行一般性描述，这就引出了类的概念。

仍然以椅子为例。椅子、桌子、沙发等对象都具有一些相同的特征，由于这些相同的特征，它们可以归为一类，称为家具。因此，家具就是一个类，它的每个对象都有价格、质量、

所有者这些属性，也可以将家具看成是产生椅子、桌子、沙发等对象的一个模板。椅子、桌子、沙发等对象的属性和行为都是由家具类所决定的。

家具和椅子之间的关系就是类与类的实例对象之间的关系。类是具有共同属性、共同操作的对象的集合。而单个的对象则是所属类的一个具体成员，或称为实例（Instance）。在描述一个类时定义了一组属性和操作，而这些属性和操作可被该类所有的成员所继承，如图 3-3 所示。

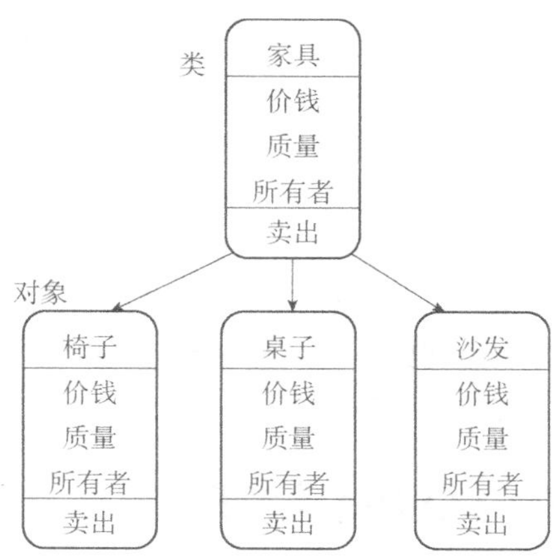

图 3-3　由类到对象的继承

图 3-3 表明，对象会自动拥有它所属类的全部属性和操作。正因为这一点，人们才会知道一种物品是家具时，主动去询问它的价格、尺寸、材质等属性。

对于初学者而言，类和对象的概念最容易混淆。类属于类型范畴，用于描述对象的特性；对象属于值的范畴，是类的实例。从集合的角度看，类是对象的集合，它们是从属关系。也可以将类看成是一个抽象的概念，而对象是一个具体的概念。例如，苹果是一个类，而“桌子上的那个苹果”则是一个对象。

从编程的角度看，类和对象的关系可以看成是数据类型和变量的关系。还可以认为类是一个静态的概念，而对象是一个动态的概念，它具有生命力。类和对象的关系可以用如图 3-4 所示的实例来演示。

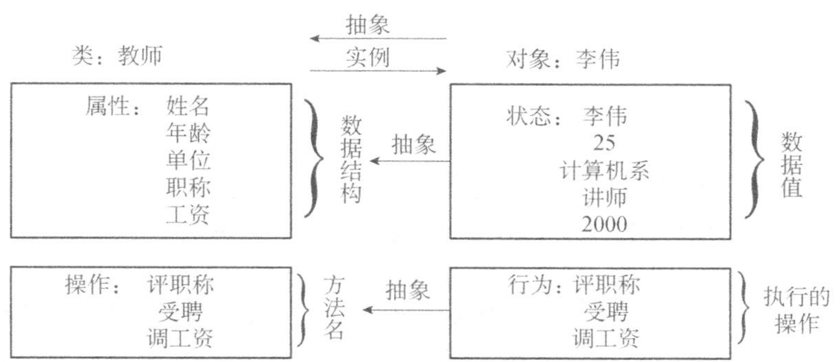

图 3-4　类与对象的关系

3.1.3 消息

由上述内容可知，对象的行为是通过其定义的一组方法来描述的，对象的结构特征是由它的属性来表现的。但是，对象不会无缘无故地执行某个操作，只有在接受了别的对象的请求之后，才会进行某一操作，这种请求对象执行某一操作或是回答某些信息的要求被称为消息。对象之间通过消息的传递来实现相互作用。

消息一般有三个组成部分：消息接收者（接收对象名）、接收对象应采用的方法及方法所需要的参数。同时，接收消息的对象在执行完相应的方法后，可能会给发送者返回一些信息。

例如，教师向学生布置作业：20 级计算机 1 班做 5 道习题。其中，教师和学生都是对象，“20 级计算机 1 班”是消息的接收者，“做习题”是要求目标对象（学生）执行的方法，“5 道”是要求对象执行方法时所需要的参数。学生也可以向教师返回作业信息。这样，对象之间通过消息机制，建立起了相互关系。由于任何一个对象的所有行为都可以用方法来描述，所以通过消息机制可以完全实现对象之间的交互。在 Java 程序设计中，所需完成的功能任务就在对象之间的消息传递与相互作用之间完成。

3.1.4 面向对象的4个基本特征

在上述面向对象的基本概念基础之上，不可避免地要涉及面向对象程序设计所具有的 4 个共同特征：抽象性、封装性、继承性和多态性。

1. 抽象性

抽象是人们认识事物的常用方法，比如地图的绘制。抽象的过程就是如何简化、概括所观察到的现实世界，并为人们所用的过程。

抽象是软件开发的基础。软件开发离不开现实环境，但需要对信息细节进行提炼、抽象，找到事物的本质和重要属性。

抽象包括两个方面：过程抽象和数据抽象。过程抽象把一个系统按功能划分成若干个子系统，进行“自顶向下逐步求精”的程序设计。数据抽象以数据为中心，把数据类型和施加于该类型对象上的操作作为一个整体（对象）来进行描述，形成抽象数据类型（Abstract Data Type，ADT）。

面向对象的程序设计在此基础上跨出了一大步，程序员可利用一些工具表达问题空间内的元素。人们将问题空间中的元素及它们在方案空间的表示物称作“对象”。当然，还有一些在问题空间没有对应体的其他对象。通过添加新的对象类型，程序可进行灵活的调整，以便与特定的问题配合。与以前的方法相比，这无疑是一种更加灵活、更加强大的语言抽象方法。

总之，OOP 允许人们根据问题自身特点来描述问题，而不是根据方案。可以想象每个对象都类似一台小计算机：它们有自己的状态，而且还可要求它们进行特定的操作。与现实世界的“对象”或者“物体”相比，编程“对象”与它们也存在共通的地方：它们都有自己的特征和行为。

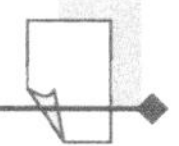

2. 封装性

封装是面向对象编程的特征之一，也是类和对象的主要特征。封装将数据及加在这些数据上的操作组织在一起，成为有独立意义的构件。外部无法直接访问这些封装了的数据，从而保证了这些数据的正确性。如果这些数据发生了差错，也很容易定位错误是由哪个操作引起的。

如果外部需要访问类里面的数据，就必须通过接口（Interface）。接口规定了可对一个特定的对象发出哪些请求。当然，必须在某个地方存在着一些代码，以便满足这些请求。这些代码与那些隐藏起来的数据叫作“隐藏的实现”。一旦向对象发出一个特定的请求，就会调用对应的那个函数。通常将这个过程总结为向对象“发送一条消息”（提出一个请求）。对象的职责就是决定如何对这条消息做出反应（执行相应的代码）。

若任何人都能使用一个类的所有成员，可对那个类做任何事情，就没有办法强制他们遵守任何约束，那么所有东西都会暴露无遗，这是非常危险的。

有两方面的原因促使类的编制者控制对成员的访问。第一个原因是防止程序员接触他们不该接触的东西——通常是内部数据类型的设计思想。若只是为了解决特定的问题，用户只需操作接口即可，无须明白这些信息。类向用户提供的实际是一种服务，因为他们很容易就可看出哪些对自己非常重要，哪些可忽略不计。

进行访问控制的第二个原因是允许类库设计人员修改内部结构，不用担心它会对客户程序员造成什么影响。例如，编制者最开始可能设计了一个形式简单的类，以便简化开发，后来又决定进行改写，使其更快地运行。若接口与实现方法早已隔离开，并分别受到保护，就可放心做到这一点，只要求用户重新链接一下即可。

封装考虑的是内部实现，抽象考虑的是外部行为。符合模块化的原则，使得软件的可维护性、扩充性大为改观。

3. 继承性

继承是一种联结类的层次模型，并且允许和鼓励类的重用，它提供了一种明确表述共性的方法。对象的一个新类可以从现有的类中派生，这个过程称为类继承。新类继承了原始类的特性，新类称为原始类的派生类（子类），而原始类称为新类的基类（父类、超类）。派生类可以从它的基类那里继承方法和实例变量，并且派生类可以修改或增加新的方法使之更适合特殊的需要。这也体现了大自然中一般与特殊的关系。继承很好地解决了软件的可重用性问题。比如说，所有的 Windows 应用程序都有一个窗口，它们可以看作都是从一个窗口类派生出来的。但是有的应用程序用于文字处理，有的应用程序用于绘图，这是由于派生出了不同的子类，各个子类添加了不同的特性。

关于继承的详细内容，将在第 5 章中进行讨论。

4. 多态性

多态性是指允许不同类的对象对同一消息做出响应。比如同样的加法，把两个字符串加在一起和把两个整数加在一起肯定完全不同。又比如，同样的选择“编辑”“粘贴”操作，在字处理程序和绘图程序中有不同的效果。多态性包括编译多态性和运行时多态性。多态性语言具有灵活、抽象、行为共享、代码共享的优势，很好地解决了应用程序函数的同名问题。

关于多态性的讨论，将在第 5 章中进行。

3.2 类与对象

上一节从理论角度阐述了对象和类的有关概念。类是组成 Java 程序的基本要素，在 Java 中有两种类：一种是在 JDK 中已经设计好的类，可以在程序中直接拿来使用；另一种需要程序员根据现有的任务，自行设计和编写，这被称为用户自定义类。本节将着重介绍在 Java 中如何定义类及如何使用这些类。

在第 1 章的例子中已经定义了一些简单的类，如 HelloWorldApp 类。这个类虽然非常简单，但仍然可以看出，一个类的实现至少包含两部分的内容：

```
ClassDeclaration { //类的声明
        ClassBody          //类体
}
```

下面分别对每一部分进行详细讲述。

3.2.1 类的声明和定义

1.类的声明

一个最简单的类声明如下：

```
class    ClassName
```

其中 class 是关键字，用于定义类，ClassName 是类的名字，它必须遵循用户标识符的定义规则。例如：

```
class    Point
```

同时，在类声明中还可以包含类的基类（也叫作父类、超类）、类所实现的接口及访问权修饰符、abstract 或 final，所以更一般的声明如下：

```
[类修饰符] class 类名 [extends 父类名] [implements 接口名列表]
```

- class、extends 和 implements 都是关键字。类名、父类名、接口名都是用户标识符。
- 父类。新类必须在已有类的基础上构造，原有类即为父类，新类即为子类。Java 中的每个类都有父类，如果不含父类名，则默认其父类为 Object 类。
- 接口。接口也是一种复合数据类型，它是在没有指定方法实现的情况下声明的一组方法和常量的手段，也是多态性的体现。
- 修饰符。规定了本类的一些特殊属性，它可以是下面这些关键字之一：

final——最终类，它不能拥有子类。如果没有此修饰符，则可以被子类所继承。

abstract——抽象类，类中的某些方法没有实现，必须由其子类来实现。所以这种类不能被实例化。如果没有此修饰符，则类中间所有的方法都必须实现。

public——公共类，public 表明本类可以被所属包以外的类访问。如果没有此修饰符，则禁止在包的外部访问，只能被同一包中的其他类所访问。

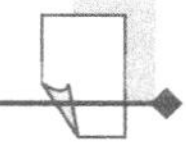

final 和 abstract 是互斥的，其他关键词可以组合使用。下面声明了一个公共最终类，它同时还是 Human 的子类，并实现了 Professor 接口：

```
public final class Teacher extends Human implements Professor
```

2. 创建类体

类体中定义了该类所有的变量和该类所支持的方法。通常变量在方法前面部分定义（并不是强制性要求），方法又分为构造方法和成员方法。如下所示：

```
public class className {
    [memberVariableDeclarations] //定义成员变量
    [constructorDeclarations]       //定义构造方法
    [methodDeclarations]            //定义成员方法
}
```

可以看出，类体中有三个部分：成员变量、成员方法和构造方法。其中，成员变量又被称作属性，成员方法被称作行为，二者也可统称为类的成员。

下例定义了一个 Point 类，并且声明了它的两个变量 x、y 坐标；定义了一个成员方法 move()，可以改变 x、y 的值；定义了一个构造方法 Point()，可以为 x、y 赋初值。

【例 3-1】一个简单的 Point 类。

```
public class Point {
   int x,y;
   public Point( ){
      x = 0;
      y = 0;
   }
   public Point(int ix, int iy){
      x = ix;
      y = iy;
   }
   void move(int ix, int iy){
      x += ix;
      y += iy;
   }
}
```

类中所定义的变量和方法都是类的成员。对类的成员可以规定访问权限，来限定其他对象对它的访问。访问权限有以下几种：private、protected、pubic 和缺省，这些将在 3.3 节中详细讨论。同时，对类的成员来说，又可以分为实例成员和静态（类）成员两种，这些在 3.6 节中详细讨论。

至此，类完整的声明和定义形式已经全部给出，注意类体定义中，并非每个部分都需要。一个最简单的类可能是下面这个样子，它什么事情也不能做。

```
class Empty{   }
```

3.2.2　对象的使用

定义类的最终目的是要使用它，大多数情况下，要使用类需要通过类的实例——对象来实现。在定义类时，只是通知编译器需要准备多大的内存空间，并没有为它分配内存空间。只有用类创建了对象后，才会真正占用内存空间。

Java 的对象就像有生命的事物一样，也要经历三个阶段：对象的创建、对象的使用、对象的清除。这被称为对象的生命周期。对象的生命周期长度可用如下的表达式表示：

```
T = T1 + T2 +T3
```

其中，T1 表示对象的创建时间，T2 表示对象的使用时间，而 T3 则表示对象的清除时间。由此可以看出，只有 T2 是真正有效的时间，而 T1、T3 则是对象本身的开销。

1．对象的创建

创建一个对象也被称为实例化一个类，它需要用到下面的语句：

```
类名  对象名=new 构造方法名（[参数列表]）；
```

例如，使用例 3-1 的 Point 类来创建一个对象 pt：

```
Point pt=new Point(1,2);
```

该语句创建了一个新对象，它的名字叫作 pt。new 是 Java 的关键字，用于创建对象。表达式 new Point(1,2)创建了一个 Point 类的实例对象，它同时指明其坐标值为（1，2）。对象的引用被保存在变量 pt 中。

它虽然是一条语句，但实际上包括三个步骤：声明、实例化、初始化。一般情况下，创建和使用对象都要经过这三个步骤。

1）声明对象

对象的声明和基本类型的数据声明形式上是一样的：

```
类名 对象名;
```

对象名也是用户标识符，和基本类型的变量遵循同样的命名规则和使用规则。例如，声明一个 Point 类型的变量 pt：

```
Point    pt;
```

和 C++不同，Java 中像上面这样声明一个类的变量，并不会分配一个完整的对象所需要的内存空间，这一点也和基本数据类型的变量不同。它会将 pt 看成是一个指针变量，并为它分配所需的内存空间，它所占用的空间（通常只要 4 个字节，用来存放地址值就可以了）远远小于一个 Point 的对象所需要的空间。

这么处理，使得 Java 中声明一个对象的消耗很小，但它也有一个副作用，就是对象不能马上使用，还需要对它进行实例化。

2）实例化对象

Java 中使用 new 关键字创建一个新对象，即进行实例化，格式如下：

```
new 构造方法([参数列表])
```

实例化的过程就是为对象分配内存空间的过程，此时，对象才成为类的实例。new 所执行的具体操作是调用相应类中的构造方法（包括祖先类的构造方法）来完成内存分配及变量的初始化工作，然后将分配的内存地址返回给所定义的变量。

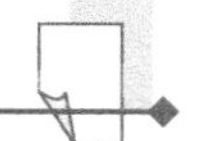

使用 new 创建 Point 对象的示例如下：

```
pt = new Point(1,2);
```

用 new 来创建对象需要比较大的时间开销，远远比声明一个对象的消耗大得多。一些常见操作的时间消耗如表 3-1 所示。

表 3-1　一些操作所耗费时间的对照表

运算操作	示　例	标准化时间
本地赋值	i = n	1.0
实例赋值	this.i = n	1.2
方法调用	Funct()	5.9
新建对象	new Object()	980
新建数组	new int[10]	3100

从表 3-1 可以看出，新建一个对象需要 980 个单位的时间，是本地赋值时间的 980 倍，是方法调用时间的 166 倍，而若新建一个数组对象所花费的时间就更多了（数组在 Java 中也是一种对象，而且还需要为数组中的每个元素做初始化工作）。

3）初始化对象

当一个对象生成时，通常要为这个对象确定初始状态，这个过程就是对象的初始化。由于创建对象是通过类及其祖先类的构造方法来进行的，所以初始化工作也会在这里完成。

注意到前面的这个说明：

```
类名　对象名=new 构造方法名（[参数列表]）；
```

其中的参数列表就是传递给构造方法的一些值，构造方法获得这些值后，就可以为成员变量赋初始值。比如：

```
Point pt=new Point(1,2);
```

它会将成员变量 x 和 y 分别赋值为 1 和 2。Java 还规定如果成员变量没有被显式地赋初值，系统将自动为它们赋初值。具体规定为：所有的简单变量除 boolean 类型外均赋值为 0；boolean 类型赋值为 false；其他类的引用变量均赋值为 null。

2. 对象的使用

创建对象之后，就可以开始使用对象了。所谓使用对象，就是通过消息来调用成员方法，或者直接读取或修改成员变量，二者的后果都是获取或改变对象的状态。下面简单介绍这两种方法。

1）对象变量的使用

要使用对象的变量，需要先创建对象。如果成员变量的访问权限允许，可以直接利用下面的方法：

```
对象名.成员变量名
```

仍以 Point 的对象 pt 为例，可以这么使用它的成员变量：

```
pt.x=6;
```

```
pt.y=6;
```

这样就将它的两个成员变量 x 和 y 都置为 6。

说明：这样直接通过对象来使用成员变量，违反封装原则，除非确有必要，否则最好不要使用。其实多数类的成员变量在定义时会用 private 来修饰，根本就无法使用这种方法来访问。

2）对象方法的调用

大多数的成员方法都是被设计给外部调用的，它的一般语法格式为：

```
对象名.成员方法名([参数列表])
```

例如，要将点 pt 从原来的坐标（1，1）移动到（6，6），这需要调用它的成员方法 move()：

```
pt.move(5,5)
```

它的效果与前面的“pt.x=6;pt.y=6”完全一样，不过这么做要安全得多，符合封装原则。

3. 对象的释放和垃圾收集机制

为了节省存储空间，对象在不再需要之后就应该被释放掉。Java 和 C++一个显著的区别就是 Java 对象的释放是自动的，无须程序员操心，这极大地减轻了程序员编程上的负担，也使得内存泄露发生的风险降到最低。

Java 通过一个称为“垃圾收集机制”的方法来解决对象释放后的内存管理问题。当一个对象不再被引用的时候，垃圾收集机制会收回它占据的空间，以便空间被后来的新对象使用。事实上，除了释放没用的对象，垃圾收集也可以清除内存记录碎片。由于创建对象和垃圾收集器释放丢弃对象所占的内存空间，内存会出现碎片，碎片整理将所占用的堆内存移到堆的一端，连成一片。JVM 将整理出的内存重新分配给新的对象。

垃圾收集能自动释放内存空间，减轻编程的负担。这使 Java 虚拟机具有一些优点。首先，它能使编程效率提高。在没有垃圾收集机制的时候，程序可能要花许多时间来解决一个内存管理的问题。在用 Java 语言编程的时候，靠垃圾收集机制可大大缩短开发调试时间。其次是它保护程序的完整性，防止内存泄露。垃圾收集是 Java 语言安全性策略的一个重要部分。

3.3 成员变量

成员变量又称为成员属性，它是描述对象状态的数据，是类中很重要的组成成分。本节详细讨论如何来定义成员变量、它的访问权限，以及静态成员变量与实例成员变量之间的区别。

3.3.1 成员变量的定义

在第 2 章中，已经介绍和使用过变量。不过那些变量都是定义在某个方法中的，被称为局部变量。成员变量是定义在类里面的，和方法处于同一层次。定义成员变量的语法如下：

```
[变量修饰符] 类型说明符 变量名
```

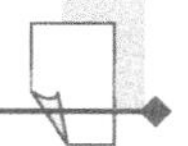

类的成员变量和在方法中所声明的局部变量都是用户标识符，它们的命名规则相同。变量修饰符是可选项，一个没有变量修饰符的变量定义如下：

```
public class Cuber{
        double width,height;
        int number;
}
```

成员变量的类型可以是 Java 中的任意数据类型，包括基本类型、数组、类和接口。在一个类中，成员变量应该是唯一的，但是成员变量的名字可以和类中某个方法的名字相同，但我们不赞成这样写，否则会引起不必要的混淆。

可以用成员变量修饰符来规定变量的相关属性，这些属性包括：

- 成员变量的访问权限。一共有 4 种访问权限可供选择，下一节将详细介绍。
- 成员变量是否为静态。默认情况下，成员变量是实例成员，在外部需要通过对象才能操作；如果用 static 修饰，就成为了静态成员，也称为类变量，无须通过对象就可以操作。
- 是否为常量。默认的是变量，如果前面加上 final 关键字，它就是一个常量。

这些修饰符可以任意组合使用。加上修饰符的成员变量如下所示：

```
public class Cuber{
        private   double width,height;          //定义两个私有的成员变量
        public static int count;                //定义一个公共的静态类变量
        public static final int COLORE=1;       //定义一个公共的整型静态常量
}
```

虽然 Java 并没有规定成员变量必须定义在类的开始部分，不过在实际编程中，多数程序员将成员变量定义在成员方法的前面。

3.3.2　成员变量的访问权限

访问权限修饰符声明了成员变量的访问权限。Java 提供的显示的访问权限修饰符有 3 种，分别是：私有（Private）、保护（Protected）和公共（Public）。除此之外，还有一种默认的访问权限（也被称为包访问权限），它并不是 Java 的关键字，只有当成员变量前面没有写明任何访问权限修饰符时，才默认只能在同一个包中访问它。为了表达上的方便，下面的行文中会省略其中“成员”两字，将被这些修饰符所修饰的变量分别称为私有变量、保护变量和公共变量。下面分别讨论各个修饰符的用法。

1. 公共变量

凡是被 public 修饰的成员变量，都称为公共变量，它可以被任何类所访问。即允许该变量所属的类中所有方法访问，也允许其他类在外部访问，如例 3-2 所示。

【例 3-2】公共变量使用示例。

```
public class DeclarePublic{
    public int publicVar=10;   //定义一个公共变量
```

```
}
```

在类 DeclarePublic 中声明了一个公共变量 publicVar，它可以被任何类所访问。下面这段程序中，类 OtherClass 可以合法地修改变量 publicVar 的值，而无论 OtherClass 位于什么地方。

```
public class OtherClass{
  void change(){
   DeclarePublic    ca=new DeclarePublic();//创建一个对象
   ca.publicVar=20;        //通过对象名来访问它的公共变量，正确
  }
}
```

用 public 修饰的变量，允许任何类在外部直接访问，这破坏了封装的原则，造成数据安全性能下降，所以除非有特别的需要，否则不要使用这种方案。

2. 私有变量

凡是被 private 修饰的成员变量，都称为私有变量，它只允许在本类的内部访问，任何外部类都不能访问它。

【例 3-3】私有变量使用示例。

```
public class    DeclarePrivate{
    private int privateVar=10;     //定义一个私有变量
    void change(){
        privateVar=20;                //在本类中访问私有变量，合法
    }
}
```

如果在企图类的外部访问私有变量，编译器将会报错。

```
public class    otherClass{
    void change(){
       DeclarePrivate ca=new DeclarePrivate(); //创建一个对象
       ca.privateVar=20;          //企图访问私有变量，非法
    }
}
```

为了让外部用户能够访问某些私有变量，通常类的设计者会提供一些方法给外部调用，这些方法被称为访问接口。下面是一个改写过的 DeclarePrivateSe 类。

```
public class    DeclarePrivateSe{
    private int privateVar=10;     //定义一个私有变量
    void change(){
        privateVar=20;
    }
    public int getPrivateVar(){ //定义一个接口，返回私有变量值
        return privateVar;
    }
//定义一个接口，可以设置 privateVar 的值
    public boolean setPrivateVar(int value){
        //可以在这里先检测 value 是否在允许的范围内，然后再执行下面的语句
        privateVar = value;
        return    true;
    }
}
```

私有变量很好地贯彻了封装原则，所有的私有变量都只能通过程序员设计的接口来访问，任何外部使用者都无法直接访问它，所以具有很高的安全性。但是，在下面这两种情况下，需要使用 Java 另外提供的两种访问类型：

- 通过接口访问私有变量，将降低程序的性能，在性能比较重要的情况下，需要在安全性和效率间取得一个平衡。
- 私有变量无法被子类继承，当子类必须继承成员变量时，需要使用其他的访问类型。

3. 保护变量

凡是被 protected 修饰的变量，都被称为保护变量。除了允许在本类的内部访问之外，还允许同一个包中其他类访问它，还允许它的子类通过继承的方式访问它。子类是指从该类派生出来的类。包是 Java 中用于管理类的一种松散的集合。二者的详细情况将在第 4 章和第 6 章介绍。下面是一个简单的例子。

【例 3-4】保护变量使用示例。

下面这个程序先定义一个名为 onlyDemo 的包，DeclarProtected 类就属于这个包。

```
package   onlyDemo;
public class   DeclareProtected{
    protected int protectedVar=10;   //定义一个保护变量
    void change(){
        protectedVar=20; //合法
    }
}
```

说明：读者编译这个文件时，需要用这个命令（下同）：javac -d . 文件名。

下面这个 AccessProtected 类也定义在 onlyDemo 包中，与 DeclareProtected 同属于一个包。

```
package   onlyDemo;   //它也在包 onlyDemo 中
public class AccessProtected{
   void change(){
     DeclareProtected   oa=new   DeclareProtected();
     oa.protectedVar=20;   //合法
   }
}
```

下面这个 Derive 类是 DeclarProtected 的子类，它并不在 onlyDemo 包中，它也可以访问保护变量 protectedVar，但是只能通过继承的方式。

```
import onlyDemo.DeclareProtected; //引入需要的包
public class Derive extends DeclareProtected{ //定义一个子类
   void change(){
     //合法，改变的是 Derive 从 DeclarProtected 中所继承的 protectedVar 值
     protectedVar=30;
   }
}
```

说明：import 是 Java 中的关键字，用于引入某个包。这将在 6.5 节中详细介绍。

子类如果不在父类的同一包中，无法通过“对象名.变量名”的方式来访问 protected 类型的成员变量，比如下面这种访问是非法的：

```
import onlyDemo.DeclareProtected;
public class DeriveError extends DeclareProtected{ //定义一个子类
  void change(){
   DeclareProtected oa=new DeclareProtected();
   oa.protectedVar=30;  //错误，不允许访问不在同一包中的保护变量
  }
}
```

4. 缺省访问变量

如果在变量前不加任何访问权修饰符，它就具有缺省的访问控制特性。它和保护变量非常像，只允许在同一个包中的其他类访问，即便是子类，如果和父类不在同一包中，也不能继承缺省访问变量（这是缺省访问变量和保护变量的唯一区别）。因为它限定了访问权限只能在同一个包中，所以也有人称缺省访问权限为包访问权限。

【例3-5】缺省访问变量使用示例。

```
package   onlyDemo;          //注意：本类定义在包中
public class   DeclareDefault{
   int defaultVar=10;    //定义一个缺省访问变量
   void change(){
      defaultVar=20;        //合法
   }
}
```

onlyDemo 包中的其他类，可以访问 defaultVar 变量：

```
package   onlyDemo;    //它也在包 onlyDemo 中
public class   AccessDefault{
  void change(){
    DeclareDefault   oa = new   DeclareDefault();
    oa.defaultVar=20;      //合法
  }
}
```

下面是它的子类，也在 onlyDemo 包中，它除了可以像包中其他类那样通过“对象名.变量名”来访问缺省变量，还可以通过继承的方式来访问。

```
package   onlyDemo;
public class Derive_2 extends DeclareDefault{   //定义一个子类
  void change(){
   //合法，改变的是 Derive_2 从 DeclarDefault 中所继承的 defaultVar 值
    defaultVar=30;
  }
}
```

如果子类不在 onlyDemo 包中，就不会继承缺省变量，也就无法像上面那样来访问。

```
import   onlyDemo.DeclareDefault;
public class Derive_3 extends DeclareDefault{ //定义一个子类
  void change(){
      defaultVar=30;          //非法，这个变量没有继承下来
```

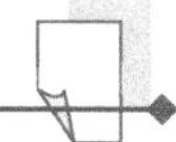

```
    }
}
```

最后小结一下 4 种访问权限，按照从宽松到严格的排序，依次是：public→protected→缺省→private。

3.3.3 实例成员变量和静态成员变量

1. 实例成员变量

前一节中，所有的对象都是实例成员变量。它们的最大特色是：如果所属的对象没有被创建，它们就不存在。如果在类的外部使用它，需要先创建一个对象，然后通过“对象名.变量名”来访问。前面所有的例子都遵循了这一规则。在类的内部，实例成员方法也可以直接访问实例成员变量，比如例 3-5，具体原因，将在 3.4 节中讲述。

不同的对象，拥有不同的实例成员变量，它们互不干扰。

【例 3-6】不同对象的实例成员变量使用示例。

```
public class InstanceVar{
    protected int instVar=0;    //定义一个实例成员变量
}
```

下面这个类 ShowInstVar 用两个对象来访问它的实例成员变量。

```
public class ShowInstVar{
  public static void main(String args[]){
      InstanceVar one = new InstanceVar();    //创建对象 one
      InstanceVar two = new InstanceVar();    //创建对象 two
      //分别为这两个对象的成员变量赋值
      one.instVar = 100;
      two.instVar = 200;
      //分别显示这两个对象的成员变量值
      System.out.println("one.instVar="+one.instVar);
      System.out.println("two.instVar="+two.instVar);
  }
}
```

程序输出的结果如下：

```
one.instVar=100
two.instVar=200
```

本例很好地说明了不同对象的成员变量是不相同的，它们互不干涉。

2. 静态成员变量

在某些情况下，程序员希望定义一个成员变量，可以独立于类的任何对象，即所有的对象都共用同一个成员变量。由于 Java 中不能像 C 一样定义全局变量，因此，Java 中引入了静态成员变量。

在成员变量前加上 static 标识符就可以定义一个静态成员变量，相对于实例成员变量，静态成员变量具有下列特点：

- 它被类的所有对象所共享，因此又被称为类变量。
- 它不属于某个具体对象，也不保存在某个对象的内存区域中，而是保存在类的公共存储单元中。因此，可以在类的对象被创建之前使用。
- 它既可以通过“对象名.变量名”方式访问，也可以通过“类名.变量名”的方式访问。它们是完全等价的。

【例3-7】静态成员变量使用示例。

```
public class StaticVar{
  protected static int stat=0;   //定义一个静态成员变量
}
```

下面这个程序使用不同的方法来访问这个静态变量。

```
public class ShowStaicVar{
  public static void main(String args[]){
      StaticVar.stat=100;   //通过类名.变量名访问静态变量，无需创建对象
      System.out.println("StaticVar.stat="+StaticVar.stat);
      StaticVar one = new StaticVar();   //创建对象 one
      StaticVar two = new StaticVar();   //创建对象 two
      //分别为这两个对象的静态成员变量赋值
      one.stat = 200;
      two.stat = 300;
      //分别显示这两个对象的静态成员变量值
      System.out.println("one.stat="+one.stat);
      System.out.println("two.stat="+two.stat);
      //再通过类来显示静态变量的值
      System.out.println("StaticVar.stat="+StaticVar.stat);
  }
}
```

程序输出结果如下：

```
staticVar.stat=100
one.stat=300
two.stat=300
staticVar.stat=300
```

可以看到，静态变量 stat 是一个公共变量，无论哪个对象改变了它的值，对其他所有该类对象都有效。静态变量的一个重要作用是当作同类各个对象之间传递信息使用，类似于 C 语言中的全局变量。但这样破坏了数据的封装原则，往往会留下隐患，所以使用这类变量时需要万分谨慎。

静态变量的另一个用途是定义静态常量，比如：

```
public static double PI = 3.1415926;
```

这样的静态常量无须创建对象就可以直接使用，省却了创建对象的步骤，类似于 C 语言中定义的 const 常量。这样定义常量，不仅使用方便，而且节省内存空间，在 JDK 中，存在着大量的这种静态常量。

📖 说明：本节中所有的成员变量的类型都是基本类型，其实它们也都可以是复合类型，比如数组、类、接口等类型。

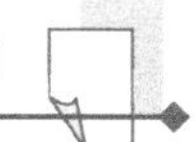

3.4　成员方法

在类中，除了变量以外，另一个重要的组成成分就是方法。方法是用来实现类的行为的，其实相当于 C 语言中的函数，但它一般只对类中的数据进行操作。一个方法，通常只完成某一项具体的功能，这样做使得程序结构清晰，利于程序模块的重复使用。

可以把方法看成一个“黑盒子”，方法的使用者只要将数据送进去就能得到结果，而方法内部究竟是如何工作的，外部程序是不知道的。外部程序所知道的仅限于给方法输入什么方法输出什么。Java 中没有限制一个类中所能拥有的方法的个数。如果说有什么限制的话，就是只有 main 方法可以作为应用程序的入口。

本书前面的例子已经使用过很多方法，比如 System.out.println、Math.random 及 main 方法。这些方法中，某些方法（比如前两个）是系统已经定义在类中的标准方法，可以直接拿来使用；而另外一些方法（比如 main 方法）则需要由程序员自己来编写方法体，被称为自定义方法。本节讲述如何声明和定义一个自定义的方法。

3.4.1　方法的声明和定义

1. 方法的声明

方法的声明是对方法的一个说明，除了抽象方法之外，它通常和方法的定义在一起，位于方法体的前面。一个方法的声明通常格式如下：

```
[方法修饰符]  [方法返回值类型]  方法名 （[形式参数表]）
```

- 方法修饰符和成员变量的修饰符一样，有访问权限修饰符、final 和 static 三种。
- 访问权限修饰符又包括 private、protected、public 和缺省。它们的含义也和成员变量中的完全相同。
- final 表示最终方法，将在 6.1 节中讲述。
- static 表示静态方法，将在 3.6 节中讲述。
- 方法的返回值类型也和成员变量的数据类型一样，可以是基本类型：int、char、double 等，也可以是复合类型（比如类类型）。
- 返回值类型可以是 void，表示没有返回值。
- 形式参数列表是方法可以接受的参数，它由外部调用者提供具体的值。参数可以有多个，中间用逗号分隔，也可以没有参数，但圆括号不能省略。

【例 3-8】几个方法声明的例子。

```
public int max(int a, int b)
```

本方法是一个公共方法，将返回一个整型值。调用者需提供两个整型参数给它。

```
private void setX(double x)
```

本方法是一个私有方法，它没有返回值，调用者需提供一个双精度参数给它。

```
protected double getX()
```

本方法是一个保护方法，它有一个双精度返回值，调用者无须提供参数。

2. 创建方法体与 return 语句

方法体中包含了各种 Java 语句，它是完成方法功能的主体。它紧跟在方法的声明之后，用一对“{}”括起来。方法体和方法的声明合起来，称为方法的定义。

方法体中除了可执行语句外，也可以有属于本方法的局部变量。本节以前的例子中，多数都是这种情况。下面是一个简单的例子。

【例 3-9】方法体定义的例子。

```
public class ShowMethod{
  private int x=0;
  //下面这个方法有一个参数 ix
  public void setX(int ix){
    int   factor = 10;     //定义局部变量 factor;
    x = factor * ix;      //使用参数 ix 给成员变量 x 赋值
  }
  //下面这个方法参数列表为空
  public int getX(){
    return x;      //返回 x 的值给调用者
  }
}
```

该程序不能直接由系统运行，因为它没有 main 方法，但它仍然是一个合法的类，可以用来创建对象。

在方法 getX()中，有一条语句“return x;”，return 是 Java 中的关键字，它构成的语法格式为：

```
return [表达式];
```

Java 规定，任何一个返回值不为 void 的方法，都必须至少有一条 return 语句。return 后面的表达式类型必须与返回类型相容。这里的“相容”是指（除非特别说明，否则本书中提到的“相容”都是同样的意思）：

- 如果是简单类型，要求两者类型或者完全相同，或者表达式的类型可以经过扩展类型转换成与返回类型相同的类型，否则编译器就会报错。
- 如果是复合类型，或者要求两个类型完全相同，或者要求两个类型具有继承关系。具体到本例，要求返回类型是声明类型的直接或者间接子类。

如果是 void 类型的方法，则可以不需要 return 语句。如果有 return 语句，则 return 语句后面的表达式应为空。

【例 3-10】return 语句使用示例 1。

```
public class ShowReturn_1{
  //这个方法返回值为 int 类型
  public int method_1( ){
```

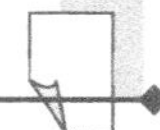

```
        return 1;     //合法，1 是整型数
    }
    //这个返回类型为 double 类型
    public double method_2(){
        return 1;       //合法，1 可以自动转换成 double 类型
    }
    //这个返回类型为 int 类型
    public int method_3(){
        return 1.0;   //错误，1.0 不能自动转换成 int 类型
    }
    //这个返回类型为 void 类型
    public void method_4(){
        return ;        //合法
    }
    //这个返回类型为 void 类型
    public void method_5(){
        return 1;       //错误，不能有返回值
    }
}
```

在方法中，如果没有 return 语句，则方法一直执行到最后一条语句完毕后，返回调用者调用的位置。如果有 return 语句，只要执行到 return 语句，立即返回调用者，无论该 return 语句后面还有多少语句，都不会被执行。一个方法中可以有多条 return 语句，但一次调用时，只能执行某一条 return 语句，其余的无效。

【例 3-11】return 语句使用示例 2。

```
public class ShowReturn_2{
    private int x = 0;
    //下面这个方法虽有两条 return 语句，但仍然是合法的
    public boolean setX(int ix){
        if (ix > 100)
            return    false;     //若 ix>100，则在这里返回，下面的语句不被执行
        x = ix;
        return    true;          //若赋值成功，从这里正常返回
    }
    //下面这个方法有错误
    public int getX(){
        return x;          //返回 x 的值给调用者
        x = 0;              //错误，本语句永远也不会执行到
    }
}
```

3. 局部变量和成员变量的区别

在方法内部可以定义变量，被称为局部变量。局部变量的一般形式如下：

```
[变量修饰符] 变量类型 变量名;
```

- 变量修饰符可以是 final，表示这是常量。
- 变量类型可以是 Java 中任意合法的基本类型或复合类型。
- 变量名是用户自定义标识符，遵循标识符的一般规则。
- 可以在一行中定义多个局部变量，以逗号分隔。

- 定义变量时可以同时赋初值。
- 局部变量必须要先定义后使用。

例如下面就是一些局部变量的定义：

```
final double PI = 3.1416;
int   ix, iy;
final int MAIL = 0;
```

从形式上看，局部变量和类的成员变量很像，但在使用上它们的区别很大。

- 局部变量没有访问权限修饰符，不能用 public、private 和 protected 来修饰。这是因为它只能在定义它的方法内部使用。
- 局部变量不能用 static 修饰，没有“静态局部变量”，这是 Java 和 C/C++的一个细微差别。
- 系统不会自动为局部变量赋初值，但对于成员变量，系统会自动赋初值。基本类型的值为 0，复合类型的值为 null。
- 局部变量的作用域仅限于定义它的方法，在方法的外部无法访问它。成员变量的作用域在整个类内部都是可见的，所有成员方法都可以使用它。如果访问权限允许，还可以在类的外部使用它。
- 局部变量的生存周期与方法的执行期相同。当方法执行到定义局部变量的语句时，局部变量被创建；执行到它所在的作用域的最后一条语句时，局部变量被销毁。类的成员变量，如果是实例成员变量，它和对象的生存期相同；静态成员变量的生存期是整个程序运行期。
- 在同一个方法中，不允许有同名的局部变量；在不同的方法中，可以有同名的局部变量，它们互不干涉。
- 局部变量可以和成员变量同名，且在使用时，局部变量具有更高的优先级。

【例 3-12】局部变量使用示例。

```
public class LocalVariable{
    public void method_1(){
        int va = 0;                 //正确
        public int pva;             //错误，不能有访问权限
        static int sa;              //错误，不能是静态的
        final int CONST = 10;       //正确，可以是常量
        double va =0.0;             //错误，与前面的 va 同名
        vb = 100.0;                 //错误，vb 还未定义
        double vb;
        vb = 100.0;                 //正确，现在可以使用了
    }
    public void method_2(){
        va = 0;             //错误，method_1()中的变量 va 在此不可用
        int CONST = 100;    //正确，它与 method_1()中的 CONST 不同
    }
}
```

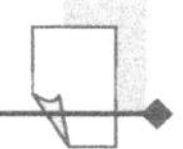

【例 3-13】局部变量与成员变量同名问题示例。

```
public class LocalVSmember{
    private int iVar = 100;
    public void method_1(){
        int iVar;       //正确，可以与成员变量同名
        iVar = 200;     //这里访问的是局部变量
        this.iVar = 300; //这里访问的是成员变量
    }
    public void method_2(){
        iVar = 400;     //这里访问的是成员变量
    }
}
```

在上面的程序中，同名的局部变量会屏蔽掉成员变量。为了访问被屏蔽的成员变量，需要使用一个前缀“this”，它表示的是“本对象”。关于 this 的详细用法，将在 3.5.3 小节中介绍。

4．方法的访问权限

方法与成员变量一样，都是类的成员，因此它和成员变量一样，也有访问权限的问题。方法的访问权限也有 4 种，即 public、private、protected 和缺省，而且它们和成员变量的规则完全一样，这里不再重复举例。

关于成员的各种权限的访问规则，可参见表 3-2。

表 3-2　各种访问权限的规则

	public	protected	缺省	private
本类内部	√	√	√	√
同一包中的子类	√	√	√	×
同一包中非子类	√	√	√	×
不同包中的子类	√	继承访问	×	×
不同包中非子类	√	×	×	×

表 3-2 中的“√”表示可以访问，“×”表示不能访问。不在同一个包中的子类，可以继承父类中的 protected 成员方法和成员变量，并且通过这种方式来访问，但不允许通过“对象名.方法名（）”的方式来访问。

从表 3-2 可以看出，在类的内部使用成员时，根本无须考虑访问权限的问题。在外部访问成员时，public 的限制最宽松，private 的限制最严格，protected 和缺省的限制介于两者之间。初学者不必死记这些访问限制，通过大量的编程实践，将逐步掌握其中的规律。

3.4.2　方法的调用

方法定义的目的，就是要给其他人使用。多数情况下，使用方法需要进行显式的方法调用。方法被调用之后，就会执行方法体内部的语句，完成预定义的功能。

1．方法调用的形式

根据方法的调用者与被调用的方法所处的位置，方法调用的形式可以分为两种。

（1）调用者和被调用方法位于同一类中，调用形式如下：

```
[this.]方法名([实际参数列表])
```

在大多数情况下，关键字 this 可以省略。

（2）调用者位于被调用方法所在类的外部，调用形式如下：

```
对象名.方法名([实际参数列表])    或者   类名.方法名([实际参数列表])
```

实际参数列表用于为对应方法的形式参数列表提供值，可以是 0 个或多个变量或表达式，如果超过一个，需用逗号分隔。

下面是方法调用的两个例子。

【例 3-14】同一类中调用方法示例。

```
public class InvokeMethod{
   public void showMsg(){
       System.out.println("This is showMsg method");
   }
   public void callOther(){
       showMsg(); //调用类中的另外一个方法，这里也可以写成 this.showMsg()
   }
   public static void main(String args[]){
     //创建对象
       InvokeMethod   ob = new InvokeMethod();
       ob.callOther();      //调用 callOther()方法
   }
}
```

在例 3-14 中，方法 callOther()和方法 showMsg()处在同一个类里面，所以调用后者时，只需要直接使用方法名就可以。

令人比较疑惑的地方是在 main()方法中，调用 callOther()方法却用了看似比较麻烦的办法：先创建一个对象 ob，再用“对象名.方法名()”的格式来调用该方法，这似乎是多此一举。

实际上，在这里，这么做是必需的。main()方法是一个静态方法，它由系统来调用。系统在调用它的时候，并没有创建一个 InvokeMethod 的对象，而 callOther()和 showMsg()方法都是实例方法，它们被调用时，都必须有对象的存在。所以必须在 main 中先创建一个对象 ob，才能调用这两个方法。从这一点来看，main 方法虽然处在 InvokeMethod 类的内部，但它的表现却如同在类的“外部”一样。

这么解释，读者可能还会有疑惑：为什么 callOther()又能够直接调用 showMsg()，难道它能保证在调用后者时，对象已经存在？答案确实如此，因为 callOther()本身是实例方法，它在被执行时，一定是有对象存在的。基于这个前提，它才能够直接调用 showMsg()方法。

【例 3-15】外部类调用方法示例。

这里仍然利用例 3-14，另外再写一个类来使用 InvokeMethod 中的两个方法。

```
public class InvokeOther{
   public static void main(String args[]){
     InvokeMethod   ob = new InvokeMethod(); //创建对象
     ob.callOther();              //调用 callOther()方法
   }
```

```
}
```

📖 注意：需要将 invokeMethod.java 和 invokeOther.java 两个文件放在同一个目录下面，然后分别编译。后面如无特殊说明，需要用到两个或两个以上文件的，都必须放在同一目录下编译。

例 3-15 的输出和例 3-14 的输出完全一样。细心的读者还会发现 InvokeOther 类中，main()方法写得和 InvokeMethod 中的 main()方法完全一样。在 3.7 节中，还将进一步解释这一现象。

在 InvokeOther 类中，还可以调用 showMsg()方法，形式还是 ob.showMsg()。读者可以自行改动程序试一试。

2. 方法调用的参数

在定义一个方法时，程序员可能会根据需要列出一个参数表，这些参数被称为形式参数，简称为形参。在调用方法时，需要调用者提供与之相匹配的参数表，被称为实际参数，简称为实参。

这里的匹配有两个条件：

- 实参和形参的个数要相等。
- 实参和形参对应位置上的数据类型要相容，如果是基本类型，即要么数据类型相同，要么实参可以做自动类型转换转换成形参类型；如果是复合类型，则实参要么与形参类型相同，要么是形参的直接或者间接子类。

在方法调用发生时，系统会将实参的值按照位置关系一个一个地传递给形参，即第一个传给第一个，第二个传给第二个……这个过程中，不会考虑形参和实参的名字，如图 3-5 所示。

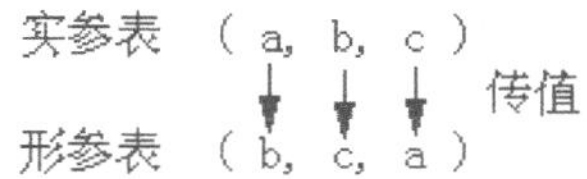

图 3-5　方法调用的传值过程

由于在 Java 中存在两种类型的数据：基本类型和复合类型。这两种类型的数据作为参数传递时，是有一点区别的。下面分别介绍这两种情况。

1）基本类型作为参数

当方法的参数是基本类型（包括整型、浮点和布尔型）时，它是通过传值方式进行调用的，这种传递方式的特点是：

- 它所传递的实参的值是一个副本。
- 单值传递。实参本质上是一个可求值的表达式，它所求出来的值是一个基本类型。
- 单向传递。方法内部可以修改形参的值，但这种修改不会影响到对应的实参。

直观来看，传值过程相当于一个赋值过程，实参是右值，形参是左值。它们发生联系只在调用的那一瞬间，此后二者之间再无关系。

【例 3-16】单向传值示例。

```
public class InvokeByValue{
  public void tryChange(int ix){
      ix = ix * 2;          //企图改变参数的值
  }
```

```
    public void showDiffer(){
        int    ix = 10;
        System.out.println("调用 tryChange 方法之前，ix=" + ix);
        //测试是否能改变实参的值
        tryChange(ix);
        System.out.println("调用 tryChange 方法之后，ix=" + ix);
    }
    public static void main(String args[]){
        InvokeByValue    va = new InvokeByValue();
        va.showDiffer();
    }
}
```

程序的输出结果如下：

```
调用 tryChange 方法之前，ix=10
调用 tryChange 方法之后，ix=10
```

可以看出，尽管在 tryChange()方法中，改变了形参 ix 的值，但对于实参 ix 并没有影响。从这个例子还可以看出，形参实际上是一个局部变量，它的作用域仅限于定义它的方法体内部。实参的名字是否和它相同都没有影响。

单向传值可以防止程序员在无意的情况下改变实参的值，起到了降低程序间数据耦合度的作用。但在某些情况下，单向传值却会阻碍某些功能的实现。比如，要写一个方法实现两个参数交换值的功能。初学者可能会写成下面这个样子：

```
public void swap(int a,    int b){
    int t=a;
    a=b;
    b=t;
}
```

然后这样来调用它：

```
swap(a,b);
```

很不幸，调用过后，会发现 a 和 b 的值没有任何改变。因为在方法 swap 中交换的只是形参 a 和 b 的值，这对于实参 a 和 b 来说，没有任何影响。

实际上，在 Java 中，没有任何简单的方法能够实现上述交换两个基本变量的值，而只能把上面这段代码写在需要交换的地方。

2）复合类型作为参数

如果形式参数不是基本类型，而是复合类型，比如类类型，那么实参和形参的表现行为和基本类型的参数会有一些区别。

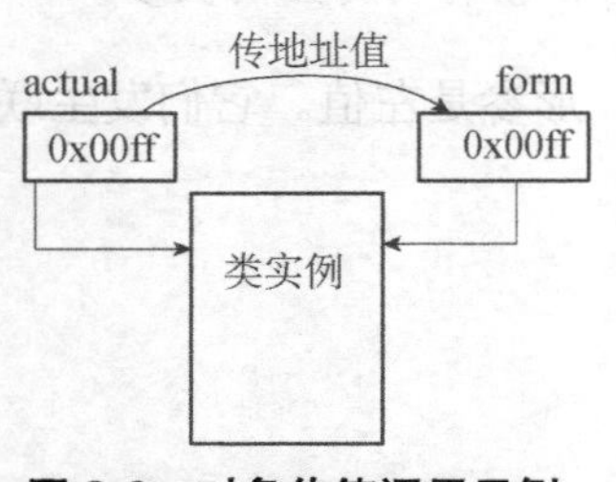

图 3-6　对象传值调用示例

如果实参是一个类的对象，那么在调用相应的方法时，系统会将该对象的地址值传递给形参。例如有一个类 OnlyTest，actual 是它的一个对象，作为实参，form 是它定义的形参对象，调用时的传值情形如图 3-6 所示（假定类实例在内存中的存储地址为 0x00ff）。

在 Java 中虽然没有“指针”这一概念，程序员也不需要掌握它，但在系统内部，仍然是存在指针的。图 3-6

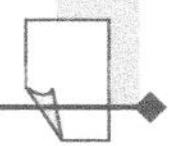

就是指针运用的示例。actual 和 form 指向了同一个对象实例，其中任何一个变量改变类实例中的值，都会对另外一个值造成影响。

对象的传值过程，其实是借用了 C/C++中指针传值的方法，造成的效果也完全相同。下面这个例子展示了对象传值的效果。

【例 3-17】对象传值示例。

```
public class OnlyTest{
   private int x = 0;
   //设置成员变量 x 的值
   public void setX(int ix){      x = ix;   }
   //获取成员变量 x 的值
   public int getX(){      return x;   }
}
```

下面这个程序使用上面这个类，分别声明了一个实参和一个形参。

```
public class InvokeByObject{
   public void tryChange(OnlyTest form){
      int t = form.getX();         //获取对象 form 的成员变量 x 的值
      form.setX(t*2);                 //改变对象 form 的成员变量 x 的值
   }
   public void showDiffer(){
     OnlyTest   actual = new OnlyTest();
     actual.setX(100);
     System.out.println("调用 tryChange 方法之前，x=" + actual.getX() );
     //测试是否能改变 actual 的成员变量值
     tryChange(actual);
     System.out.println("调用 tryChange 方法之后，x=" +
                                       actual.getX() );
   }
   public static void main(String args[]){
     InvokeByObject   va = new InvokeByObject();
     va.showDiffer();
   }
}
```

在程序 InvokeByObject.java 中，showDiffer()先定义一个 actual 对象，并将成员 x 的值置为 100。而后调用方法 tryChange()，它的形参 form 接受 actual 的值，根据图 3-6，它们将共用同一个对象。在 tryChange()中改变了 form 的 x 值，这一改变，对 actual 也是有效的。程序的输出印证了这一点：

```
调用 tryChange 方法之前，x=100
调用 tryChange 方法之后，x=200
```

🕮　由于 C++中提供了传值调用和引用调用两种方式，于是有些教材的作者也认为 Java 的对象参数是采用的引用调用。这其实是一种误解，Java 采用的是传地址值的调用方式，在某些情况下，虽然和引用调用效果相同（比如上例），但在另外一些情形下，还是可以看出二者的区别的。下面这个例子说明了这一区别。

【例 3-18】对象传地址值而非引用示例。

这里仍然使用例 3-17 中的类 OnlyTest，再另外编写一个程序 TrySwap。

```
public class TrySwap{
  //企图交换 a 和 b 的值
  public void swap(OnlyTest a, OnlyTest b){
     OnlyTest temp;
     temp = a;
     a = b;
     b = temp;
  }
  //测试能否交换实参的值
  public void showDiffer(){
    OnlyTest    ox = new OnlyTest();      //创建两个对象
    OnlyTest    oy = new OnlyTest();
    ox.setX(100);
    oy.setX(200);
    System.out.println("调用 swap()方法之前的值:");
    System.out.println("ox.x="+ox.getX()+",oy.x="+ oy.getX());
    //测试是否能交换 ox 和 oy 的值
    swap(ox,oy);
    System.out.println("调用 swap()方法之后的值:");
    System.out.println("ox.x="+ox.getX() + ", oy.x = " + oy.getX());
  }

  public static void main(String args[]){
    TrySwap    va = new TrySwap();
    va.showDiffer();
  }
}
```

在方法 swap 中，形参是两个 OnlyTest 的对象，如果是引用调用，那么交换这两个对象的值，将对实参 ox 和 oy 产生影响。程序实际运行后输出结果如下：

```
调用 swap()方法之前的值:
    ox.x = 100, oy.x = 200
调用 swap()方法之后的值:
    ox.x = 100, oy.x = 200
```

可以看到，ox 和 oy 的值没有受到丝毫影响，因此它不是引用调用。调用过程可以用图 3-7 和图 3-8 来说明。

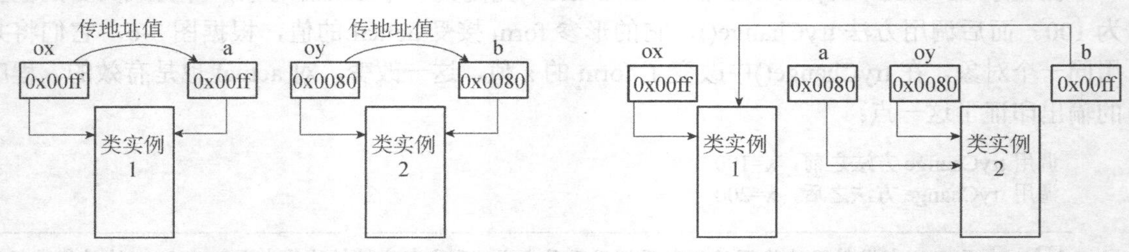

图 3-7　调用 swap()时的传值过程　　图 3-8　执行 swap()之后的情形

补充说明一下：若有对象 A 和 B，执行语句：A=B，则 A 和 B 都指向了同一个对象，它们的行为与上述参数传递的行为完全相同。

📖　注意：通过上述分析可以看出，在 Java 中，虽然没有出现显式的指针，也没有“指针”这个概念，但用普通类声明的变量，本质上和 C/C++中的对象指针是一样的。而且，Java 中也没有和 C++中的引用类型完全等效的概念。

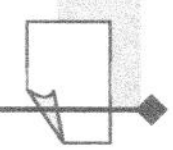

📖 最后小结一下方法参数的使用情况：①方法不能修改一个基本数据类型的参数；②方法可以改变一个对象参数的状态；③方法不能让一个对象参数引用一个新的对象。

3.4.3　隐含参数 this

回顾前面的例子 3-13，当方法中的局部变量和成员变量同名时，局部变量会屏蔽掉同名的成员变量。为了访问该成员变量，需要使用“this.成员变量”的形式。

这个 this 是 Java 定义的一个关键字。为了让程序员能够在方法中使用 this，Java 会将 this 作为一个隐含的参数传递给每一个实例方法，它其实是指向当前对象的一根指针，直观理解，它就是表示“本对象”的意思。

this 作为隐含参数传递，最重要的作用是区分各个对象所拥有的成员。先来回顾上一小节程序中的类 OnlyTest，它拥有一个成员变量 x，两个方法 setX()和 getX()。程序员可以使用这个类来创建若干个对象，这些对象分别拥有自己的成员变量，相互之间不会干扰，如下例所示。

【例 3-19】使用类 OnlyTest 创建多个对象示例。

```
public class UseOnlyTest{
   public static void main(String args[]){
      OnlyTest oa = new OnlyTest();
      OnlyTest ob = new OnlyTest();
      oa.setX(100);              //将成员变量 x 赋值为 100
      ob.setX(200);              //将成员变量 x 赋值为 200
      System.out.println( "oa 的成员变量  x= " + oa.getX() );
      System.out.println( "ob 的成员变量  x= " + ob.getX() );
   }
}
```

程序中分别为两个对象 oa 和 ob 的成员变量赋了不同的值，然后再分别显示它们的值，程序输出如下：

```
oa 的成员变量  x= 100
ob 的成员变量  x= 200
```

这个结果完全在预料之中，但如果深入研究一下，还会存在一些疑问：到底系统是如何来管理这些对象的？显然，不同对象的成员变量一定是单独存放的，那么当它们都调用 setX()方法的时候，这个方法是如何知道要为哪一个对象的成员变量 x 赋值？一种简单的解决办法，是让每个对象的成员方法也单独存放，并且和成员变量存放在一起，它只处理本对象的成员变量。但这种方法实在太笨，因为每个对象存储一套成员方法（而且这些方法的执行语句是完全一样的）需要大量的空间，完全不符合代码重用的原则。所以，所有对象共用一套成员方法显然要经济高效得多。但这样又会带来一个问题，就是这些方法怎样才能区分目前要处理的是哪一个对象的成员变量。

解决这个问题的方法就是 this 关键字。系统会将 this 指向当前对象，然后作为参数传递给成员方法。在方法访问成员变量时，系统会自动为成员变量加上一个 this 作为前缀，这样就可以区分是哪个对象的成员变量。当然，程序员也可以显式地加上 this 做前缀。比如 OnlyTest 类与下面这种形式等价：

```
public class OnlyTest{
    private int x = 0;
    //设置成员变量 x 的值
    public void setX(int ix){
        this.x = ix;        //显式地加上 this，表示本对象的变量 x
    }
    //获取成员变量 x 的值
    public int getX(){
        return this.x;
    }
}
```

对于方法：

```
public void setX(int ix)
```

系统会自动加上形参 this，如下：

```
public void setX(OnlyTest this, int ix)
```

当通过“oa.setX(100)”来调用方法时，系统生成的是“oa.setX(oa,100)”，这样就很好地解决了区分各个对象成员的问题。

3.5 构造方法

构造方法是类中一种特殊的方法，它一般由系统在创建对象（即类实例化）时自动调用，是对象中第一个被执行的方法，主要用于申请内存、对类的成员变量进行初始化等操作。构造方法虽然也位于类里面，但在很多情况下与普通成员方法表现不同，Oracle 公司提供的《Java 语言规范》中明确表示它并不是成员方法（不过也有相反的意见，比如 *Think in Java* 的作者就认为构造方法也是成员方法的一种，不过是特殊的成员方法），而且将其称为“构造器”。构造器的一般形式为：

```
构造方法名([参数列表]){
    [this([参数列表]);] |[super([参数列表]);
    语句序列
}
```

其中的 this 是调用其他的构造方法，super 是调用父类的构造方法，它们都必须放在其他语句的前面。

编写一个构造方法要注意以下几点：

- 构造方法的名字必须和类的名字完全相同。
- 除了访问权修饰符之外，不能有其他任何修饰符，也就不能有返回值。
- 尽管没有返回值，但并不能用“void”修饰。
- 构造方法不能用 static 和 final 来修饰。一般也不用 private 修饰，否则会导致无法在外部创建对象。
- 构造方法不能由对象显式地调用。一般通过 new 关键字来调用，或者用 this、super 来调用。

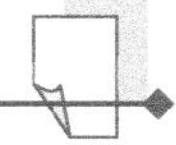

- 构造方法的参数列表可以为空，也可以有参数，根据参数的有无，可以将构造方法分为无参数的构造方法和带参数的构造方法。
- 用户定义的类可以拥有多个构造方法，但要求参数列表不同。
- 当用户定义的类未提供任何构造方法时，系统会自动为其提供一个无参数的构造方法。

3.5.1　无参数构造方法的定义和使用

定义一个无参数的构造方法从语法上来讲很简单，看下面的例子。

【例 3-20】无参数的构造方法示例。

```
public class ConstructNoPara{
  private int   x = 0;
  //定义一个无参数的构造方法，它必须和类同名
  public ConstructNoPara(){
    System.out.println("这是无参数的构造器");
    x = 100;              //为成员变量赋值
  }
  //获取成员变量 x 的值
  public int getX(){     return x;   }
  public static void main(String args[]){
   //隐式调用无参数的构造方法
    ConstructNoPara oa = new ConstructNoPara();
    System.out.println("x = " + oa.getX() ); //输出成员变量 x 的值
  }
}
```

调用构造方法使用的是“new ConstructNoPara()”，这是一种隐式的调用方法，不能写成“oa.ConstructNoPara()”的形式。

注意成员变量 x，它在定义的时候已经赋了初值。在构造方法中，先输出一条信息，然后再次为 x 赋值。由于构造方法的执行在定义成员变量之后，它会覆盖掉原来 x 的初值，所以 x 的值为 100。程序输出如下：

```
这是无参数的构造方法
x = 100
```

对于初学者而言，最容易犯的错误是在构造方法之前加上“void”，变成下面这个样子：

```
public class ConstructNoPara{
  private int   x = 0;
  //试图定义一个无参数的构造方法
  public void ConstructNoPara(){     //这里加了一个 void
    System.out.println("这是无参数的构造方法");
    x = 100;              //为成员变量赋值
  }
  //获取成员变量 x 的值
  public int getX(){     return x;   }
  public static void main(String args[]){
    ConstructNoPara oa = new ConstructNoPara();
    System.out.println("x = " + oa.getX() );
```

```
    }
}
```

这个程序仍然可以通过编译，但运行结果可能会出人意料，它的输出如下：

```
x = 0
```

这表明，程序员自己定义的无参数的构造方法根本就没有执行。这是因为加上“void”修饰之后，ConstructNoPara()不再是一个构造方法，而成了一个普通方法。

语句“ConstructNoPara oa = new ConstructNoPara();”并不是调用程序员自己定义的“构造方法”，而是调用了系统提供的默认的无参数的构造方法，这个方法其实什么事情也没做，自然也就不会更改 x 的值。

📖 说明：C++程序员不会犯此类错误，因为在 C++中，如果在构造方法前面加上“void”，编译器将报错。

📖 注意：构造方法前的访问权限修饰符同样有 4 种，但通常不会是 private 类型。因为用它来修饰的话，无法在外部使用该构造方法，除非设计者准备使用单例模式需要屏蔽外部创建对象功能。

3.5.2 带参数构造方法的定义和使用

在很多时候，需要根据不同的情况为成员变量赋上不同的初值，这就需要传递参数给构造方法，因此 Java 中允许定义带参数的构造方法，而且这种带参数的构造方法还可以定义多个，前提是参数列表有区别，这种现象被称为构造方法的重载。

Java 规定，如果程序员一个构造方法都不定义，那么系统会自动为其加上一个不带参数的构造方法。如果程序员至少定义了一个构造方法，那么系统不会再提供不带参数的构造方法。

当用 new 来创建对象时，需要提供类型相容的参数，否则编译器将报错。

【例 3-21】带参数的构造方法示例。

```
public class ConstructWithPara{
   private int   x = 0;
   //定义一个带参数的构造方法
   public   ConstructWithPara(int ix){
      System.out.println("这是带参数的构造方法");
      x = ix;                 //为成员变量赋值
   }
   //获取成员变量 x 的值
   public int getX(){       return x;   }
   public static void main(String args[]){
      ConstructWithPara oa = new ConstructWithPara(100);
      System.out.println("x = " + oa.getX() );
   }
}
```

这个程序的流程和程序 ConstructNoPara 完全一样，只是其中的构造方法多了一个参数而已。

这个程序乍看上去没有什么问题，但实际上存在着一个很大的隐患。如果将类 ConstructWithPara 提供给其他的程序员使用，使用者很有可能会按照一般的习惯来创建一个

对象：

```
ConstructWithPara oa = new ConstructWithPara();
```

使用者试图使用 x 的默认值。但这样是无法通过编译的，因为系统不会再为 ConstructWithPara 类提供无参数的构造方法。当此类被其他类继承时，这一问题显得越发严重，它甚至会导致根本无法写出一个子类。

因此，强烈建议程序员在定义带参数的构造方法时，一定要定义一个不带参数的构造方法，即便这个方法什么事情也不做。所以程序 ConstructWithPara 应该改成下面这个样子：

```
public class ConstructWithPara{
   private int   x = 0;
   //定义一个带参数的构造方法
   public   ConstructWithPara(int ix){
      System.out.println("这是带参数的构造方法");
      x = ix;                //为成员变量赋值
   }
   //定义一个不带参数的构造方法
   public ConstructWithPara(){   }
   public int getX(){      return x;   }
   public static void main(String args[]){
      ConstructWithPara oa = new ConstructWithPara(100);
      System.out.println("x = " + oa.getX() );
   }
}
```

3.5.3 this关键字和构造方法的调用

在 3.4.3 节中，已经介绍了 this 关键字的作用——作为隐含参数指向本对象。其实 this 关键字还有一个作用，就是用来显式地调用构造方法。它的使用格式如下：

```
this([参数列表])
```

系统将根据参数列表来决定调用哪一个构造方法。使用 this 时还需注意下面几点：

- 用 this 调用构造方法时，该语句只能用在构造方法中。
- this 语句必须是构造方法中的第一条语句。
- 和 new 不同，this 虽然可以调用构造方法，但它只是执行构造方法中的语句，并不会创建对象。

【例3-22】用this调用构造方法示例。

这里仍然使用类 ConstructWithPara，并在无参数的构造方法中加上 this 语句来为 x 赋初值。

```
public class ConstructWithPara{
   private int   x = 0;
   //定义一个带参数的构造方法
   public   ConstructWithPara(int ix){
      System.out.println("这是带参数的构造方法");
      x = ix;                //为成员变量赋值
```

```
    }
    //定义一个不带参数的构造方法
    public ConstructWithPara(){
        this(100);        //调用带参数的构造方法为 x 赋值
        System.out.println("这是无参数的构造方法");
    }
    public int getX(){      return x;   }
    public static void main(String args[]){
        ConstructWithPara oa = new ConstructWithPara();
        System.out.println("x = " + oa.getX() );
    }
}
```

在 main()方法中利用无参数的构造方法来创建对象，而在无参数的构造方法中，用 this 来调用带参数的构造方法，然后再输出一条信息。

在 constructWithPara()方法中特别注意不要写成下面这个样子：

```
    public ConstructWithPara(){
        System.out.println("这是无参数的构造方法");
        this(100);        //调用带参数的构造方法为 x 赋值
    }
```

这会编译出错，因为 this 调用构造方法只能作为第一条语句。

读者可能会觉得上面程序中用 this 调用另外一个构造方法为 x 赋值过于麻烦，不如直接为 x 赋值简单。当然，这只是一个示例程序，这么做的原因在于：很多情况下，多个构造方法可能会做相同的事情，只是参数有点区别，这就可以将这段相同的代码单独抽取出来成为一个构造方法，然后使用 this 来调用它。

3.6 静态方法

前面已经介绍过，成员变量分为实例变量和静态变量，其中实例变量属于某一个具体的实例，必须在类实例化后才真正存在，不同的对象拥有不同的实例变量。而静态变量属于该类所有对象的公有变量（相当于全局变量），不需要实例化就已经存在。

方法也可分为实例方法和静态方法。其中，实例方法必须在类实例化后通过对象来调用，而静态方法可以在类实例化之前就使用。与成员变量不同的是：无论哪种方法，在内存中只有一份——无论该类有多少个实例，都共用同一个方法。

本节以前的例子中，除了 main()方法，其余的方法都是实例方法，而 main()则是一个静态方法，所以它才能够被系统直接调用。

3.6.1 静态方法的声明和定义

定义一个静态方法和定义一个实例方法形式上并没有什么区别，只是在声明的头部，需要加上一个关键字“static”，它的一般语法形式如下：

```
[访问权限修饰符] static 返回值类型 方法名([参数列表]){
    语句序列
}
```

例如，下面是一个静态方法的例子：

```
public    static    void stFun(){
        System.out.println("这是一个静态方法");
}
```

3.6.2　静态方法和实例方法的区别

静态方法和实例方法的区别主要体现在两个方面：

- 在外部调用静态方法时，可以使用"类名.方法名"的方式，也可以使用"对象名.方法名"的方式。而实例方法只有后面这种方式。也就是说，调用静态方法可以无须创建对象。
- 静态方法在访问本类的成员时，只允许访问静态成员（即静态成员变量和静态方法），而不允许访问实例成员变量和实例方法；实例方法则无此限制。

【例 3-23】调用静态方法示例。

```
public class HasStaticMethod{
    //定义一个静态方法
    public static void callMe(){
        System.out.println("This is a static method.");
    }
}
```

下面这个程序使用两种形式来调用静态方法。

```
public class InvokeStaticMethod{
   public static void main(String args[]){
     HasStaticMethod.callMe();                //不创建对象，直接调用静态方法
     HasStaticMethod oa = new HasStaticMethod();     //创建一个对象
     oa.callMe();                             //利用对象来调用静态方法
   }
}
```

这个程序两次调用静态方法，都是允许的。

允许不创建对象而调用静态方法，主要理由是 Java 为了减少程序员调用某些常用方法时的麻烦，而允许程序员按照传统的 C/C++语言中使用函数的方式来使用方法。典型的例子是前面某些程序中使用"Math.ramdon()"来获取随机数。

【例 3-24】静态方法访问成员变量示例。

```
public class AccessMember{
   private static int sa;   //定义一个静态成员变量
   private           int ia;   //定义一个实例成员变量
   //下面定义一个静态方法
    static void statMethod(){
      int i = 0;                  //正确，可以有自己的局部变量
          sa = 10;                  //正确，静态方法可以使用静态变量
          otherStat();            //正确，可以调用静态方法
          ia = 20;                  //错误，不能使用实例变量
```

```
            insMethod();        //错误，不能调用实例方法
        }
        static void otherStat(){    }
        //下面定义一个实例方法
        void    insMethod(){
            int i = 0;                  //正确，可以有自己的局部变量
                sa = 15;                //正确，可以使用静态变量
                ia = 30;                //正确，可以使用实例变量
                statMethod();           //正确，可以调用静态方法
        }
    }
```

本例其实可以概括成一句话：静态方法只能访问静态成员，实例方法可以访问静态和实例成员。之所以不允许静态方法访问实例成员变量，是因为实例成员变量是属于某个对象的，而静态方法在执行时，并不一定存在对象。同样，因为实例方法可以访问实例成员变量，如果允许静态方法调用实例方法，将间接地允许它使用实例成员变量，所以它也不能调用实例方法。基于同样的道理，静态方法中也不能使用关键字 this。

min()方法是一个典型的静态方法，它同样遵循一般静态方法的规则，所以它可以由系统在创建对象之前就调用。下面这个程序有个错误，读者能看出来吗？

```
public class HasError{
    int insVar = 100;
    public static void main(String args[]){
        System.out.println("insVar = " + insVar);
    }
}
```

3.6.3 静态代码块

在类中可以将某一块代码声明为静态的。这样的程序块叫静态代码块。静态代码块的一般形式如下：

```
static {
    语句序列
}
```

- 静态代码块只能定义在类里面，它独立于任何方法，不能定义在方法里面。
- 静态代码块里面的变量都是局部变量，只在本块内有效。
- 静态代码块会在类被加载时自动执行，而无论加载者是 JVM 还是其他的类。
- 如果静态代码块所在的类被创建了多个对象实例，只有第一个对象被创建时才执行静态代码块。
- 一个类中允许定义多个静态代码块，执行顺序根据定义顺序进行。
- 静态代码块只能访问类的静态成员，而不允许访问实例成员。

【例3-25】静态代码块运行示例1。

```
public class StaticBlock_1{
    //定义一个普通的 main()方法
    public static void main(String args[]){
```

```
        System.out.println("This is main method.");
    }
    //定义一个静态代码块
    static{
        System.out.println("This is static block.");
        int stVar = 0;    //这是一个局部变量，只在本块内有效
    }
}
```

编译通过后，用 Java 命令加载本程序，会得到如下输出：

```
This is static block.
This is main method.
```

可以看出，静态代码块甚至在 main()方法之前就被执行。在 main()方法中可以完成的任务在静态代码块中都可以完成。但是二者在执行上仍然有一些区别，请看下例。

【例 3-26】静态代码块和 main()方法的区别。

这里仍然使用例 3-25 中的 StaticBlock 类，然后新定义一个类来使用它。

```
public class UseStaticBolck{
    public static void main(String args[]){
        new StaticBlock_1();  //创建一个 staticBlock 的对象
    }
}
```

本程序没有像以前的程序那样，在创建对象时使用一个变量来接收对象，因为这个程序在后面并不需要用到这个变量。程序的输出如下：

```
This is static block.
```

这一次，只执行了静态代码块，main()方法在这种情况下不会被执行。

最后来写一个复杂一点的静态代码块的例子，它综合体现了静态代码块的使用方法，请读者注意注释说明。

【例 3-27】静态代码块使用示例 2。

```
public class StaticBlock_2{
    static int stMember = 100;   //定义静态成员变量
    public static void main(String args[]){
        System.out.println("This is main method.");
    }
    //第一个静态代码块
    static{
        System.out.println("This is first static block.");
        stMember    = 200;      //访问静态成员变量
        staticBlock oa = new staticBlock();        //创建对象
        System.out.println("stMember = " + oa.stMember);
        statFun();                  //调用静态方法
    }
    //定义一个静态方法
    static void statFun(){
        System.out.println("This is a static method.");
    }
    //第二个静态代码块
```

```
    static{
        System.out.println("This is second static block.");
    }
}
```

程序运行的结果如下：

```
This is first static block.
stMember = 200
This is a static method.
This is second static block.
This is main method.
```

3.6.4 再论静态成员变量

在前面的 3.3 节中已经介绍过静态成员变量，不过那里的静态成员变量都是一些基本类型。Java 允许以类作为静态成员变量的类型，那么静态成员变量就是一个对象。

如果静态成员变量是基本数据类型，在类的外部可以不必要创建对象就直接使用。但如果静态成员是对象，问题就要复杂得多。因为对象所属的类，既可能有静态成员，也可能有实例成员。而其中的实例成员必须要在对象实例化后才能使用，问题的核心在于：系统是否会自动为静态的类变量创建实例。

【例 3-28】对象作为静态成员使用示例。

```
public class SupplyTest{
    //定义一个静态方法供测试用
  public static void statShow(){System.out.println("静态方法"); }
    //定义一个实例方法供测试用
    public void    instShow(){System.out.println("这是实例方法"); }
}
```

下面这个程序中，定义了一个 SupplyTest 类型的变量，作为静态成员，没有显式地实例化它。

```
public class HasStatMember{
    static    SupplyTest    stVar;        //定义一个静态成员
    public static void main(String args[]){
        stVar.statShow();                 //调用静态方法
        stVar.instShow();                 //调用实例方法
    }
}
```

这个程序可以编译通过，但它运行的结果如下：

```
静态方法
Exception in thread "main" java.lang.NullPointerException
            at hasStatMember.main(hasStatMember.java:5)
```

可以看到，静态方法被正常执行，但实例方法不能被执行，原因是未创建对象实例。这说明尽管 stVar 被声明成 static 类型，系统仍然不会自动为它创建对象，上面这个程序必须改成下面这个样子才能正常运行：

```
public class HasStatMember{
```

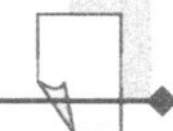

```
        //定义一个静态成员并实例化它
        static SupplyTest stVar = new SupplyTest();
        public static void main(String args[]){
            stVar.statShow();              //调用静态方法
            stVar.instShow();              //调用实例方法
        }
    }
```

这个程序可以正常运行。注意到 stVar 的实例化是在定义时完成的，这意味着在 HasStatMember 类的外部可以像在内部一样使用它。下面这个程序演示了对 stVar 的使用形式。

```
public class UseStVar{
    public static void main(String args[]){
        HasStatMember.stVar.statShow();      //调用静态方法
        HasStatMember.stVar.instShow();      //调用实例方法
    }
}
```

无论是静态方法还是实例方法，都是通过“类名.静态变量名.方法名”的形式来使用的。读者可能会觉得这种形式有点眼熟。确实如此，前面大量使用的“System.out.println”就是这种形式。其中 System 是系统预定义好的一个类，out 是它的一个静态成员，println 是 out 的一个实例方法。

3.7　main()方法和命令行参数

main()方法是一个重要而又特殊的方法。它是 Java 应用程序（Application）的入口，JVM 在运行字节码文件时，做完初始化之后，就会查找 main()方法，从这里开始运行整个程序。

main()方法是静态方法，它是属于类共有而不是属于类的某个实例，所以系统可以直接调用 main()方法而无须创建它所属的类的实例。因此在运行 main()方法时，只能使用该类中的静态成员，如果要使用实例成员，需要先创建该类的实例对象，然后用对象来访问实例成员。

【例 3-29】main()方法使用示例。

```
public class ShowMain{
    private static int sx = 100;
    private int      ix = 200;
    public static void main(String args[]){
        System.out.println("sx=" + sx);        //正确，可以访问静态成员
        ShowMain oa = new ShowMain();          //创建本类的一个实例对象
        System.out.println("oa.ix=" + oa.ix);  //通过对象来访问实例成员
    }
}
```

在 main()方法的括号里面并不为空，它有一个形式参数“String args[]”，其中 String 是 Java 预定义的字符串类；args[]是一个数组，它有若干个元素，每个元素都是一个字符串。

由于 main()方法通常是由系统调用的，因此它的参数也通常由系统传递给它。系统所传递的参数则来自于用户的输入，对于控制台程序而言，在命令行执行一个程序通常的形式是：

```
java   类名   [参数列表]
```

其中的参数列表中可以容纳多个参数，参数间以空格或制表符隔开，它们被称为命令行参数。系统传递给 main()的实际参数正是这些命令行参数。由于 Java 中数组的下标是从 0 开始的，所以形式参数中的 args[0]，……，args[n-1]依次对应第 1，……，n 个参数。下面这个例子展示了 main()方法是如何接收这些命令行参数的。

【例 3-30】命令行参数使用示例。

```
1. class GetLinePara{
2.     public static void main(String args[])
3.     {  //依次获取命令行参数并输出
4.         for(int i=0;i<args.length;i++)
5.             System.out.println("第"+i+"个参数是："+args[i]);
6.     }
7. }
```

在程序的第 4 行，用到了一个属性：args.length。在 Java 中，数组也是预定义的类，它拥有属性 length，用来描述当前数组所拥有的元素。若命令行中没有参数，该值为 0，否则它就是参数的个数。若在命令行输入下列命令：

```
java getLinePara one two three four
```

相应的输出为：

```
第 0 个参数是：one
第 1 个参数是：two
第 2 个参数是：three
第 3 个参数是：four
```

> 📖 注意：和 C/C++不同，Java 的命令行参数中不包括被执行程序本身。

在命令行参数中，各个参数之间以空格分隔，但在某些情况下，这种处理方式并不合适。比如需要程序处理在某目录下的一个文件，但是该目录中间有空格，这就会导致程序无法得到正确的文件路径。例如，在命令行输入：

```
java getLinePara C:\My Document\test.java
```

相应的输出为：

```
第 0 个参数是：C:\My
第 1 个参数是：Document\test.java
```

它把一个参数拆成两个来处理，显然不符合程序员的设想。在这种情况下，用户需要将命令行参数用双引号括起来。上面的命令应该写成这个样子：

```
java getLinePara "c:\My Document\test.java"
```

> 📖 说明：main()方法与其他静态方法的唯一区别就在于它能够被系统自动调用，除此之外，它并无其他特权。实际上，main()方法也可以被其他方法调用，只要提供对应的字符串数组作为实际参数即可。

3.8　编程实例：学生类示例

【例 3-31】按照下面的要求编写一个表示学生信息的类 Student。

（1）类 Student 的成员变量：sNO 表示学号；sName 表示姓名；sSex 表示性别；sAge 表示年龄；sJava 表示 Java 课程成绩。

（2）类 Student 带参数的构造方法：在构造方法中通过形参完成对成员变量的赋值操作。

（3）类 Student 的方法成员：getNo()，获得学号；getName()，获得姓名；getSex()，获得性别；getAge()，获得年龄；getJava()，获得 Java 课程成绩。

按照上述要求，编写程序如下：

```
public class Student {
  String sNO,sName,sSex;
  int sAge,sJava;
  public Student(String no,String name, String sex, int age, int score) {
      sNO=no;
      sName=name;
      sSex=sex;
      sAge=age;
      sJava=score;
  }
  public String getNO() {
      return sNO;
  }
  public String getName() {
      return sName;
  }
  public String getSex() {
      return sSex;
  }
  public int getAge() {
      return sAge;
  }
  public int getJava() {
      return sJava;
  }
  public static void main(String args[]){
      Student st = new Student("20201008","张三","男",19,94);
      System.out.println("学号："+st.getNO()+"，姓名："+st.getName()+
            "，性别："+st.getSex()+"，年龄："+st.getAge()+"，Java 成绩："+st.getJava() );
  }
}
```

第4章 常用工具类

Java 中预定义好的两个类：数组与字符串。它们也是所有程序设计语言必须要处理的两类数据结构。在传统语言（例如，C）中，数组和字符串都只是一片连续的内存空间，用于存放同类型的数据，语言本身并没有为它提供更多的支持。Java 将其设计为类，内置了更多的方法，降低了程序员的工作量。另外一方面，Java 会对数组的下标进行检测，如果有下标越界的情况，就会及时报告，避免了困扰 C/C++程序员的一大难题。

除此之外，本章将介绍系统库中一些经常要用到的工具类。这些类包括 Runtime、System、Math、Random、Calendar 及基本类型包装类等，这些工具类实现了很多常用的功能。掌握这些类的使用，将大大降低程序员在实际编程中的工作量。

4.1 数组

数组是 Java 中一种重要的数据结构。数组是同类型的数据的有序集合，它的每一个元素都具有相同类型，先后顺序也是固定的。它的数据类型既可以是简单类型，也可以是复合类型。在生成一个数组的时候是通过数组名进行的，而使用数组中存储的值时只能以数组元素为单位进行。一个数组中所拥有的元素数目称为该数组的长度。

和一般的语言不同，Java 中的数组也是对象，因此需要动态地生成。除此之外，它的使用和 C 语言中的数组差不多。

数组通常分为一维数组、二维数组和多维数组，前两种使用得最广泛，所以本书里只介绍前面两种。

4.1.1 一维数组

假定我们要处理一个班 50 名同学的成绩，如果采用普通变量的话，将不得不声明 50 个不同的变量，这是一件非常烦琐而低效的工作。为了解决这一问题，几乎所有的高级语言都提供了数组这一机制：50 名同学可以采用同样的变量名，而只是根据下标的不同来区分不同的人。

本质上讲，数组是一组相互之间关联的存储单元，这些存储单元在逻辑上被看作是相互独立的若干元素，它们具有相同的名字和数据类型。数组中的某个特定的元素由它的下标决定。只带有一个下标的数组称之为一维数组。

1. 一维数组的声明

声明一个一维数组的形式如下：

```
数据类型　数组名[];
```

或者：

```
数据类型 [] 数组名;
```

这里的数据类型就是元素所拥有的类型，数组名是用户自己定义的合法的标识符，[]表示这是一个数组。数组一旦被定义，它的数据类型和数组名就不可更改。

> 📖 注意："[]"内必须是空的，不允许在其中指定数组的长度。C/C++程序员最容易犯这种错误。

下面是一个简单的例子：

```
int    ar[];
double [] fr;
```

这里 ar 和 fr 都是数组，不过 ar 的每个元素都是 int 类型，fr 的每个元素都是 double 类型。也可以将 ar 称为整型数组，将 fr 称为浮点数组。

元素的类型不仅可以是基本数据类型，也可以是 Java 中任意合法的类型。比如：

```
MyClass   ar[];
```

2. 一维数组的创建

由于数组是一种特殊的类，所以声明之后并不能立即使用，还需要为它创建对象才行。创建一个数组对象有两种方式：初始化和使用关键字 new。

1）初始化

初始化的一般形式如下：

```
数据类型　数组名[] = {值 1，值 2，……，值 n};
```

"{}"中是初始化表，编译器会根据这个初始化表中值的个数，为这个数组对象分配足够的内存空间，并在内部空间中依次填入这些值。

例如，下面就创建了一个有 5 个元素的数组：

```
int   a[] = {15,32,14,56,27};
```

尽管无法实际知道 JVM 是如何为数组 a 分配内存空间的，但从逻辑上看，数组 a 中的数据存储情况如图 4-1 所示。

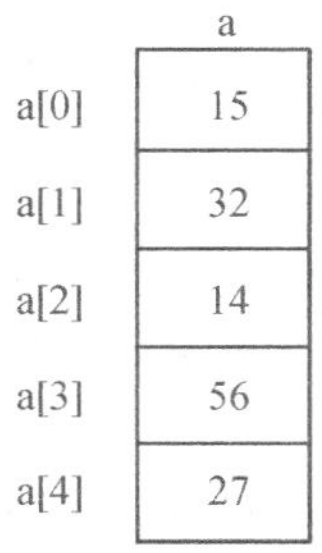

	a
a[0]	15
a[1]	32
a[2]	14
a[3]	56
a[4]	27

图 4-1　数组 a 的存储情况

这个数组的长度是 5，它的第一个元素是 a[0]，最后一个元素是 a[4]。更一般地，Java 中任何一个长度为 n 的数组，它的第一个元素的下标总是从 0 开始，最后一个元素的下标总是 n−1。

2）用关键字 new 来创建

除了初始化，也可以用关键字 new 来创建数组，它的一般形式是：

```
数据类型   数组名[];
数组名 = new   数据类型 [数组长度];
```

或者将声明与创建写在一起：

```
数据类型   数组名[] = new   数据类型 [数组长度];
```

赋值号左右的两个数据类型必须要相容，数组长度可以是任意的整型常量、变量或表达式。

例如，创建一个有 5 个元素的整型数组 a：

```
int   a[] = new int [5];
```

用 new 来创建数组时，无法对数组元素进行初始化，系统会自动对其做初始化。对于数值类型，它的值是 0，布尔类型的值是 false，类类型的值是 null。

3）使用 clone()方法

除了用上面两种方法创建对象，Java 中还可以使用一些其他的方式来使得一个数组变量指向一个数组对象。例如，数组拥有一个 clone()方法，可以返回一个和原数组一模一样的新数组对象。比如：

```
int a[] = {1,2,3,4,5,6};
int [] b = (int [])a.clone();
```

这里的数组 a 也必须和 b 的类型完全一致。执行此操作后，a 会将自己复制一份给 b，所以 b 数组和 a 数组的长度及元素中的值会完全一样。不过，操作完成之后，a 和 b 就各自是独立的，不再有任何联系。

4）引用其他数组

在上面的例子中，如果不用 clone()方法，也可以采用下面的赋值形式：

```
int [] b = a;
```

这种方法实质上是增加了一个对 a 的引用（类似于 C 中的指针），b 和 a 指向了同一个数组，无论是通过 a 还是 b 对数组进行的操作，对另外一个都会有影响。

如果一个数组创建对象后，发现大小不符合要求，可以随时用 new 来调整大小，但原先存储的内容不会保留。

3. 一维数组的使用

要使用一个数组，通常要访问这个数组中的元素。要访问元素，需要使用如下形式：

```
数组名[下标]
```

[]中的下标是介于[0，数组长度）之间的整型数或整型表达式。数组元素是一个普通的变量，它可以出现在任何同类型的普通变量能够出现的地方，执行普通变量能够进行的任何操作。

例如，要访问数组 a 中的第一个元素：

```
k = a[0];
```

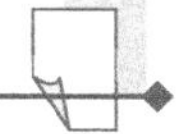

> 注意：数组中的第一个元素的下标是 0。

如果要访问数组 a 中的最后一个元素，则要用到数组的一个属性：length。它是一个特殊的属性，只能读，不可写。每次创建数组对象时，会为这个属性赋值，用户程序无法直接改变这个值。

a[a.length-1] = k;

> 注意：数组中的最后一个元素下标是 length-1。

Java 中的数组在运行时，会自动检测下标值是否在合法的范围内，如果超出了范围，运行时会报错。例如：

```
int a[]=new int [10];
a[10] = 100;    //这里下标越界了
```

在执行到第二条语句时，将有一个异常抛出，程序会退出正常流程。在 C/C++中，下标越界不会有任何提示，完全依靠程序员自己调试程序来解决，而这种调试是极为考验程序员耐心的。

下面通过几个简单的例子来说明数组的使用。

【例 4-1】遍历数组。

遍历数组是对数组最为常用的操作。本例中，会创建一个数组，然后依次输出数组中的每一个元素。

```
public class Traversing{
   public static void main(String args[]){
       int a [] = {45,62,84,15,25,61};
       //用循环来遍历数组，注意它的起始下标和结束条件
       for (int i=0; i<a.length; i++)
           System.out.print(" "+a[i]);
   }
}
```

【例 4-2】求数组中最大元素。

要求数组中的最大元素，也需要遍历整个数组。它的基本思路是：先假定第一个元素最大，然后将这个元素存储在一个临时变量中，将这个变量依次与后面的元素比较，如果有比这个临时变量大的，则存储在这个变量中。当所有元素比较完成后，这个临时变量中存储的就是最大元素。这一方法也可以用来求最小元素。

```
public class GetMaxElem{
   public static void main(String args[]){
       int ar [] = new int [10];
       init(ar);
       show(ar);
       System.out.println("\n 最大值为： " + getMax(ar) );
   }
   //返回数组中的最大值
   public static int getMax(int a[]){
       int max = a[0];     //假定第一个元素最大
       for (int i=1; i<a.length; i++)     //依次与后面的元素进行比较
```

```
            if (a[i]>max)   max = a[i];        //如果有比 max 大的，记录下来
        return max;
    }
    //为数组元素赋随机值
    public static void init(int a[]){
        for(int i=0;i<a.length; i++)
            a[i] =(int)(Math.random()*1000);
    }
    //显示数组中所有元素
    public static void show(int a[]){
        System.out.println("数组序列为：");
        for (int i=0; i<a.length; i++)
            System.out.print(" "+a[i]);
    }
}
```

在 main()方法中，连续调用了三个静态方法：init()、show()和 getMax()，并且都是将数组作为参数传递给它们，由各个方法在自己内部对数组进行相应的处理。由于数组是对象，所以在 init()中修改了数组元素的值之后，主方法中的实际参数——数组 ar 的元素也就被改变了。

这里用到的编程思想仍然是面向过程的——尽管 Java 本身支持面向对象，不过对于这种小问题，用面向过程解决起来似乎更简便一些。本节最后几个例子，用的就是面向对象思想来解决问题的。读者可以对照这个例子来看其中的区别。

在上面的程序中，getMax()方法还可以使用另外一种方式来记录最大值：不直接记录元素的值，而是记录元素的下标，在多数情况下，这样效率更高。这个方法可以改成下面的形式：

```
public static int getMax(int a[]){
        int max = 0;     //假定第一个元素最大
        for (int i=1; i<a.length; i++)     //依次与后面的元素进行比较
            if (a[i]>a[max])   max = i;       //如果有比 max 大的，记录它的下标
        return a[max];
    }
```

4.1.2 for-each 循环

前面遍历数组采用的都是 for 循环，然后在循环体中改变下标的方式。由于这种操作比较频繁，所以从 JDK5.0 起，Java 增加了一种新的循环结构：for-each 循环。它可以用来依次处理数组中的每个元素（其他类型的元素集合亦可），程序员不必再为下标值的指定而分心。for-each 循环的语句格式为：

```
for(数据类型 变量 : 数组)
    语句;
```

其中的变量是用于暂存集合中的元素，并执行相应的语句。如果是集合的话，它必须是一个实现了 Iterable 接口的类（例如，ArrayList）。

例如：

```
for(int element : array)
    System.out.println(element);
```

它会打印数组 array 中的每一个元素，相当于下面的语句：

```
for(int i=0; i<array.length; ++i){
    int element = array[i];
    System.out.println(element);
}
```

4.1.3　二维数组

如果数组的元素不是基本数据类型而是数组，那么这种结构称为多维数组。最简单而又最常用的多维数组是二维数组。二维数组是由若干个一维数组组成的一维数组，它的每个元素都是一个一维数组。由于一维数组是对象，所以二维数组也可以看成是由若干对象组成的。

1. 二维数组的声明

声明一个二维数组的形式有三种：

```
数据类型　数组名[][]
```

或者：

```
数据类型[][]　数组名
```

或者：

```
数据类型[]　数组名[]
```

上述声明中的数据类型，是指最基本的存储单元中存储的数据类型。和一维数组一样，两个“[]”中都必须是空的。

最后一种声明方法直接表明了二维数组的原始定义，但这种方法很少用，常用的还是前面两种。和 C/C++中的二维数组不同，Java 中的二维数组允许每行中的元素个数不同，换言之，就是构成二维数组的每个一维数组的长度可以不相同。

下面都是一些合法的二维数组的声明：

```
int a[][];
double [][]b;
MyClass [] c[];
```

2. 二维数组的创建

二维数组也是对象，必须要创建后才能使用，它也有多种创建方法。

1）初始化

二维数组初始化的一般形式是：

```
数据类型　数组名[][]={{初始值表 1},{初始值表 2},……,{初始值表 n}};
```

其中的每个“{初始值表 i}”对应二维数组的第 i 个元素（也就是第 i 个一维数组），并为这个一维数组做初始化。有多少个这样的初始值表，就表示这个二维数组的长度是多少（也就有多少个一维数组）。

二维数组的第一个元素的下标也从 0 开始，最后一个元素下标是长度值减 1。

下面是一个简单的例子：

```
int   b[][]={{1,2},{3,4,5},{6,7,8,9}};
```

这里的二维数组 b 由 3 个一维数组构成，每个一维数组的名字依次是 b[0]、b[1]和 b[2]，它们的长度分别是 2、3、4，可以想象成如图 4-2 所示。

注意上面这个例子中，初始化实际上是创建了 4 个对象：1 个二维数组 b，3 个一维数组：(b[0]、b[1]和 b[2])。

2）利用 new 一次性创建

可以用关键字 new 来一次性地创建一个二维数组。由于二维数组的元素也是对象，所以要同时把这些对象也创建出来。它的一般形式是：

```
数据类型   数组名[][] = new  数据类型  [行数][列数];
```

在上面这种形式中，“行数”指二维数组的长度，“列数”指每个元素（一维数组）的长度。这里沿用了传统语言中的习惯。行数和列数都必须是整型数据或表达式。

下面是一个简单的例子：

```
int b[][]=new int[3][4];
```

这里创建了一个 3 行 4 列的二维数组 b，它仍然由 3 个一维数组组成，每一个一维数组的长度都是 4，每个元素的值都是 0，可以想象成如图 4-3 所示。

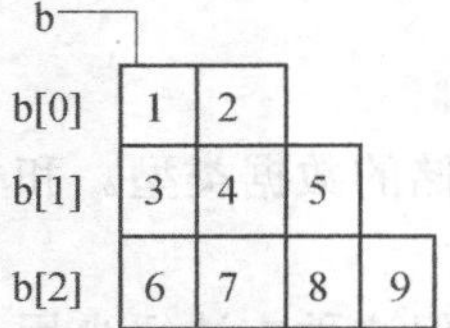

图 4-2　数组 b 的存储逻辑图 1

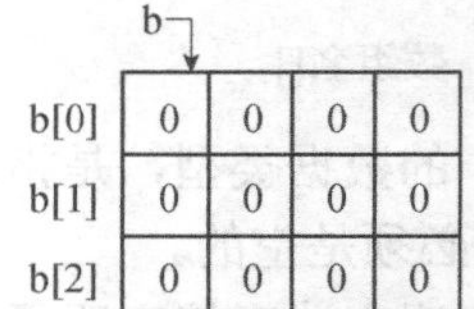

图 4-3　数组 b 的存储逻辑图 2

这种方法非常简单，也很常用，缺点是每一行元素数目必须一样多，有时会造成浪费。

3）利用 new 分批创建

可以用关键字 new 来先创建数组本身，而不必同时创建每个元素的对象。稍后可以根据需要再为每个元素创建一维数组对象。这需要写一段程序。例如：

```
int b[][];
b=new int[3][];      //b 由 3 个一维数组组成，注意它的形式
b[0]=new int [1];   //再分别创建每个一维数组
b[1]=new int [2];
b[2]=new int [3];
```

执行上面这段程序之后，b 成了如图 4-4 所示的样子。

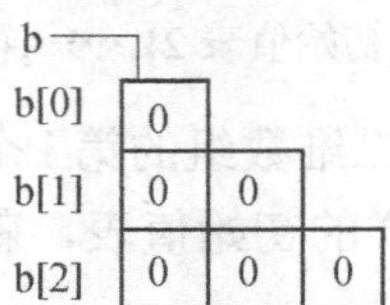

图 4-4　数组 b 的存储逻辑图 3

4）利用数组的 clone()方法

例如：

```
int b[][] = {{1,2},{3,4,5},{6,7,8,9}};
int a[][] = (int [][]) b.clone();
```

这样 a 就拥有了和 b 一模一样的结构，而且存储的值也完全相同。

5）增加一个引用

例如：

```
int b[][] = {{1,2},{3,4,5},{6,7,8,9}};
int a[][] = b;
```

如同在一维数组的创建中所提到的，这种方法只是增加了 b 的一个引用，a 和 b 指向了同一个数组，对其中任何一个的修改必定会影响到另外一个。

3. 二维数组的使用

正如前面所提到的，Java 中的二维数组的元素应该是一维数组，不过由于传统语言都将存储数据的单元当作二维数组的元素，我们这里也可以这样理解，而且也不会造成混乱。下面将沿用这一传统的称谓。基于这样的理解，要访问二维数组中的元素要写成下面这个样子：

```
数组名[行号][列号]
```

例如：

```
k = a[3][4];
```

表示要访问二维数组 a 的第 4 个一维数组中的第 5 个元素。如果要访问所有元素中的第 1 个元素，应该这么写：

```
k = a[0][0];
```

如果要访问所有元素中的最后 1 个元素，要这么写：

```
row = a.length - 1;
col = a[row].length - 1
k = a[row][col];
```

【例 4-3】遍历一个二维数组。

遍历一个二维数组需要用到双重循环，外层循环用于控制访问的行，内层循环用于控制访问当前这一行中的元素。

```
public class TravelTwoDime{
  public static void main(String argv[]){
     int b[][]={{1,2},{3,4,5},{6,7,8,9}}; //方法定义二维数组
     int[][] a=b;   //a 是 b 的一个引用
     //输出数组 a
     for(int i=0;i<a.length;i++)   //这里的 a.length 返回数组 a 有几个一维数组，也即行数
       { for(int j=0;j<a[i].length;j++)   //a[i].length 返回当前这个一维数组的长度
            System.out.print(" "+a[i][j]); //访问元素
         System.out.println();
       }
  }
```

```
}
```

由于各个一维数组的长度不同，所以需要用 a[i].length 的形式来控制循环次数，这是 Java 和 C/C++的一个显著区别。

【例 4-4】分批创建一个二维数组，并为其赋值。

```
public class AssignTwoDime{
  public static void main(String argv[]){
    int a[][]={{1,2},{3,4,5},{6,7,8,9}}; //定义二维数组 a 并初始化
    int [][] c;
    int i,j;
    c = new int[a.length][];        //下面创建数组 c
    for (i=0; i<c.length; i++)   //创建各个一维数组
       c[i] = new int[a[i].length];
    for(i=0; i<c.length; i++) {    //为各元素赋值
         for(j=0;j<c[i].length;j++)
              c[i][j] = a[i][j];
    }
    for(i=0; i<c.length; i++) {  //输出所有元素
         for(j=0;j<c[i].length;j++)
              System.out.print(" "+c[i][j]);
       System.out.println();
    }
  }
}
```

上面的创建及赋值过程，其实可以用数组自己的 clone()方法来实现：

```
c = (int [][]) a.clone();
```

这里所举的例子，不过是为了说明二维数组的使用方法。

4.1.4　编程实例 1：数组排序

排序算法是计算机中最常用的算法之一，目前已经研制出来的排序算法有上百个之多。常用的也有十几个。一个合格的程序员，必须要掌握多个排序算法。本书不打算深入研究各种排序算法，有兴趣的读者可以查阅《数据结构》。本节介绍最简单的一种排序算法：简单选择排序法。为了行文上的方便，这里假设最终的数组按照升序排列。

简单选择排序算法与人的思考方式非常相似：先从待排序的序列中选择一个最小的元素，放在序列前面；然后从剩余数据中选择最小的……依次做下来，就可以将所有元素排序。

如果用程序来实现这一过程，需要做几件事情：

- 将这个序列用一维数组存储。
- 找到最小元素后，应该把这个元素放到前面来。
- 而原先在前面的元素，应该与这个最小元素交换位置。

找最小元素的方法，上面已介绍，交换元素的方法在第 2.5 节讲解过，这里只需要把它们综合起来就行。

由于一次选择只能选出一个最小元素，所以对于有 n 个元素的数组，至少需要 n−1 趟选

择才能将排序完成。如图 4-5 所示演示了对 8 个元素的排序过程。

初始状态	49	38	65	97	49	13	76	27
第一趟	13	38	65	97	49	49	76	27
第二趟	13	27	65	97	49	49	76	38
第三趟	13	27	38	97	49	49	76	65
第四趟	13	27	38	49	97	49	76	65
第五趟	13	27	38	49	49	97	76	65
第六趟	13	27	38	49	49	65	76	97
第七趟	13	27	38	49	49	65	76	97

图 4-5　简单选择排序过程

其中白色的单元格表示目前还无序的那些元素，灰色的单元格表示已经排好序的那些元素。可以看到，每一趟排序完成后，无序的元素会减少一个，有序的元素则增加一个。

排序这段，可以单独写个方法如下：

```
public void selectSort(){
    int i,j,min,temp;
    //要做 n-1 趟排序
    for(i=0; i<ar.length-1; i++){
      min = i;
      for(j=i+1; j<ar.length; j++){ //在待排序的数据中，找出一个最小的
         if( ar[min] > ar[j] )
             min = j;       //记录这个最小元素的下标
      }
      if(min != i){     //把这个元素交换到待排序列的前面来
             temp = ar[min];
             ar[min] = ar[i];
             ar[i] = temp;
      }
    }
}
```

有了核心算法，下面的步骤是来设计这个排序类。这里要运用面向对象的思想来设计这个类。当然，这个类只是用于演示的，所以功能上可以简单一点。

这个类应该由如下一些成员组成：

- 它有一个私有的属性，是一个一维整型数组，用于排序。它的值既可以由类的使用者来指定，也可以采用随机赋值。
- 有一个带参数的构造方法，参数类型是数组，这个数组就是要排序的数组。它应该被成员属性所引用。
- 有一个带整型数据的构造方法，用户可以通过它来指定带排序数组的大小。
- 有一个不带参数的构造方法，可以构造一个默认大小的数组。
- 一个初始化方法，它应该是私有的，只能被其他成员方法所调用。其作用是为属性数组赋随机值。
- 一个公共的显示方法，显示属性数组中所有元素。
- 一个公共的排序方法，对属性数组进行排序，它是这个类的核心算法。
- 最后要写一个方法来测试上面的方法是否正确。

有了上面的构思，就可以写出下面的程序。

【例4-5】选择排序类。

```
public class SortDemo{
   private int ar[];              //待排序的数组
   public static final int defaultSize = 10;   //如果用户不指定数组大小，就将它作为默认值
   //根据用户指定大小创建一个数组，并赋随机值
   public SortDemo(int length){
      ar = new int [length];
      init();
   }
   //用默认大小创建一个数组，并赋随机值
   public SortDemo(){
      this(defaultSize);
   }
   //记录用户指定的数组
   public SortDemo(int a[]){        ar = a;    }//增加对 a 的引用
   //为数组元素赋随机值
   private void init(){
      for(int i=0; i<ar.length; i++)
         ar[i] = (int)(Math.random()*1000);
   }
   //显示存储的数组
   public void show(){
      for(int i=0; i<ar.length; i++)
         System.out.print(" "+ar[i]);
   }
   //对存储的数组做选择排序
   public void selectSort(){
      int i,j,min,temp;
      for(i=0; i<ar.length-1; i++){
         min = i;
         for(j=i+1; j<ar.length; j++){
            if( ar[min] > ar[j] )            min = j;
         }
         if(min != i){
               temp = ar[min];
               ar[min] = ar[i];
             ar[i] = temp;
         }
      }
   }
   //主函数创建对象，对上面的方法进行测试
   public static void main(String args[]){
      int ts[] = {45,52,18,4,62,13,85,69,47,82,11};
      SortDemo os = new SortDemo(ts);
      System.out.print("\n 排序之前：");
      os.show();
      os.selectSort();
      System.out.print("\n 排序之后：");
      os.show();
      //下面验证是否对数组 ts 排序
      System.out.print("\n 这是数组 ts 的值：");
      for(int i=0; i<ts.length; i++)
         System.out.print(" "+ts[i]);
   }
```

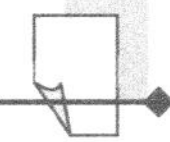

```
}
```

本程序中没有验证另外两个构造方法是否能正常运行，读者可以自行添加测试代码。

4.1.5　编程实例2：杨辉三角

杨辉三角是由我国古代数学家杨辉提出的，用于计算多项式$(1+x)^n$的展开项。为了便于计算，他用形如下面的三角形来代替烦琐的运算：

```
1
1  1
1  2  1
1  3  3  1
1  4  6  4  1
```

观察这个三角形，可以发现，除了值为 1 的项，其他每一项都是它左肩上的项加上正上方的项值之和。

如果将这个三角形用一个二维数组来存储，则有：

```
a[i][j] = a[i-1][j-1] + a[i-1][j]
```

其中，i 从第 3 行开始；j 从第 2 行开始，到 i−1 结束。程序的核心就是将这个二维数组按照这个规律将值填充满。

下面开始设计这个类中的成员，它应该有如下成员：

- 一个私有属性，是一个二维整型数组，用于存储杨辉三角。
- 一个构造方法，带有一个整型参数，用于指定这个杨辉三角的行数。
- 一个不带参数构造方法，可以构造一个默认大小的杨辉三角。
- 一个私有方法，按照规律填充二维数组。
- 一个公共方法，按照格式显示杨辉三角。
- 最后要写一个方法来测试上面的方法是否正确。

【例4-6】杨辉三角类。

```
public class YanghuiTri{
   private int tri[][];        //这是用于存放杨辉三角的二维数组
   public static final int defaultLine = 10;
   //这个构造方法用于构造并填充数组 a，参数 n 指定行数
   public YanghuiTri(int line){
      tri = new int[line][];
      for(int i=0; i<line; ++i)
          tri[i] = new int[i+1];
      fill();
   }
   //当用户使用这个没有参数的构造方法时，本方法会自动构造一个有 10 行的杨辉三角
   public YanghuiTri(){
      this(defaultLine);
   }
   //填充杨辉三角
   private void fill(){
```

```
        int i,j;
        //初始化，将第一列和对角线填上 1
        for(i=0;i<tri.length;++i)
           tri[i][0] = tri[i][i] = 1;
        //填充其余的元素
        for(i=2;i<tri.length;++i)
           for(j=1;j<i;++j)              tri[i][j] = tri[i-1][j-1] + tri[i-1][j];
     }
     // 按格式显示杨辉三角
     public void show(){
        int i,j;
        for(i=0;i<tri.length;++i){
           for(j=0;j<=i;++j)
              System.out.print(tri[i][j]+" ");
           System.out.println();
        }
     }
     //测试方法
     public static void main(String argv[]){
        YanghuiTri Yang = new YanghuiTri(7);
        Yang.show();
     }
}
```

4.2 字符串

字符串是程序设计中很重要的一类数据结构，传统的语言（比如 C 语言）是通过字符型数组来保存字符串的。Java 专门为存储和处理字符串提供了以 String 开头的 10 多个类，其中又以 String 和 StringBuffer 应用最广。在这些类中提供了大量的方法以方便程序员对字符串进行操作，善用这些方法将大大提高编程效率。而且为了提高处理字符串的效率，这些类多被声明成 final 类型。

4.2.1 String对象

String 类可以用来保存一个字符串，该类拥有大量的方法来处理这个字符串，对字符串中数据的任何操作都必须通过这些方法来进行。特别要注意的是，本类是最终类，不允许继承。

1. String 对象的声明

声明一个 String 类型的变量和声明普通变量并没有不同，一般形式如下：

```
String 变量名;
```

2. String 对象的创建

创建 String 类的对象有很多方法，归纳起来有下面 4 种方式。

1）初始化

可以通过初始化的方式来创建对象，同时还为它赋值。比如：

```
String str="Hello";
```

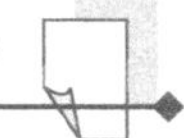

2）使用关键字 new

通过关键字 new，可以创建 String 对象，比如：

```
String str=new String("Hello");
```

String 的构造方法有很多，本节稍后会介绍。

3）通过任何可以返回字符串的方法

Java 中提供了大量的可以返回一个字符串的方法，用一个 String 变量接收这些返回值的同时就引用了该对象。

例如，Integer 类提供了一个静态方法 toHexString()，可以将指定的整型数据转换成为一个十六进制的字符串返回，一种使用方法如下：

```
String    strHex = Integer.toHexString(1234);
```

在 strHex 中存储的字符串为“4D2”。

4）使用字符串常量

任意使用一个字符串常量，Java 就会自动为其创建 String 对象，这也是 Java 和 C/C++的区别之一。例如：

```
k = "Hello".length();
```

其中的 length()方法就是 String 所具有的方法。由于“Hello”是一个对象，所以可以调用它。

String 的对象一旦被创建，则字符串就存放在该对象的属性中。为了简单起见，本书将“本对象中存放的字符串”简称为“本字符串”。

3. String 对象的使用

首先要明确一点：一旦创建了一个 String 对象，那么这个字符串的值不能再被部分更改。像 C++中经常这么写：

```
string    str="Hello";
          str[0]='h';
```

现在 str 变成了“hello”，这在 Java 中是不行的。Java 没有提供任何方法可以单独修改字符串中某一个字符的值。要达到上述目的，除非为 str 重新赋值，写成这个样子：

```
String    str="Hello";
            str="hello";
```

要使用 String 对象，其实就是使用它所提供的方法。算上重载的，String 中一共提供了 67 个方法，仅构造方法就有 11 个，String 中的一些常用方法如表 4-1 所示。

表 4-1　String 中的常用方法

方　　法	说　　明
char charAt(int index)	返回指定位置的字符
int compareTo(String anotherString)	比较本字符串与 anotherString 中的是否相等
int compareToIgnoreCase(String str)	同上，但忽略大小写
String concat(String str)	将 str 串加到本对象中的字符串后面，返回这个新生成的串（注意：本字符串并没有变）

续表

方　法	说　明
static String copyValueOf(char[] data)	用字符型数组 data 的值生成一个 String 对象，并返回
int indexOf(int ch)	返回字符 ch 在本字符串中出现的位置
int indexOf(String str)	返回字符串 str 在本字符串中出现的位置
int length()	返回本字符串的长度
String replace(char oldChar, char newChar)	将本字符串的 oldChar 字符用 newChar 字符代替，返回新生成的这个串（注意：本字符串并没有变）
String substring(int beginIndex, int endIndex)	从本字符串的 beginIndex 位置开始到 endIndex-1 位置结束，截取一个子串，并返回该子串
char[] toCharArray()	用本字符串生成一个字符型数组并返回
String toLowerCase()	将本字符串中的字符转换成小写字符，返回新生成的串（注意：本字符串并没有变）
String toUpperCase()	将本字符串中的字符转换成大写字符，返回新生成的串（注意：本字符串并没有变）
String trim()	将本字符串的头、尾空格去掉，返回新生成的串

如果需要更详细的说明，请查 API 手册。另外，还有一个“+”运算符可用于字符串的连接。下面给出使用这些方法的简单例子。

【例 4-7】String 类的方法使用示例。

```
public class UseString{
   public static void main(String argv[]){
      int i;
      String str="Hello" ;
      //示例 1. 求字符串的长度
      System.out.println(str+"的长度是："+str.length());
    //示例 2. 字符串的连接
      str.concat(" World"); //这个连接并没有改变 str 的值
      System.out.println(str);
      str=str+" World";   //这个才改变了 str 的值
      System.out.println(str+"的长度是："+str.length());
      //示例 3. 访问字符串中的字符
      for (i=0;i<str.length();i++)
            System.out.print(str.charAt(i));
       System.out.println();
      //示例 4. 截取左子串[0,4]
       System.out.println(str.substring(0,5));
      //示例 5. 截取右子串[6,length-1]
      System.out.println(str.substring(6,str.length()));
    //示例 6. 比较字符串是否相等
       if (str.compareTo("Hello World")==0)
            System.out.println(str+" = Hello World");
       else
          System.out.println(str+" <> Hello World");
    //示例 7. 去除头尾的空格
       str=" "+str+" ";
       System.out.println(str.trim());
   }
}
```

程序输出如下：

```
Hello 的长度是：5
Hello
Hello World 的长度是：11
Hello World
Hello
World
Hello World = Hello World
Hello World
```

4.2.2　StringBuffer 对象

由于 String 对象中存放的字符串是不能修改的，所以如果要求经常增加、删除、修改串中的某些字符，那么用 String 就不方便，在这种情况下，可以使用 StringBuffer 类，它提供了一系列的方法允许对存放在其中的字符串完成上述操作。

1. StringBuffer 对象的声明

声明的一般形式如下：

```
StringBuffer 变量名;
```

2. StringBuffer 对象的创建

本类提供了以下三个构造方法。

1）不带参数的构造方法

StringBuffer()这个构造方法为对象提供可容纳 16 个字符的空间，如下例：

```
StringBuffer str=new StringBuffer();
```

2）以整型数为参数的构造方法

StringBuffer(int length) 这个构造方法为对象提供 length 个字符位，如下例：

```
StringBuffer str=new StringBuffer(1024);
```

3）以 String 对象作为参数的构造方法

StringBuffer(String str) 这个构造方法用 str 为对象进行初始化，如下例：

```
StringBuffer str=new StringBuffer("Hello");
```

3. StringBuffer 对象的使用

StringBuffer 提供了一些能够部分修改存储在其中的字符串的方法，如表 4-2 所示。

表 4-2　StringBuffer 常用方法

方　法	说　明
StringBuffer insert(int offset, String str)	将字符串 str 插入到本字符串指定的位置
StringBuffer append(String str)	将字符串 str 追加到本字符串的末尾
int capacity()	返回本对象可以容纳的字符数目
char charAt(int index)	返回 index 位置的字符

续表

方　法	说　明
StringBuffer delete(int start, int end)	删除从 start 到 end 位置的子串
StringBuffer deleteCharAt(int index)	删除 index 位置的字符
int length()	返回本对象中实际存储的字符数目
StringBuffer replace(int start, int end, String str)	将从 start 到 end 位置的子串用 str 代替
void setCharAt(int index, char ch)	在将字符 char 填充到 index 位置

注意在表中 capacity 和 length 的区别，前者是指对象可容纳字符串的大小，后者是指实际存储的字符串的长度，请看例 4-8。

【例 4-8】capacity 和 length 的区别示例。

```
public class UseStrBuf{
  public static void main(String argv[]){
    StringBuffer str;
    str=new StringBuffer();
    System.out.println("capacity is : "+str.capacity() +
                                  " length is: "+str.length());
    str=new StringBuffer(80);
    System.out.println("capacity is : "+str.capacity() +
                                  " length is: "+str.length());
    str=new StringBuffer("Hello");
    System.out.println("capacity is : "+str.capacity() +
                                  " length is: "+str.length());
  }
}
```

程序输出如下：

```
capacity is : 16 length is: 0
capacity is : 80 length is: 0
capacity is : 21 length is: 5
```

特别注意最后一个输出，字符串“Hello”的长度是 5，但用它来创建 StringBuffer 对象时，会自动为它再添加 16 个字符空位。这么做的目的是当程序员向对象中添加新字符时无须再申请新的内存空间。

还有一点，当向对象中插入字符串时，如果对象原来的容量不够，对象将自动增加新的空间，而无须程序员操心。

📖 在 Java 中，还提供了一个与 StringBuffer 几乎完全相同的字符串处理类 StringBuilder。两者的不同点在于：StringBuffer 是线程安全的，而 StringBuilder 则没有实现线程安全，所以性能更高。

4.2.3　编程实例3：字符串排序

前面已经学习过对数组进行排序，不过数组中存储的是整型数据。有时候我们需要对字符串进行排序（比如英文字典中单词就是按照顺序排列的，被称为字典序），这就需要使用 String 类型的数组，即数组的元素均为 String 对象，同时还要利用 String 提供的方法进行大小

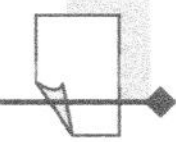

比较。下面的例子展示了如何对字符串进行排序，所用的排序算法就是前面介绍的简单选择排序。

【例 4-9】利用 String 类型的数组进行字符串排序示例。

```
public class StringSort{
    private String strs[];
    private static final int SIZE = 10;
    public StringSort(){    this(SIZE);    }
    public StringSort(int size){
        strs = new String [size];
        assign();
    }
    //利用 StringBuffer 创建随机字符串
    private String getRandomString(int length){
      StringBuffer buff;
      buff = new StringBuffer();
      for(int i=0; i<length; ++i)
          buff.append( (char)((Math.random()*26)+'a') );
      return buff.toString();    //利用 StringBuffer 对象生成 String 对象
    }
    private void assign(){
      for(int i=0; i<strs.length; ++i)
          strs[i] = getRandomString((int)(Math.random()*10)+1);    /随机创建字符串的长度为 1-10
    }
    public    void sort(){
        int i, j, min;
        String st;
      for(i=0; i<strs.length-1; ++i){
        min = i;
        for(j=i+1; j<strs.length; ++j)
            if(strs[j].compareTo(strs[min])<0)          //注意字符串的比较不能直接使用关系运算符
                min = j;
          if (min!=i){
            st = strs[i];
            strs[i] = strs[min];
            strs[min] = st;
          }     }     }
    public void show(){
      for(int i=0; i<strs.length; ++i)
          System.out.println(strs[i]);
    }
    public static void main(String argv[]){
      StringSort oa = new StringSort(10);

      System.out.println("before sort:");
      oa.show();
      oa.sort();
      System.out.println("after sorted:");
      oa.show();
    }
}
```

📖 在上面的程序中，没有为字符串数组做初始化，而是通过构造方法为元素随机赋值。有一个地方要特别注意：由于数组是对象，需要创建才能使用，而数组元素是字符串，它们也是对象，也需要创建才能用，所以需要两次创建对象。

4.3 Runtime 类

每一个 Java 应用程序在运行时都会创建一个 Runtime 类的实例。通过这个实例，应用程序可以和运行环境进行交互操作。Runtime 类没有提供构造方法，所以应用程序不能直接创建这个类的实例，而只能通过它提供的 getRuntime 方法来获取一个指向 Runtime 对象的引用（或称句柄）。

Runtime 类提供的方法有很多，其中的部分常用方法如表 4-3 所示。

表 4-3 Runtime 类的常用方法

方 法	说 明
int availableProcessors()	返回当前虚拟机允许运行的进程的数目
Process exec(String command)	执行一个由 command 所指定的命令，它会创建一个独立的进程
Process exec(String[] cmdarray)	执行一个由 cmd 所指定的命令及附带的参数，它会创建一个独立的进程
Process exec(String[] cmdarray, String[] envp)	执行一个由 cmd 所指定的命令及附带的参数，它会创建一个独立的进程，envp 指定进程运行时的环境
Process exec(String[] cmdarray, String[] envp, File dir)	执行一个由 cmd 所指定的命令及附带的参数，它会创建一个独立的进程，envp 指定进程运行时的环境，dir 指示工作目录
void exit(int status)	结束当前虚拟机的运行
long freeMemory()	获取虚拟机中空闲内存的大小
void gc()	启动垃圾收集线程
static Runtime getRuntime()	获取当前程序所关联的 Runtime 对象句柄
void halt(int status)	强制虚拟机停机
void load(String filename)	将指定的文件当作动态链接库加载
void loadLibrary(String libname)	加载动态链接库
long maxMemory()	获取虚拟机试图使用的最大内存
long totalMemory()	获取虚拟机的总内存
void traceInstructions(boolean on)	允许或不允许跟踪指令

4.3.1 内存管理

由于 Java 提供了垃圾内存收集机制，所以不像 C/C++那样，需要程序员自己对内存进行管理。不过有时候，程序员需要知道虚拟机中的内存使用情况，以便更好地运行程序，所以还需要通过 Runtime 对象来获取内存的相关信息。

Runtime 提供了 totalMemory()和 freeMemory()方法来获得内存信息，另外还有一个 gc()方法可以启动内存收集线程，以清空内存中的垃圾。

下面的例子中，先申请一些空间，但不使用它；然后查看剩余空间，而后通过 gc()启动垃圾收集机制，再次查看剩余空间。然后重复上述步骤，不过这次会使用这些空间。

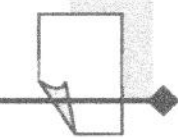

【例 4-10】内存管理示例程序。

```
public class DemoMemory{
  public static void main(String args[]){
    try{
      //获取与当前运行类相关联的 runtime 实例
      Runtime runObj = Runtime.getRuntime();
      System.out.println("虚拟机可用空间："+runObj.totalMemory());
      System.out.println("申请空间之前剩余空间："+runObj.freeMemory());
      //申请空间
      Integer buf[] = new Integer [102400];
      System.out.println("申请空间之后剩余空间："+runObj.freeMemory());
      //启动垃圾收集线程
      runObj.gc();
      Thread.sleep(1000);
      System.out.println("启动垃圾收集之后剩余空间："+runObj.freeMemory());
      System.out.println("======为对象分配值，重复上述步骤=====");
      for(int i=0; i<102400; ++i)
        buf[i] = i+1;
      Thread.sleep(1000);
      System.out.println("为对象赋值之后剩余空间："+runObj.freeMemory());
      //再次启动垃圾收集线程
      runObj.gc();
      Thread.sleep(1000);
      System.out.println("启动垃圾收集之后剩余空间："+runObj.freeMemory());
    }catch(InterruptedException el){
      el.printStackTrace();
    }
  }
}
```

📖 注意：上面每次启动垃圾收集线程之后，都有一条语句：Thread.sleep(1000)；这是因为垃圾收集线程的优先级很低，即使用 gc()来调用它，也不一定立即执行，它只有在 CPU 有空闲时才会启动运行。如果不让主线程转入暂停状态，垃圾收集线程可能根本就没有机会执行程序就已经结束了。

上面的程序在笔者的机器上执行结果如下：

```
虚拟机可用空间：16252928
申请空间之前剩余空间：15938880
申请空间之后剩余空间：15529264
启动垃圾收集之后剩余空间：15575000
======为对象分配值，重复上述步骤=====
为对象赋值之后剩余空间：15483248
启动垃圾收集之后剩余空间：15480736
```

读者可能会觉得最后一个输出很奇怪：启动垃圾收集机制之后，居然可用空间还减少了。这是因为系统中已经没有垃圾存在（前面已经启动了一次，而对象都已经赋值，正在被使用），而执行方法 System.out.println()和 runObj.freeMemory()需要占用系统的空间。

📖 说明：不同的 JDK 版本和系统会导致上述输出值有所不同。

4.3.2 执行其他程序

Java 程序可以调用操作系统中存在的其他进程(或程序),这只需要使用 Runtime 的 exec()方法就可以。exec()方法有多个重载版本，可以指定要运行的程序及输入的参数（其实也就是命令行参数）。exec()方法会返回一个 Process 对象，当前运行的 Java 程序可以利用这个对象与新运行的程序进行交互。不过由于 exec()方法启动的是本地程序，所以它与平台有关，当换一个平台运行时，可能会失败。

无论启动程序是否成功 exec()都会立即返回，若启动失败，则会抛出一个 IOException 异常。

【例 4-11】启动记事本。

```
import java.io.*;
public class RunNotepad_1{
   public static void main(String args[]){
      try{
         Runtime runObj = Runtime.getRuntime();//获取与当前运行类相关联的 runtime 实例
         //启动 Windows 下的记事本
         runObj.exec("notepad");
      }catch(IOException el){
         System.out.println("无法启动记事本");
      }
   }
}
```

这个程序在 Windows 下运行时，会启动系统自带的记事本，然后自己立即就结束了。注意它的这条语句“runObj.exec("notepad");”并没有指定记事本所在的路径，JVM 会自动到系统预先定义好的搜索路径下面去查找。

如果在启动记事本的同时还需要用记事本打开某个文件，则需要传递参数给它。下面的程序启动记事本，并让记事本打开 C 盘根目录下面的 autoexec.bat 文件。程序修改如下：

```
import java.io.*;
public class RunNotepad_2{
   public static void main(String args[]){
      try{
         Runtime runObj = Runtime.getRuntime();//获取与当前运行类相关联的 runtime 实例
         //设置要执行的程序以及传递给它的命令行参数
         String cmdarray[]={"notepad","c:\\autoexec.bat"};
         runObj.exec(cmdarray);
      }catch(IOException el){
         System.out.println("无法启动记事本");
      }
   }
}
```

注意：其中的 String 数组 cmdarray，它的第一个元素是要执行的程序，第二个元素是要传递的命令行参数。

上面两个程序都不会等待记事本执行完毕就会结束。有时候，需要等待被启动的程序结束后才结束本程序，这就需要用到 exec()返回的 Process 对象。该对象有一个 waitFor()方法，

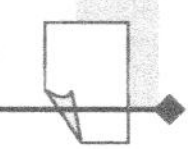

必须等到被执行的程序结束，该方法才会返回。另外，Process 对象还有一个方法：exitValue()，可以获取程序的返回值。如果程序正常结束，返回值是 0，否则为一个非 0 值（比如-1）。

下面的程序就会等待记事本执行完毕后才结束。程序修改如下：

```
import java.io.*;
public class RunNotepad_3{
  public static void main(String args[]){
    Process prc = null;
    try{
      Runtime runObj = Runtime.getRuntime();
      String cmdarray[]={"notepad","c:\\autoexec.bat"};
      prc = runObj.exec(cmdarray);
      //等待记事本结束
      prc.waitFor();
    }catch(IOException el){System.out.println("无法启动记事本");
    }catch(InterruptedException el){System.out.println("异常中断"); }
    System.out.println("记事本返回值为："+prc.exitValue());
  }
}
```

4.4　System 类

System 类是系统中最常用的类，它定义了 3 个很有用的静态成员：out、in 和 err，分别表示标准的输出流、输入流和错误输出流。除了这 3 个静态成员，System 类中还定义了一系列的静态方法，供程序与系统交互。其中常用方法如表 4-4 所示。

表 4-4　System 中的常用方法

方　法	说　明
static String clearProperty(String key)	清除由 key 所指定的系统属性
static long currentTimeMillis()	获取当前时间，以毫秒为单位
static void exit(int status)	结束当前运行的虚拟机
static void gc()	启动垃圾收集器
static String getenv(String name)	获取由 name 指定的环境变量的值
static Properties getProperties()	获取系统属性
static SecurityManager getSecurityManager()	获取系统安全管理接口
static void load(String filename)	将指定文件以动态链接库的形式装载
static void loadLibrary(String libname)	装载动态链接库
static long nanoTime()	获取系统最可能提供的精确时间，以纳秒为单位
static void setErr(PrintStream err)	重新设置标准错误输出流
static void setIn(InputStream in)	重新设置标准输入流
static void setOut(PrintStream out)	重新设置标准输出流
static void setProperties(Properties props)	设置由 props 指定的系统属性
static String setProperty(String key, String value)	将 key 所指定的系统属性值设置为 value
static void setSecurityManager(SecurityManager s)	设置系统安全管理器

4.4.1 利用currentTimeMillis()记录程序执行的时间

currentTimeMillis()以毫秒为单位获取计算机上的时间。它的返回值是一个long型，记录的是当前时间与1970年1月1日0时起的时间差（以毫秒为单位）。可以将它转换成人能够阅读的时间，也可以用它来记录一个程序执行的时间。方法很简单，程序启动时获取时间，程序结束时再获取一次，两次时间之差就是程序的运行时间。

【例4-12】计算程序运行时间。

```
public class Elapsed{
   public static void main(String args[]){
      try{
         //获取当前时间
         long start = System.currentTimeMillis();
         System.out.println("程序开始执行……");
         Thread.sleep(1000);
         //获取当前时间
         long end = System.currentTimeMillis();
         System.out.println("程序运行结束。");
         System.out.println("程序执行时间为："+(end-start)+"毫秒");
      }catch(InterruptedException el){
         el.printStackTrace();
      }
   }
}
```

4.4.2 利用exit()退出虚拟机

一般情况下，当main()方法执行完毕，程序退出运行时，虚拟机也会自动退出。不过，在使用swing编写GUI界面的程序时，默认情况是当用户关闭窗口时，虚拟机并不会退出，仍然在内存中占据空间。在另外一些情况下，比如需要从子线程而不是主线程来结束整个程序的运行，就需要用到exit()方法来强制退出。下面的例子演示了如何在子线程中退出虚拟机。

【例4-13】从子线程中退出虚拟机。

```
public class ExitJVM extends Thread{
   public static void   main(String args[]){
      ExitJVM   tr = new ExitJVM();
      tr.start();
      try{
         Thread.sleep(10000); //等待子线程运行
      }catch(InterruptedException   el){
         el.printStackTrace();
      }
      System.out.println("主线程结束");
   }
    public void run(){
      System.out.println("这是在子线程中");
      System.exit(0);   //强制退出虚拟机
   }
}
```

程序输出如下：

```
这是在子线程中
```

程序没有能够输出“主线程结束”这句话，这是因为在子线程中调用了 exit()方法，强制退出了虚拟机，主线程也被强制终止了，主线程中的输出语句没有机会被执行。

4.4.3　获取环境属性

应用程序有时候需要知道自己运行的环境属性，System 类中就提供了 getPropertie()和 setPropertie()用于获取及设置环境属性。可供获取和设置的环境属性如表 4-5 所示。

表 4-5　环境属性

属　性	含　义
java.version	Java 运行环境的版本
java.vendor	Java 运行环境的生产商
java.vendor.url	生产商的网址
java.home	Java 的安装路径
java.vm.specification.version	虚拟机所遵循的规范的版本
java.vm.specification.vendor	虚拟机规范的生产商
java.vm.specification.name	虚拟机规范的名称
java.vm.version	虚拟机实现的版本
java.vm.vendor	虚拟机实现的生产商
java.vm.name	虚拟机实现的名称
java.specification.version	运行环境所遵循的规范的版本
java.specification.vendor	运行环境规范的生产商
java.specification.name	运行环境规范的名称
java.class.version	Java 类格式化的版本号
java.class.path	类所在的路径
java.library.path	装载类库时所搜索的路径
java.io.tmpdir	默认的临时文件路径
java.compiler	JIT 编译器所使用的名字
java.ext.dirs	扩展目录所在的路径
os.name	操作系统的名称
os.arch	操作系统的架构
os.version	操作系统的版本
file.separator	文件分隔符（UNIX 下是“/”）
path.separator	路径分隔符（UNIX 下是“：”）
line.separator	行分隔符（UNIX 下是“\n”）
user.name	用户的账户名称
user.home	用户的 home 路径（即 UNIX 和 Linux 下当前用户的 home 所在目录）
user.dir	当前用户工作目录

下面的例子中演示了如何获取一些常用的环境属性。

【例4-14】获取环境属性示例。

```
public class ShowProperties{
    public static void    main(String args[]){
        System.out.println("Java 运行环境的版本:"+
        System.getProperty("java.version"));
        System.out.println("Java 运行环境的生产商:"+
                                    System.getProperty("java.vendor"));
        System.out.println("Java 的安装路径：  "+System.getProperty("java.home"));
        System.out.println("虚拟机实现的版本：  "+
                                    System.getProperty("java.vm.version"));
        System.out.println("虚拟机实现的生产商：  "+
                                    System.getProperty("java.vm.vendor"));
        System.out.println("默认的临时文件路径：  "+
                                    System.getProperty("java.io.tmpdir"));
        System.out.println("用户的账户名称：  "+System.getProperty("user.name"));
        System.out.println("当前用户工作目录：  "+System.getProperty("user.dir"));
        System.out.println("用户的 home 路径：  "+System.getProperty("user.home"));
        System.out.println("操作系统的名称:"+System.getProperty("os.name"));
        System.out.println("操作系统的版本：  "+System.getProperty("os.version"));
    }
}
```

4.5 Math 类

在 Math 类中，提供了常用的数学函数供程序员使用，这些数学函数包括随机函数、三角函数、指数函数和取整函数等。这些函数全部都以静态成员方法的形式提供，这样可以简化编程的步骤。另外，Math 中还提供了两个静态成员常量：E 和 PI。

由于 Math 里面的成员全部都是静态的，调用方法时需要写成“Math.方法名()”的形式，仍然比较烦琐。所以从 JDK5.0 开始，Java 专门为这种类提供了静态引入方法，程序员只需要在文件头部如上这条语句：

```
import static java.lang.math.*;
```

后面写程序的时候，作为前缀的 Math 均可省略。下面对 Math 中的方法做一些简单的介绍。

4.5.1 利用随机数求π值

Math 中提供了一个 random()方法，可以随机获取[0,1)之间的一个双精度浮点数。random()方法产生的是一个伪随机数（实际上，计算机都不可能产生真正的随机数），多次获取这些值，它们会均匀地分布在 0 到 1 之间，如果需要扩大分布的范围，可以将结果乘上一个适当比例因子。实际上，本书前面很多例子要产生从 0 到 1000 中的整型数，就是利用 random ()方法，然后将结果乘上 1000。

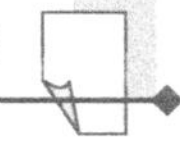

【例 4-15】利用随机数求 π 值。

要精确计算 π 的值有许多很好的数值算法，这里介绍一种用概率算法进行近似的计算 π 值的方法。假定有一个半径为 r 的圆及外切正方形，圆面积和正方形面积之比为：

$$\frac{\pi r^2}{4r^2}=\frac{\pi}{4}$$

假定某人随机地向正方形内掷 n 个点，而落在圆内的点的个数为 m，由概率论可知，如果这些点在正方形内均匀分布，则落在圆内的数目与落在正方形内的数目之比恰好为二者的面积之比：

$$\frac{m}{n}=\frac{\pi}{4}\longrightarrow\pi=\frac{4m}{n}$$

当 n 足够大时，统计出 m 的值，就可以近似地求出 π 的值。实际计算的时候，只要统计第一象限内半径为 1 的 1/4 圆内的点就可以了。所用到的图形如图 4-6 所示。

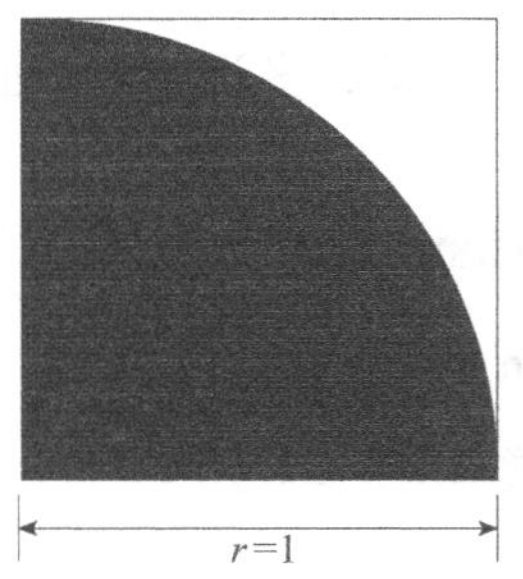

图 4-6　第一象限内的圆形

根据上述思路和图形，编程如下：

```
public class GetPI{
   public static void   main(String args[]){
      int n = 10000;
      int m = 0;
      double x,y;
      for(int i=0; i<n; i++){
         //随机产生一个点
         x = Math.random();
         y = Math.random();
         //计算这个点是位于圆内还是圆外
         if (x*x + y*y <= 1)            m++;
      }
      //统计得到 π 的值
      System.out.println("PI="+(double)m/n*4);
   }
}
```

由于这里用到了随机数，每次运行的结果可能不一样。

4.5.2　利用三角函数求 π 值

Math 中提供了常用的三角函数，如表 4-6 所示。

表 4-6　三角函数

函　　数	说　明
static double acos(double a)	反余弦函数，a 的范围从 0 到 π
static double asin(double a)	反正弦函数，a 的范围从-π/2 到 π/2
static double atan(double a)	反正切函数，a 的范围从-π/2 到 π/2
static double cos(double a)	余弦函数，a 以弧度表示
static double cosh(double x)	双曲余弦函数
static double sin(double a)	正弦函数，a 以弧度表示
static double sinh(double x)	双曲正弦函数
static double tan(double a)	正切函数，a 以弧度表示
static double tanh(double x)	双曲正切函数
static double toDegrees(double angrad)	将弧度值转换成为角度值
public static double toRadians(double angdeg)	将角度值转换成为弧度值

这些函数的数学含义都很清晰，无须过多说明。下面的例子中使用反正切函数来求 π 的值，所用到的数学公式如下：

$$\pi/4 = \arctan(1/2)+\arctan(1/5)+\arctan(1/8)$$

【例 4-16】利用反正切函数求 π 的值。

```
import static java.lang.Math.*;   //注意这个静态的引入
public class ProgPI{
   public static void    main(String args[]){
      double sum;
      sum = atan(0.5) + atan(0.2) + atan(0.125);   //这里可以省略前缀 Math
      System.out.println("π="+(4*sum));
   }
}
```

程序输出如下：

```
π=3.141592653589793
```

4.5.3　指数和对数函数

Math 中提供了 8 个与指数和对数相关的函数，如表 4-7 所示。

表 4-7　指数和对数函数

函　　数	说　明
static double exp(double a)	返回 e 的 a 次方，e 是自然对数
static double expm1(double x)	返回 ex -1
static double log(double a)	返回以 e 为底，a 的对数值
static double log10(double a)	返回以 10 为底，a 的对数值
static double log1p(double x)	返回 x+1 的自然对数值
static double pow(double a, double b)	返回 ab
static double sqrt(double a)	返回 a 的平方根
static double cbrt(double a)	返回 a 的立方根

限于篇幅，这里不再举例说明。

4.5.4　取整函数

在 Math 中还提供了各种取整函数及求绝对值的函数，如表 4-8 所示。

表 4-8　取整函数与求绝对值函数

函　　数	说　　明
static double abs(double a)	求双精度数 a 的绝对值
static float abs(float a)	求单精度数 a 的绝对值
static int abs(int a)	求整型数 a 的绝对值
static long abs(long a)	求长整型数 a 的绝对值
static double ceil(double a)	天花板函数，返回大于等于 a 的那个最小的整数（但是以浮点数形式存储）
static double floor(double a)	地板函数，返回小于等于 a 的那个最大的整数（但是以浮点数形式存储）
static double rint(double a)	四舍五入函数，返回与 a 的值最相近的那个整数（但是以浮点数形式存储）
static long round(double a)	四舍五入函数，返回与 a 的值最相近的那个长整型数
static int round(float a)	四舍五入函数，返回与 a 的值最相近的那个整型数

限于篇幅，这里不再举例说明。

4.6　Random 类的使用

尽管在 Math 类中提供了一个 random 函数可以获得随机数，但它的功能单一。所以在 Java 中还提供了一个功能上更强一些的类：Random。它不仅可以返回浮点类型的随机数，还可以返回整型、布尔型、字节型，也可以指定产生随机数的范围，还可以随意改变种子等。

Random 类采用的是线性同余算法产生的随机数序列，所用数学公式如下：

$a_{n+1}=(b*a_n+c) \bmod m$　其中，$a_0=d$，$b\geqslant 0$，$c\geqslant 0$，$d\leqslant m$

其中的 d 被称为“种子”。线性同余算法产生的序列是可以预测的伪随机数序列，而且任何一个确定的算法，都必须预先确定 a、b、c 的值，在 JDK5.0 中，上述公式中的各个变量值分别为：b=0x5DEECE66DL，c=0xBL，m=0xFFFFFFFFFFFF，这是由 D.H.Lehmer 提出的，也是目前使用最为广泛的线性同余算法。

由于只有种子 d 是可以改变的，所以只要种子相同，产生的随机数序列一定相同。为了避免每次产生的随机数序列完全相同，必须在构造 Random 对象时赋予不同的种子。常用的方法是以当前时间为种子，Random 对象的无参数构造器就是以时间为种子的。

Random 类的常用方法如表 4-9 所示。

表 4-9　Random 类的常用方法

方　　法	说　　明
Random()	创建一个随机数发生器
Random(long seed)	以 seed 为种子创建一个随机数发生器

续表

方　法	说　明
protected int next(int bits)	获取一个随机整数，最多有 bits 个二进制位，其他方法都是通过调用此方法来获取随机数的
boolean nextBoolean()	获取一个随机布尔值
void nextBytes(byte[] bytes)	获取随机数据并填充到数组 bytes 中
double nextDouble()	获取一个随机的双精度数
float nextFloat()	获取一个随机的单精度数
int nextInt()	获取一个随机整数
int nextInt(int n)	获取一个[0，n）之间的随机整数
long nextLong()	获取一个随机的长整型数
void setSeed(long seed)	设置随机数发生器的种子

【例 4-17】产生随机数序列示例。

```
import java.util.*;
public class DemoRandom{
   public static void    main(String args[]){
      Random ra = new Random();
      int i;
      System.out.println("随机整数序列：");
      for (i=0; i<10; i++)
         System.out.print(ra.nextInt()+" ");
      System.out.println("\n 随机整数序列（0-1000 之间）：");
      for (i=0; i<10; i++)
         System.out.print(ra.nextInt(1000)+" ");
      System.out.println("\n 随机浮点数序列：");
      for (i=0; i<10; i++)
         System.out.print(ra.nextDouble()+" ");
      System.out.println("\n 随机布尔数序列：");
      for (i=0; i<10; i++)
         System.out.print(ra.nextBoolean()+" ");
   }
}
```

使用随机数序列，可以得到任意想要的分布。具体方法，请参考数值计算的相关书籍。

4.7　日历类

Date 和 Calendar 是 Java 类库里提供对时间进行处理的类，日期在商业逻辑的应用中占据着很重要的地位，所有的开发者都应该能够计算未来的日期，定制日期的显示格式，并将文本数据解析成日期对象。所以本节对这两个类进行一个基本的讲解。

4.7.1　Date类的使用

Date 类顾名思义，就是和日期有关的类。系统中存在着两个同名的 Date 类，其中一个在 java.util 包中，另外一个在 java.sql 包中，这里介绍的是 java.util 包中的 Date 类。这个类最主

要的作用就是获得当前时间，另外也有设置时间及一些其他的辅助功能，可是由于本身设计的问题，这些方法遭到众多批评。因此这些方法从 JDK1.1 起就被废弃掉了，全部都被移植到另外一个类 Calendar 中。

Date 使用最简单的方法就是创建一个对象，这时它会自动获取机器上的当前时间，并封装在对象内部。下面是一个简单的使用。

【例 4-18】显示当前时间。

```
import java.util.Date;  //使用 util 包中的 Date 类
public class CurrentTime_1{
    public static void main(String[] args) {
        //获取系统的时间和日期
        Date date = new Date();
        System.out.println(date.getTime());
    }
}
```

假定在运行这个程序时的时间是 2021 年 5 月 26 日晚上 11 点 01 分，程序输出的结果如下：

```
1622041312122
```

程序中使用了 Date 构造方法创建一个日期对象，这个构造函数没有接收任何参数，构造方法在内部使用了 System.currentTimeMillis()方法来从系统获取时间。该时间是从 1970 年 1 月 1 日 0 时开始经历的毫秒数，所以如果用 getTime()来获取的话，得到的是一个长整型数。机器内部处理这种格式的时间很方便，但对于人而言就过于难懂了，所以需要将它转换成人能够阅读的时间。

4.7.2 使用 SimpleDateFormat 格式化输出时间

假如程序员希望定制日期数据的格式，比如“星期五-十二月-30 日-2020 年”，这需要用到另外一个类：java.text.SimpleDateFormat，这个类是从抽象类 java.text.DateFormat 派生而来的。它的使用比较简单，下面的例子展示了如何完成这个工作。

【例 4-19】按照定制格式显示日期。

```
import java.text.SimpleDateFormat;
import java.util.Date;
public class currentTime_2{
    public static void main(String[] args) {
        //设置显示格式
        SimpleDateFormat bartDateFormat = new SimpleDateFormat(
                                                "EEEE-MMMM-dd 日-yyyy 年");
        //获取当前时间
        Date date = new Date();
        //格式化输出
        System.out.println(bartDateFormat.format(date));
    }
}
```

程序输出如下：

```
星期三-五月-26日-2021年
```

只要通过向 SimpleDateFormat 的构造方法传递格式字符串“EEEE-MMMM-dd 日-yyyy 年”，就能够指明自己想要的格式。格式字符串中的字符告诉格式化函数下面显示日期数据的哪一个部分：EEEE 是星期，MMMM 是月，dd 是日，yyyy 是年。字符的个数决定了日期是如何格式化的。如果传递“EE-MM-dd-yy”会显示“Wed-5-26-21”。

注意：“MMMM”输出的时候会自动加上“月”，而“dd”和“yyyy”输出时则不会自动加上“日”和“年”，需要程序员自己添加。

完整的格式化字符串如表 4-10 所示。

表 4-10　格式化字符串的含义

字　符	含　义	外　观	示　例
G	公元前/后	文本	AD.
y	年份	年份	2007，07
M	月份	英文或数字月份	July，Jul，07
w	一年中的第几个星期	数值	27
W	一月中的第几个星期	数值	2
D	一年中的第几天	数值	189
d	一月中的第几天	数值	15
F	这一天位于本月中的第几个星期	数值	2
E	星期几	文本	Tuesday，Tue
a	上/下午	文本	PM
H	小时（0～23）	数值	0
k	小时（1～24）	数值	24
K	小时（0～11）	数值	0
h	小时（1～12）	数值	12
m	分钟	数值	30
s	秒钟	数值	30
S	毫秒	数值	125
z	时区	一般时区	Pacific Standard Time; PST; GMT-08:00
Z	时区	RFC 822 时区	-0800

除了上面这样定制格式，也可以使用内置的格式。在抽象类 DateFormat 中，定义了 4 个常量：SHORT、MEDIUM、LONG 和 FULL，分别代表短、中、长和完整 4 种显示格式。利用 DateFormat.getDateTimeInstance()就可以获得想要的内置格式的 DateFormat 的实例，然后就可以格式化输出了。

【例 4-20】按照定制格式显示日期。

```
import java.text.DateFormat;
import java.util.Date;
public class CurrentTime_3{
    public static void main(String[] args) {
```

```
        Date date = new Date();
        DateFormat shortDateFormat = DateFormat.getDateTimeInstance(
                                DateFormat.SHORT, DateFormat.SHORT);
        DateFormat mediumDateFormat = DateFormat.getDateTimeInstance(
                                DateFormat.MEDIUM, DateFormat.MEDIUM);
        DateFormat longDateFormat = DateFormat.getDateTimeInstance(
                                DateFormat.LONG, DateFormat.LONG);
        DateFormat fullDateFormat = DateFormat.getDateTimeInstance(
                                DateFormat.FULL, DateFormat.FULL);
        System.out.println(shortDateFormat.format(date));
        System.out.println(mediumDateFormat.format(date));
        System.out.println(longDateFormat.format(date));
        System.out.println(fullDateFormat.format(date));
    }
}
```

这里使用的方法和用户自定义的方法差不多，只是这里使用的是一个抽象类。由于DateFormat 是一个抽象类，所以它不能通过构造函数来构造对象，在这里是通过getDateTimeInstance()方法获得该对象的。

> 注意：程序在对 getDateTimeInstance 的每次调用中都传递了两个值：第一个参数是日期风格，而第二个参数是时间风格。它们都是基本数据类型 int 型。

程序输出结果如下：

```
2021/5/26 下午 11:09
2021 年 5 月 26 日 下午 11:09:58
2021 年 5 月 26 日 CST 下午 11:09:58
2021 年 5 月 26 日星期三 中国标准时间 下午 11:09:58
```

这个输出看上去没什么问题。但如果是在 0 点到 1 点之间运行这个程序，得到的结果会类似“上午 12 时**分**秒”，很容易让人误解为中午 12 点多，这正是 Date 及 DateFormat 让人诟病的地方。

在应用程序运行的时候，可能会需要用户输入一个日期（这通常是一个字符串），然后在计算机内处理时，必须要转换成为一个 Date 对象。这也可以使用 SimpleDateFormat 类来解决。不过这个字符串必须遵循一定的格式。例如，字符串“01-01-2021”，可以用格式化字符串“MM-dd-yyyy”创建一个 SimpleDateFormat 对象，再由它来生成一个 Date 类型的日期对象。

【例 4-21】从文本串创建日期对象。

```
import java.text.SimpleDateFormat;
import java.util.Date;
public class TextToTime{
    public static void main(String[] args) {
        //用格式化字符串创建一个 SimpleDateFormat 对象
        SimpleDateFormat bartDateFormat = new SimpleDateFormat("MM-dd-yyyy");
        //下面这个字符串包含了要解析的日期
        String dateStringToParse = "12-31-2020";
        try {
            //用 parse()方法来按照前面指定的格式解析字符串，创建 Date 对象
            Date date = bartDateFormat.parse(dateStringToParse);
            //按照机内格式输出这个日期
            System.out.println(date.getTime());
```

```
        }catch (Exception el){
            el.printStackTrace();
        }
    }
}
```

程序输出如下：

```
1609344000000
```

这个数据的末尾全是 0，是因为时间字符串中没有指定时、分、秒。

4.7.3 Calendar类的特色

Date 类的设计远远不能令人满意，其中使用的名字和约定引起了无尽的混淆，使用者很容易误会设计者的意图。从 JDK1.1 起，java.util 包中新增加了一个抽象类 Calendar，这个类的功能上更为强大，而且也更为清晰，不过使用上也比 Date 要复杂一些。不过相比于它强大的功能，多付出一点学习时间是值得的。

Calendar 被设计成为一个挂在墙壁上的典型日历，有许多月份和日期可以翻阅。Calendar 类与其他类有很大的区别，它是构建在大量可以直接读取的属性上的，这些属性多数是静态成员常量，可以使用它们来设置或者获取某些值。

Calendar 类的内部仍然存储了以毫秒为单位距离 1970 年元旦 0 时的时间间隔。不过它及它的子类可以根据设置的规则（预设的或由用户设置的）来解释这些时间信息，而且时间的各个组成部分也被分别存储，这也是 Java 类库国际化的一个方面。这样程序员就能够写出在不同的国际化环境中运行的程序。

Calendar 没有提供公共的构造方法。它定义了一些 protected 类型的实例成员变量：

- boolean areFieldsSet：指示时间成员是否被设置。
- int fields[]：用于存储时间的各个组成部分。
- boolean isSet[]：指示某个特定的时间组成部分是否被设置。
- long time：存储这个对象当前的时间。
- boolean isTimeSet：指示当前时间是否被设置。

Calendar 定义的一些常用方法如表 4-11 所示。

表 4-11 Calendar 的常用方法

方 法	说 明
abstract void add(int field, int amount)	将 amount 加到 field 所指定的域中，如果 amount 为负数，就是减。field 必须是 Calendar 定义的字段之一，比如 Calendar.MONTH
boolean after(Object when)	如果本对象的时间比 when 所包含的时间晚，返回 true
boolean before(Object when)	如果本对象的时间比 when 所包含的时间早，返回 true
void clear()	清除对象中各个时间的组成部分
void clear(int field)	将 field 指定的时间组成部分清空
boolean equals(Object obj)	如果本对象的时间与 obj 的时间相等，返回 true

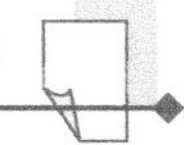

续表

方　法	说　明
int get(int field)	获取由 field 指定的时间组成成分值，field 只能是 Calendar 定义的字段之一，比如 Calendar.MONTH
static Locale[] getAvailableLocales()	返回一个 Locale 数组，包含了能够获得 Calendar 对象的地域集合
int getFirstDayOfWeek()	获取星期的第一天，例如，美国是 SUNDAY，法国是 MONDAY
static Calendar getInstance()	以默认的地域和时区获得一个 Calendar 对象实例
static Calendar getInstance(Locale aLocale)	以默认时区和 aLocale 指定地域获得一个 Calendar 对象实例
static Calendar getInstance(TimeZone zone)	以默认地域和 zone 指定的时区获得一个 Calendar 对象实例
static Calendar getInstance(TimeZone zone, Locale aLocale)	以指定的时区和地域获得一个 Calendar 对象实例
abstract　int getMaximum(int field)	获取由 field 所指定的时间成分的最大值
abstract　int getMinimum(int field)	获取由 field 所指定的时间成分的最小值
Date getTime()	创建一个与本对象时间相同的 Date 对象
long getTimeInMillis()	获取以毫秒为单位的距离 1970 年 1 月 1 日 0 点的时间值
TimeZone getTimeZone()	获得时区
protected　int internalGet(int field)	获得 field 所指定的时间成分的值，该方法供派生类使用
boolean isSet(int field)	判断 field 所指定的时间成分是否已经被设置
void set(int field, int value)	将 field 指定的时间成分设置为 value 值
void set(int year, int month, int date)	设置年、月、日的值
void set(int year, int month, int date, int hourOfDay, int minute)	设置年、月、日、时、分的值
void set(int year, int month, int date, int hourOfDay, int minute, int second)	设置年、月、日、时、分、秒的值
void setFirstDayOfWeek(int value)	设置星期的第一天
void setTime(Date date)	设置本对象的时间与 date 相同
void setTimeInMillis(long millis)	设置本对象的时间与 millis 相同
void setTimeZone(TimeZone value)	设置本对象的时区

Calendar 类还定义了一些 int 类型的静态成员常量，供上述方法使用。这些成员常量如表 4-12 所示。

表 4-12　Calendar 类中的静态成员常量

AM	AM_PM	APRIL
AUGUST	DATE	DAY_OF_MONTH
DAY_OF_WEEK	DAY_OF_WEEK_IN_MONTH	DAY_OF_YEAR
DECEMBER	DST_OFFSET	ERA
FEBRUARY	FIELD_COUNT	FRIDAY
HOUR	HOUR_OF_DAY	JANUARY
JULY	JUNE	MARCH
MAY	MILLISECOND	MINUTE

续表

AM	AM_PM	APRIL
MONDAY	MONTH	NOVEMBER
OCTOBER	PM	SATURDAY
SECOND	SEPTEMBER	SUNDAY
THURSDAY	TUESDAY	UNDECIMBER
WEDNESDAY	WEEK_OF_MONTH	WEEK_OF_YEAR
YEAR	ZONE_OFFSET	

这些常量的含义非常清晰，完全可以顾名思义，无须更多的解释。这些常量多数是调用get()方法和 set()方法，作为参数使用。

【例 4-22】用 Calendar 显示当前的日期和时间。

```
import java.util.*;
public class DateAndTime{
  //星期要转换成汉语形式显示，数字 1 表示星期日
  static final char days[] ={' ','日','一','二','三','四','五','六'};
  public static void main(String[] args) {
    //获取当前时间，创建对象
    Calendar cal = Calendar.getInstance();
    //获取年份
    int year = cal.get(Calendar.YEAR);
    //获取月份，它以 0 为第一个月，所以要加 1
    int month = cal.get(Calendar.MONTH) + 1;
    //获取日期
    int date = cal.get(Calendar.DATE);
    //获取星期几，它以 1 为第 1 天，要用数组 days[]来换算
    int day = cal.get(Calendar.DAY_OF_WEEK);
    //获取小时，这是 24 小时制
    int hour = cal.get(Calendar.HOUR_OF_DAY);
    //获取分钟
    int min = cal.get(Calendar.MINUTE);
    //获取秒
    int sec = cal.get(Calendar.SECOND);
    //按照中国人的习惯来显示日期和时间
    System.out.println("今天是："+year+"年"+month+"月"+date+"日"+
                       "星期"+days[day]);
    System.out.println("现在的时间是：  "+hour+":"+min+":"+sec);
  }
}
```

在笔者机器上运行的结果如下：

```
今天是：2021 年 5 月 26 日星期三
现在的时间是：  23:14:4
```

上面这种方法在编程上比 Date 要麻烦一点，但在格式控制上却要自由得多。

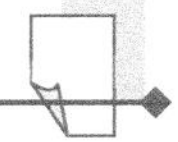

4.7.4　编程实例4：利用 GregorianCalendar输出日历

顾名思义，GregorianCalendar 是一个公历实现类。它是 Calendar 的派生类，实际上，Calendar 的 getInstance()方法返回的就是一个 GregorianCalendar 对象。相比 Calendar，它多定义了两个属性：AD 和 BC，分别表示公元前和公元后。GregorianCalendar 还提供了若干构造方法，如表 4-13 所示。

表 4-13　GregorianCalendar 的构造方法

构造方法	说　明
GregorianCalendar()	用机器时间构造一个新对象
GregorianCalendar(int year, int month, int dayOfMonth)	用指定的年、月、日构造一个新对象
GregorianCalendar(int year, int month, int dayOfMonth, int hourOfDay, int minute)	用指定的年、月、日、时、分构造一个新对象
GregorianCalendar(int year, int month, int dayOfMonth, int hourOfDay, int minute, int second)	用指定的年、月、日、时、分、秒构造一个新对象
GregorianCalendar(Locale aLocale)	用 aLocale 指定的地域、默认的时区和当前时间构造一个新对象
GregorianCalendar(TimeZone zone)	用 zone 指定的时区、默认的地域和当前时间构造一个新对象
GregorianCalendar(TimeZone zone, Locale aLocale)	用 zone 指定的时区、aLocale 指定的地域和当前时间构造一个新对象

除了继承下来的方法，GregorianCalendar 还提供了一些辅助方法，其中有一个很有用的方法：boolean isLeapYear(int year)，用于判断 year 是否为闰年。

【例 4-23】用 GregorianCalendar 实现一个万年历。

在本例中，将按照平常看到的挂历格式实现一个可以由用户任意指定年份和月份的日历。要实现一个这样的公历并不难，只要处理两点就可以了：这个月的第一天是星期几，这个月一共有多少天。有了这两者，就可以从第一天开始依次往后排，排满一周就换一行继续排下去，直到本月排完。当然，需要将输出格式对齐一下。

为了简化编程，这里没有考虑用户输入出错的情况，读者可以自行加上错误处理部分。

```
import java.util.*;
public class ShowCalendar{
  //用来显示日历头
  static final String head[] ={"星期日","星期一","星期二",
                               "星期三","星期四","星期五","星期六"};
  public static void main(String[] args) {
    Scanner in = new Scanner(System.in);
    int i;
    System.out.print("请输入年份：");
    int year = in.nextInt();
    System.out.print("请输入月份：");
    int month = in.nextInt() - 1; //GregorianCalendar 的第一个月是 0
    in.close();
    //以指定的年、月、该月的第一天来创建对象
    GregorianCalendar cal = new GregorianCalendar(year,month,1);
```

```
        //获取这个月的天数
        int totalDays = cal.getActualMaximum(Calendar.DAY_OF_MONTH);
        //获取这个月的第一天是星期几
        int startDay = cal.get(Calendar.DAY_OF_WEEK)-1;
        //输出日历头部，每一个输出项占 8 个字符宽度
        for(i=0; i<head.length; i++)
          System.out.print(head[i]+"    ");
        System.out.println();
        //输出第一天之前的空格，每个输出项 8 个空格
        for(i=0;i<startDay;i++)
          System.out.printf("%8s","");
        //依次输出每一天，每一个输出项占 8 个字符宽度
        for(int day=1; day<=totalDays;day++){
          System.out.printf("    %2d    ",day);
          i++;
          if (i==7){ //每个星期输出完，换行
            System.out.println();
            i=0;
          }
        }
      }
    }
```

如果输入不出错，这个程序能够正常运行，2021 年 6 月的日历如图 4-7 所示。

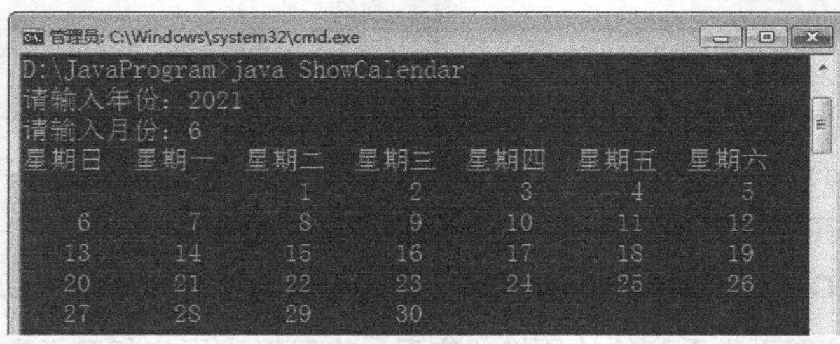

图 4-7　程序运行情况

说明：程序中有两个地方需要特别注意。一是月份的设置，GregorianCalendar 是从 0 开始的，而一般人的理解月份应该从 1 开始，所以要减 1。二是求某一天是星期几，get(Calendar.DAY_OF_WEEK) 的最小返回值是 1，而按照一般人的理解，星期日应该是 0。

4.7.5　JSR 日期时间包

尽管 Calendar 对 Date 进行了改进，但是由于 Date 本身设计得过于复杂和烦琐（把时间、日期混杂在一起处理），而且 Calendar 自身的星期、月份的起始值不太符合人们的日常习惯（JANUARY 的值是 0，SUNDAY 的值是 1），而且很多地方未考虑线程安全问题，所以并未从根本上解决问题。

从 JDK8.0 开始，Java 中引入了一个设计极其优秀的第三方日期时间包：JSR，并将这个包中的所有类放置在 java.time 下面。在这个包中，日期和时间类被分别设计：表示时间的是 LocalTime，表示日期的是 LocalDate，如果要混合日期时间，可以使用 LocalDateTime 这个类，还有表示瞬间时间点的 Instant 类。如下所示：

- LocalDate 表示当前（或指定）日期，格式为：yyyy-MM-dd。
- LocalTime 表示当前（或指定）时间，格式为：HH:mm:ss SSS。
- LocalDateTime 表示当前（或指定）日期时间，格式为：yyyy-MM-ddTHH:mm:ss SSS，是前两者的结合。
- Instant 表示当前（或指定）时间瞬时点，或者瞬间点。

另外还提供了一个 DateTimeFormatter 类来进行时间格式化。下面提供一个简单的程序示例。

【例 4-24】用 JSR 显示日期和时间。

```
import java.time.*;
import java.time.format.*;
public class UseJSR{
  public static void main(String args[]) {
    System.out.println(LocalDate.now(ZoneId.systemDefault()));
    System.out.println(LocalTime.now(ZoneId.systemDefault()));
    System.out.println(LocalDateTime.now(ZoneId.systemDefault()));
    System.out.println(OffsetTime.now(ZoneId.systemDefault()));
    System.out.println(OffsetDateTime.now(ZoneId.systemDefault()));
    System.out.println(ZonedDateTime.now(ZoneId.systemDefault()));
    System.out.println(DateTimeFormatter.ISO_LOCAL_DATE.format(LocalDate.now()));
    System.out.println(DateTimeFormatter.ISO_LOCAL_TIME.format(LocalTime.now()));
    System.out.println(DateTimeFormatter.ISO_LOCAL_DATE_TIME.format(LocalDateTime.now()));
  }
}
```

建议读者以后编程如果不是为了保持对老旧程序的兼容，应该尽量使用 JSR 包中的类。

4.8　Formatter 类

系统类库中的 Formatter 有两个，一个是定义在 java.util.logging 包中的抽象类，另外一个是定义在 java.util 包中的最终类。本节介绍的是后者。

在前面介绍控制台输出时，曾经介绍过 System.out.printf()方法，这是一个可以控制输出格式的方法。这个方法直到 JDK5.0 才提供，而在此之前，如果需要格式化输出，就需要用到 Formatter 类。Formatter 类的格式控制与 printf()方法几乎完全一样。只不过不像后者直接输出到控制台，它是将格式化后的串存储到一个字符串中，程序员可以继续进行处理，所以它不仅可以用于控制台的输出，也可以用于 GUI 窗口程序的输出。学会使用 Formatter 类的格式控制，自然就会使用 printf()进行格式化输出。

4.8.1　Formatter的简单使用

Formatter 类的使用和其他类一样，先要创建一个对象。它提供了 10 多个构造方法，下面是一些常用的构造方法。

- Formatter()：构造一个新对象。

- Formatter(Appendable a)：用指定目标构造一个新对象。
- Formatter(File file)：用指定的 file 构造一个新对象。
- Formatter(Locale l)：用指定的 Locale 创建一个新对象。
- Formatter(OutputStream os)：用指定的输出流创建一个新对象。

在第二个构造方法中，Appendable 参数是一个接口，多数情况下，实际参数是一个 StringBuffer，也即指定格式化字符串后的存储位置。使用最广泛的应该是第一种无参数的构造方法，它会自动创建一个 StringBuilder 对象作为格式化字符串的存储区。Formatter 的其他常用方法如表 4-14 所示。

表 4-14　Formatter 的常用方法

方　法	说　明
void close()	关闭对象的存储区，如果目标区是 Closeable 接口的派生类，该类的 close 方法同时被调用
void flush()	清空缓冲区，适用于与文件绑定的对象
Formatter format(Locale l, String format, Object... args)	根据 format 中的格式串，输出 args 中的数据到 Local 指定的场所，返回调用的对象
Formatter format(String format, Object... args)	根据 format 中的格式串，格式化 args 中的数据，返回调用的对象
Locale locale()	返回创建本对象时所用的 Locale 对象
Appendable out()	返回本对象的输出目标

从表中可以看出 Formatter 的常用方法并不多，其中最常用的就是 format()方法，它也是本类的核心方法。format()方法中所用到的 format 参数，是一个带有各种格式转换和修饰符号的字符串，这在第 2.5 小节中已经介绍过。下面就使用它来输出一些指定格式的数据。

【例4-25】Formatter简单输出示例。

```
import java.util.*;
public class DemoFormatter{
  public static void main(String[] args) {
      //以标准输出设备为目标，创建对象
      Formatter fmt = new Formatter(System.out);
      //格式化输出数据，并输出到标准输出设备
      fmt.format("直接输出，每个输出项占 8 个字符位：%8d%8d\n",100,200);
      StringBuffer buf = new StringBuffer();
      //以指定的字符串为目标，创建对象
      fmt = new Formatter(buf);
      //格式化输出数据，输出到 buf 中
      fmt.format("输出到指定的缓冲区，每个输出项占 6 个字符位：%6d%6d\n",300,400);
      //再从 buf 中输出到屏幕
      System.out.print(buf);
      //以默认的存储区为目标，创建对象
      fmt = new Formatter();
      //格式化输出数据，输出到自己的存储区
      fmt.format("输出到自带存储区，每个输出项占 10 个字符位：%10.3f%10.3f",
                 123.45,43.687);
      //再从对象的存储区中输出到屏幕
```

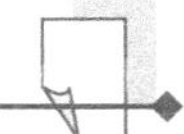

```
        System.out.print(fmt);
    }
}
```

可以看到，Formatter 的输出方式与 System.out.printf 非常相似，都是第一个参数为格式串，后面的参数为输出项。不同的是，Formatter 可以在创建对象的时候指定输出的目标，这个目标既可以是标准的输出设备，也可以是字符串或其他对象，因而更为灵活。

4.8.2　时间格式转换符详解

在本书第 2 章已经介绍过一般数据输出的格式转换符，这里不再重复。本节只介绍用于日期和时间的格式转换符。

要输出日期和时间，需要以“%t”为前缀，在后面加上如表 4-15 至表 4-17 所示的任意一个字符，组成完整的格式转换符。输出项必须是 Date 及其子类对象，例如：

```
fmt.format("%tc", new Date());
```

输出结果为：

```
星期四 六月 17 15:06:52 CST 2021
```

表 4-15　时间格式转换符

'H'	24 小时制的小时，被格式化为两位数，不足两位时前边用零补足，范围为 00～23
'I'（i 的大写）	12 小时制的小时，被格式化为两位数，不足两位时前边用零补足 范围为 01～12
'k'	24 小时制的小时，范围为 0～23
'l'（L 的小写）	12 小时制的小时，范围为 1～12
'M'	小时中的分钟，被格式化为两位数，不足两位时前边用零补足，范围为 00～59
'S'	分钟中的秒，被格式化为两位数，不足两位时前边用零补足，范围为 00～60（"60" 是支持闰秒所需的一个特殊值）
'L'	秒中的毫秒，被格式化为三位数，不足三位时前边用零补足，范围为 000～999
'N'	秒中的毫微秒，被格式化为九位数，不足九位时前边用零补足，范围为 000000000～999999999
'p'	上午或下午，根据本地机器环境决定以什么格式显示。英文语言环境下标记以小写形式表示，例如 "am" 或 "pm"，中文语言环境表示为”上午”或”下午”
'z'	相对于 GMT 的 RFC 822 格式的数字时区偏移量，例如 -0800
'Z'	表示时区缩写形式的字符串。Formatter 的语言环境将取代参数的语言环境（如果有）
's'	自格林尼治时间 1970 年 1 月 1 日 00:00:00 至现在所经过的秒数，即 Long.MIN_VALUE/1000 与 Long.MAX_VALUE/1000 之间的差值
'Q'	自格林尼治时间 1970 年 1 月 1 日 00:00:00 至现在所经过的毫秒数，即 Long.MIN_VALUE 与 Long.MAX_VALUE 之间的差值

表 4-16　日期格式转换符

'B'	特定于语言环境的月份全称，例如“January”和“February”
'b'	特定于语言环境的月份简称，例如，“Jan”和“Feb”。如果是中文语言环境则“B”和“b”效果相同，例如，“一月”和“三月”
'h'	与 'b' 相同

续表

'A'	特定于语言环境的星期全称，例如“Sunday”和“Monday”
'a'	特定于语言环境的星期简称，例如，“Sun”和“Mon”。如果是中文语言环境则“A”和“a”效果相同，例如，“星期一”和“星期四”
'Y'	年份，被格式化为四位数（必要时前边加零）
'C'	四位数表示的年份取前两位，第一位可以为零，范围为 00~99
'y'	年份的最后两位数，被格式化为两位数，不足两位时前边用零补足，2009 格式化结果为 09
'j'	一年中的天数，被格式化为三位数，不足三位时前边用零补足，范围为 001～366
'm'	月份，被格式化为两位数，不足两位时前边用零补足，范围为 01～13
'd'	一个月中的天数，被格式化为两位数，不足两位时前边用零补足，范围为 01～31
'e'	一个月中的天数，被格式化为两位数，范围为 1～31

表 4-17　日期-时间组合格式转换符

'R'	24 小时制的时间，被格式化为 小时:分，相当于"%tH:%tM"
'T'	24 小时制的时间，被格式化为 小时:分:秒，相当于"%tH:%tM:%tS"
'r'	12 小时制的时间，被格式化为 小时:分:秒，相当于 "%tI:%tM:%tS %Tp"。上午或下午标记（'%Tp'）的位置可能与语言环境有关
'D'	日期，被格式化为 月日年，相当于 "%tm/%td/%ty"
'F'	ISO 8601 格式的完整日期，被格式化为 年月日，相当于 "%tY-%tm-%td"
'c'	日期和时间，被格式化为 "%ta %tb %td %tT %tZ %tY"，例如 "星期六 九月 11 08:08:00 CST 3909"

注意：任何未在表中明确定义为转义符的都是非法字符，并且都被保留，以供将来扩展使用。

从表中可以看出，某些格式只给出了日期的一部分信息，如只有月份或日期。如果需要完整的信息（比如年-月-日），当然可以把这个输出项重复写多次来完成完整的输出：

```
Date dt = new Date();
fmt.format("%tY-%tm-%td",dt,dt,dt);
```

但这样写比较笨拙。Formatter 提供了一种更快捷的方式。程序员可以采用一个被称为参数索引的东西。这个索引是一个整型数常量，它必须紧跟在“%”后面，并以“$”终止。例如，“%2$d”，表示这个输出项是第 2 项，以十进制整数形式输出。上面的例子就可以改成：

```
Date dt = new Date();
fmt.format("%1$tY-%1$tm-%1$td",dt);
```

Java 还提供了一个替代方案，就是使用“<”标志，它指出前面格式说明符中使用过的输出项要再次使用，上面的例子还可以改成：

```
Date dt = new Date();
fmt.format("%tY-%<tm-%<td",dt);
```

三种写法的输出效果都是一样的：

```
2020-12-30
```

下面的例子演示了如何使用这些时间格式转换符来输出日期和时间。

【例 4-26】使用时间格式转换符输出日期和时间。

```
import java.util.*;
```

```
public class DemoFmtTime{
   public static void main(String[] args) {
        //以标准输出设备为目标，创建对象
        Formatter fmt = new Formatter(System.out);
        //获取当前时间
        Date dt = new Date();
        //以各种格式输出日期和时间
        fmt.format("现在的日期和时间（以默认的完整格式）：%tc\n",dt);
        fmt.format("今天的日期（按中国习惯）：%1$tY-%1$tm-%1$td\n",dt);
        fmt.format("今天是：%tA\n",dt);
        fmt.format("现在的时间（24 小时制）:%tT\n",dt);
        fmt.format("现在的时间（12 小时制）:%tr\n",dt);
        fmt.format("现在是：%tH 点%1$tM 分%1$tS 秒",dt);
   }
}
```

4.8.3　格式说明符语法图

Formatter 中使用的格式说明符用途非常广泛，它不仅用在本类中，也使用在 System.out.printf()方法和 String.format()方法中。它使用非常灵活，功能也很强大，但它本身也相当复杂。它自身包含了格式转换符和格式修饰符两部分，每个部分又有若干成分。为了让读者对它有一个全面的掌握，特提供它的语法如图 4-8 所示。

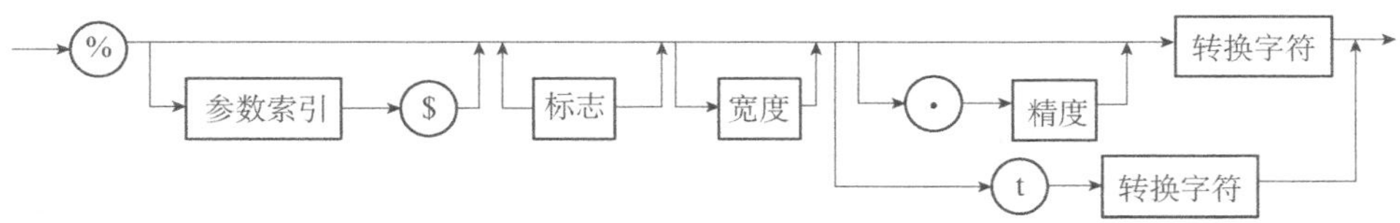

图 4-8　格式说明符的语法图

图中的“标志”是指第 2 章中的表 2-14 中除了宽度和精度之外的其余格式修饰符。

4.9　类型包装器

在 Java 中使用基本类型（也称为简单类型，如 int 或 double）来存储语言支持的基本数据类型。这里没有采用对象而是使用了传统的面向过程语言所采用的基本类型，主要是出于性能方面的考虑。因为即使是最简单的数学计算，使用对象来处理也会引起一些开销，而这些开销对于数学计算本来是毫无必要的。

不过也有人（主要是狂热的 C#支持者）批评 Java 这么做就不再是完全的面向对象，而且在 Java 中，泛型类包括预定义的集合使用的参数都是对象类型，无法直接使用这些基本数据类型。所以，Java 又提供了这些基本类型的包装器，以方便程序员编程。

类型包装器包括 Double、Float、Long、Integer、Short、Byte、Character 和 Boolean 共 8 种，也就是为每一个基本类型提供了一个对应的包装器，将基本类型封装在其内部。同时这些类还提供了一系列的方法，这样就将基本类型完全集成到 Java 的面向对象体系中。

1. 字符类型包装器

Character 是 char 的包装器，它的构造方法如下：

```
Character(char ch);
```

这里的 ch 就是将封装在 Character 对象中的字符。

为了获取包含在 Character 对象中包装的字符，可以调用 charValue()方法，声明如下：

```
char charValue();
```

和 String 一样，封装在 Character 对象里的字符是一个常量，无法对它做出修改。例如创建了 Character 对象 C，封装了字符 'a':

```
Character C=new Character('a');
```

如果想将其中的字符改成 'b'，唯一的办法是丢弃原先的对象，然后重新创建对象：

```
C=new Character('b');
```

📖 *注意：所有的对象包装器中的数据都是常量，无法改变，都只能这么操作。*

Character 还提供了大量的辅助方法来方便程序员编程，这些方法中的一部分如表 4-18 所示。

表 4-18 Character 中的常用方法

方　法	说　明
char charValue()	获取包装对象中的字符值
int compareTo(Character anotherCharacter)	比较两个对象中封装的字符是否相等
static int digit(char ch, int radix)	返回字符 ch 在指定进制下的数值
static char forDigit(int digit, int radix)	将数字 digit 按照 radix 指定的进制转化为对应的字符
static int getNumericValue(char ch)	返回 ch 由 Unicode 码所表示的数值
static boolean isDefined(char ch)	判断 ch 是否用 Unicode 编码
static boolean isDigit(char ch)	判断 ch 是否是一个数字
static boolean isLetter(char ch)	判断 ch 是否是一个字母
static boolean isLowerCase(char ch)	判断 ch 是否为小写字母
static boolean isSpaceChar(char ch)	判断 ch 是否为 Unicode 码中的空格字符
static boolean isUpperCase(char ch)	判断 ch 是否为大写字母
static boolean isWhitespace(char ch)	判断 ch 是否为 Java 所定义的空白字符
static char toLowerCase(char ch)	获取 ch 对应的小写字母
static String toString(char c)	将字符 c 转成字符串
static char toUpperCase(char ch)	获取 ch 对应的大写字母

2. 布尔类型包装器

Boolean 是封装布尔值的包装器。它定义了下面的构造方法：

- Boolean(boolean boolValue),
- Boolean(String boolString);

在第一个方法中，boolValue 的值必须是 true 或 false。在第二个方法中，如果 boolString 的值为“true”（不区分大小写），那么创建的布尔对象值为 true，否则为 false。

为了获得 Boolean 对象中的布尔值，可以使用 booleanValue()方法，声明形式如下：

```
boolean booleanValue();
```

3. 数字类型包装器

编程中使用最多的类型包装器是针对数值的，它们是 Byte、Short、Integer、Long、Float 和 Double。所有数字类型的包装器都是从抽象类 Number 继承下来的。Number 声明了多种以不同的数字格式返回一个对象值得的方法，这些方法声明如下：

- byte byteValue();
- double doubleValue();
- float floatValue();
- int intValue();
- long longValue();
- short shortValue();

这些方法的含义都很简单明确。由于这些方法是在 Number 中定义的，所有的子类都会实现这些方法，这相当于是对各种数据做强制类型转换。

所有的数字类型包装器都至少提供两个构造方法，例如，Integer 就提供了下面两个构造方法：

- Integer(int value);
- Integer(String s);

其中一个参数与包装数据类型一致，直接作为封装的数据；另外一个参数是字符串，系统会将它转换成对应类型的数据并封装起来。

所有的数字类型包装器都提供了一个静态的方法，可以将字符串转换成为自己所封装的数据类型，例如，Integer 就提供了这样一个方法：

- static int parseInt(String s)

注意：它是一个静态方法，即可以不必创建对象就能使用。使用它，可以将一个字符串转换成为整型数。下面的例子演示了一个整数类型包装器的使用。

【例 4-27】整数类型包装器使用示例。

```
import java.util.*;
public class DemoInteger{
   public static void main(String args[]){
      Scanner in = new Scanner(System.in);
      System.out.println("请输入一个整型数：");
      try{
           String s = in.nextLine();
           Integer onum = new Integer(s);   //创建 Integer 对象
           System.out.println("用 Integer 对象封装后得到的结果："+onum.intValue());
           int num = Integer.parseInt(s);  //直接转换成整型数
           System.out.println("直接转换成整型数得到的结果："+num);
      }catch(NumberFormatException e){
           System.out.println("你输入的不是整型数。");
      }
      in.close();
   }
```

```
}
```

这个程序演示用两种不同的方法将一个字符串转换成为整型数据。程序很简单，对于其他类型的包装器，使用上也差不多，此处不再赘述。

4. 自动装/拆箱

将一个基本类型的数值封装到一个对象中的过程称为装箱（Boxing），有的书上也将其翻译为打包。下面的代码将值为 100 的整型数封装到 Integer 中：

```
Integer iob = new Integer(100);
```

从一个类型包装器中提取值的过程称为拆箱（Unboxing），也称拆包。下面的代码就是拆箱：

```
int i = iob.intValue();
```

从 JDK1.0 开始，Java 就采用了上述方法来进行装箱和拆箱。但是很多程序员都抱怨这么做过于麻烦，比如要将上面的 Integer 对象 iob 放入到一个表达式中进行运算，按照传统的写法，必须这么来写：

```
int   k = i+iob.intValue();
```

这显然太麻烦。而像下面这么写是所有程序员的愿望：

```
int   k = i+iob;
```

从 JDK5.0 开始，Java 引入了自动装/拆箱机制，能够帮助程序员实现这一愿望。

自动装箱是这样一个过程：每当需要一种类型的对象时，这种基本类型就被自动地封装到与它相同类型的包装器中。自动拆箱的过程是：每当需要一个值时，这个被装箱到对象中的值就会被自动提取出来。这样，就没有必要显式地去调用构造方法和 intValue()之类的方法。

自动装/拆箱机制大大简化了编程过程，免除了手工对数值进行装/拆箱的烦琐工作，同时还可以避免错误的发生。而且它对新增的泛型特性非常重要。它使得基本数据与集合框架一起工作变得很简单。

有了自动装箱，就不再需要手工建立一个对象来包装一个基本类型，而只需要将该值赋给一个类型包装器引用，Java 会自动建立一个对象。例如，下面建立了一个值为 100 的 Integer 对象：

```
Integer iob = 100;    //自动装箱
```

这里没有使用 new 关键字来显式建立对象，Java 自动完成了这一部分工作。

要拆箱一个对象，只要将这个对象赋值给一个基本数据类型的变量即可。例如，下面的代码就可以拆箱 iob：

```
int i = iob; //自动拆箱
```

它不再需要使用 iob.intValue()方法。

自动装/拆箱过程是在编译时完成的，编译器会自动将需要的方法插入到合适的地方，所以自动装/拆箱机制并不会降低程序的性能。

自动装/拆箱不仅在赋值过程中发挥作用，在参数传递及方法返回值的过程中也同样存

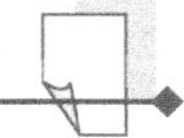

在。下面的例子演示了自动装/拆箱是如何发挥作用的。

【例 4-28】自动装/拆箱机制示例。

```
public class DemoAutoBox_1{
  //这个方法需要一个 Integer 类型的实际参数
  public static int unboxing(Integer oa){
    return oa;  //返回值是 int 类型，自动拆箱
  }
  public static void main(String args[]){
    int k;
    Integer iob;
    k = unboxing(100);   //实际参数是一个 int 值，自动装箱
    iob = k;                  //自动装箱
    System.out.println("iob="+iob);
  }
}
```

在程序中，方法 unboxing()需要一个 Integer 类型的参数，但是实际参数是一个 int 值，所以需要 JDK 自动为其装箱，而方法声明的返回值则是一个 int 类型，而实际返回变量 oa 是一个 Integer，所以需要自动拆箱。程序运行结果说明它能够正确地按照程序员的意图进行转换。

自动装/拆箱发生在基本类型值与对象需要相互转换的时候，同样也适用于表达式计算。在表达式中，对象会被自动拆箱参与计算。如果有必要，表达式的结果会被重新装箱。

【例 4-29】表达式中的自动装/拆箱示例。

```
public class DemoAutoBox_2{
  public static void main(String args[]){
    int i;
    Integer iob1,iob2;
    iob1 = 101;   //自动装箱
    ++iob1;       //拆箱之后再装箱
    iob2 = iob1 + (iob1/3);   //拆箱运算完毕再装箱赋值
    i =   iob1 + (iob1/3);   //拆箱运算
    System.out.println("iob1="+iob1+" iob2="+iob2+" i="+i);
  }
}
```

注意其中的这条语句：++iob1。读者可能会认为，就是直接将其中存储的数值 101 加上 1，变成 102。但实际情况不是这样的。因为所有的包装器中的数值都是常量，不允许修改。所以它会先将 iob1 拆箱，取出其中存储的值加 1，然后重新装箱，生成了一个新的对象并赋给 iob1，而这个新对象中存储的值为 102。

如果是后缀加，即 iob1++，过程也是相同的。不过如果它参与其他运算，后缀加的速度要比前缀加慢一些。

如果是参与不同数据类型的混合运算，同样需要先拆箱，而后再使用标准的类型提升。正由于有了自动装/拆箱机制，在表达式中使用包装好的对象既直观又简单，避免了烦琐的编程。

最后有一点需要读者注意。由于自动装/拆箱机制的存在，甚至可以不再需要使用基本类型，但笔者并不赞成这么做。因为在普通的表达式中使用包装器对象，将大大降低表达式的执行速度。所以类型包装器最好是用在需要一个对象，但其对应的基本类型无法达成这一目的的场合，比如泛型对象的创建中。

第 5 章　面向对象高级特性

在第 3 章中，我们介绍了面向对象（OOP）的基本特性：抽象和封装。但如果只有这两个特性，人们还是很难设计复杂的大型系统。因此，面向对象的程序设计扩展了基于对象的程序设计，提供了一种称为继承（Inheritance）的机制，程序员可以根据已有的类来创建新的类。新类不再需要重新实现原有类的所有功能，而是继承了其原有类的大多数成员属性和成员方法。Java 通过一种被称为类派生的机制来支持继承，原有的类称为基类（Base Class）、超类或父类，而新的类被称为派生类（Derived Class）或子类。通过继承可以更高效地组织程序结构，利用已有的类来完成更复杂的新类的设计与开发，充分实现了代码重用。本章先介绍单一继承，然后介绍多重继承。

多态是 OOP 的又一重要特性。在面向过程的程序设计中，过程或函数都有各自的名字，如果出现在同一源程序中出现重名，就会发生混乱，所以不允许发生重名。但这对程序编制者而言是很不方便的。例如，在 C 中求绝对值，如果是整型数要用 abs(x)，而浮点数要用 fabs(x)，实际上这两个函数的功能完全相同，只是数据类型不同而已，如果允许它们同名，更符合人的习惯。在 OOP 中，对于这种情况是允许同名的，这就是“多态”，这样可以提高程序的简洁性。在程序设计中，多态性是指一个名词可以有多种语义。在 OOP 中，多态不仅指这一种情况，还与类密切相关。同一类的所有对象在收到同一条消息时，将采取同样的动作；而不同类的对象在收到同一消息时，可能采取不同的动作。利用多态可以使系统具有更好的可扩充性。Java 中的多态性主要通过成员的覆盖和方法的重载来实现。前者相对比较简单，使用“静态绑定”技术实现多态；而后者则复杂得多，通过“动态绑定”技术实现运行时多态。

5.1　继承的基本原理

继承是面向对象程序设计的重要机制之一，它使得程序员可以在原有类的基础上很快设计出一个功能更强的新类，而不必从头开始，避免了工作上的重复。

继承也是源于人们日常看待世界的一种思考方法，如交通工具→汽车→小汽车→赛车。箭头后面的车子都是从箭头前面的继承而来的。小汽车和赛车都是汽车的一类，各自也继承了汽车的特性。但车轮不是汽车的一个类，它只是汽车的一个组成成分，因此也不是从汽车继承而来的。每一次继承时，新的对象总是会比老对象增加一些适合自身的功能，比如小汽车继承了汽车的刹车功能，并增加了防抱死装置。

与客观世界中的继承机制类似，子类会自动拥有父类的属性和方法，同时可以加入自己的一些特性，使得它更具体、功能更强。继承的最大好处是一旦创建了具有通用意义的父类，

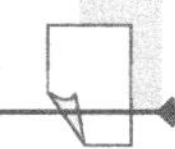

即可创建任意数目的、具有特定意义的子类。

继承一般有单一继承和多重继承两种方式，分别如图 5-1 和图 5-2 所示。

图 5-1　单一继承图　　　　**图 5-2　多重继承**

在单一继承中每一个类最多只有一个父类，而多重继承则可以有两个或两个以上的父类。单一继承是最常见的继承方式，条理很清晰，实现起来简单，语法规则也比较简单，所以 Java 中的类大都采用单一继承。多重继承虽然可以提供更灵活强大的功能，但是为了解决歧义问题，必须规定很复杂的语法，实现起来很困难。Java 的类不能直接使用多重继承，在某些特殊场合需要使用多重继承的，需要使用“接口”机制来实现。

5.2　子类对父类的继承

一个类 B 继承了已有的类 A，则称 A 是 B 的父类，也称超类或基类；B 是 A 的子类，也称为派生类。Java 中的每个类都有自己的父类，在子类的声明中用关键字 extends 指出其父类，基本格式如下：

```
[类修饰符] class 子类名 extends 父类名{
    类体
}
```

如果没有用 extends 指定父类名，则默认该类的父类为系统软件包 java.lang 中的 Object 类。子类自然继承父类中所有定义的非 private 的成员变量和普通方法，唯有构造方法例外，这一点将在 5.3 节中详细介绍。

【例 5-1】变量和方法的继承示例。

```
public class Ancestor{
    private     int priVar = 1;
                int defVar = 2;
    protected   int proVar = 3;
    public      int pubVar = 4;
    private   void priShow(){
        System.out.println("This is a private method");
    }
    void defShow(){
        System.out.println("This is a default method");
    }
    protected void proShow(){
        System.out.println("This is a protected method");
    }
    public void pubShow(){
```

```
        System.out.println("This is a public method");
    }
}
```

程序中分别定义了 4 种访问权限的成员，下面的 Derive 是 Ancestor 的子类，看看子类继承父类成员的情况。

```
1. public class Derive extends Ancestor{//定义成 Ancestor 的子类
2.    //下面访问继承下来的成员变量
3.    public void showAllMember(){
4.       System.out.println("priVar="+priVar);     //错误
5.       System.out.println("defVar="+defVar);   //正确
6.       System.out.println("proVar="+proVar);   //正确
7.       System.out.println("pubVar="+pubVar);   //正确
8.    }
9.    public void invokeAllMethod(){
10.         priShow(); //错误，没有继承私有方法
11.         defShow();  //正确，继承了缺省方法
12.         proShow(); //正确，继承了保护方法
13.         pubShow();  //正确，继承了公共方法
14.    }
15.     public static void main(String args[]){
16.        Derive oa = new Derive();
17.        oa.showAllMember();  //正确，调用子类自己定义的方法
18.        oa.invokeAllMethod();  //正确，调用子类自己定义的方法
19.        oa.defShow();     //正确，调用子类继承下来的方法
20.        oa.pubShow();     //正确，调用子类继承下来的方法
21.    }
22. }
```

在子类 Derive 自动继承了父类的三个成员变量和三个成员方法，只有私有的两个成员不能继承下来，然后自己又定义了两个公共的方法。在使用者看来，这些自己定义的方法和继承下来的方法并没有任何不同。如果屏蔽掉程序中标记为错误的两行代码（第 4 行和第 10 行），则程序可以编译通过。

> 📖 说明：上面两个程序都放在同一个目录下编译，属于同一个未命名包，所以子类可以继承缺省访问权限的成员，否则不能继承。

继承这种特性具有传递性，也就是说，类 B 可以继承 A，类 C 又可以继承 B。而且 B 从 A 中继承得来的成员，都可以由 C 继承下去。而且成员在 A 中是什么样的属性，在 B 中仍然是什么样的属性，继承的过程中不会更改。下面是一个简单的例子。

【例 5-2】继承的传递性示例。

```
public class Grandson extends Derive{   //定义一个 Derive 的子类
   public static void main(String args[]){
      Grandson oa = new Grandson();
      //调用继承下来的方法
      oa.defShow();
      oa.pubShow();
      //显示继承下来的成员变量
      System.out.println("oa.defVar="+oa.defVar);
      System.out.println("oa.proVar="+oa.proVar);
```

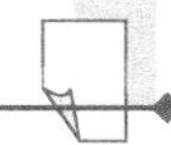

```
    }
}
```

请读者自行分析程序输出结果。

5.3　继承机制

子类会自动继承父类的成员供自己使用，但有时候该成员可能不符合子类的要求。一种简单的解决办法是不使用它，另外取名，定义新的变量和方法。但有时取名是一件麻烦事，而且子类的使用者有可能在无意中使用了设计者不愿意提供的成员（因为子类没有修改它的访问权限）。一种彻底的解决办法是为成员取一个同样的名字，并重新定义它的值或行为，将父类的同名变量和方法遮盖掉。

当子类的成员变量和父类的同名时，称为父类的成员变量（属性）被隐藏；如果是成员方法同名，称为父类的成员方法被覆盖。

5.3.1　属性的隐藏

只要子类中的成员变量与父类的同名，就可以将父类的变量隐藏起来，一般情况下使用的就是子类的同名变量。

不过这里有几个细节问题需要一一讨论。因为变量前面可以有访问权限修饰符、常量修饰符、静态修饰符、数据类型说明符等。Java 允许这些修饰符不同，下面依次来介绍这些细节问题。

1. 修饰符完全相同的情况

【例 5-3】各类修饰符完全相同的隐藏。

父类仍然使用例 5-1 中的 Ancestor 类，下面写一个子类来隐藏缺省访问类型的变量 defVar。

```
public class HideMember_1 extends Ancestor{
  int defVar = 100;   //将父类的 defVar 隐藏起来
  public int getValue(){
      return defVar;
  }
  public static void main(String args[]){
      HideMember_1 oa = new HideMember_1();
      System.out.println("oa.defVar="+oa.defVar);
      System.out.println("oa.getValue()="+oa.getValue());
  }
}
```

程序中通过两种方式来访问 defVar，它们访问的都是子类中重新定义的 defVar，下面的输出就清楚地表明了这一点：

```
oa.defVar=100
oa.getValue()=100
```

2. 访问权限不相同的情况

Java 中规定，子类用于隐藏的变量可以和父类的访问权限不同，如果访问权限被改变，则以子类的权限为准。

【例 5-4】访问权限不相同的隐藏。

父类仍然使用例 5-1 中的 Ancestor 类，下面写一个子类来测试。

```
public class HideMember_2 extends Ancestor{
//正确，虽然修改了权限，仍然可以将父类的 defVar 隐藏起来
   protected int defVar = 200;
   public        int proVar = 300; //正确，现在的权限变成了 public
   private      int pubVar = 400; //正确，现在的权限变成了 private
}
```

下面这个程序试图使用 hideMember_2 类中的成员。

```
1. public class UseHideMember_2{
2.     public static void main(String args[]){
3.        HideMember_2 oa = new HideMember_2();
4.        System.out.println("oa.defVar="+oa.defVar); //正确
5.        System.out.println("oa.proVar="+oa.proVar); //正确
6.        System.out.println("oa.pubVar="+oa.pubVar); //错误
7.     }
8. }
```

程序由于试图访问私有成员，编译无法通过，必须去掉第 6 行。

3. 数据类型不相同的情况

Java 允许子类的变量与父类变量的类型完全不同，以修改后的数据类型为准。

【例 5-5】数据类型不相同的隐藏。

父类仍然使用例 5-1 中的 Ancestor 类，下面写一个子类来测试。

```
public class HideMember_3 extends Ancestor{ //定义一个子类
                    double defVar = 20.1;   //正确
   protected   boolean proVar = true;   //正确
   public         String   pubVar = "Hello"; //正确
   public static void main(String args[]){
      HideMember_3 oa = new HideMember_3();
      System.out.println("oa.defVar="+oa.defVar);
      System.out.println("oa.proVar="+oa.proVar);
      System.out.println("oa.pubVar="+oa.pubVar);
   }
}
```

4. 常量修饰符不同的情况

Java 允许父类的变量被子类的常量隐藏，也可以是父类的常量被子类的变量隐藏。

【例 5-6】常量修饰符不相同的隐藏。

定义一个父类如下：

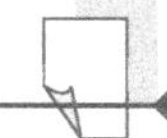

```
public class Ancestor_1{
    int x = 1;              //定义一个实例变量
    final int y = 2;        //定义一个常量
    static int z = 3;       //定义一个静态变量
}
```

接下来定义一个子类如下：

```
1. public class HideMember_4 extends Ancestor_1{
2.     final   int x = 100;        //正确，用常量来隐藏变量
3.             int y = 200;        //正确，用变量来隐藏常量
4.     public static void main(String args[]){
5.         HideMember_4 oa = new HideMember_4();
6.         oa.x=300;       //错误，x 已经是常量
7.         oa.y=300;       //正确，y 现在是变量
8.     }
9. }
```

此程序不能通过编译，因为第 6 行试图改变 x 的值是不允许的。

5. 静态修饰符不同的情况

Java 允许用实例成员变量来隐藏静态成员变量，也允许以静态成员变量来隐藏实例成员变量。

【例 5-7】静态修饰符不同的隐藏。

仍然以使用例 5-6 中的 Ancestor_1 作为父类，定义一个子类如下：

```
1. public class HideMember_5 extends Ancestor_1{
2.     static   int x = 100;
3.              int z = 300;
4.     public static void main(String args[]){
5.         x = 300;    //正确，x 是静态成员
6.         z = 100;    //错误，z 已经是实例成员，不允许在静态方法中访问
7.     }
8. }
```

此程序不能通过编译，因为第 6 行的 z 已经被修改成实例成员变量。

上面详细讨论了属性隐藏时的各种情况，其实概括起来就是：子类变量可以修改继承下来的父类变量的任何属性，使用子类对象时，以修改之后的属性为准。

5.3.2　方法的覆盖

正如子类的变量可以隐藏父类的变量，子类的方法也可以覆盖父类的方法。之所以有“隐藏”和“覆盖”两个不同的术语，是因为在多态中（详见下一节），它们的表现不同。不过在本节中，并不打算比较这种不同。

子类中，如果觉得继承下来的方法不能满足自己的需要，可以将其重写一遍，这被称为“覆盖”。覆盖必须满足两个条件：

- 方法名称必须相同。

- 方法的参数必须完全相同，包括参数的个数、类型和顺序。

如果只满足第一条，而不满足第二条，那么就不是覆盖，而是重载。由于方法不仅有各种权限修饰符，而且还有返回类型修饰符，所以它的覆盖比成员变量的隐藏规则要复杂一些。原则上，如果覆盖成功，那么使用子类对象时，方法的所有属性都以覆盖后的为准。下面分类来介绍覆盖时的一些要求。

1. 修饰符完全相同的覆盖

这是最简单的情况，看下面的例子。

【例5-8】修饰符完全相同的覆盖。

先定义一个类，本小节后面的例子均以此类为父类。

```
public class Common{
   protected int x = 100;
   //定义一个普通的有返回值的实例方法
   public int getX(){    return x;   }
    //定义一个返回复合类型的方法
    public Common    getObeject(){    return new Common();    }
   //定义一个最终方法
   public final void setX(int ix){      x = ix;    }
   //定义一个具有保护访问权限的方法
   protected void proShowMsg(){
        System.out.println("This is protected ShowMsg()
                                        in common class.");
   }
   //定义一个具有公共访问权限的方法
   public void pubShowMsg(){
        System.out.println("This is public ShowMsg()
                                        in common class.");
   }
   //定义一个静态方法
   static public void stShowMsg(){
      System.out.println("This is static ShowMsg()
                                      in common class.");
   }
}
```

下面这个子类覆盖了父类中的两个方法，分别是静态方法和实例方法。

```
public class OverrideMember_1 extends Common{
   //覆盖父类中的同名实例方法，正确
   public void pubShowMsg(){
         System.out.println("This is public ShowMsg()
                                        in derive class.");
   }
   //覆盖父类中的同名静态方法，正确
   static public void stShowMsg(){
         System.out.println("This is static ShowMsg()
                                         in derive class.");
   }
   public static void main(String args[]){
      OverrideMember_1    oa = new OverrideMember_1();
      oa.pubShowMsg();   //调用子类的方法
```

```
        oa.stShowMsg();      //调用子类的方法
    }
}
```

2. 访问权限不相同的情况

子类方法的访问权限可以与父类的不相同，但只允许权限更宽松，而不允许更严格，它遵循的是“公开的不再是秘密”这一原则，没有任何办法能够改变这一原则，这一点和 C++ 有很大的区别。

【例 5-9】访问权限不相同的覆盖。

```
public class OverrideMember_2 extends Common{
    //覆盖父类中的保护方法，权限更宽松，正确
    public void proShowMsg(){
        System.out.println("This is public ShowMsg()");
    }
    //试图覆盖父类中的公共方法，权限更严格，错误
    protected void pubShowMsg(){
        System.out.println("This is protected ShowMsg()");
    }
}
```

3. 返回值数据类型不相同的情况

如果返回类型是基本类型，那么在覆盖时不允许出现返回值数据类型不相同的情况。也就是说，覆盖与被覆盖的方法的返回值数据类型必须完全相同。

如果返回类型是复合类型，覆盖时返回类型必须相容。也就是说，或者完全相同，或者子类的返回类型与父类的返回类型存在继承关系。

【例 5-10】返回值数据类型不同情形下的覆盖。

```
public class OverrideMember_3 extends Common{
    //试图覆盖 getX()方法，但返回数据类型不同，错误
    public double getX(){
        return (double)x;
    }
    //覆盖 getObeject()，返回类型相容，正确
    public OverrideMember_3 getObeject(){
        return new OverrideMember_3();
    }
}
```

4. final 修饰符不同的情况

若方法前面用 final 修饰，表示该方法是一个最终方法，它的子类不能覆盖该方法。反之，一个非最终方法，可以在子类中指定 final 修饰符，将其变成最终方法。

【例 5-11】使用 final 修饰符的覆盖情况。

```
public class OverrideMember_4 extends Common{
    //覆盖 getX()方法，并将其指定为最终方法，正确
    public final int getX(){      return x;    }
    //试图覆盖最终方法，错误
```

```
    public final void setX(int ix){     x = ix * 2;   }
}
```

5. 静态修饰符不同的情况

Java 规定，静态方法不允许被实例方法覆盖，同样，实例方法也不允许用静态方法覆盖。也就是说，不允许出现父类方法和子类方法覆盖时的 static 修饰符发生变化。

【例 5-12】使用 static 修饰符的覆盖情况。

```
public class OverrideMember_5 extends Common{
    //试图覆盖实例方法，并将其指定为静态方法，错误
    public static void pubShowMsg(){
        System.out.println("This is public ShowMsg().");
    }
    //试图覆盖静态方法，并将其指定为实例方法，错误
    public void stShowMsg(){
        System.out.println("This is static ShowMsg().");
    }
}
```

从本节可以看出，方法的覆盖在语法规则上与变量的隐藏有很大的区别，返回值类型和静态修饰符都不允许修改。访问权限修饰符和 final 修饰符虽然可以改，但也有严格的限制。

5.3.3 构造方法没有继承机制

从形式上看，构造方法比普通方法要简单：它没有返回值，没有 static、final 等修饰符，而且一般不会用 private 修饰。按照某些教材的说法，构造方法也如普通成员方法一样可以被继承，只是有一些特殊性。但是 Oracle 公司在《Java 语言规范》中明确规定构造方法不是成员方法，所以它不遵循成员方法的继承规则，而且它根本不会被继承。

下面我们分别从两个示例程序来看构造方法能否被继承。

1. 无参数构造方法的自动调用机制

有些教材的作者认为不带参数的构造方法能够被子类自动继承，但实际上，这种继承与普通成员方法的继承本质上完全不同，它其实是一种“自动调用”。

【例 5-13】调用不带参数的构造方法示例。

先定义一个带两个构造方法的类作为父类，本节后面的例子都以这个类为父类。

```
public class HasConstructor{
    protected   int x = 100;
    public void showMsg(){
        System.out.println("This is a method in ancestor.");
    }
    //定义一个不带参数的构造方法
    public HasConstructor(){
        System.out.println("This is a constructor in ancestor without parameter.");
    }
    //定义一个带参数的构造方法
    public HasConstructor(int ix){
        System.out.println("This is a constructor in ancestor with parameter ix="+ix);
```

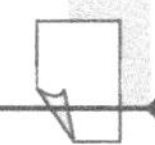

```
    }
}
```

下面这个子类可以调用不带参数的构造方法。

```
public class InheritConstruct_1 extends HasConstructor{
    public static void main(String args[]){
        InheritConstruct_1 oa = new InheritConstruct_1();
    }
}
```

类 InheritConstruct_1 并没有定义不带参数的构造方法，但上面这个程序可以编译运行，结果如下：

```
This is a constructor in ancestor without parameter
```

结果显示，调用的构造方法就是父类的无参数的构造方法。这看上去似乎是一种继承，因此有些教材上就解释说是子类自动继承了父类无参数的构造方法。但这一解释有一个明显的漏洞：构造方法必须和类名完全相同，而父类的构造方法名称显然和子类名称不同，它即便继承下来也无法当作构造方法使用。

实际上，按照 Sun 公司的解释，系统自动为子类添加了一个不带参数的构造方法（这一说法在第 3 章已经证实过），而子类这个构造方法又会自动调用父类无参数的构造方法。稍后将会看到，这种调用，是通过 super 关键字来实现的。

2. 带参数的构造方法不会被自动调用或继承

【例 5-14】带参数的构造方法不会继承下来。

```
public class InheritConstruct_2 extends HasConstructor{
    public static void main(String args[]){
        //试图使用带参数的构造方法，错误，它没有继承下来
        InheritConstruct_2 oa = new InheritConstruct_2(100);
    }
}
```

此程序无法通过编译，理由是“new InheritConstruct_2(100)”找不到对应的符号。如果说无参数的构造方法可以被“继承”，为什么带参数的构造方法不能被“继承”？很明显，构造方法“继承”一说无法解释这个奇怪的现象，单纯以“特殊性”来搪塞难以服众。而 Oracle 公司的“调用”说则可以很轻松地解释这一现象：系统只提供了不带参数的构造方法，没有提供带参数的构造方法，自然无法调用带参构造方法。

从继承这个角度来看，构造方法实在是太特殊了，以至于再把它划分到成员方法一类实在是没有什么道理。

最后还要明确一点，由于构造方法不会被继承，也就不存在覆盖的问题。Java 还规定，子类中无论哪个构造方法在执行，都会先执行父类中无参数的构造方法，除非显式地使用 super 调用了其他的构造方法。

【例 5-15】构造方法的执行顺序。

```
public class InheritConstruct_3 extends HasConstructor{
    //新定义一个无参数构造方法
    public InheritConstruct_3(){
```

```
System.out.println("This is a constructor in derive class without parameter");
    }
    //新定义一个带参数的构造方法
    public InheritConstruct_3(int ix){
       System.out.println("This is a constructor in derive class with parameter ix="+ix);
    }
    public static void main(String args[]){
        //调用子类无参数构造方法
        InheritConstruct_3 oa = new InheritConstruct_3();
    //调用子类带参数构造方法
        InheritConstruct_3 ob = new InheritConstruct_3(100);
    }
}
```

程序中调用的两个子类的构造方法都只有一条输出语句，但程序运行后的输出结果如下：

```
This is a constructor in ancestor without parameter.
This is a constructor in derive class without parameter.
This is a constructor in ancestor without parameter.
This is a constructor in    derive class with parameter ix=100
```

从结果可以看出，子类的构造方法在执行时，总是会先调用父类中的无参数的构造方法。正是由于这个原因，所以程序员在设计一个类时，最好为它类提供一个无参数的构造方法。

5.3.4 父类变量引用子类对象

Java 和 C++在定义复合类型的变量时有一个显著的不同：Java 在定义这种变量的时候并不会自动创建它所对应的对象，需要程序员显式地使用 new 来创建对象。于是这就引出了一个问题：程序员用 new 创建的对象类型并不一定非得是定义的类型，它可以是与定义类型相容的其他类型。对于复合类型而言，只有存在继承关系的类才是相容的。

但是，在 Java 中并非所有的相容类型都可以使用，Java 规定了，只有父类变量可以引用它的直接或者间接子类对象。反之，子类变量不可引用它的祖先对象，即使采用强制类型转换，也只能通过编译，运行时仍然会出错。请看下面的例子。

【例 5-16】父类变量引用子类对象示例。

先定义一个父类 Base：

```
public class Base{
  public Base(){     System.out.println("Base construct."); }
}
```

再定义一个子类 Derived：

```
public class Derived extends Base{
    public    Derived( ){
            System.out.println("Derived construct.");
    }
    public static void main(String argv[]){
          Base oa = new Derived(); //父类变量引用了子类对象，成功
          Derived ob;
          oa = new Base();
          ob = (Derived)oa;    //强制转换再引用，编译可以通过。
```

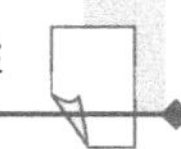

```
10.     }
11. }
```

注意这个程序的第 9 行，如果没有强制类型转换，编译是无法通过的。强制转换之后，虽然编译通过，但运行结果如下：

```
Base construct.
Derived construct.
Base construct.
Exception in thread "main" java.lang.ClassCastException: Base cannot be cast to Derived
 at Derived.main(Derived.java:9)
```

这表明子类无论如何也不能引用父类的实例对象。

5.3.5　继承的内部处理

前面已经介绍了继承的基本规则。对于程序员而言，知道这些规则就可以编程了，但如果知道系统是如何来实现这些规则的，则更有助于对这些规则的理解。

对于父类，当它被子类继承后，并非复制了一份成员方法和成员属性到子类的空间中，它仍然只在父类空间中存在一份，子类通过继承链（本质上是指针）来访问父类中的方法。

如果程序中通过“子类对象名.成员方法名”的方式使用成员，编译器会首先到子类中查找是否存在此成员，如果没有，顺着继承链到其父类空间中查找，依次往上推，如果找到 Object 类（该类为所有类的公共祖先）还未发现此成员，则编译器报错。

由于父类的成员没有被复制到子类空间中来，所以系统在生成子类对象时，会自动先生成一个父类的隐藏对象，父类如果还有父类，则以此类推。上一节所介绍的自动添加 super()，正是用于实现父类对象的构造。如果有多个父类对象，则所有对象共享一份成员方法，每个对象有各自的存储空间保存成员属性。

在自动生成父类对象的过程中，必须保证父类的 class 文件可以访问到。读者不妨使用 4.5 节中的任意一个例子，编译成功后，将父类的 class 文件删除。运行时系统将会报错。

图 5-3 演示了系统内部对继承的处理方法。

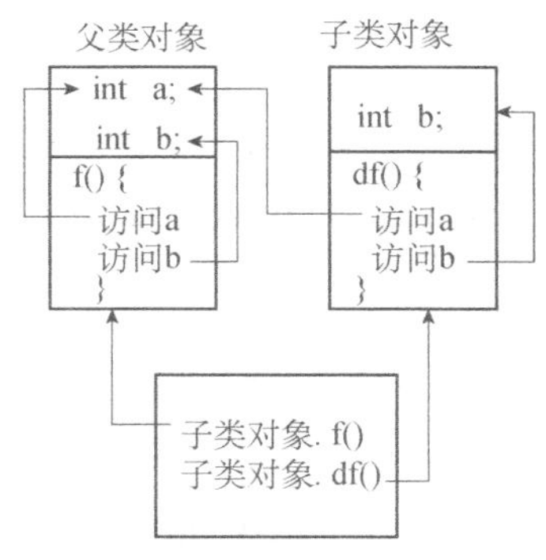

图 5-3　继承的内部处理

从图 5-3 中可以看出，即便成员变量 b 已经被覆盖，但只要调用方法 f()，仍然可以访问到被覆盖的父类变量 b。

5.4　super 关键字

在 5.3 节中提到，子类的变量和方法都可以和父类中的同名，在这种情况下，父类中的同名成员就被屏蔽起来，注意仅仅只是屏蔽，而不是清除。如果在子类中想访问父类的成员，就需要用到关键字 super。

super 的一般用法如下：

```
super.变量名
```

或

```
super.方法名([参数列表])
```

super 的另外一个作用是显式地调用父类的构造方法，它的一般用法如下：

```
super([参数列表])
```

还应注意一点，super 只能在子类中用于调用父类的成员或构造方法。

5.4.1 用super引用父类的成员

【例5-17】用super引用父类成员示例。

仍然以例 5-13 中的 HasConstructor 作为父类，定义一个子类如下：

```
public class InheritConstruct_4 extends HasConstructor{
  protected int x = 200; //隐藏父类中的同名变量
  public int getSuperX(){
    return super.x;    //使用父类中的变量 x
  }
  public int getX(){
    return   x;      //使用本类中的变量 x
  }
  public static void main(String args[]){
    InheritConstruct_4 oa = new InheritConstruct_4();
    System.out.println( "oa.getSuperX() = " + oa.getSuperX() );
    System.out.println( "oa.getX() = " + oa.getX() );
  }
}
```

程序中分别用 super.x 和 x 的方式来使用父类和子类中的同名变量。输出结果如下：

```
This is a constructor in ancestor without parameter.
oa.getSuperX() = 100
oa.getX() = 200
```

表明关键字 super 确实能够引用到被隐藏的变量。不仅如此，用 super 还可以访问到被覆盖的父类方法，看下面的例子。

【例5-18】利用super访问被覆盖的父类方法。

```
public class InheritConstruct_5 extends HasConstructor{
  //覆盖父类中的同名方法
  public void showMsg(){
    System.out.println("This is a method in derive.");
  }
  public void call(){
    showMsg();   //调用本类的 showMsg()方法
    super.showMsg();  //调用父类的 showMsg()方法
  }
  public static void main(String args[]){
    InheritConstruct_5 oa = new InheritConstruct_5();
    oa.call();
```

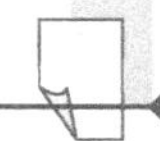

```
    }
}
```

程序运行结果如下：

```
This is a constructor in ancestor without parameter.
This is a method in derive.
This is a method in ancestor.
```

这两个例子说明，无论是变量的隐藏还是方法的覆盖，都没有将父类的成员从内存中清除，只是让子类无法直接使用这些变量和方法。

5.4.2　使用super调用父类的构造方法

前面已经说过，子类的构造方法会自动调用父类不带参数的构造方法，但是不会调用带参数的构造方法。如果子类确实有必要调用父类带参数的构造方法，就必须使用 super 关键字来实现。它的使用形式是：

super([参数列表]);

使用时必须遵循以下规则：

- 它只能用在构造方法中。
- 它只能是第一条执行语句。
- 一个构造方法中只能有一条 super 语句。

【例 5-19】使用 super 来调用父类的构造方法。

仍然以例 5-13 中的 HasConstructor 作为父类，定义一个子类如下：

```
public class InheritConstruct_6 extends HasConstructor{
  public InheritConstruct_6(){
      super(100);  //调用父类带参数的构造方法
      System.out.println("This is a constructor in derive without parameter");
  }
  public static void main(String args[]){
   //创建一个子类对象，这里无须声明变量
    new InheritConstruct_6();
  }
}
```

程序运行结果如下：

```
This is a constructor in ancestor with parameter ix=100
This is a constructor in derive without parameter
```

从结果中可以看出，一旦显式地用 super 来调用父类的构造方法，系统就不会再自动调用父类无参数的构造方法。

实际上，如果程序员不在子类的构造方法中写入 super()或者 this()这样的语句，系统都会自动在第一行添加一条 super()语句。

5.5 接口与多重继承

在本章一开始，就介绍了继承有两种：单一继承和多重继承。前面各节介绍的都是单一继承，本节介绍多重继承。

在多重继承中，一个类可以有多个父类（这么说不太严谨，在 Java 中应该说有多个接口），那么这多个父类中的属性和方法都会被这个子类所继承下来，这会导致一系列的细节问题需要处理。而一个父类又可以有多个子类，所以继承关系图不再是一棵树，而变成了网。因此多重继承比单一要复杂得多。

为了解决多重继承中的各种问题，C++规定了极为纷繁复杂的语法规则。而 Java 则吸取了 Object Pascal 的经验，不允许用类来直接实现多重继承，转而用接口来实现这一机制。这就大大简化了多重继承的语法规则，降低了学习和使用 Java 的难度。

接口需要使用关键字 interface 来定义，它也由成员属性和成员方法两部分构成，可以继承其他接口，也可以被其他接口和类继承——当类继承接口时一般称为“实现”。

5.5.1 接口的定义

用户可以自行定义接口，一旦接口被定义，任何类都可以实现它。并且，一个类可以实现多个接口。接口定义的一般形式如下：

```
[访问权限修饰符] interface 接口名 [extends 父接口 1，父接口 2，...]{
  //定义成员变量
   [public][static][final] 数据类型  变量名=初始值;
   ……
  //定义成员方法
   [public][abstract] 返回类型  方法名（[参数列表]）;
}
```

- 上面的定义中，interface 表明这是一个接口，访问权限修饰符和类使用的一样，默认访问权是包访问权，我们一般用 public 来修饰它。和类有区别的是，接口都是抽象的，所以无须用 abstract 来修饰（关于 abstract 的详细说明，见 6.1 节）。
- extends 和类中的一样，表明后面的列表是它的父接口。这里的父接口可以有若干个，各个接口名之间用逗号隔开。接口的继承和类的继承基本原则是一样的，但是更简单（原因稍后就会看到）。
- 接口中的成员属性都是常量。在缺省情况下，接口中的成员变量具有“public static final”所联合规定的属性，这 3 个修饰符中，static 和 final 没有替代的关键字，这意味所有的成员属性都是静态的、最终的，也就是静态常量。唯一可能改变的是访问权限修饰符 public，但在接口中，不允许使用 protected 和 private 关键字，这意味着所有的属性都是 public 类型的。
- 接口中的成员方法都是抽象方法。在缺省情况下，接口中的成员方法具有“public abstract”所联合规定的属性。同样 public 在这里不可改变，abstract 没有可以替代

的关键字，又由于 abstract 和 static 不可联合使用，所以不可能是静态方法，故所有的方法都是具有 public 访问权限的抽象实例方法。

- 接口中的方法都是抽象的，而构造方法不可能为抽象方法，接口中自然就没有构造方法。

【例 5-20】简单的接口定义。

//-----------文件名 BaseColors.java---------------

```
public interface BaseColors {
    int RED = 1, GREEN = 2, BLUE = 4;    //这里都是静态公共常量
    int getColorValue(int color);      //这是一个抽象的公共方法
}
```

请特别注意上面的 getColorValue()方法，它只有一个方法声明的头部，而没有方法体（也就是没有定义部分），这种方法叫作抽象方法。它其实只是告诉编译器：将来本接口的继承者会要实现一个名为 getColorValue()的方法，具体怎么实现，接口并不关心。

存放接口的文件是普通的 Java 文件，编译之后得到的也是 class 文件。

定义了接口之后，可以用这个接口来定义变量，如：

```
BaseColors   color;
```

但不能将这个变量实例化，因为接口都是抽象的。下面是错误的：

```
color = new BaseColors();
```

由于接口中的成员属性都是静态常量，所以可用“接口名.变量名”的形式来直接使用，如：

```
int r = BseColors.RED;
```

5.5.2　接口的继承

接口继承的规则和类的继承是相同的。但由于接口中的成员修饰符比类中的要简单得多，所以继承时的情况也简单得多。下面我们来看几个简单的例子。

【例 5-21】接口继承示例。

//-----------文件名 RainbowColors.java---------------

```
//以 BaseColors 为父接口
public interface RainbowColors extends BaseColors {
//新增加了 4 个成员常量
    int YELLOW = 3, ORANGE = 5, INDIGO = 6, VIOLET = 7;
    //这个接口还自动继承了父接口的 3 个成员常量和 1 个方法
}
```

//-----------文件名 PrintColors.java---------------

```
public interface PrintColors extends BaseColors {
    int YELLOW = 8, CYAN = 16, MAGENTA = 32; //增加 3 个成员常量
    int getColorValue(int color);//覆盖了父接口的成员方法，仍然是抽象的
```

```
int getColorValue(); }    //还可以重载
```

在上面的程序中，接口 PrintColors 覆盖了父接口中的方法，这虽然没有语法错误，但实际上是多此一举。因为 getColorValue(int)在这个接口中仍然没有定义。当类来实现 PrintColors 或 RainbowColors 时，都只需要实现一个 getColorValue(int)方法就可以了。

上面两个程序采用的都是单继承，所以很简单。但接口最重要的作用是实现多重继承，这就可能会出现歧义，我们看下面这个例子。

【例 5-22】多重继承示例。

//-----------文件名 LotsOfColors.java---------------

```
public interface LotsOfColors extends RainbowColors, PrintColors {
   //这是多重继承，增加 3 个成员常量
    int FUCHSIA = 17, VERMILION = 43, CHARTREUSE = RED+90;
}
```

这里的 LotsOfColors 以 RainbowColors 和 PrintColors 为父接口，这样它就同时拥有父接口所有成员方法（总计 2 个）和成员常量（总计 13 个）。4 个接口的继承关系如图 5-4 所示。

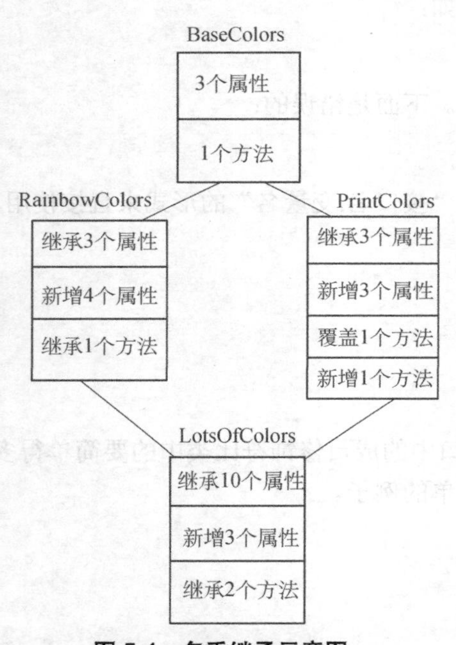

图 5-4　多重继承示意图

在接口 BaseColors 中有 3 个属性：RED、BLUE 和 GREEN。它们分别被 RanibowColors 和 PrintColors 所继承，而 LotsOfColors 在继承后面两个接口时，这 3 个从同一个祖先继承下来的属性会被合并成一份，所以 LotsOfColors 只会继承 10 个属性。

同样，BaseColors 中的方法 getColorValue()虽然分别被两个接口所继承或是覆盖，但继承到 LotsOfColors 中之后，也只有唯一的一份——这要归功于 getColorValue()是个抽象方法。所以 LotsOfColors 只继承了 2 个方法。

另外一个需要注意的地方是：RainbowColors 和 PrintColors 中有一个同名的常量 YELLOW，只是它的值不同。由于 YELLOW 并不是从一个祖先那里继承下来的，所以在 LotsOfColors 中会有两个同名的属性 YELLOW。这在 Java 中是允许的，所以这个接口编译时并不会报错。但在使用 LotsOfColors 时将无法直接使用 YELLOW。为了让编译器能够区分使用哪一个 YELLOW，需要在它前面加上一个接口名作为前缀（接口中的成员属性都是静态常量，可以使用这种方式），如下所示：

```
RainbowColors.YELLOW 或 PrintColors.YELLOW
```

在多重继承中，除了成员属性同名的问题，还有一个是成员方法同名的问题。Java 在处理这两类问题时采用了不同的方式。

将例 5-21 中的 RainbowColors 修改一下，增加一个 getColorValue()方法，变成下面的样子：

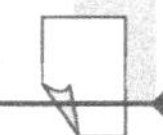

//-----------文件名 RainbowColors.java---------------

```
interface RainbowColors extends BaseColors {
    int YELLOW = 3, ORANGE = 5, INDIGO = 6, VIOLET = 7;
    int getColorValue(); //新增一个与 PrintColors 类中相同的方法
}
```

其他类不做修改。这样在 LotsOfColors 进行继承时，就会发现两个父类中存在两个名称、参数和返回类型都完全相同的方法 getColorValue()。对于这两个方法，Java 会自动将其合并成一个方法，后面的实现者只要实现一个就够了。

但如果上面的程序改成下面这个样子：

//-----------文件名 RainbowColors.java---------------

```
interface RainbowColors extends BaseColors {
    int YELLOW = 3, ORANGE = 5, INDIGO = 6, VIOLET = 7;
    void getColorValue();      //注意它的返回值
}
```

它与 PrintColors 中的 getColorValue()方法名称和参数都相同，但返回值不同。这既不是重载，也不是覆盖，编译器将不知道让 LotsOfColors 继承哪一个。幸运的是这种错误将在编译时由编译器指出，因此，无需程序员操心。

5.5.3　接口的实现

接口最终是要用类来实现的。类对接口的继承被称为接口的实现。不过类在实现接口时，不再使用关键字 extends，而使用关键字 implements。

若干没有继承关系的类可以实现同一个接口，一个类也可以实现多个接口，这些接口都称为该类的父接口或超接口。由于接口中只有抽象方法，所以一个非抽象的类必须实现父接口中所有的方法。若父接口继承了其他的接口，则这些接口的抽象方法也要由该类来完成。若是该类同时是某些类的子类，而其父类实现了这些接口中的一部分方法，则该类只要能继承这些方法，也就视为对这些抽象方法的实现。

下面是类实现接口的一般形式：

```
[类修饰符] class 类名 [extends 父类名] [implements 接口名 1[, 接口名 2, ...]]
{
        //实现接口中的抽象方法
        public [返回值类型] 方法名（[参数表]）{
            //方法体
        }
}
```

注意：实现接口中的方法时，它的访问权限一定要是 public 类型的，读者可以思考其原因。它的参数、返回值也要和接口中的形式完全一致。

【例 5-23】类实现接口示例。

```
//-----------定义一个接口 Colorable.java---------------
public interface Colorable {
    void setColor(int color);
```

```
        int getColor();
    }
    //-----------定义一个子接口 Paintable.java---------------
    public interface Paintable extends Colorable {
        int MATTE = 0, GLOSSY = 1;
        void setFinish(int finish);
        int getFinish();
    }
    //-----------定义一个基类 Point---------------
    public class Point {    //定义一个基类
        int x, y;
    }
    //-----------继承 Point 类并实现 Colorable 接口---------------
    public class ColoredPoint extends Point implements Colorable {
    // 本类必须实现接口 Colorable 中所有的抽象方法
       int color;
       public void setColor(int color) {      this.color = color;  }
       public int getColor() {    return color;   }
    }
    //-----------继承 ColoredPoint 类并实现 Paintable 接口---------------
    public class PaintedPoint extends ColoredPoint implements Paintable{
    //接口 Paintable 中有 4 个抽象方法，但 PaintedPoint 只要实现其中的两个，
    //另两个已经由 ColoredPoint 实现
        int finish;
        public void setFinish(int finish) { this.finish = finish;     }
        public int getFinish() {   return finish;    }
    }
```

ColoredPoint 和 PaintedPoint 两个类都同时继承一个父类并实现一个父接口，这也是多重继承。

最后有一点需要读者仔细体会：虽然接口不能直接用来创建对象，但是，接口中定义的成员变量是可以直接使用的，因为静态成员不需要创建对象就可以通过“接口名.变量名”的方式来使用。另外，读者可能会看到下面这样的程序代码：

```
    void   example(Colorable e){     e.getColor();   }
```

其中，Colorable 就是前面定义的接口。这段代码是可以通过编译的，尽管读者可能会觉得奇怪：接口怎么会有对象？又如何能调用接口中的方法？答案很简单：当调用这个 example()方法时，必定要提供一个实际参数，而这个实际参数肯定是一个实现了 Colorable 接口的子类对象，这时 getColor()方法已经被实现了。

5.6 重载

Java 允许在一个类中，多个方法拥有相同的名字，但在名字相同的同时，必须有不同的参数，这就是重载。编译器会根据实际情况来挑选出正确的方法。如果编译器找不到匹配的参数，或者找出多个可能的匹配，编译时就会产生错误，这个过程被称为重载解析。

5.6.1 普通方法的重载

普通方法的重载是 Java 实现多态技术的重要手段，为编程带来了很多便利。例如，我们

常使用的输出方法 System.out.println()，就是通过重载来实现对不同的输出参数的处理。

当方法同名时，为了让编译器区别它们，至少需要下面中的一项不同：

- 参数个数不同。
- 对应位置上的参数类型不同。

> 📖 注意：不允许参数完全相同而只是返回值不同的情况出现。

例如，下面的几个方法声明中：

① void　overload(int);

② int　overload(int, int);

③ double　overload();

④ int　overload(int);

①②③互为正确的重载，但①和④之间不是重载，因为它们仅有返回值不同。另外，访问权限修饰符及 final 修饰符对于重载没有影响。

只有在同一个类里面的同名方法才能称为重载，此处的“同一个类里面”包括该类从祖先类那里继承下来的方法。

【例 5-24】方法的重载（参数个数不同）。

```
public class TestOverload_1{
  public void showMsg(){
        System.out.println("a method without parameter.");
  }
  public void showMsg(int k){   //这就是对方法 showMsg 的重载
        System.out.println("a method with parameter k, k="+k);
  }
  public static void main(String argv[]){
      TestOverload_1 oa = new TestOverload_1();
      oa.showMsg();   //调用不带参数的方法
      oa.showMsg(100); //调用带参数的方法
  }
}
```

在这个例子中，编译器会根据参数的不同个数来选择具体调用哪个 showMsg()方法。这个过程在编译时就能够确定，所以是一种静态的绑定技术。程序的输出结果如下：

```
a method without parameter.
a method with parameter k, k=100
```

【例 5-25】方法的重载（参数类型不同）。

```
public class TestOverload_2{
  public void showMsg(char ch){
        System.out.println("a method with character parameter ch, ch="+ch);
  }
  public void showMsg(int k){
        System.out.println("a method with integer parameter k, k="+k);
  }
 public static void main(String argv[]){
      TestOverload_2 oa = new TestOverload_2();
      oa.showMsg('a');   //调用带字符型参数的方法
```

```
        oa.showMsg(200);   //调用带整数型参数的方法
    }
}
```

在上例中，虽然两个 showMsg()方法的参数个数相同，但由于参数的类型不同，在调用时，编译器仍然能根据实际参数的类型来区分到底调用哪一个方法。程序输出结果如下：

```
a method with character parameter ch, ch=a
a method with integer parameter k, k=200
```

除了普通实例方法的重载，静态方法之间也可以重载，它们的规则和实例方法的重载是一样的。甚至静态方法和实例方法之间也可以相互重载，同样要求参数之间有区别。

【例 5-26】静态方法和实例方法之间的重载。

```
public class TestOverload_3{
    public void showMsg(int k){
        System.out.println("a method with interge parameter k, k="+k);
    }
    //静态方法对实例方法重载
    static public void showMsg(double f){
        System.out.println("a method with double parameter f, f="+f);
    }
    public static void main(String argv[]){
        TestOverload_3 oa = new TestOverload_3();
        oa.showMsg(100);   //调用带整型参数的方法
        oa.showMsg(3.14);  //调用带浮点型参数的方法
    }
}
```

尽管在程序中使用了 oa.showMsg(3.14)的形式，不过由于实参是一个浮点数，所以编译器仍然会调用静态的 showMsg(double)方法。程序输出如下：

```
a method with interge parameter k, k=100
a method with double parameter f, f=3.14
```

【例 5-27】参数为复合类型时的重载。

例 5-24 介绍了当参数类型不同时的重载情况，如果参数为复合类型，且没有继承关系，则系统也肯定会按照例 5-24 的方式处理，但如果两个参数的类型之间有继承关系，则稍微复杂一些，看下面这个例子。

先定义一个父类，它并不做任何事情：

```
public class Base{   }
```

再写一个测试用的子类：

```
public class TestOverload_4 extends Base{
    public static void   showMsg(Base oa ){
        System.out.println("a method with parameter of Base.");
    }
    //方法重载，参数类型不同
    public static void showMsg(TestOverload_4 oa){
        System.out.println("a method with parameter of TestOverload_4.");
    }
    public static void main(String argv[]){
```

```
10.         TestOverload_4 son = new TestOverload_4();
11.         Base           father = new Base();
12.         showMsg(son);      //调用 TestOverload_4 参数的方法
13.         showMsg(father);   //调用 Base 参数的方法
14.     }
15. }
```

注意第 12 行的语句“showMsg(son)”，理论上来说，它可以调用第 2 行和第 6 行定义的两个方法，但 Java 的重载解析机制明确消除了这一可能产生的歧义。

5.6.2　构造方法的重载

相对于普通的成员方法，由于构造方法不能是 static 和 final 类型，也没有返回值，所以它的重载比普通成员方法更简单一些，而一般的规则完全相同。在 3.6 节中其实已经举例介绍过构造方法的重载了，这里再举一个有实际意义的例子。

【例 5-28】构造方法的重载示例。

在本例中定义了三个构造方法，使得用户可以采用不同的方式来为对象做初始化。

```
public class Point{
   private int x, y;
   private static final int MAXROW = 768;
   private static final int MAXCOL = 1024;
   public int getX(){      return x;  }
   public int getY(){      return y;  }
   //定义无参数的构造方法，采用默认值
   public Point(){     x = y = 0;    }
   //下面这个构造方法允许用户指定 x、y 值
   public Point(int ix, int iy){
      if (0<=ix && ix<MAXCOL && 0<=iy && iy<MAXROW){ //判断点的范围是否合法
         x = ix;
         y = iy;
      }
      else
         x = y = 0;
   }
   //下面这个构造方法允许用户用另外一个对象来做初始化
   public Point(Point p){
      x = p.getX();
      y = p.getY();
   }
   public static void main(String args[]){
      Point p1,p2,p3;
      p1 = new Point();       //调用第一个构造方法
      p2 = new Point(100,200); //调用第二个构造方法
      p3 = new Point(p2);      //调用第三个构造方法
   }
}
```

为了节省篇幅，这里没有提供输出代码，读者可以自行加上输出代码，验证各个对象所使用的构造方法。

最后再次提醒读者：如果程序员为类定义了一个构造方法，那么系统不会再自动为其添

加无参数的构造方法，所以程序员如果要为类定义构造方法，为避免使用者的错误，请务必定义一个不带参数的构造方法。

5.6.3 重载的解析

当类的设计者提供了重载方法之后，类的使用者在使用这些方法时，编译器需要确定调用哪一个方法。确定的唯一依据是参数列表，确定的过程就被称为重载的解析。

重载的解析在C++中是件极其令人头痛的事情，在Java中它已经被大大地简化了，不过仍然有一些问题需要程序员注意。

编译器解析的步骤按照下面的顺序进行：

（1）根据调用的方法名，查找是否有定义好的同名方法，如果没有，则报错。

（2）比较形参和实参的数目是否相等，如果没有，则报错。如果有一个或多个方法符合条件，则这些方法进入候选集。

（3）与候选集中的方法比较参数表，如果对应位置上的每个参数类型完全匹配或者可以通过扩展转换相匹配，则该方法称为可行方法，并入可行集。若不存在可行方法，则报错。

（4）在可行集中按照下面的原则选取最佳可行方法，若最佳可行方法为0个，则报错。否则最佳可行方法就是最终确定要调用的方法。选取的原则是：

① 若每一个参数都可以完全匹配，它就是最佳可行方法。

② 若某方法的每一个参数匹配都不比别的方法差，且至少有一个参数比别的方法好，它就是最佳可行方法。这里的“差”和“好”是指：完全匹配要比扩展转换“好”，扩展转换比完全匹配要“差”。不过，同样是扩展转换，仍然存在“好”和“差”的问题。扩展转换有两条路径，如下所示：

```
byte→short→int→long→float→double 和 char→int→long→float→double
```

在这两条路径中，位于左边的类型都可以扩展转换成右边的。不过，源类型与目的类型的距离越近，那么这种转换就越“好”。例如，byte转换成short就比转换成int要“好”，int转换成float就比转换成double要“好”。

解析的过程中，最难掌握的就是最后确定最佳可行方法，下面通过几个例子来说明选取的原则。

【例5-29】确定最佳可行方法示例。

若有下列重载方法：

```
① show(int a, int b, int c);
② show(int a, int b, double c);
③ show(int a, double b, double c);
④ show(double a, double b, int c);
```

下面的调用：

```
show(1, 2, 3);   //①②③④都是可行方法，所有参数完全匹配①，它是最佳可行方法
show(1.0, 2.0, 3.0) //没有一个可行方法，错误
show(1.0, 2, 3)   //第2个参数可通过扩展转换匹配④，④是最佳可行方法
```

```
show(1, 2.0, 3)   //③和④都是可行方法，没有最佳可行方法，错误
show(1, 2, 3.0f) //②和③都是可行方法，②的第二个参数比③更好，是最佳可行方法
```

下面的程序屏蔽错误调用后，演示了上述结果。

```
public class Matching{
    public void show(int a, int b, int c){
        System.out.println("a="+a+",b="+b+",c="+c);
    }
    public void show(int a, int b, double c){
        System.out.println("a="+a+",b="+b+",c="+c);
    }
    public void show(int a, double b, double c){
        System.out.println("a="+a+",b="+b+",c="+c);
    }
    public void show(double a, double b, int c){
        System.out.println("a="+a+",b="+b+",c="+c);
    }
    public void call(){
        show(1,      2,      3);
        //show(1.0, 2.0, 3.0);   //错误
        show(1.0, 2,      3);
        //show(1,      2.0, 3);   //错误
        show(1,      2,      3.0f);
    }
    public static void main(String args[]){
        matching oa = new matching();
        oa.call();
    }
}
```

程序输出结果如下：

```
a=1,b=2,c=3
a=1.0,b=2.0,c=3
a=1,b=2,c=3.0
```

由于编译器在重载解析时只考虑对参数的匹配，不会考虑方法是否为静态或是实例类型，所以有时候会出现令人疑惑的结果，下面这个例子是初学者容易犯的错误。

【例 5-30】在类 Matching 中有重载方法。

```
static void show(double f){ ……}
void show(int i){……}
```

调用时采用这样的形式：

```
Matching.show(100);
```

尽管从形式上看，使用者准备调用静态方法，参数可以通过自动类型转换成 double 类型。但由于参数 100 是一个整型数，它能够和 show(int)完全匹配，根据重载解析规则，实例方法才是最佳可行方法。但它的调用形式又不正确，所以编译器会报错。

上面的例子中，所有参数都是简单类型，如果是复合类型，解析时也遵循这个基本原则。而且也规定了完全匹配比任何需要转换的匹配更好。如果同样需要转换，则依据转换时类继承链的远近关系来确定“好”与“坏”。

比如类A继承自B，B继承自C，由于C和B在继承链上的关系更近，则C转成B比C转成A要“好”。同时，Java还规定了子类的变量不能引用父类的对象，所以不存在B转成C、A转成C的问题。

【例5-31】复合类型的重载解析。

有如下三个类：

```
public class First{   }
public class Second extends First{ }
public class Three extends Second{ }
```

下面是个简单的测试：

```
public class TestOverload{
   public static void callMe(First oa){
      System.out.println("parameter is First.");
   }
   public static void callMe(Second oa){
      System.out.println("parameter is Second.");
   }
   public static void main(String args[]){
        callMe(new Three());   //调用了哪个方法？
   }
}
```

请读者自行分析该程序的输出结果。

注意：由于需要进行类型转换时的重载解析比较难以掌握，所以笔者推荐初学者在把握不准时，显式地使用强制类型转换，使得每一个参数都能完全匹配。

5.6.4 重载与覆盖的区别

重载和覆盖都是多态的表现，它们在某些地方很相似，很容易引起初学者的疑惑，这里将它们之间的区别总结如下：

- 重载和覆盖的方法名称都相同，但重载要求参数列表不同，而覆盖则要求参数列表完全相同。
- 重载对于方法前面的修饰符没有限制，而覆盖则对这些修饰符的使用有限制。
- 同一类中的方法能够相互重载，但不能相互覆盖。子类对父类方法既可以重载也可以覆盖。
- 重载时，编译器在编译期间就可以确定调用哪一个方法，而覆盖则有可能在运行期间才能确定。

5.7 运行时多态

运行时多态将其特性发挥到极致。它允许程序员不必在编制程序时就确定调用哪一个方法，而是在程序运行的过程中，当方法被调用时，系统根据当时对象本身所属的类来确定调

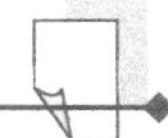

用哪个方法，这种技术称为后期（动态）绑定。由于这个决策过程需要查表，将会降低程序的运行效率，所以只在子类可能对父类方法进行覆盖时才使用。在某些需要强调效率的情况下，需要使用 final 关键字来消除这一机制。

5.7.1　实例方法的运行时多态

在介绍运行时多态之前，先来看一个简单的例子。

【例 5-32】一个简单的覆盖。

先定义一个简单的父类 Forefather 如下：

```
public class Forefather{
   public void normal() {
      System.out.println("这是父类的普通方法");
   }
}
```

接下来定义一个子类如下：

```
public class Inheritor extends Forefather{
    public void normal() {     //这里覆盖了父类的同名方法
      System.out.println("这是子类的普通方法");
   }
}
```

再写一个用于测试的类：

```
class ShowSomething{
   public static void main(String argv[]){
      Forefather pfather;
      Inheritor   pson;
      pfather = new Forefather();          //创建父类对象
      pfather.normal();       //调用父类的方法
      pson = new Inheritor();     //创建子类对象
      pson.normal();          //调用子类的方法
   }
}
```

这个例子并没有什么奇怪的地方，一切都符合我们的预料。

【例 5-33】运行时多态示例。

现在把 ShowSomething 改写一下，变成下面这个样子。

```
public class ShowStrange{
    public static void main(String argv[]){
         Forefather pfather;                     //定义一个父类变量
         Inheritor   pson;                       //定义一个子类变量
         pfather = new Inheritor();              //创建子类对象
         pfather.normal();                      //调用父类还是子类的方法？
         pson = new Inheritor();               //创建子类对象
         pson.normal();                         //调用子类的方法
    }
}
```

在上面的程序中，pfather 虽然被定义成一个父类变量，但在创建对象时，使用的是子类的构造方法，因此，它引用的是子类的对象。

在第 6 行调用 normal 方法时，就存在一个问题，由于 pfather 有两个含义：既是父类变量，又是一个子类对象，那么 pfather.normal()调用的到底是父类还是子类中的 normal()方法？Java 中处理这类问题采用的动态绑定的方法，即在调用方法时，该变量是什么对象，就调用该对象所属类的方法，与变量声明时所属类无关。程序的输出如下：

```
这是子类的普通方法
这是子类的普通方法
```

由于 pfather 在调用方法 normal()时是子类对象，所以调用的是子类方法。上面的输出也验证了这一点。读者可能对该例感到困惑：既然要调用子类方法，那么就应该在声明变量时用子类类型，而不应该使用父类类型。确实，对于该例可以这么来做。但对于另外一些情况就未必如此。而且对于这个简单的例子，编译器似乎可以在编译时就确定调用哪个类的方法，但在其他一些时候，比如有方法：

```
void  doSomething(Forefather  p){
    ……
    p.normal();
}
```

调用时的实参既可以是 Forefather 对象，也可以是它的子类对象，而在方法 doSomething 中，是无法预先知道运行时的实际情况的，编译器更无法在编译时决定调用哪个类的方法。只有在运行到方法调用语句的时候，系统才能确定实际的对象。下面这个示例演示了运行时多态的实际用途。

【例 5-34】输出图形面积。

我们知道，不同图形面积的计算方法大不一样。但现在要求写一个方法，它能输出任意预定义好的图形对象（比如包括圆、矩形、三角形）的面积，具体的图形对象，由调用者指定。要完成这一功能，需要使用运行时多态的特性。

定义一个公共的图形类 Shape：

```
public class  Shape{
  //求图形面积，子类务必覆盖本方法
  public double area(){
    return 0;
  }
}
```

定义一个圆形类 Circle，它是 Shape 的子类：

```
public class Circle extends Shape{            //圆形是图形的子类
  public static final double PI = 3.1416;
    private double radius;                    //圆的半径
    private double x, y;                      //圆心坐标
  public double area(){                       //覆盖父类的同名方法，计算圆面积
    return PI * radius * radius;
  }
  public Circle(double x, double y, double radius){
    this.x = x;
```

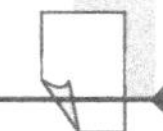

```
    this.y = y;
    this.radius = radius;
  }
  public Circle(){ this(0, 0, 0); }
}
```

定义一个矩形类 Rectangle，它也是 Shape 的子类：

```
public class  Rectangle extends Shape{   //矩形也是圆形的子类
  private double length, width;          //矩形的宽和高
  public double area(){       //覆盖父类同名方法，计算矩形面积
    return length * width;
  }
  public Rectangle(double length, double width){
    this.length = length;
    this.width = width;
  }
  public Rectangle(){     this(0,0); }
}
```

定义一个 ShowShapeArea 来使用两个子类：

```
public class  ShowShapeArea{                       //这是一个测试类
  public static void showArea(Shape shape){
    System.out.println("Area is: "+ shape.area());  //输出图形面积
  }
  public static void main(String args[]){
    Circle circle = new Circle(0,0,5);
    Rectangle rect = new Rectangle(5,8);
    showArea(circle);
    showArea(rect);
  }
}
```

在测试类中，两次调用了 showArea()方法，但实际参数的类型一次是圆形，一次是矩形。我们发现，showArea()方法并没有针对特定类型做任何特殊处理，仅仅只是调用形参的 area()方法，就能正确输出图形的面积，输出结果如下：

```
Area is: 78.54
Area is: 40.0
```

此例显示了运行时多态的威力。限于篇幅，这里没有添加更多的图形子类，也没有为这些图形类增加辅助的方法，读者可以自行增加功能。

下面的这个例子，则演示了一种更为隐蔽的运行时多态特性。

【例 5-35】隐蔽的运行时多态特性演示。

先定义一个父类 Ancestors：

```
public class  Ancestors{
  public   void   common(){   System.out.println("这是父类的 common 方法"); }
  public   void   anceShow(){ common(); }
}
```

再定义一个子类 Derived：

```
public class  Derived extends Ancestors{
```

```
    public   void   common(){   //覆盖父类的同名方法
  System.out.println("这是子类的 common 方法");
  }
  public   void   derivedShow(){   anceShow(); }
  public static void main(String args[]){
    Ancestors oa = new Ancestors();
    oa.anceShow();
    Derived ob = new Derived();
    ob.derivedShow();
  }
}
```

在子类 Derived 中有一个方法 derivedShow()，它调用了从父类继承下来的 anceShow()方法，而 anceShow()方法则调用了 common()方法。不过，common()方法有两个：分别位于父类和子类中，anceShow()方法到底调用的是哪一个 common()方法呢？

根据前面的介绍，如果父类中的某个方法被子类覆盖，调有的到底是父类的方法还是子类的方法，要由运行时调用对象所属的类来决定。但这里的问题在于：如果调用 anceShow()的对象是子类的对象，这个位于父类空间中的方法能根据子类对象找到位于子类空间中的 common()方法吗？程序的输出结果给了我们明确的答案：

```
这是父类的 common 方法
这是子类的 common 方法
```

也就是说，当以子类对象的身份调用 anceShow()时，该方法能够正确地找到被覆盖于子类空间中的方法，真是神奇的运行时多态机制！

不过这个例子也告诉我们，运行时多态有可能会带来一点副作用：在父类中的方法 A 调用了方法 B，两个方法均可以正常工作。在子类中，由于需要，必须覆盖方法 B，B 本身也可以正常工作；但以子类对象的身份调用 A 的时候，A 有可能不会正常工作，因为它所调用的方法 B 已经被子类改写了。为了避免这种情况的发生，方法 B 必须要声明成 final 类型。

5.7.2　成员变量运行时的表现

前一小节介绍了实例方法的运行时多态特性。而对于成员变量，无论是实例成员变量还是静态成员变量，都没有这一特性。对成员变量引用在编译时就已经确定好了，我们来看下面这个例子。

【例 5-36】实例成员变量运行时的表现。

定义一个父类 BasePoint：

```
public class BasePoint{
  int x = 0, y = 0;
  void move(int dx, int dy) {
      x += dx;
      y += dy;
  }
  int getX()   {   return x;   }
  int getY()   {   return y;   }
}
```

定义它的一个子类 RealPoint 如下：

```
public class RealPoint extends BasePoint{
    float x = 0.0f, y = 0.0f;   //隐藏父类的同名变量
    void move(int dx, int dy){   //覆盖父类同名方法
        move( (float)dx, (float)dy ); //这是调用子类的方法
    }
    void move(float dx, float dy){ //重载上面这个方法
        x += dx;
        y += dy;
    }
    int getX()    { return (int)Math.floor(x); } //覆盖父类方法
    int getY()    {    return (int)Math.floor(y); } //覆盖父类方法
}
```

子类中，既有变量的隐藏，也有方法的覆盖。下面这个类来测试它们之间的区别：

```
1. public class ShowDiff{
2.     public static void main(String[] args) {
3.         RealPoint rp = new RealPoint();   //子类对象
4.         BasePoint p = rp;          //p 是父类变量，但指向了子类对象
5.         rp.move(1.71828f, 4.14159f);   //调用子类的 move 方法
6.         p.move(1, -1);          //调用子类的 move 方法
7.         show(p.x, p.y);          //显示的是父类对象的成员变量值
8.         show(rp.x, rp.y);         //显示子类对象的成员变量值
9.         show(p.getX(), p.getY());     //调用子类的方法，获取子类对象的变量值
10.          show(rp.getX(), rp.getY());     //调用子类的方法，获取子类对象的变量值
11.     }
12.     static void show(int x, int y) {
13.         System.out.println("(" + x + ", " + y + ")");
14.     }
15.     static void show(float x, float y) {
16.         System.out.println("(" + x + ", " + y + ")");
17.     }
18. }
```

这个例子稍显复杂，下面做一个更详尽的说明。

- 读者需要明确一点：父类和子类中分别都有 getX()和 getY()方法，它们各自返回的是各类中 x 和 y 的值。
- 第 5 行和第 6 行的 rp.move()和 p.move()调用的都是子类的方法，所以修改的是子类的变量值。子类的 x 和 y 的值分别是 2.71828 和 3.14159。
- 第 7 行输出 p.x 和 p.y 的时候，虽然 p 实际上是指向一个子类对象，但它在声明的时候是一个父类的变量。而变量没有运行时多态的特性，所以在编译时就会根据 p 的类型决定引用父类的变量（在 4.6 节中已经介绍过，父类空间中有一个隐藏的对象）。

程序的输出如下：

```
(0, 0)
(2.7182798, 3.14159)
(2, 3)
(2, 3)
```

读者可以根据此输出结果来细细体会成员变量与成员方法在多态上的区别，这也正是成员在被子类重写时，变量被称为“隐藏”，而方法被称为“覆盖”的主要原因。

5.7.3 静态方法运行时的表现

前面介绍了实例方法在运行时的多态表现，对于静态方法而言，运行时它们是没有多态特性的。这也是静态方法和实例方法的一个重大区别。下面是一个简单的例子。

【例5-37】静态方法运行时的表现。

定义一个父类Super，它拥有两个不同类型的方法：

```
public class Super {
    static String greeting() { return "晚上好"; } //定义一个静态方法
    String name() {    return "基类"; }   //定义一个实例方法
}
```

再定义它的子类Sub，并覆盖父类中的两个方法。

```
public class Sub extends Super {
    static String greeting() { return "你好"; }     //覆盖父类的静态方法
    String name() {    return "子类"; }   //覆盖父类的实例方法
}
```

下面这个程序测试它们之间的区别：

```
public class Differ{
    public static void main(String[] args) {
        Super s = new Sub();   //定义父类变量，但是指向子类对象
        System.out.println( s.greeting() + ", " + s.name() );
    }
}
```

程序分别调用了greeting()和name()方法，而s则被声明成一个父类的变量，不过指向了一个子类对象。它的输出结果如下：

```
晚上好, 子类
```

“晚上好”是父类方法输出的，而“子类”则是子类方法输出的。这是由于greeting()是一个静态方法，它没有运行时多态的特性，它的调用在声明s时就已经确定好了。

造成这种区别的原因很简单：实例方法总和某个对象绑定在一起，而静态方法则没有与某个对象绑定在一起，也就无从查找调用时该对象实际所属的类别。

5.8 编程实例：图形类示例

计算机经常要处理各类图形，不同图形（比如圆形和句型）的处理方法（比如求面积）可能完全不同，但使用者并不关心实现的细节，而希望通过同样的调用方式获得不同图形的正确处理结果。为实现这一目的，需要设计好这些图形之间的继承关系，为使用者提供统一的调用方式。请看下面的例子。

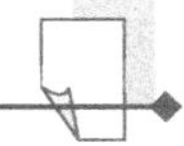

【例 5-38】各种基本图形类设计示例。

为达到统一调用接口的目的，我们按照如下方式来设计这些图形类：

（1）编写一个接口 Shape，该接口至少拥有以下方法：

①一个 area 方法用于返回面积；

②一个 circumference 方法用于返回周长。

（2）编写一个圆类 Circle，该类继承自 Shape，增加以下变量和方法：

①一个成员变量 radius，存放圆的半径；一个成员变量 center，存放圆心位置。

②以下三个构造方法：

- Circle( )　　　　　　　　　// 将半径设为 0，圆心位置为(0,0)
- Circle(double r)　　　　　//创建 Circle 对象时将半径初始化为 r,圆心位置为(0,0)
- Circle(double r,　Point ct)　//创建 Circle 对象时将半径初始化为 r,圆心位置为 ct

③用于修改和读取每个私有成员变量的方法。

（3）编写矩形类 Square，它继承接口 Shape，还拥有：

①两个成员变量：double length, width（私有，浮点型），分别存放矩形的长和宽；一个私有成员变量 topAndCorner(Point 类型)，存放矩形左上角位置。

②以下三个构造方法：

- //创建 Square 对象时将长宽初始化为实参指定值，左上角位置为(0,0)

  Square (double l,　double w)
- //创建 Square 对象时将长宽初始化为 0，左上角位置为(0,0)

  Square ( )
- //创建 Square 对象时将长宽初始化为实参指定值，左上角位置为 t

  Square (double l,　double w,　Point t)

③用于修改和读取每个私有成员变量的方法。

最后编写一个 main 函数，创建圆对象，分别设置圆的半径、位置，创建矩形对象，分别设置矩形的长和宽、位置。写一个方法，既可以输出圆的面积和周长，又能输出矩形的面积和周长。

```
//-----------定义接口 Shape--------------
public interface Shape{
   public double area();
   public double circumference();
}
//-----------定义圆形类 Circle--------------
import java.awt.Point;
public class Circle implements Shape{
   private double radius;
   private Point center;
 // 将半径设为 0，圆心位置为(0,0)
   public Circle( ){
          this(0.0);
   }
 //创建 Circle 对象时将半径初始化为 r,圆心位置为(0,0)
   public     Circle(double    r ){
         setRadius(r);
```

```
            setCenter(new Point(0,0));
    }
   //创建 Circle 对象时将半径初始化为 r,圆心位置为 ct
    public    Circle(double   r,   Point ct ){
            setRadius(r);
            setCenter(ct);
    }
    public double getRadius(){
        return radius;
    }
    public boolean setRadius(double r){
        if(r>=0.0){
            radius = r;
            return true;
        }
        else{
            return false;
        }
    }
    public Point getCenter(){
        return center;
    }
    public boolean setCenter(Point ct){
        if(ct!=null){
            center = new Point(ct);
            return true;
        }
        else{
            return false;
        }
    }
    public double area(){
      return radius*radius*Math.PI;
    }
    public double circumference(){
       return 2.0*radius*Math.PI;
    }
}
//-----------定义矩形类 Square--------------
import java.awt.Point;
public class Square implements Shape{
   private double length, width;
   private Point topAndCorner;
   //创建矩形对象时将长宽均设置为 0，左上角位置为(0,0)
   public Square( ){
        this(0.0, 0.0);
   }
   //创建矩形对象时将长宽分别设置为 l 和 w,左上角位置为(0,0)
   public    Square(double l,   double w ){
        setLength(l);
        setWidth(w);
        setTopAndCorner(new Point(0,0));
   }
     //创建矩形对象时将长宽分别设置为 l 和 w,左上角位置为 t
   public    Square(double l,   double w ,   Point t ){
```

```
            setLength(l);
            setWidth(w);
            setTopAndCorner(t);
    }
    public double getLength(){
            return length;
    }
    public boolean setLength(double l){
            if(l>=0.0){
                length = l;
                return true;
            }
            else{
                return false;
            }
    }
    public double getWidth(){
            return width;
    }
    public boolean setWidth(double w){
            if(w>=0.0){
                width = w;
                return true;
            }
            else{
                return false;
            }
    }
    public Point getTopAndCorner(){
            return topAndCorner;
    }
    public boolean setTopAndCorner(Point t){
            if(t!=null){
                topAndCorner = new Point(t);
                return true;
            }
            else{
                return false;
            }
    }
    public double area(){
        return width*length;
    }
    public double circumference(){
        return 2.0*(width+length);
    }
}
//-----------主类 DemoShape--------------
public class DemoShape{
    public static void main(String args[]){
        Shape s1, s2;
        s1 = new Circle(5);
        s2 = new Square(3,4);
        System.out.println("圆形 s1 的面积："+getArea(s1)+"，  周长："+getCircumference(s1));
        System.out.println("矩形 s2 的面积："+getArea(s2)+"，  周长："+getCircumference(s2));
```

```
    }

    public static double getArea(Shape s){
        return s.area();
    }
    public static double getCircumference(Shape s){
        return s.circumference();
    }
}
```

此程序的运行结果不再列出，读者可以自行运行查看结果。

第 6 章　包和特殊类

利用前面学过的知识，我们已经可以编写一些小型程序了。但是，如果要编写稍微复杂一点的程序，则还有漫长的道路要走。一个复杂的工程项目，不太可能由一个类来满足所有功能，而应该是由若干多个功能相对独立的类组合而成的。一个大型项目，可能有成百上千个类，那么应该如何来管理这些类呢？Java 提供了一种管理机制：包，它可以分门别类地管理项目中的各个类文件。本章将介绍包的定义和使用及 Java 系统为程序员提供的一些常用包。另外，在某些特定场合下，前面介绍的类仍然存在开发效率不高的问题，因此，Java 语言还提供了一些特殊类，包括抽象类、最终类和内部类，它们或者可以提高运行效率，或者可以提高实现多重继承的便利性，都是工程编程的好帮手。

6.1　包

包是一组由类和接口组成的集合，Java 程序可以由若干个包组成，每一个包拥有自己独有的名字。包的引入，体现了封装特性，它将类与接口封装在一个包内，每个包中可以有若干类和接口，同一个包中不允许有同名的类和接口，但不同包中的类和接口不受此限制。包的引入，解决了类命名冲突的问题。

包提供了一种命名机制和可见性控制机制（回顾 protected 和缺省的访问属性），起到了既可以划分类名空间，又可以控制类之间访问的作用。由于同一包中的类默认可以相互访问，所以在一般情况下，总是将具有相似功能和具有共用性质的类放在同一个包中。使用包的另外一个好处是有利于实现不同程序间类的复用。

包本身也是分级的，包中还可以有子包。Java 的包可以用文件系统存放，也可以存放在数据库中。在 Windows 中，包是以文件系统存放的，包和类的关系就类似于文件夹和文件的关系；包中的子包，就相当于文件夹内的子文件夹。

6.1.1　包的创建

除了系统提供的包，用户可以自己定义需要的包。Java 有两种包：命名包和未命名包。本书前面讲的都是未命名包，例如：

```
class HelloWorldAPP{
    public static void main(String args[] ){
      System.out.println("Hello,World!");
    }
```

```
}
```

对于这样的源文件，编译系统会认为这是一个未命名包。在 Windows 系统中，这个包就是当前工作文件夹，这种未命名包都是处在顶层的包。在同一个源文件中的所有类默认都属于同一个包。如果类不在同一源文件中，但都是未命名的包，而且处在同一个工作目录下，那么也认为是属于同一个包的。

使用未命名包虽然简便，但是很容易引起命名冲突，而且不便于管理，所以只适合于学习或小型系统的开发。对于大型系统，还得使用命名包。命名包的创建很简单，只要在 Java 的源文件的第一行写上 package 语句就可以完成。格式如下：

```
package 包名;
```

指定包名后，该源文件中所有的类都在这个包中。由于 Windows 中的 Java 是用文件系统来存放包的，所以必须要有一个和包名相同的文件夹，该包中所有的类编译生成的 class 文件都必须放在这个文件夹中才能正常使用。

【例 6-1】创建命名包示例。

```
package OnePackage;
//下面这个类位于包 OnePackage 中
public class InPack{
   public static void main(String argv[]){
      System.out.println("This class is in a package");
   }
}
```

对于上面这个程序，有以下两种方法编译它。

1. 用编译未命名包相同的方法

假设 inPack.java 文件位于“D:\jdk11\example”下面。先输入下面的命令：

```
D:\jdk11\example>javac inPack.java
```

这样会生成一个类文件“InPack.class”。由于这个文件在当前目录下，而不在包名所对应的文件夹下，所以这时还不能像使用未命名包中的类那样直接用 Java 命令装载它来运行。而应该依次输入下面的命令：

```
D:\jdk11\example>md    OnePackage
D:\jdk11\example>move    InPack.class    OnePackage
```

即先建立和包同名的文件夹，而后将包中的类文件复制到该文件夹下。如果读者不熟悉控制台命令的使用，可以用资源管理器来完成同样的功能。然后在当前目录“D:\jdk11\example”下来运行：

```
D:\jdk11\example>java    OnePackage.InPack
```

📖 注意：当前工作目录“D:\jdk11\example”必须包含在 classpath 的搜索路径中。

其中，OnePackage 就是包的名字，它是不能省略的，注意不能写成这个样子：

```
D:\jdk11\example>java    OnePackage\InPack
```

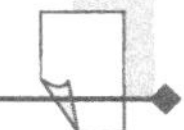

但是可以这样写：

```
D:\jdk11\example>java   OnePackage/InPack
```

注意：java 命令是区分大小写的，一定不要弄错了大小写。

2. 用-d 参数

对于这种命名包，Java 编译器专门提供了一个参数-d，读者可以这样使用：

```
D:\jdk11\example>javac -d . InPack.java
```

注意，参数-d 后面需要有一个空格，然后加上一个“.”。

它会在当前目录下查找是否有一个以包名为名称的文件夹（这里就是 OnePackage）。如果没有，则建立此文件夹，然后自动将生成的 class 文件存放到此文件夹下面。运行命令和前面介绍的一样。

一个包中可以放多个文件，下面这个类也可以按照同样的方法放在包 OnePackage 中：

```
package OnePackage;
public class Second{
  public static void main(String argv[]){
    System.out.println("This is second class");
  }
}
```

由于关键字 package 必须位于第一行，所以一个类不可能同时属于两个包，但两个不同的包中，可以有同名的类。

6.1.2　包的使用

包是类和接口的组织者，目的是更好地使用包中的类和接口。通常情况下一个类只能引用本包中的其他类，本书前面所举的例子都属于这种情况。如果要引用其他包中的类，则要使用 Java 提供的访问机制。Java 提供了三种实现方法。

1. 在引用类（或接口）名前面加上它所在的包名

这种方法其实就是以包名作为类名的前缀，这有点类似于以类名作为成员的前缀。

【例 6-2】用前缀引用包中的类。

```
//下面这个类和 InPack 不在同一个包中
public class NotInPack{
    public static void main(String argv[]){
        OnePackage.InPack oa=new OnePackage.InPack();
        System.out.println("成功地使用了包中的类：InPack");
    }
}
```

上面这个类的编译和运行与普通的类没有什么两样。程序输出结果如下：

```
成功地使用了包中的类：InPack
```

2. 使用关键字 import 引入指定类

前面这种方法需要在包中每一个类的前面加上前缀，显然太麻烦。Java 提供了一个关键字 import，它可以引入包中的某个类或接口，这样就可以省略包前缀。它的一般形式是：

```
import   包名.类名;
```

如果有多个类需要引入，可以重复使用 import。

【例 6-3】用 import 引入包中的类。

把例 6-2 修改一下，变成下面这个样子。

```
package   OtherPackage;     //这个类和 InPack 不在同一个包中
import OnePackage.InPack;               //引入 InPack 类
public class NotInPack{
     public static void main(String argv[]){
          InPack oa=new InPack(); //现在不需要前缀了
          System.out.println("成功地使用了包中的类：inPack");
     }
}
```

注意：如果本类属于某个命名包，则要在第一行中写出包的名字。import 语句紧跟在后面。

3. 使用 import 引入包中所有类

有时候需要使用同一个包中的多个不同类。这当然可以通过使用多条 import 命令来实现，但这比较麻烦。Java 提供了一种更为简便的方法：

```
import  包名.*;
```

这条语句可以将一个包中所有的类都引进来。比如在类 NotInPack 中要使用 OnePackage 中的两个类，就可以使用上面这条语句。

【例 6-4】用 import 引入一个包中的所有类。

```
package   OtherPackage;     //这个类和 InPack 不在同一个包中
import OnePackage.*;                  //引入 OnePackage 中所有的类
public class NotInPack{
     public static void main(String argv[]){
        InPack oa = new InPack(); //这里两个类都可以使用
        Second ob = new Second();
        System.out.println("成功地使用了包中所有的类");
     }
}
```

使用通配符“*”时，还有一个限制。如果被引入的包是系统预定义好的包，那么无论在什么情况下都可以使用；如果这个包是程序员自己定义的包，那么使用者也必须位于一个命名包内。比如程序例 6-4，如果将第一行去掉，就无法通过编译。

4. 使用 import 引入静态类

从 JDK 5.0 开始，Java 增加了一种新的机制，就是对静态类的引入。JDK 中的某些类，比如 Math，它里面的方法全部都是静态方法，按照传统的用法，要使用这些静态方法需要在

每个方法前面加上类前缀 Math，比如：Math.cos(x)。从 JDK5.0 开始，程序员在引入 Math 类时，可以用下面的方式：

```
import static java.lang.Math.*;
```

这样在使用 Math 的方法时，就可以省略掉前缀，直接这么写：

```
double r = cos(PI * theta);
```

6.1.3　JAR 文件的创建和使用

在一个包中通常会有很多个.class 文件。为了方便对这些文件的管理，以及减少传输这些文件所需时间，Java 允许把所有的类文件打包成一个文件，这就是 JAR 文件。JAR 文件是压缩的，其压缩格式就是 ZIP。JAR 文件中除了可以包含.class 文件，还像 ZIP 文件一样可以包含其他类型的文件。

JDK 提供了 jar 工具用来创建 JAR 文件，jar 默认位于 bin 目录下。构建 JAR 文件最常用的命令如下：

```
jar  cvf   JAR 文件名  文件 1   文件 2
```

例如：

```
jar  cvf   onePack.jar   inPack.class   second.class
```

jar 命令完整的形式如下：

```
jar {ctxu}[vfm0Mi] [jar-文件] [manifest-文件] [-C  目录]  文件名 ...
```

选项说明如表 6-1 所示。

表 6-1　jar 程序选项说明

选　项	说　明
-c	创建新的存档
-t	列出存档内容的列表
-x	展开存档中的命名的（或所有的）文件
-u	更新已存在的存档
-v	生成详细输出到标准输出上
-f	指定存档文件名
-m	包含来自标明文件的标明信息
-0	只存储方式；未用 ZIP 压缩格式
-M	不产生所有项的清单（manifest）文件
-i	为指定的 JAR 文件产生索引信息
-C	改变到指定的目录，并且包含下列文件： 如果一个文件名是一个目录，它将被递归处理。 清单（manifest）文件名和存档文件名都需要被指定，按 'm' 和 'f' 标识指定的相同顺序

【例 6-5】将两个 class 文件存档到一个名为“classes.jar”的归档文件中。

```
jar cvf classes.jar Foo.class Bar.class
```

【例6-6】用一个存在的清单（manifest）文件“mymanifest”将foo/目录下的所有文件存档到一个名为“classes.jar”的归档文件中。

```
jar cvfm classes.jar mymanifest -C foo/
```

清单（manifest）文件是一个文本文件，它默认以“.MF”为扩展名，你可以任意更改这个扩展名，它的主文件名也可以任意指定。jar 命令在创建 JAR 存档文件时，如果指定了-m 选项，则可从清单文件中提取一些关于存档文件的附加信息，如指定存档文件中的主类（拥有 main 方法的类）。清单文件是一个 ASCII 文本文件，它必须以一个空行作为结尾。

一个完整的清单文件可以包含很多条目，读者可以参阅 API 手册，这里只介绍一些简单的规则。

一个清单文件中的条目被分成多个节，第一部分称为主节，它作用于整个 JAR 文件。后续条目用来指定已命名条目的属性，这些已命名条目可以是某个文件、包或 URL。它们必须以名为 Name 的条目开头。节与节之间用空行分开。

【例6-7】一个简单的清单文件示例。

```
Manifest-Version: 1.0
Specification-Title: Java Platform API Specification
Specification-Version: 1.4
Implementation-Title: Java Runtime Environment
Implementation-Version: 1.4.0-rc
Created-By: 1.4.0-rc (Sun Microsystems Inc.)
Implementation-Vendor: Sun Microsystems, Inc.
Specification-Vendor: Sun Microsystems, Inc.
Main-Class: mainClass

Name: javax/swing/JScrollPane.class
Java-Bean: True

Name: javax/swing/JCheckBoxMenuItem.class
Java-Bean: True
```

注意：最后一行必须是空行。要创建可执行的 JAR 文件，必须在清单文件中指定 Main-Class 属性。

如果用 Main-Class 属性指定了程序的主类，那么可以用 java 命令来执行一个 JAR 文件：

```
java -jar MyProgram.jar
```

如果读者使用 Windows，还可以通过关联.jar 文件与 java -jar 命令来双击执行 JAR 文件。

6.1.4 JDK 中的常用包

JDK 所提供的所有标准 Java 类都存放在 Java 包中，如 java.lang 包中就包含了运行 Java 必不可少的系统类。由于系统会自动将 java.lang 引入，所以不需要在源文件中用 import 语句来显式地引入这个包。另外，Java 规定 java.util 和 java.io 是必须提供的标准包，在 JDK 中常用的包有下面这些：

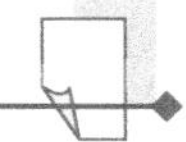

- java.lang：语言包。
- java.util：实用包。
- java.awt：抽象窗口工具包。
- javax.swing：轻量级的窗口工具包，这是目前使用最广泛的 GUI 程序设计包。
- java.io：输入/输出包。
- java.net：网络函数包。
- java.applet：编制 applet 须用到的包（目前编制 applet 程序时，更多的是使用 swing 中的 JApplet 类）。

关于包中主要类的使用，请参阅 API 手册。

6.2　抽象类与抽象方法

类的继承结构中，越往上的类越具有通用性，也就越抽象。当它抽象到一定的程度，就变成了一个概念或框架，不能再产生实例化的对象了。例如“交通工具”，就无法用它来产生一个实例。

对应这一现象，Java 中提供了抽象类，它只能作为父类，不能实例化。定义抽象类的作用是将一类对象的共同特点抽象出来，成为代表该类共同特性的抽象概念，其后在描述某一具体对象时，只要添加与其他子类对象的不同之处，而不需要重复类的共同特性。这样就使得程序概念层次分明，开发更高效。与抽象类紧密相连的是抽象方法——它总被用在抽象类或接口中。

6.2.1　抽象方法的声明

抽象方法是一种只有方法声明而没有方法体定义的特殊方法。它的声明部分和一般方法并没有太大的区别，也有访问权限、返回值类型等。只是需要在前面加上一个关键字“abstract”。通常的形式如下：

```
abstract 访问权限 返回类型 方法名（[参数列表]）;
```

需要特别注意的是，它的最后有一个分号“;”，而没有方法体的括号“{}”。例如，下面就是一个合法的抽象方法：

```
abstract  protected  void  absfun();
```

而下面这个，虽然方法体为空，但它不是一个合法的抽象方法：

```
abstract  protected  void  absfun() {  }
```

声明抽象方法时有以下几个限制：

- 构造方法不能声明为 abstract。
- 静态方法不能声明为 abstract。
- private 方法不能声明为 abstract。

- final 方法不能声明为 abstract。
- 抽象方法只能出现在抽象类或接口中。

6.2.2 抽象类的定义

要定义一个抽象类，只需要在类头部加上关键字 abstract，如下面这个样子：

```
abstract    class    ClassName{
    类体
}
```

在抽象类中，可以有 0 个或多个抽象方法，也可以有普通的实例方法和静态方法，也可以有其他的成员变量和构造方法。如果类中没有任何形式的抽象方法，那么可以由程序员自主决定是否将类声明成 abstract 类型，但是只要是下面这些情况之一，则类必定为抽象类，必须加上 abstract 修饰：

- 类中明确声明有 abstract 方法。
- 类是从抽象类继承下来的，而且没有实现父类中全部的抽象方法。
- 类实现了一个接口，但没有将其中所有的抽象方法实现。

下面是一个简单的示例。

【例 6-8】抽象类定义示例。

```
abstract    class AbsClass{      //本类是抽象类
    abstract public    void    absfun(); //声明一个抽象方法
    public void instance(){    System.out.println("这是一个普通的实例方法");    }
    public static void stFun(){ System.out.println("这是一个普通的静态方法");    }
}
```

可以用上面这个抽象类来声明一个变量，比如：

```
AbsClass    absVar;
```

但不能将这个变量实例化，下面这种写法是错误的：

```
absVar = new AbsClass();
```

使用抽象类的唯一途径是派生一个子类，如果这个子类实现了抽象类中所有的抽象方法，那么这个子类就是一个普通的类，它可以用来创建对象。比如下面这个类就实现了 AbsClass 中的抽象方法，所以它是一个普通类。

```
class ImplementAbs extends AbsClass{
    public    void    absfun(){
        System.out.println("this function is implemented by derived class");
    }
}
```

如果抽象类中有多个抽象方法，子类需要全部实现这些方法才能用来创建对象，否则，子类也是一个抽象类。不过这个抽象的子类能被继续继承下去，由它的子类来实现其中那些剩余的抽象方法。

6.2.3　抽象方法与回调函数

在抽象类中，既可以有抽象方法，也可以有普通方法，而且普通方法还可以调用抽象方法，如例 6-9 所示。

【例 6-9】普通方法调用抽象方法。

```
public abstract class HasRecall{
    abstract public void alert();   //这是一个抽象方法
    public void doSomething(){   //这是普通方法
        alert();          //调用抽象方法
    }
}
```

这个程序是正确的，但它很容易让读者产生疑惑：由于 alert()是未被实现的，有没有可能 doSomething()在实际执行时，调用了一个未实现的方法？不过 Java 的规则已经避免了这种情况产生的可能。由于 doSomething()是一个实例方法，它被执行时必须创建对象。而要创建对象，类必须是普通的实例化类，也就意味着 HasRecall 这个抽象类中所有的方法都已经被实现，自然也就包括了 alert()方法。其实从这个地方也可以理解 6.2.1 节中的一个规则：抽象方法不能是静态方法，因为静态方法无须对象就能执行。

这里另外要考虑的一个问题是这样设计的实际作用。因为在 HasRecall 中调用 alert()方法时，并不知道这个方法在子类中是如何被实现的，如果不做任何规定，这种调用是没有任何现实意义的。所以父类的设计者需要规定这个抽象方法的基本用途，而子类的设计者需要按照这个规定来实现该方法，这才能保证程序逻辑上的准确性。

例如本例中，可以规定 alert ()方法必须用于输出一条警告信息，下面这个程序就可以正常运行：

```
public class ImpRecall extends HasRecall{
    public void alert(){      System.out.println("Warning!");   }
    public static void main(String args[]){
        HasRecall    oa    = new ImpRecall();    //父类变量，引用了子类对象
        oa.doSomething();
    }
}
```

Java 之所以提供这样一种看上去有点奇怪的机制，是为了弥补 Java 中没有类似于 C/C++中的函数指针，无法实现回调函数这一缺陷。

所谓回调函数，是指函数 f1 调用了函数 f2，函数 f2 又调用了函数 f3，但是函数 f3 的函数体并不是确定的，它是由函数 f1 在调用 f2 时作为参数传递给 f2 的，f3 就被称为回调函数。

回调函数的实现需要用到函数指针，Java 是完全面向对象的语言，没有函数指针，只能通过上述机制来实现。

回调函数的使用是很普遍的。比如在 Windows 中如果要设计 GUI 程序，就需要程序员实现一个窗口处理函数，系统会自动调用这个窗口处理函数，将各种消息传递给它。这个函数就是一个回调函数。Java 在实现 GUI 程序时，也必须遵循这一规则，它的实现也要采用本节所述的机制。

6.3 最终类与最终方法

如果一个类不希望被其他类继承，则可以声明成 final 类，这样就可以防止其他类以它为父类。最终类通常是有某个固定作用的类，系统中也提供了这样的类，如 System、String 和 Socket 类等。

最终类显然不可能是抽象类。由于最终类不能有子类，那么它所拥有的所有方法都不可能被覆盖，因此它其中所有的方法都是最终方法。

定义最终类的一般形式如下：

```
[访问权限] final class 类名{
    类体
}
```

最终类可以从其他类派生出来。由于它没有子类，所以声明成最终类的变量一定不会引用它子类的对象，因此它的变量不存在运行时多态的问题。编译器可以在编译时确定每个方法的调用，这样可以加快执行速度。

如果一个类允许被其他类继承，只是其中的某些方法不允许被子类覆盖，那么可以将这些方法声明成为最终方法，这需要在声明前面加上关键字 final。它的一般形式如下：

```
[访问权限] final 返回类型 方法名([参数列表])
```

- 最终方法可以出现在任何类中，但不能和 abstract 修饰符同时使用。
- 最终方法不能被覆盖，但是可以被重载。

【例 6-10】最终方法示例。

```
public class HasFinalFun{
    final void  showMsg(){ System.out.println("这是最终方法");    }
}
```

它的子类如下（注意：这是一个有错误的例子）：

```
public  class  Stupid extends HasFinalFun{
    void  showMsg(){  } //试图覆盖最终方法，错误
    void showMsg(String s){  System.out.println(s);  }  //这是重载，正确
}
```

6.4 内部类

内部类是由 JDK1.1 之后提出的一种新型的类。前面所介绍的类都是定义在包中的，可以说是顶层类。而内部类则可以被定义，在另外一个类的里面，为了便于描述，我们将包含了内部类的这个类称为外部类。内部类是对 Java 的重大改进，它对于简化事件处理非常有用。

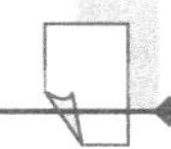

6.4.1　内部类的定义

和一般的顶层类相同，内部类也由成员变量和成员方法组成，它的定义和使用方式也和顶层类相似，但由于所处位置的不同，还是存在一些区别的。它们在定义成员时也比顶层类多了更多的限制。

严格来说，内部类也分为三种：嵌入类（nested）、内部成员类（inner）和本地类。当类的前面有 static 修饰符时，它就是嵌入类，嵌入类只能和外部类的成员并列，不能定义在方法中。如果类和外部类的成员是并列定义的，且没有 static 修饰，则称为内部成员类。如果类是定义在某个方法中的，则称为本地类。下面分别介绍它们的定义方式。

1. 嵌入类的定义

当内部类的前面用 static 修饰时，它就是一个嵌入类。它和外部类的其他成员属性和方法处在同一层次上。它的一般形式如下：

```
[访问权限修饰符] static class 类名 [extends 父类名] [implements 接口列表]{
  类体
}
```

嵌入类的类体中可以定义任何类型的成员属性和方法，这一点与顶层类完全相同。它本身可以是 final 类型或者是 abstract 类型的，也可以被其他类所继承。但在实际使用中，很少有人会这么做。

嵌入类不能和包含它的外部类同名，也不能和其他的成员同名。

【例 6-11】嵌入类的定义示例。

```
//-----------定义一个顶层类---------------
public class HasStatic{
    static int sj = 100;
}
//-----------定义一个外部类---------------
public class Outer_1{
  //下面是一个嵌入类，它可以继承其他的类，具有包访问权限
  protected static class NestedButNotInner extends HasStatic{
      static final int   sc = 2;              //正确，嵌入类可以有静态常量
      protected static int si = 1;          //正确，可以有静态成员变量
      private int   vi = 3;                    //正确，可以有实例成员变量
      public   void doSomething(){   }      //正确，可以有实例成员方法
      static   void stShow(){   }             //正确，可以有静态方法
  }
}
```

从例 6-11 所示的程序中可以看出，嵌入类和顶层类的类体定义几乎没有任何区别。不过由于嵌入类本身是外部类的成员，所以可以具有一般成员的访问权限，包括 public、protected、private 和缺省。而一般的顶层类只会定义成为 public 或缺省权限。

编译这个类，可以得到两个 class 文件，一个是“Outer_1.class”，另一个是“Outer_1$NestedButNotInner.class”，后者就是内部类所生成的文件。它的命名规则也很简单：外部类名+$+内部类名。

2. 内部成员类的定义

如果内部类前面不用 static 修饰，它就是一个内部成员类。它的地位与类的实例成员相当，所以也被称为内部实例成员类。它的一般形式如下：

```
[访问权限修饰符] class 类名 [extends 父类名] [implements 接口列表]{
   类体
}
```

内部成员类与嵌入类最大的不同在于，它的类体中不允许存在静态成员，包括静态成员变量和静态成员方法，但可以定义静态的常量。另外，实例成员当然是允许定义的。

【例6-12】内部成员类示例。

```
//-----------定义一个外部类---------------
public class Outer_2{
   //下面是一个内部成员类，具有 private 访问权限，它可以继承其他的类
   private class Inner extends HasStatic{
       static final int    sc = 2;                  //正确，可以有静态常量
       protected static int si = 1;             //错误，不能有静态成员变量
       private int    vi = 3;                           //正确，可以有实例成员变量
       public    void doSomething(){    }      //正确，可以有实例成员方法
       static    void stShow(){    }               //错误，不能有静态方法
   }
}
```

这个程序因为有两个错误，所以不能通过编译。细心的读者可能会发现，它的父类 HasStatic 是拥有静态成员变量的。这说明内部成员类尽管自己不能定义静态成员，但可以继承父类的静态成员。

3. 本地类的定义

内部类也可以定义在方法之中，这时候它被称为本地类。无论方法本身是静态的还是实例方法，本地类都不能用 static 来修饰。它的类体与内部成员类一样，除了静态成员常量，不允许定义任何静态成员。和前面两种类不同的是，本地类的作用域是定义它的方法，所以它没有访问类型。本地类的地位相当于定义了一个局部数据类型。

本地类不仅可以定义在一个方法的里面，甚至还可以定义在语句块里面，那么它的有效范围仅限于语句块。本地类尽管不能定义静态成员，但可以通过继承来拥有静态成员。

不同方法中的本地类是可以同名的，甚至也可以和嵌入类、内部成员类同名（当然最好不要这样做）。

【例6-13】本地类示例。

```
//-----------定义一个外部类---------------
public class Outer_3{
   public static void stLocal(){    //静态方法
     //下面是一个本地类，它可以继承其他的类
     class Localize extends HasStatic{
        static final int    sc = 2;                  //正确，可以有静态常量
        private int    vi = 3;                           //正确，可以有实例成员变量
        public    void doSomething(){    }       //正确，可以有实例成员方法
```

```
    } //本地类结束
  } //方法结束
  public   void inLocal(){          //实例方法
    //下面是一个本地类，它可以继承其他的类
    //这个类的名称和上面那个类相同
    class Localize extends HasStatic{
      static final int   sc = 2;                //正确，可以有静态常量
      private int   vi = 3;                        //正确，可以有实例成员变量
      public   void doSomething(){   }       //正确，可以有实例成员方法
    } //本地类结束
  } //方法结束
}//外部类结束
```

编译例 6-13 程序，可以得到 3 个 class 文件，分别是 Outer_3.class、Outer_3$1Localize.class 和 Outer_3$2Localize.class，后面两个文件就是由两个内部类产生的。

Java 允许内部类中再嵌套内部类，但这样并没有太多的实际意义，而且使得程序非常难读懂，所以笔者不赞成这样做。

最后，笔者将内部类定义时所能拥有的成员归纳成表 6-2。

表 6-2　内部类能拥有的成员

	静态常量	静态变量	实例变量	实例常量	静态方法	实例方法
嵌入类	√	√	√	√	√	√
内部成员类	√		√	√		√
本地类	√		√	√		√

6.4.2　内部类访问外部类的成员

Java 允许内部类访问包含它的外部类成员，这个时候内部类相当于是外部类的一个普通成员，所以访问其他成员时，不受访问权限修饰符的限制。不过，它仍然受到静态修饰符 static 的限制。下面分别介绍各种内部类对外部类的访问规则。

1. 嵌入类访问外部类成员

嵌入类本身是用 static 修饰的，所以编译器认为嵌入类里面所有的成员都处于静态环境之中，因此也就只能访问外部类的静态成员，而不允许访问实例成员。

【例 6-14】嵌入类访问外部类成员示例。

```
public class Outer_4{
    int CommValue=100;
    static int SV=200;
    //定义外部类的静态方法
    static void stDoSomething() { }
    //定义外部类的实例方法
    void insDoSomething() { }
    //定义一个嵌入类
```

```
9.    private static class NestedButNotInner{ //记住：嵌入类是静态的
10.        static int sz = SV;          //定义静态成员，使用外部类静态成员给它赋值
11.        int   inValue ;
12.        //定义嵌入类的静态方法
13.        static void stNothingToDo() {    }
14.        //定义嵌入类的实例方法
15.        void insNothingToDo() { }
16.      //下面的方法是在嵌入类中，它是实例方法
17.        public void showSV(){
18.           inValue = SV;              //正确，可以访问外部类的静态成员
19.           stDoSomething();           //正确，可以调用外部静态方法
20.           stNothingToDo();           //正确，可以调用本类的静态方法
21.           insNothingToDo();       //正确，可以调用本类的实例方法
22.           int   k = CommValue;   //错误，不能访问外部实例成员
23.           insDoSomething();       //错误，不能调用外部实例方法
24.        }
25.    } //嵌入类结束
26. }//外部类结束
```

这个程序有两个错误，分别在第 22 行和 23 行，屏蔽掉这两个错误后，可以通过编译。嵌入类在访问本类中的成员时要遵守一般类的规则，只是当它访问外部类的成员时，由于受到类前面 static 的限制，只能访问外部的静态成员。

2. 内部成员类访问外部类成员

内部成员类中不能定义静态成员，它的实例方法可以访问外部类任意的静态成员和实例成员。下面是一个简单的例子。

【例 6-15】内部成员类访问外部类示例。

```
public class Outer_5{
   int CommValue=100;
   static int SV=200;
   //定义外部类的静态方法
   static void stDoSomething(){ }
   //定义外部类的实例方法
   void insDoSomething() { }

   //定义一个内部成员类
   private    class Inner{
      int    inValue ;
      //定义内部成员类的实例方法
      void insNothingToDo() { }
      //内部成员类不能定义静态成员
       //本方法是在内部成员类中的，它是实例方法
      public void showSV(){
         inValue = SV;              //正确，可以访问外部类的静态成员
         stDoSomething();          //正确，可以调用外部静态方法
         insNothingToDo();         //正确，可以调用本类的实例方法
         int    k = CommValue;   //正确，可以访问外部实例成员变量
         insDoSomething();          //正确，可以调用外部实例方法
      }
   } //内部类结束
} //外部类结束
```

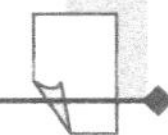

从本例可以看出，内部成员类里面的方法在访问外部成员时，没有任何限制。我们知道，嵌入类在定义的时候几乎没有什么限制，但在访问外部成员的时候限制很多（不能访问外部实例成员）；而内部成员类则恰好相反，这种性质决定了在实际编程中，更多的是使用内部成员类。

3. 实例方法中的本地类访问外部成员

由于包含本地类的方法既可能是静态方法也可能是实例方法，这会导致本地类访问外部类时有区别，所以需要分开来说明。

如果本地类位于实例方法中，那么它像内部成员类一样，是可以访问外部类的任意成员的。除此之外，包含本地类的的方法还可以定义局部变量，本地类只能访问局部的常量，而不允许访问局部变量。

【例 6-16】实例方法中的本地类访问外部成员。

```
public class Outer_6{
  int CommValue=100;
  static int SV=200;
  public void vfun(){   //一个实例成员方法
    final int fv=3;   //定义常量
    int          k=10;
    //下面是一个本地类
    class localize{
      public void call(){
        System.out.println("外部类的静态变量 SV="+SV);          //正确
        System.out.println("外部类的实例变量 CommValue="+CommValue);     //正确
        System.out.println("方法的局部常量 fv="+fv);            //正确
          k = 100;              //它不能访问局部变量 k，这是错误的
      }
    }//本地类结束
     //下面接着写方法中的其他语句
    System.out.println("这是外部类的成员方法");
  } //方法结束
} //类结束
```

4. 静态方法中的本地类访问外部成员

如果本地类位于静态方法中，那么它处于静态环境中，像静态的嵌入类一样，只能访问外部类的静态成员。另外，它也只能访问局部的常量，而不允许访问局部变量。

【例 6-17】静态方法中的本地类访问外部成员。

```
public class Outer_7{
  int CommValue=100;
  static int SV=200;
  public static void sfun(){ //一个静态方法
    final int fv=3;            //定义常量
    int          k=10;
    //下面是一个本地类
    class localize{
      public void call(){
        System.out.println("外部类的静态变量 SV="+SV);     //正确
```

```
                System.out.println("方法的局部常量 fv="+fv);        //正确
                //CommValue = 0;   //它不能访问实例变量 CommValue，这是错误的
                // k = 100;              //它不能访问局部变量 k，这是错误的
            }
        }//本地类结束
        //下面接着写方法中的其他语句
        System.out.println("这是外部类的成员方法");
    } //方法结束
}//类结束
```

内部类访问外部类成员时所拥有的访问权限（由于内部类是外部类的成员，所以访问其他成员时并不受访问权限修饰符的限制）如表 6-3 所示。

表 6-3　内部类访问外部类成员时所拥有的访问限制

	静态常量	静态变量	实例变量	实例常量	静态方法	实例方法
嵌入类	√	√			√	
内部成员类	√	√	√	√	√	√
实例方法中的本地类	√	√	√	√	√	√
静态方法中的本地类	√	√			√	

另外，本地类如果要访问包含自己的方法所定义的局部量的话，只允许访问局部常量。

6.4.3　内部类之间的相互使用

嵌入类由于是静态的，所以它只能使用其他嵌入类，而不允许使用内部成员类；内部成员类则可以使用嵌入类和其他的内部成员类。本地类的作用域只限于定义它的方法，所以嵌入类和内部成员类都不能使用本地类。本地类可以随意使用嵌入类；但在使用内部成员类时，受到方法本身类型的限制，只有定义在实例方法中的本地类才能使用内部成员类。同一方法中的本地类可以互相使用。

【例 6-18】内部类之间的相互使用。

```
public class Outer_8{
    //定义内部成员类
    class Inner {
        NestedButNotInner oa =new NestedButNotInner(); //内部成员类可以使用嵌入类
        public void call(){
            Inner oa = new Inner();      //可以使用内部成员类
            vfun();         //可以调用实例方法
            sfun();         //可以调用静态方法
        }
    }
    //定义嵌入类
    static class NestedButNotInner {
        //错误，嵌入类不允许使用内部成员类
        // Inner a =new Inner();
        public void call(){
            NestedButNotInner oa =new NestedButNotInner(); //可以使用嵌入类
            sfun();             //可以调用静态方法
```

```
            //错误，不能调用实例方法
            //vfun();
        }
    }
    //定义实例方法
    public void vfun(){
      class localize{                    //这是本地类
        Inner a = new Inner();           //正确
        NestedButNotInner b =new NestedButNotInner();     //正确
      } //本地类结束
       System.out.println("这是外部类的成员方法");
    }
    //定义静态方法
    public static void sfun(){
        class localize1{
            //错误，不允许使用内部成员类
            // Inner a = new Inner();
            NestedButNotInner b=new NestedButNotInner(); //正确
        }//本地类结束
        class localize2{
          localize1 oa =new localize1();          //使用同一方法中的本地类，正确
        }
        localize2 b=new localize2();           //正确
        System.out.println("这是外部类的成员方法");
    }
}
```

6.4.4　在外部使用内部类

对于嵌入类和内部成员类，只要它们的访问权限不是 private，就可以在外部使用这些类，只是使用的方式有所不同。对于本地类，在外部是无法使用的。

如果是嵌入类，可以像使用静态成员一样，通过“外部类名.嵌入类名”的方式来使用。由于内部成员类是非静态的，必须通过外部类的实例来引用。例 6-19 演示了这两种类的不同使用方式。

【例 6-19】在外部使用内部类。

假定例 6-18 的程序中的类 Outer_8 已经定义好，下面来使用它其中的内部类。

```
public class UseInner{
  public static void main(String argv[]){
    //嵌入类可以直接用
    Outer_8.NestedButNotInner oa = new Outer_8.NestedButNotInner();
    Outer_8.Inner ob;
    Outer_8 outObj=new Outer_8(); //创建外部类对象
    ob=outObj.new Inner();     //内部成员类必须通过外部类创建
    oa.call();
    ob.call();
  }
}
```

6.4.5 匿名内部类

有时候程序定义一个内部类之后只要创建这个类的一个对象，就不必为这个类命名，可以在定义类的同时创建类的唯一对象。这种类被称为匿名内部类。Java 的匿名内部类的语法规则看上去有些古怪，它的语法形式如下：

```
new  InterfaceName(){
     类体
}
```

或

```
new  SuperClassName([实际参数]){
     类体
}
```

这个语法形式看上去很难理解。匿名类是没有名字的，InterfaceName 和 SuperClassName 并不是它的名字，而是它要继承的接口或类的名字。括号中的参数是用来传递给父类构造方法的。

由于构造方法必须与类名相同，而匿名类没有类名，所以匿名类没有构造方法。取而代之的是将参数传递给父类的构造方法。如果是实现接口，则不能有任何参数。

使用一个匿名内部类通常按照下面的形式：

```
SuperClassName  oa  =  new SuperClassName(参数) {类体};
```

从形式上看，它和一般的创建对象非常像：

```
SuperClassName  oa  =  new SuperClassName(参数);
```

唯一的区别在于匿名内部类后面有大括号括起来的类体。

由于匿名类在定义的同时必须要创建对象，所以不能用 static 修饰。如果它与类的其他成员并列，那么它与内部成员类的定义没有什么区别。如果它是写在一个成员方法中的，那么与本地类的规则相同。

【例 6-20】匿名内部类使用示例。

先定义一个接口如下：

```
public interface OnlyShow{
   void showMsg();
}
```

接下来实现两个内部类：

```
public class AnonymousInner{
   static OnlyShow st = new //创建匿名类的对象，这是一个类的成员
       OnlyShow() {    //定义匿名内部类
          public void showMsg() {
              System.out.println("这是一个位于外部类中的匿名内部类.");
          }
       }; //匿名类定义结束，注意它末尾的分号

   public static void main(String args[]){
```

```
        OnlyShow oa = new   //创建匿名类的对象
          OnlyShow(){    //定义匿名内部类
            public void showMsg(){
              System.out.println("这是一个位于方法中的匿名内部类.");
            }
          }; //匿名类定义结束，注意它末尾的分号
        oa.showMsg();    //使用其中的方法
        st.showMsg();
      }
    }
```

有时候，程序员需要将由匿名类创建的对象作为实际参数传递给某个方法，这个时候，对象也可以没有名字，所以它的形式看上去是这个样子的：

```
function( new superClass() { 类体 }; );
```

Java 中设计匿名内部类是为了让程序员能够偷一点懒，让程序更为简短一些。但实际上，如果大量使用匿名内部类，将会使得程序组织变得混乱，程序流程更加难于理解。所以笔者建议限制它的使用。实际上，所有的匿名内部类都不是必需的，它一定可以被前面介绍的其他内部类所代替。

6.4.6　内部类的作用

本节花费了较多的篇幅来介绍内部类的语法规则。这些语法规则看上去非常复杂，很容易让初学者无所适从。那么 Java 的设计者为什么要提供这样一种复杂的机制呢？

答案在于实现多重继承。前面介绍过，Java 是利用接口来实现多重继承的，但是 C++程序员常常会抱怨 Java 中的多重继承过于死板，为了实现某个功能不得不写大量的代码，而无法像 C++那样轻易实现代码的重用。

比如，系统提供了 n 个接口，每个接口都声明了若干个方法。由于这些接口经常被使用，若要程序员实现接口中的所有方法显然非常麻烦，所以又为每个接口都提供了实现的子类。程序员只要继承某些子类并适当修改其中的部分方法就可以使用接口了。

不过在实际编程当中，某个类通常需要继承多个接口才能运行。而类是无法实现多重继承的，这样，系统提供的子类就失去了作用。一种变通的办法是将这些接口的子类按照一定的顺序形成一个继承链，如图 6-1 所示。

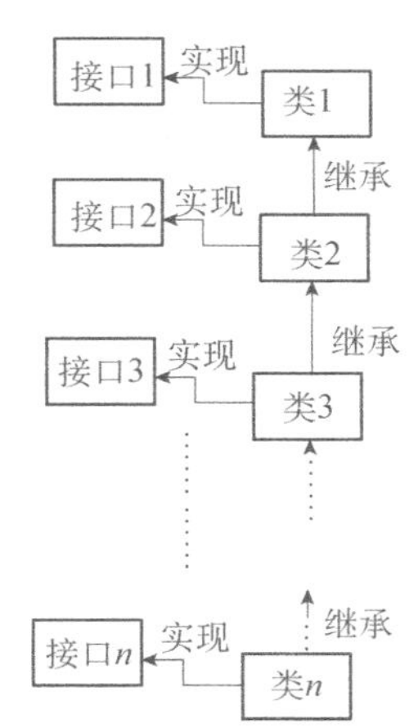

图 6-1　一种假想的实现方法

这样，程序员定义的类只要继承最后的类 n 就实现了所有的接口。但问题是，在大多数情况下，自定义的类只需要实现这些接口中的一部分（比如接口 1、接口 2 和接口 m）。而这个继承链的顺序一旦定义好，就无法更改。程序员除了继承这个链中最后一个必需的类（这里是类 m）外，没有别的好办法。在这种情况下，多数继承下来的类及里面的方法

都是毫无用处的，白白增加了编译和运行时间。

这么做的另外一个问题是，如果在两个不同的接口中声明了两个相同的方法，那么位于继承链后面的类会将前面类实现的同名方法给覆盖掉。这个问题非常严重，几乎没有什么办法解决，除非事先规定所有接口中的方法都不得同名。

有了内部类，这些问题就迎刃而解。程序员在自定义类中，可以增加若干个内部类，每一个内部类可以继承一个父类，并做相应的修改。选择哪个父类是任意的，无须增加不必要的父类进来。

实际上，C++的多重继承规则是非常复杂的——远超过 Java 中内部类的规则。而 Java 通过内部类加上接口，可以很好地实现多重继承的效果。特别是在 GUI 程序设计时，可以通过定义多个内部类来分别继承各事件的适配器类，解决多事件的处理问题，而不必为每个接口都写实现代码。

第 7 章　异常处理机制

本章中将介绍 Java 编程中常用的一种流程控制语句和类：异常控制语句和异常类。一个实用的程序，必然要能适应各种不同的运行环境，处理各种意外情况。为此，Java 设计了一个处理机制，Java 的异常处理机制设计先进，使用方便。它的出现，不仅提高了程序的健壮性，而且还大大降低了程序员的编程工作量。作为一个 Java 程序员，掌握好异常处理机制是编写大型程序必不可少的基本功。而且 Java 和 C++在异常处理上有一点不同：Java 经常强制要求程序员写异常处理语句，否则的话程序无法编译通过。在 Java 中如果不会使用异常处理语句，几乎不可能编出有实际作用的程序。

7.1　异常机制简介

7.1.1　基本概念

异常（Excepton）又称为例外，指的是程序运行时出现的非正常事件。如用户输入了错误的数据、文件无法打开或创建、对空对象进行操作等。由于异常事件的发生会导致严重的错误，所以程序必须停止预想的操作，转而向用户通报这些异常，程序的流程也就会因此发生改变。一个好的程序，必须考虑到这些错误情况，并有相应的处理手段，这就是程序的“健壮性”。

在传统语言中，为了处理这种异常，只能采用检测函数返回值的方式，这不仅烦琐，而且会带来一系列的问题。而包括 Java 在内的现代语言，多采用异常处理机制，这大大简化了程序员的工作量，使得程序更易读、易懂、易维护。

7.1.2　异常处理的作用

使用异常处理机制，至少在 3 个方面具有优势。

1. 代码可维护性更好

在用传统的语言编程时，程序员只能通过函数的返回值来知道错误信息。为了保证程序的健壮性，程序员不得不写下大量的 if…else 之类的判断语句，而且这些判断语句往往是嵌套的，导致程序的可读性降低，代码也难于维护。

引入异常处理机制之后，程序员写程序时完全可以认为不会发生异常，一直按照正常的程序处理流程写下去，直到正常流程写完再写捕获异常并进行相应处理的程序段就可以了。

这就避免了编写大量的 if…else 嵌套的麻烦。

2. 易于区分正常返回值和意外返回值

由于函数只能有一个返回值，所以在很多情况下，难以区分返回的到底是正常值还是错误信息的代码。一种处理变通的方式是用全局变量 errno 来存储错误类型（在 Windows API 中，存在大量这样的函数），这要求程序员自己主动去查找此全局变量。这不仅增加了编程的负担，而且一旦程序员忘记做这项工作，就会导致一些意想不到的错误。

采用异常处理机制后，就不会发生这种情况。一旦有错误发生，被调用的方法会抛出异常，无论调用者是否记得处理这个异常，正常的程序流程都会被终止。

3. 不会丢失异常信息

在传统语言中，错误代码需要调用链上的函数一层一层地返回。比如有这样一个调用链：A→B→C→D，如果在 D 中发生错误，将返回一个错误代码，如果 C 和 B 不处理这个错误，就必须将这个错误代码返回给上一级。如果其中有一个函数的编写者忘记这项工作，函数 A 将得不到有关的错误信息。

采用异常处理机制后，则不存在这个问题，在 D 中抛出的异常会存放在异常栈中，如果 B 和 C 不处理，仍然会传递给 A。极端情况下，即使 A 不处理它，系统也会来处理。

7.1.3 Java的异常处理机制

Java 引入了先进的异常处理机制，它对异常的处理是面向对象的，也就是将异常当作对象来处理。当程序运行过程中出现异常情况时，一个异常对象会立即产生，并把它交给运行时系统，由运行时系统来寻找相应的代码（这些代码可能是系统自己定义的，也可能是用户定义的）来处理异常，从而确保系统不会死机或对操作系统造成损害。

当异常情况发生时，会创建一个代表该异常的对象，而且在错误出现的地方将这个异常对象抛出（throw 或称为引发）。异常有两种：一种是由运行时系统自己产生的异常，另一种是由用户代码用 throw 语句产生的异常。

系统会根据异常的类型查找相应的处理方法，并将控制权移交该方法。这个过程称为捕获（Catch）异常。根据不同情况，Java 也有两种不同的处理异常的方式：一种是系统内部异常，由系统自己处理，只把结果显示出来，程序员无须处理；另一种是利用 Java 异常处理机制提供的异常抛出，这种抛出可能是类库中的，也可能由程序员自己写的，这需要程序员捕获并处理，这也是编程的重点。

Java 中一共提供了 try、catch、finally、throw 和 throws 5 个关键字来处理异常（后来又增加了 try-with-resource 语句），其中的 try、catch、finally 需要配套使用，它们用来捕获和处理异常。throw 用于实际抛出异常，throws 用于声明有异常抛出。

通常的异常处理语句块如下所示：

```
try{
    可能产生错误需要被监视的语句序列
}catch(异常类型 1  对象名){
    处理该异常类型的语句序列
```

```
}catch(异常类型 2  对象名){
    处理该异常类型的语句序列
}
…………
catch(异常类型 n  对象名){
    ……
}finally{
    资源保护语句序列
}
```

它的基本语法规则如下：

- try 语句是必需的，它中间的语句序列一旦发生异常，将有可能被捕获。
- catch 语句是可选的，可以有 0 个或多个。括号中的异常类型必须各不相同。一旦 try 中发生了异常，系统将从上往下依次查找 catch 语句中是否有异常类型与其匹配，匹配成功就进入到该 catch 语句块中。
- finally 语句是资源保护块，也是可选的，可以有 0 个或 1 个。无论是否发生了异常，也无论异常是否被 catch 语句捕获，fianlly 语句都会保证被执行。
- catch 和 finally 语句至少要存在其中的一条。

从形式上看，catch 语句很像是方法，括号中的就是形式参数，各条 catch 语句之间相当于方法的重载。和重载不同的是，如果发生了异常，系统是从上往下依次进行匹配的，哪条 catch 语句匹配成功就会进入哪条语句中，而不再考察后面的 catch 语句。

7.1.4 异常类的层次结构

Java 中定义了很多异常类，每个异常类都代表了一种运行错误，类中包含了该错误的信息及处理错误的方法等内容。由 Java 提供的异常类又称为标准异常类，它们分布在 Java.lang、Java.io、Java.util 和 Java.net 包中。所有的这些异常类都是由 Throwable 类派生出来的，Throwable 有两个直接子类：Error 和 Exception，它们分别用来处理两类异常，它们又分别派生出若干子类，层次关系如图 7-1 所示。

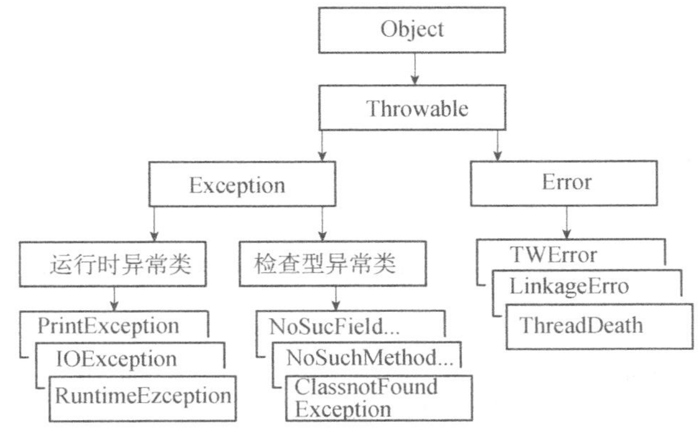

图 7-1 异常类的继承结构

图 7-1 中的 Error 类及其子类是用来处理系统内部及程序运行环境的异常的，一般与硬件

有关，由系统直接处理，不需要程序员在程序中处理。

Exception 及其子类是应用程序抛出的异常，它又可以分为两大类：运行时异常和检查型异常（也称非运行时异常）。另外，除了系统定义的标准异常外，程序员还可以自己定义异常。下节将对它们进行详细的介绍。

7.2　异常处理类型

7.2.1　运行时异常

运行时异常（Runtime Exception）大多数是由于程序设计不当而引发的错误，但这种错误要在运行期间才会发生和被发现。如，零做除数，数组下标越界，访问空对象等。这些错误完全可以通过改进程序加以克服，不需要对它们进行捕获。如果发生了这类异常，系统可以自己处理，并给出提示信息，程序员需要根据这些信息来改进程序。

【例 7-1】由系统自动处理的运行时异常（除 0 异常）。

```
1. public class DivZeroError{
2.     public static void main(String argv[]){
3.       int a = 10/0;    //这里会引发异常
4.       System.out.println("程序正常结束");
5.     }
6. }
```

这个程序有个明显的错误，就是以 0 为除数，但它编译是可以通过的，只是在运行中，会出现下面的提示：

```
Exception in thread "main" java.lang.ArithmeticException: / by zero
        at divZeroError.main(divZeroError.java:3)
```

程序第 4 行那条输出语句没有输出“程序正常结束”。也就是说，当第 3 行发生异常之后，它后面的语句不再被执行，转向了系统的异常处理代码处。

【例 7-2】由系统自动处理的运行时异常（下标越界）。

```
1. public class OutBoundError{
2.     public static void main(String argv[]){
3.       int array[]=new int[10];
4.       array[10]=5;
5.       System.out.println("程序正常结束");
6.   }
7. }
```

这个程序的错误更隐蔽一些，读者可能难以一眼就看出其中的错误。程序可以编译通过，但运行结果如下：

```
Exception in thread "main" java.lang.ArrayIndexOutOfBoundsException: 10
        at outBoundError.main(outBoundError.java:4)
```

告诉用户在第 4 行处发生了下标越界异常，并且指明了引发异常的下标值是 10，程序员可以根据这些信息迅速定位到这个地方检查程序。

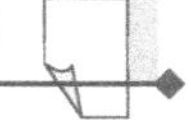

无论是例 7-1 还是例 7-2 这样的异常，本质上都是可以避免的错误，所以不需要程序员来捕获这种异常，系统给出的异常提示用于帮助程序员排除错误。

7.2.2　检查型异常

除了运行时异常外，其余的异常均为检查型异常，所以也称为“非运行时异常”。这类异常真正的发生仍然是在运行时，不过编译器在编译时会进行检查，一旦发现某些语句使得此类异常有产生的可能，就强制要求用户处理这类异常，否则不能通过编译。

【例 7-3】检查型异常示例。

```
public class HasCheckException{
   public static void main(String argv[]){
     char ch;
     ch=(char)System.in.read();    //这里打算从键盘读入一个字符
   }
}
```

这个程序看上去并没有什么问题，但是编译却不能通过，编译器会报告一个错误。编译器强制程序员捕获这个异常，所以要改成下面这个样子才能通过编译：

```
import java.io.IOException;        //引入异常处理类
public class HasCheckException{
   public static void main(String argv[]){
      char ch;
      try{           //准备捕获异常
         ch=(char)System.in.read();
      }catch(IOException e){      //捕获异常
         System.out.println("输入有错误！");
      }
   }
}
```

初学者可能觉得一个简单的输入也要编写这么多代码过于麻烦，但 Java 的基本原则就是“形式错误的代码不会运行”，这样可以最大限度地提高程序的健壮性。编写大型程序时，这种检查型异常不仅不是负担，反而能大大降低程序员后期调试的工作量。

7.2.3 自定义异常

如果系统定义的异常不能满足用户需要，用户也可以自己定义异常，但它们必须是 Throwable 的直接或间接子类，在实际编程中，多数程序员会将自定义异常写成 Exception 的直接子类。关于自定义异常的定义和使用，将在下一节中详细讨论。

7.3　异常处理机制

7.3.1　捕获和处理异常

如果需要对异常进行处理，首先要捕获异常，使用 try-catch-finally 语句可以实现这一任务。异常处理的语句流程比较复杂，下面通过一个简单的 try-catch-finally 语句来讲解。

若有 try-catch-finally 语句流程如下：

```
try{
    语句（1）;
    语句（2）;
}catch(异常类型 A   变量名){
    语句（3）;
}catch(异常类型 B   变量名){
    语句（4）;
}finally{
    语句（5）;
}
语句（6）;
```

- 若未发生异常，则依次执行语句（1）→（2）→（5）→（6）。
- 若语句（1）发生异常，且异常类型是 A，则依次执行语句（1）→（3）→（5）→（6）。
- 若语句（2）发生异常，且异常类型是 B，则依次执行语句（1）→（2）→（4）→（5）→（6）。
- 若语句（1）发生异常，且异常类型既不是 A 也不是 B，则依次执行语句（1）→（5）→系统处理语句。

上述过程可以总结如下：当 try 中的某条语句引发了异常后，程序立即跳转到 catch 部分，查找和该异常类型相匹配的 catch 语句执行，而位于 try 中的该语句后面所有的语句都不再有机会被执行。无论是否有匹配的 catch 语句，也无论是否发生了异常，程序最终都会转到 finally 中来执行。如果 finally 后面还有语句，那么它们是否被执行则要看是否有 catch 语句捕获了该异常。下面来看几个实际运行的例子。

【例 7-4】异常处理示例 1。

```
public class DemoException_1{
   public static void hasException(){
    int array[] = new int[10];
    try{
         array[10] = 5;   //产生异常
    }finally{
         System.out.println("这是 finally 块");
    }
    System.out.println("方法正常结束");
   }
   public static void main(String argv[]){
       hasException();   //这个方法会有异常
       System.out.println("程序正常结束");
   }
}
```

在程序 DemoException_1 中，虽然写了 try 语句，但并没有捕获下标越界的 catch 语句，所以程序的输出如下：

```
这是 finally 块
Exception in thread "main" java.lang.ArrayIndexOutOfBoundsException: 10
    at DemoException_1.test(demoException_1.java:5)
  at DemoException_1.main(demoException_1.java:12)
```

异常发生之后，只有 finally 块中的语句被执行了，其他的语句都没有被执行就转入了系统的异常处理语句中，系统处理语句只是打印出异常堆栈中的信息后程序就结束了。这种流程不受程序员的控制，显然不是用户想要的。

将上面的程序改动一下，加入 catch 捕获异常，变成下面这个样子。

【例 7-5】异常处理示例 2。

```
public class DemoException_2{
  public static void hasException(){
    int array[]=new int[10];
    try{
     array[10] = 5;
    }catch(ArrayIndexOutOfBoundsException e) {   //捕获异常
      System.out.println("下标越界");
    }finally {
      System.out.println("这是 finally 块");
    }
    System.out.println("方法正常结束");
  }
  public static void main(String argv[]){
    hasException();
    System.out.println("程序正常结束");
  }
}
```

程序运行的结果如下：

```
下标越界
这是 finally 块
方法正常结束
程序正常结束
```

程序的流程虽然发生了变化，但并没有因为异常的发生而立即终止，仍然执行了后面的语句。现在把程序 DemoException_2 再改一下，看看由程序员捕获异常是如何保护程序流程的。

【例 7-6】异常处理示例 3。

```
public class DemoException_3{
  public static void hasException(){
    int array[]=new int[3];
    for (int i=3;i>=0; i--){    //把 try-catch 语句写在了 for 循环体中
      try{
        array[i]=i;
        System.out.println("array["+i+"]="+i);
      }catch(ArrayIndexOutOfBoundsException e) {
        System.out.println("下标越界");
      }finally{
        System.out.println("这是 finally 块");
      }
```

```
        }
        System.out.println("方法正常结束");
    }
    public static void main(String argv[]){
        hasException();
        System.out.println("程序正常结束");
    }
}
```

由于 try-catch-finally 语句写在循环体中，所以第一次循环中发生异常之后，并不会对后继循环造成影响，循环仍然能够进行下去。程序输出如下：

```
下标越界
这是 finally 块
array[2]=2
这是 finally 块
array[1]=1
这是 finally 块
array[0]=0
这是 finally 块
方法正常结束
程序正常结束
```

需要注意的是，DemoException_3 中的方法 hasException()如果改成下面的形式，程序运行结果会有所不同。

【例 7-7】异常处理示例 4。

```
public class DemoException_4{
    public static void hasException(){
        int array[]=new int[3];
        try{            //循环体在 try 语句块中间
            for (int i=3;i>=0; i--){
                array[i]=i;
                System.out.println("array["+i+"]="+i);
            }
        }catch(ArrayIndexOutOfBoundsException e) {
            System.out.println("下标越界");
        }finally{
            System.out.println("这是 finally 块");
        }
        System.out.println("方法正常结束");
    }
    public static void main(String argv[]){
        hasException();
        System.out.println("程序正常结束");
    }
}
```

程序输出结果如下：

```
下标越界
这是 finally 块
方法正常结束
程序正常结束
```

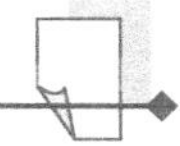

这两种写法，正好代表了两种应用场景：在某些情况下，程序处理的数据是前后无关的，比如看电影，中间某个数据损坏，并不会影响后续的数据处理和电影播放，程序就要写成 DemoException_3 的形式。如果是解压缩文件，前后数据相关联，只要有一个数据出现了错误，后面的解压缩工作就必须终止，程序就要写成 DemoException_4 的形式。

在 try-catch-finally 语句中，catch 可以出现多次，但异常类型必须互不相同，如果这些异常没有继承关系，其顺序可以任意。但如果这些异常类有继承关系，则需要遵循子类在前，祖先类在后的规则。由于在 Java 中，祖先类的变量可以指向子类的对象，而系统在查找匹配的异常类型时是从上往下依次查找的，如果祖先类的异常类型写在前面，后面的子类就无法捕获到异常，所以祖先类的异常类型必须写在后面，如例 7-8 所示。

【例 7-8】异常处理示例 5。

```
1. public class DemoException_5{
2.     public static void main(String argv[]){
3.         int array[]=new int[3];
4.         try{
5.             array[3]=0;
6.         }catch(ArrayIndexOutOfBoundsException e) {
7.             System.out.println("下标越界");
8.         }catch(Exception e){   //它是父类异常，须写在后面
9.             System.out.println("一般异常");
10.        }
11.    }
12. }
```

说明：如果将第 6 行和第 8 行的代码互换，将无法通过编译，读者可以自行测试。

7.3.2　抛出异常

用户如果需要，也可以自己抛出异常。被抛出的异常对象既可以是系统定义的异常类，也可以是用户自己定义的新的异常类，一般格式如下：

```
throw 异常对象名;
```

或者

```
throw new 异常类名();
```

两种形式本质上是一样的。第一种形式需要先构造异常对象，因而较少用到，实际编程中用的都是第二种形式，它在需要抛出异常的时候才创建异常对象。

一条 throw 语句一旦被执行，程序立即转入相应的异常处理程序段，它后面的语句就不再执行了（这一点类似于 return 语句），而且它所在的方法也不再返回有意义的值。一个方法中，throw 语句可以有多条，但每一次最多只能执行其中的一条。一般情况下，throw 语句都会写在判断语句块中，以避免每次都执行该语句。

【例 7-9】用 throw 抛出异常示例。

```
public class ThrowException{
    public static void main(String argv[])
```

```
{ double a=Math.random();
   try{
     if (a>0.5)
       System.out.println(a);
     else
       throw new Exception();       //抛出异常
   }catch (Exception el){
     System.out.println(el.toString()); //输出异常对象的一些信息
   }
  }
}
```

注意：这是由 main()自己抛出异常，并由自己来捕获的。如果去掉 try-catch 语句，改写成下面这个样子：

```
public class ThrowException{
   public static void main(String argv[]){
       double a=Math.random();
       if (a>0.5)
         System.out.println(a);
       else
         throw new Exception();   //抛出异常
   }
}
```

则编译的时候会提示一个错误。也就是说，一个方法中如果使用 throw 来抛出异常，要么自己捕获它，要么声明抛出了一个异常。想要声明抛出了异常，需要用 throws 关键字在方法的头部进行声明，格式如下：

```
[修饰符][返回类型] 方法名（参数表）throws 异常类名 1[,异常类名 2[，...]]
```

【例 7-10】用 throws 声明抛出异常。

```
public class ThrowsException{
   public static void main(String argv[]){
     try{  //由于 CreateException 会抛出异常，所以编译器会强制程序员在此捕获异常
       CreateException();
     }catch(Exception e){
        System.out.println("这是在 main 方法中捕获的异常："+e);
     }
   }
   public static void CreateException() throws Exception{//在这里声明要抛出的异常
    double a=Math.random();
     if (a>0.5)          System.out.println(a);
     else                      throw new Exception();    //抛出异常，但不必捕获
   }
}
```

在程序 ThrowsException 中可以看到，捕获自己抛出的异常和捕获系统类抛出的异常并没有什么区别。不过在 CreateException()中，即使程序员用 throws 声明要抛出异常，也仍然可以在此方法中先捕获异常，如下面的程序 ThrowsException 所示。

```
public class ThrowsException{
   public static void main(String argv[]){
     try{
       //由于 CreateException 声明会抛出异常，所以编译器会强制程序员在此捕获异常
```

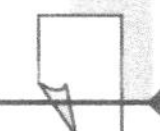

```
            CreateException();
        }catch(Exception e){
            System.out.println("这是在 main 方法中捕获的异常："+e);
        }
    }
    public static void CreateException() throws Exception{   //这里可以声明要抛出异常
      double a=Math.random();
      try{
        if (a>0.5)            System.out.println(a);
        else                       throw new Exception();
      }catch(Exception e){
          System.out.println("这是在 CreateException 中捕获的异常："+e);
      }
    }
}
```

这么写并没有什么语法错误。但问题是，一旦异常发生，首先捕获它的是 CreateException 方法中的 catch 语句，而 main 方法中的 catch 再也无法捕获到此异常，也就永远不会运行其中的语句。一般情况下，程序当然一般不会写成上面这个样子，但在某些特殊情况下，程序员可能需要在 catch 语句中再次抛出异常，这称为异常的“再引发”或“重引发”。这就使得自己可以对异常进行一些前期处理，而将一些善后工作交由调用者来处理。程序 ThrowsExceptionPro 是对 ThrowsException 的改进：

```
public class ThrowsExceptionPro{
    public static void main(String argv[]){
      try{
         CreateException();
      }catch(Exception e){
          System.out.println("这是在 main 方法中捕获的异常："+e);
      }
    }
    public static void CreateException() throws Exception{
    double a=Math.random();
      try{
        if (a>0.5)            System.out.println(a);
        else              throw new Exception();
      }catch(Exception e){
        System.out.println("这是在 CreateException 中捕获的异常："+e);
        throw e;      //再次抛出异常
      }
    }
}
```

输出的结果是：

```
这是在 CreateException 内捕获的异常：java.lang.Exception
这是在 main 内捕获的异常：java.lang.Exception
```

如果一个方法中用 throw 抛出了不止一种异常，那么在 throws 后面要全部列举出那些没有被方法自身捕获的所有异常类，中间用逗号分隔。

7.3.3 try–catch–finally语句的嵌套

前面章节中，try-catch-finally 都是单层的，未出现嵌套现象。实际上，和其他的块语句，诸如 if、for、while 一样，异常处理语句也是可以嵌套使用的。也就是说，一个 try-catch-finally 可以嵌套在另一个 try 语句块的 try、catch 或 finally 部分。不过，如果嵌套在不同的位置，系统处理起来的流程各不相同，下面通过几个例子来分别加以说明。

【例7-11】异常的嵌套示例1（嵌套在catch部分）。

```
public class NestException_1{
  public static void main(String argv[]){
    double a=Math.random();
    try{
       if (a>0.5)
          System.out.println(a);
       else
          throw   new Exception();
    }catch (Exception el){
       System.out.println("这是在外层捕获的异常："+el);
       try {        //嵌套在 catch 中
          a = 10/0;
       }catch(ArithmeticException em){
          System.out.println("这是内层捕获的异常："+em);
       }finally{   System.out.println("这是内层的 finally 块");  }
    }finally{
       System.out.println("这是外层的 finally 块");
    }
  }
}
```

在这个程序中，内层的 try-catch-finally 语句是嵌套在外层的 catch 语句中的，这属于比较常见的写法——因为在处理异常的时候，可能又会发生异常。程序的流程也很容易把握：当外层异常发生时，进入到外层的 catch 语句中，在这其中发生的异常，由内层的 try-catch-finally 语句处理。全部处理完毕后，再回到外层的 finally 语句中。程序输出结果如下：

```
这是在外层捕获的异常：java.lang.Exception
这是内层捕获的异常：java.lang.ArithmeticException: / by zero
这是内层的 finally 块
这是外层的 finally 块
```

在内层的 ArithmeticException 异常被内层的 catch 语句捕获。如果在 catch 语句块中发生了异常，且内层没有捕获该异常，那么即使外层的 catch 语句有这种类型，也无法捕获这个异常，如例 7-12 所示。

【例7-12】异常的嵌套示例2。

```
public class NestException_2{
  public static void main(String argv[]){
    int   a;
    try{
       a = 10/0;
    }catch(ArithmeticException e){
```

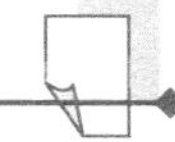

```
                System.out.println("这是在外层捕获的异常："+e);
                try {       //嵌套在 catch 中
                    a = 10/0;
                }finally{
                    System.out.println("这是内层的 finally 块");
                }
            }catch (Exception e){ //外层可以捕获 Exception 异常
                System.out.println("这是外层捕获的异常："+e);
            }finally{
                System.out.println("这是外层的 finally 块");
            }
        }
    }
```

在内层的除 0 异常发生后，尽管外层还有一个 Exception 异常的捕获语句，但它无法捕获这个异常，程序输出如下：

```
这是在外层捕获的异常：java.lang.ArithmeticException: / by zero
这是内层的 finally 块
这是外层的 finally 块
Exception in thread "main" java.lang.ArithmeticException: / by zero
  at NestException_2.main(nestException_2.java:9)
```

如果希望内层的异常有机会被外层的 catch 语句所捕获，则需要将内层的异常写在外层的 try 语句块中。这样当最内层的 try 语句中发生异常之后，会先检测内层是否有匹配的 catch 语句，如果有，则交由此 catch 处理；如果没有匹配的，则逐层查找外层的 catch 语句，直到找到匹配的；如果所有的 catch 都不匹配，则交由系统处理。这个过程是通过异常堆栈实现的。

【例 7-13】异常的嵌套示例 3（嵌套在 try 部分）。

```
public class NestException_3{
  public static void main(String argv[]){
    try{
        try {       //嵌套在外层的 try 语句块中
            int a = 10/0;
        }catch(ArithmeticException em){
            System.out.println("这是内层捕获的异常："+em.toString());
        }finally{
            System.out.println("这是内层的 finally 块");
        }
    }catch (ArithmeticException el){
        System.out.println("这是在外层捕获的异常："+el.toString());
    }finally{
        System.out.println("这是外层的 finally 块");
    }
  }
}
```

在上面的程序中，内层和外层都试图捕获 ArithmeticException，但由于异常是在内层中发生的，内层的捕获语句有优先权，所以它会被内层所捕获，外层无法捕获它。

其实写在内层的异常捕获语句，就相当于写在一个方法中，读者可以对照例 7-10 来理解。一般来讲，很少有情况需要将异常处理的代码写成嵌套的形式，这会丧失可读性，同时也丧失了异常处理的优势，所以大多数嵌套代码经过精心的组织，都可以写成非嵌套的形式。

7.3.4 try–with–resource语句

在某些情况下，异常处理必须写成嵌套形式。比如，程序员在 finally 语句块中要释放资源，但释放资源的动作，仍然有可能产生异常，这就必须在 finally 语句块中嵌套使用 try-catch-finally 语句了。为解决这一问题，从 JDK7.0 开始，Java 中又新增了 try-with-resource 语句，被称为自动资源管理 ARM 块（Automatic Resource Management），该语句支持包括流及任何可关闭的资源，保证它们会自动关闭。

【例 7-14】用 try-with-resource 化简异常嵌套。

在下面的这个程序中，由于释放资源的动作也可能会产生异常，所以写在 finally 块中的 close 方法也要捕获异常，形成了异常嵌套，如下所示：

```
import java.io.*;
public class OriginalNestException{
private static void customBufferStreamCopy(File source, File target) {
    InputStream fis = null;
    OutputStream fos = null;
    try {
        fis = new FileInputStream(source);     //文件输入流参见第 8 章
        fos = new FileOutputStream(target);
        byte[] buf = new byte[8192];
         int i;
        while ((i = fis.read(buf)) != -1) {
            fos.write(buf, 0, i);
        }
    }catch (Exception e) {
        e.printStackTrace();
    } finally {
        close(fis);              //资源释放也可能产生异常
        close(fos);
    }
  }

  private static void close(Closeable closable) {
    if (closable != null) {
        try {                                  //这里也要写成异常捕获的形式
            closable.close();
        } catch (IOException e) {
            e.printStackTrace();
        }
    }
  }
}
```

上面这段程序写起来比较麻烦，如果改用 try-with-resource 语句，程序可以变成下面这个样子：

```
import java.io.*;
public class ImprovedNestException{
  private static void customBufferStreamCopy(File source, File target) {
    try ( InputStream fis = new FileInputStream(source);
        OutputStream fos = new FileOutputStream(target)   ){  //要求自动关闭的数据流写在 try 里面
        byte[] buf = new byte[8192];
        int i;
```

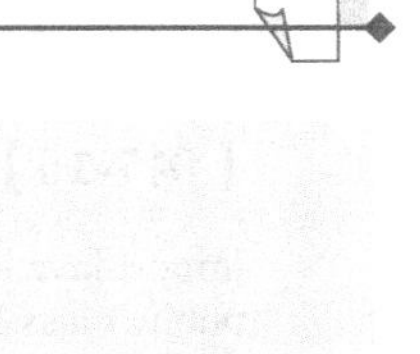

```
            while ((i = fis.read(buf)) != -1) {
                fos.write(buf, 0, i);
            }
        }
        catch (Exception e) {
            e.printStackTrace();
        }
    }
}
```

这个程序比 OriginalNestException 简洁很多，数据流会在 try 执行完毕后自动被关闭，前提是这些可关闭的资源必须实现 java.lang.AutoCloseable 接口。

7.3.5　用户自定义异常

如果系统预定义的类不能满足编程要求，程序员可以自己定义异常类。Java 要求用户自己定义的异常类必须是 Throwable 的直接或间接子类，不过一般情况下，都会由 Exception 类派生出来。

定义异常类和定义普通类并没有本质上的区别，它们也会自动继承父类中可以继承的方法和属性。一般情况下，它需要声明两个构造方法：一个是不带参数的方法；一个是以字符串为参数，作为本异常类的具体信息。下面看一个简单的例子。

【例 7-15】自定义异常类示例。

```
//-----------定义一个 Exception 的子类-----------------
class MyException extends Exception{
    MyException(){        super();      }
    MyException(String s) {      super(s);      }
}
//-----------测试自定义异常类-----------------
1. public class UseMyException{
2.     public static void main(String argv[]){
3.         try{
4.             throw new MyException("这是我自己定义的异常类");
5.         }catch (MyException e) { e.printStackTrace();}
6.     }
7. }
```

注意第 5 行的 e.printStackTrace()方法，这个方法是从 Exception 继承下来的，它可以完整地输出异常堆栈中的信息，所以经常在程序中使用。

7.4　编程实例：使用异常机制来实现键盘输入

本书前面的程序中需要数据时，大多数用随机产生的方法，而没有使用输入的方式。这是因为 Java 中传统的输入形式会产生检查型异常，需要程序员用 try-catch-finally 语句捕获才能使用。JDK5.0 开始提供的 Scanner 类可以避免写异常的麻烦。不过本章以一个传统输入的例子作为总结。

【例7-16】从键盘输入一个整型数。

```
import java.io.*;
public class MyInput{
    public static void main(String argv[]){
  //这里需要用到文件读写
        BufferedReader inbuf = new BufferedReader(new InputStreamReader
                                                        (System.in));
        try{
            System.out.print("请输入数据：");
            String buf=inbuf.readLine();
            System.out.println("你输入的字符串是："+buf);
            int k=Integer.parseInt(buf);
            System.out.println("转换成整型数是："+k);
        }catch(IOException e){
            System.out.println("输入流有误!");
        }catch(NumberFormatException e){
            System.out.println("你输入的不是一个十进制整数!");
        }
    }
}
```

可以看到，即便是输入一个整型数据，对于 Java 程序员而言，也是一件比较麻烦的事情。所以如果使用 JDK5.0 以后版本的编译器，建议使用 Scanner 作为控制台输入。

第 8 章　文件处理

前面的程序中，处理完的数据都保存在内存中，如果断电或者重启软件，内存中的数据就会丢失。如果需要长期保存数据，那么需要将数据存储在文件中，在需要的时候再读入到内存。这种写出到文件和从文件中读取数据的操作属于广义上的输入和输出。一个有实用价值的程序，一定会有数据的存储操作，Java 对此提供了强大的支持。Java 在 io 包中提供了大量的输入和输出类，利用它们，Java 程序员可以很方便地实现多种输入/输出操作及对文件进行管理。

8.1　文件和输入/输出流

所谓文件，是指封装在一起的一组数据。文件从不同的角度可以划分为不同的类型：从应用的角度可以分为程序文件和数据文件；从用户角度可以分为普通文件和设备文件；从文件的读写方式可以分顺序文件和随机文件；从文件的数据组织方式可以分为文本文件和二进制文件。

许多操作系统都会把所有与输入/输出有关的操作都统一到文件的概念中，程序与外部的联系都通过文件来实现。在这些操作系统中，常常把键盘、显示器等设备也看作文件，称为设备文件，对它们的操作都通过相应文件名进行。在 Java 中，常用的输入设备——键盘被定为标准输入文件，而常用的输出设备——显示器屏幕被定为标准输出文件。

Java 在处理标准的设备文件和普通的磁盘文件时，并不区分类型。由于各种设备的差别很大，Java 用“流”来实现对文件操作上的统一。流中存放的是有序的字符或字节序列，所有流的性质是完全类似的。程序员只需要在创建输入或输出流时，指定相应的目标对象，其余的读写操作都是一致的。

流式输入/输出是 Java 中最常用的输入和输出方式，输入流代表从外设流入计算机内存的数据序列，输出流代表从计算机内存流向外设的数据序列。流的最大特点是数据的获取和发送是沿着数据序列的顺序进行的，每一个数据都必须等待排在它前面的数据被处理完成后才能被处理，每次读写操作都是序列中未处理数据中的一个，而不能随意选择输入和输出的位置。流中的数据既可以是原始的二进制数据，也可以是经过编码处理的某种特定格式的数据。

根据数据类型的不同，流分为两类：一种是字节流（Byte 流），一次读写 8 位二进制数；一种是字符流（Character 流），一次读写 16 位二进制数。

输入和输出类主要在 Java.io 中定义， java.io 包中最为重要的两个类是 InputStream 和 OutputStream 类，它们本身是抽象类，派生出了多个子类，用于不同情况的数据输入和输出操作。后面将详细介绍它们的使用。

8.2　字节流

InputStream 和 OutputStream 是 Java 中最基本的字节流处理类，它们定义了最基本的流输入和输出功能，但它们都是抽象类，并不能直接创建对象完成实际的操作，程序员需要根据实际情况来选择对应的子类生成对象。其中，InputStream 负责数据输入，OutputStream 负责数据的输出。

8.2.1 InputStream中的方法

InputStream 是所有字节输入流的共同祖先，它提供了大多数的公用方法。它的常用方法如表 8-1 所示。

表 8-1　InputStream 中的常用方法

方　法	说　明
int available()	返回流中可供读入（或跳过）的字节数目
void close()	关闭输入流，释放相关资源
void mark(int readlimit)	标记输入流中目前的位置
boolean markSupported()	测试输入流是否支持 mark 和 reset 方法
abstract int read()	从流中读入一个字节的数据
int read(byte[] b)	从流中读入最多 b.length 大小的数据，并存储到 b 中
int read(byte[] b, int off, int len)	读入最多 len 个数据存储到 b 中，off 用于指示开始存放的偏移位置
void reset()	将流重新置位到 mark 方法最后一次执行的位置
long skip(long n)	跳过并抛弃 n 个流中的数据

8.2.2 OutputStream中的方法

OutputStream 是所有字节输出流的共同祖先，它提供了大多数的公用方法。它的常用方法如表 8-2 所示。

表 8-2　OutputStream 中的常用方法

方　法	说　明
void close()	关闭输出流并释放相关资源
void flush()	清空缓冲区并强制缓冲区中的数据写出去
void write(byte[] b)	将数组 b 中的所有数据写出到流中
void write(byte[] b, int off, int len)	将数组 b 中从 off 位置起的 n 个数据写出到流中
abstract　void write(int b)	将指定数据 b 写出到流中

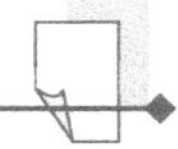

8.2.3　文件输入流 FileInputStream

由于 InputStream 是抽象类，并不能直接使用，所以在实际编程中，需要使用它的子类来创建对象。如果需要处理的数据是文件，通常都会使用 FileInputStream 类，该类主要负责对本地磁盘文件的顺序读入工作。由于 Java 将键盘设备也作为文件处理，所以该类也可以用来实现标准的键盘输入。

这个类继承了 InputStream 的所有方法，并实现了其中的 read()方法。除此之外，它还提供了多个构造方法如表 8-3 所示。

表 8-3　FileInputStream 的构造方法

构造方法	说　明
FileInputStream(File file)	以指定名字的文件对象为数据源建立文件输入流
FileInputStream(FileDescriptor fdObj)	根据文件描述符对象建立一个文件输入流
FileInputStream(String name)	以指定名字的文件为数据源建立文件输入流

8.2.4　文件输出流 FileOutputStream

FileOutputStream 是 OutputStream 的直接子类，该类主要负责对本地磁盘文件的顺序输出工作。由于 Java 将设备作为文件处理，所以该类也可以用来实现标准的输出。该类继承了 OutputStream 的所有方法，并实现了其中的 write()方法。除此之外，它还提供了多个构造方法，如表 8-4 所示。

表 8-4　FileOutputStream 的构造方法

方　法	说　明
FileOutputStream(File file)	以指定名字的文件对象为接收端建立文件输出流
FileOutputStream(File file, boolean append)	以指定名字的文件对象为接收端建立文件输出流，append 为真时，输出的数据将被追加到文件尾，否则将以覆盖方式写文件
FileOutputStream(FileDescriptor fdObj)	根据文件描述符对象建立一个文件输出流
FileOutputStream(String name)	以指定名字的文件为接收端建立文件输出流
FileOutputStream(String name, boolean append)	以指定名字的文件为接收端建立文件输出流，append 为真时，输出的数据将被追加到文件尾，否则将以覆盖方式写文件

8.2.5　编程实例1：保存用户输入到文件

为了从一个已有的文件输入信息，程序需要创建一个与该文件关联的输入流，建立一条信息输入通道（输入流）。同理，要向一个文件输出，就要建立一个与之关联的输出流。这种建立联系（创建流）的动作被形象地称为打开文件，文件被打开后就可以进行操作了。当一个文件不再需要时，程序可以切断与它的联系，撤销有关的流，这称为关闭文件。所以对文件的操作实际上就是对流的操作，整个输入/输出的过程也就是数据流入程序再从程序中流出的过程。

总之，对文件的操作归根到底只有三步操作：打开文件、读入（或写出）数据、关闭文件。其中的主体是读入（或写出）数据，在实际编程中，一般会将数据读入到一个数组中，然后在这个数组中进行处理，这和处理通常数组并没有任何不同。

在本节中，将介绍一个最简单的使用：将用户从键盘输入的字符保存到一个预定的文件中。在这里，键盘就是输入文件，用于保存的就是输出文件。

【例 8-1】从键盘读入一行字符，写到文件 output.txt 中去。

```
1. import java.io.*;      //注意要引入 io 包
2. public class MyFileOutput{
3.     public static void main(String argv[]){
4.         FileInputStream fin;   //输入流对象
5.         FileOutputStream fout;    //输出流对象
6.         int ch;          //声明一个整型变量用来读入用户输入字符
7.         try{
8.             //以标准输入设备为输入文件
9.             fin=new FileInputStream(FileDescriptor.in);
10.             //以 output.txt 作为输出文件
11.             fout=new FileOutputStream("output.txt");
12.             System.out.println("请输入一行字符：");
13.             //反复读输入流，直到回车符为止
14.             while((ch=fin.read())!='\r')
15.                 fout.write(ch);
16.             //关闭输入和输出流
17.             fin.close();
18.             fout.close();
19.             System.out.println("文件写入成功！");
20.         }catch(FileNotFoundException e){   //处理文件异常
21.                 System.out.println("不能创建文件");
22.         }catch(IOException e){
23.                 System.out.println("输入流有误!");
24.         }
25.     }
26. }
```

这个程序的流程并不难懂，但是对于初学者，仍然有几个地方值得注意。

（1）建立文件输入和输出流一定要处理异常。因为无论是输入还是输出，都有可能读写文件错误。本例的第 7、20～24 行即为异常处理代码。

（2）记得一定要关闭输入和输出流，否则对应的资源无法释放，写文件也可能不会成功。本例中的第 17、18 行为相应的处理代码。

（3）第 6 行声明的字符变量 ch 的类型是 int 类型的，而不应该是 char 类型（具体原因将在下一节讲述）。

（4）第 9 行 FileDescriptor.in 表示系统的标准输入设备

（5）第 14 行 fin.read()每次读入一个字符（8 个二进制位）。

（6）第 15 行 fout.write(ch)每次写出一个字符（8 个二进制位）。

在命令行运行这个程序，当用户输入完成回车后，可以在程序所在的文件夹中找到一个名为 output.txt 的文本文件，用文本编辑器打开它，将看到刚刚输入的那一行字。

这个程序虽然简单，但它已经具备了一个小小的行编辑应具备的基本功能：在用户回车

之前，用户可以任意修改他的输入，最后保存的内容是回车时用户所见到的内容。

这个程序已经限制了最后输出文件的名字是 output.txt，如果允许用户随意更改这个名字，那么程序也要做相应的调整。简单的办法就是将程序中的“output.txt”用“args[0]”来代替（如果读者忘了 args[0]是什么意思，请温习本书 3.7 节关于命令行参数的内容），这样用户就可以在命令行中指定要保存的文件名了。

这个程序对于英文字符串可以很好地处理，但对于中文字符却无能为力，读者可以运行该程序，然后输入一行中文字符，再打开 output.txt 文件，将发现一堆乱码。读者可以先自行分析一下为什么会出现这种情况。在 8.3 节关于字符流的介绍中，作者将提供答案，并给出解决方案。

8.2.6　编程实例2：显示文件内容

本节介绍如何将一个文件的内容显示在屏幕上，当然这个文件应该是一个纯文本文件。要显示的文件作为输入文件，而屏幕显示的则是输出文件。

【例8-2】显示文本文件的内容。

```
1. import java.io.*;
2. public class TypeFile{
3.     public static void main(String argv[]){
4.         FileInputStream fin;
5.         FileOutputStream fout;
6.         int ch;     //这里要用 int 型
7.         if (argv.length<1) { //检测用户是否指定了文件名
8.             System.out.println("请指定文件名");
9.             return;
10.         }
11.         try{
12.             //以用户指定的文件为输入文件
13.             fin=new FileInputStream(argv[0]);
14.             //以标准输出设备作为输出文件
15.             fout=new FileOutputStream(FileDescriptor.out);
16.             while((ch=fin.read())!=-1)   //判断是否读到文件尾
17.                 fout.write(ch);      //输出字符到屏幕
18.             fin.close();
19.             fout.close();
20.         }catch(FileNotFoundException e){ //处理异常
21.             System.out.println("文件没找到！");
22.         }catch(IOException e){
23.             System.out.println("读入文件有误!");
24.         }
25.     }
26. }
```

当用户在命令行输入：

```
java TypeFile TypeFile.java
```

程序就会将 TypeFile.java 这个文件的内容完整地显示在屏幕上。程序中输出部分使用的是第 17 行的代码：

```
fout.write(ch);
```

📖 注意：这里一定不能使用 System.out.print(ch)方法，否则输出中文会出现乱码或问号。

细心的读者可能会发现，无论是读入还是写出字符时，所用的变量 ch 都是定义成为 int 类型的。一个明显的理由是 read()方法返回的是一个 int 类型值，而 write(int ch)方法的参数也是 int 类型的。

📖 说明：实际上，无论是 read()还是 write()方法，一次处理的都是一个字节的数据，而非 4 个字节的数据。

不过读者可能会认为，即便 ch 的类型是 char 类型或者是 byte 类型，应该也能正常工作。确实，对于某些纯文本文件来说，定义成 byte 类型也能正常工作。不过，由于 Java 的文件流是不区分纯文本文件和二进制文件的，所以它还必须考虑到二进制文件的处理情况。

注意到程序在判断文件是否结束时用了第 16 行的语句：

```
while((ch=fin.read())!=-1)
```

也就是说，当读到文件尾时，read()方法将返回一个−1。这个−1 是一个整型数，在计算机中用“0xFFFFFFFF”表示。read()方法在读到每一个字符时，都会自动在前面加上 0，使其成为一个整型数据。而在二进制文件中，如果有一个数据的值恰好就是 0xFF，read()方法同样会在其高位加上 0。于是 0xFF 就变成了 0x000000FF，它与 int 类型的−1（0xFFFFFFFF）表示不同，程序不会误认为是结束符。

如果程序员用 byte 类型来接收返回值，它会将 0x000000FF 截整变回 0xFF。当与整型数−1 比较时，需要进行扩展，系统默认 byte 类型是带符号数的，于是 0xFF 会扩展成为 0xFFFFFFFF，恰好与−1 相等。于是会误认为读到了文件尾而提前结束了。

如果程序员用 char 类型来接收返回值，情况又会不同。如果确实读到了文件尾，它会将接收到的 0xFFFFFFFF 截整变回 0xFFFF。当与整型数−1 比较时，需要进行扩展，系统默认 char 类型是无符号数的，于是 0xFFFF 会扩展成为 0x0000FFFF，与−1 不相等。于是会误认为没有读到文件尾。这会导致整个文件读入过程根本无法结束。

📖 注意：读取文件数据时，请务必使用 int 类型的变量。

8.2.7 编程实例3：文件的复制

本节来写一个复制文件的简单程序。它会处理两个磁盘文件：一个是源文件，作为输入文件；一个是目的文件，作为输出文件。两个文件名都由用户指定。这类似于 DOS 中的 copy 命令。

【例 8-3】文件复制程序。

```
import java.io.*;
public class CopyFile{
    public static void main(String argv[]){
      FileInputStream fin;
      FileOutputStream fout;
      int ch;
      if (argv.length!=2){
```

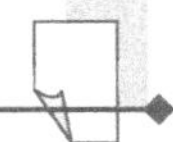

```
            System.out.println("格式不对，应为：java CopyFile 源文件名 目标文件名");
            return;
        }
        try{
            fin=new FileInputStream(argv[0]);   //第一个参数为源文件
            fout=new FileOutputStream(argv[1]); //第二个参数为目的文件
            while((ch=fin.read())!=-1)     //循环读入源文件
                fout.write(ch);         //写出到目的文件
            fin.close();
            fout.close();
            System.out.println("文件复制成功");
        }catch(FileNotFoundException e){
            System.out.println("文件无法打开！ ");
        }catch(IOException e){
            System.out.println("读写文件有误!");
        }
    }
}
```

比较程序 TypeFile 和 CopyFile，会发现它们惊人的相似，除了创建文件流时有一点区别，其他部分完全相同，这正是用流来处理文件的优势。

程序运行时，只要用命令：

```
java CopyFile 源文件名  目标文件名
```

就可以实现文件的复制了。而且无论文件中是否含有中文，也不管中文采用何种编码，复制结果总是正确的。在不涉及控制台输入和输出的情况下，字节流是读取文件的最佳选择。

8.2.8　顺序输入流

顺序输入流（SequenceInputStream）可以将多个输入流顺序连接在一起。在进行输入时，顺序输入流依次打开每个输入流并读取数据，在读取完毕后将该流关闭，然后自动切换到下一个输入流。它的构造方法如下：

（1）SequenceInputStream(Enumeration e)：创建一个串行输入流，连接枚举对象 e 中的所有输入流。

（2）SequenceInputStream(InputStream s1,InputStream s2)：创建一个串行输入流，连接流 s1 和 s2。

下面例 8-4 所示的程序可以把命令行参数指定的多个文件连接在一起，并显示在屏幕上。程序首先创建一个 FileList 类的对象 myList 来存放命令行输入的多个文件名，然后创建一个 SequenceInputStream 类对象，将 myList 中指定的输入流首尾相接，合并成一个完整的输入流。其中 FileList 是自定义类，实现了枚举接口 Enumeration 中的所有方法。

【例 8-4】顺序输入流示例。

```
import java.io.*;
import java.util.*;
public class FileList implements Enumeration{
    String MyFilesList[];
```

```
    int current = 0;
    public FileList(String fileslist[]){
        MyFilesList = fileslist;
    }
    public FileList(){
        MyFilesList = null;
    }
    //判断是否还有下一个元素
    public boolean hasMoreElements(){
        if (MyFilesList==null)
            return false;
        if(current<MyFilesList.length)
            return true;
        else
            return false;
    }
    //获取下一个元素
    public Object nextElement(){
        FileInputStream in=null;
        if(!hasMoreElements())
            return null;
        try{
            in = new FileInputStream(MyFilesList[current]);
            ++current;
        }catch(FileNotFoundException e){
            System.err.println("Can't open file:"+MyFilesList[current]);
        }
        return in;
    }
}
```

例 8-4 所示程序中涉及枚举的有关知识，请参阅 API 手册。

```
import java.io.*;
import java.util.*;
public class MySequenceIn{
    public static void main(String argv[]){
        FileList myList = new FileList(argv);
        SequenceInputStream sin;
        FileOutputStream fout;
        int data;
        try{
            sin = new SequenceInputStream(myList);
            fout=new FileOutputStream(FileDescriptor.out);
            while((data=sin.read())!=-1)
                fout.write(data);
            sin.close();
        }catch(FileNotFoundException e){
            System.out.println("文件无法打开！");
        }catch(IOException e){
            System.out.println("读写文件有误!");
        }
    }
}
```

上面的程序可以依次显示多个文件，但它形式上和例 8-2 中的程序并没有什么区别，再次显示了流的方便和功能强大。

使用时，只需要输入：

```
java MySequenceIn FileList.java MySequenceIn.java
```

就会看到刚刚编辑的这两个文件的内容。

8.2.9　管道输入流

管道输入流（PipedInputStream 和 PipedOutputStream）可以实现程序内部线程间的通信或不同程序间的通信。

PipedInputStream 是一个通信管道的接收端，它必须与一个作为发送端的 PipedOutputStream 对象相连；PipedOutputStream 是通信管道的发送端，它必须与 PipedInputStream 对象相连。

管道输入/输出流提供了两种连接方法。第一种方法是在构造方法中给出对应的管道流，在创建对象时进行链接。其构造方法如下：

（1）PipedInputStream(PipedOutputStream src)：创建一个管道输入流，并将其连接到 src 指定的管道输出流。

（2）PipedOutputStream(PipedInputStream src)：创建一个管道输出流，并将其连接到 src 指定的管道输入流。

第二种方法是利用管道输入/输出流提供的 connect()方法进行连接。

下面的例子中，使用一个管道将两个线程的数据连接起来。第一个线程向管道输出 1、2、3，第二个线程从管道中读取这些数据并显示在屏幕上。关于线程的有关知识，将在下一章介绍。

【例 8-5】管道输入/输出流示例。

```
//-----------利用线程发送数据-----------------
import java.io.*;
//本线程类用于发送数据
public class ThreadOut extends Thread{
    PipedInputStream    pin;
    PipedOutputStream pout;
    byte data[]={1,2,3};
    public ThreadOut(PipedInputStream in, PipedOutputStream out){
            pin   = in;
            pout = out;
    }
    public void run(){
        try{
          pout.write(data); //向管道中输出数据
        }catch(IOException e){}
    }
}
//-----------利用线程来接收数据-----------------
import java.io.*;
//本线程用于接收数据
public class ThreadIn extends Thread{
    PipedInputStream    pin;
    PipedOutputStream pout;
```

```
    int data;
    public ThreadIn(PipedInputStream in, PipedOutputStream out){
        pin  = in;
        pout = out;
    }
    public void run(){
      try{
        while ((data=pin.read())!=-1) //从管道中读入数据
          System.out.println(data);
      }catch(IOException e){}
    }
}
//-----------主程序，用于启动上面两个线程进行数据读写-----------------
import java.io.*;
public class MyPipedIO{
    public static void main(String argv[]){
      PipedInputStream   mypin = null;
      PipedOutputStream mypout = null;
      try{
          mypin = new PipedInputStream();   //创建管道输入流
          mypout = new PipedOutputStream(); //创建管道输出流
          mypin.connect(mypout);        //将管道连接起来
          //下面创建并启动线程
          ThreadOut tout = new ThreadOut(mypin,mypout);
          ThreadIn   tin = new ThreadIn(mypin,mypout);
          tout.start();
          tin.start();
      }catch(IOException e){
          System.out.println("无法连接管道");
      }
    }
}
```

运行上面的程序，输出结果如下：

```
1
2
3
```

表明管道输入/输出流能够正常工作。

8.2.10 过滤输入/输出流

过滤输入/输出流（FilterInputStream 和 FilterOutputStream）是两个抽象类，它们又分别派生出 DataInputStream 和 DataOutputStream 等子类。过滤输入/输出流的主要特点是过滤输入/输出流建立在基本输入流之上，能够对基本输入/输出流所传输的数据做指定类型或格式的转换，即可实现对二进制字节数据的理解和编码转换。

常用的过滤流是数据输入/输出流 DataInputStream 和 DataOutputStream，它们可用于对不同类型数据的读写，其构造方法如下：

（1）DataInputStream(InputStream in)：建立一个新的数据输入流从指定的输入流 in 中读数据。

（2）DataOutputStream(OutputStream out)：建立一个新的数据输出流向指定的输出流 out

中写数据。

DataInputStream 中定义了多个针对不同类型数据的读方法，如 readByte()、readBoolean()、readChar()、readInt()、readFloat()、readDouble()等。同样，DataOutputStream 也定义了对应的针对不同类型数据的输出方法，如 writeByte()、writeChar()、writeInt()、writeFloat()、writeDouble()等。

值得注意的是，这两个类处理的数据都是以二进制的形式处理的，也就是说它不会自动将“123”这样的字符串转换成为数值 123。

在下面的例子中，先将各种类型的数据写出到文件，程序读入后再将其显示出来。

【例 8-6】数据输入/输出流使用示例。

```
import java.io.*;
public class MyDataIO{
    public static void main(String argv[]){
        DataOutputStream dout;
        DataInputStream   din;
        try{
            //创建数据输出流，注意它的构造方法
            dout = new DataOutputStream(new FileOutputStream("testfile.dat"));
            //输出数据
            dout.writeInt(100);
            dout.writeLong(123456789);
            dout.writeDouble(1.23456);
            dout.writeFloat(1.2f);
            dout.writeBoolean(true);
            //创建数据输入流
            din = new DataInputStream(new FileInputStream("testfile.dat"));
            //读入数据并显示在屏幕上，它的顺序必须和输出流的写出顺序完全一致
            System.out.println(din.readInt());
            System.out.println(din.readLong());
            System.out.println(din.readDouble());
            System.out.println(din.readFloat());
            System.out.println(din.readBoolean());
        }catch(IOException e){
            System.out.println("无法正常创建输入输出流数据");
        }
    }
}
```

程序的输出如下：

```
100
123456789
1.23456
1.2
true
```

如果读入和写出的顺序不对，则会出现读入错误，显示的数据完全不对。读者也可以用 UltraEdit 之类的十六进制编辑器打开 testfile.dat 文件查看保存的数据，都是一些无法直接识别的二进制数据。

8.3 字符流

InputStream 和 OutputStream 及其子类是以字节（8 位）为单位对流数据进行处理的，而 Reader 和 Writer 则以字符（16 位）为单位对流数据进行处理。它们也是抽象类。尽管和字节流处理的对象不同，但在使用方式上，二者并无太大区别。

由于 Reader 和 Writer 都是抽象类，所以实际使用的是它们的子类。它们分别派生出一组类，用于不同情况下的字符数据的输入和输出。其中 InputStreamReader 和 OutputStreamWriter 是比较常用的两个子类，常用于处理有编码的文本文件。

说明：如果处理的对象是类似于 Unicode 这样以字符为单位进行编码的数据，那么使用字符流将比字节流更为方便。

8.3.1 InputStreamReader 类中的方法

InputStreamReader 类中的方法和 FileInputStream 类中的方法很相似，使用上也差不多，区别最大的是它的构造方法。它的构造方法如表 8-5 所示。

表 8-5　InputStreamReader 类的构造方法

构造方法	说　明
InputStreamReader(InputStream in)	创建一个建立在输入流 in 之上的对象，采用系统默认的编码方式
InputStreamReader(InputStream in, Charset cs)	创建一个建立在输入流 in 之上的对象，采用 cs 对象指定的字符集
InputStreamReader(InputStream in, CharsetDecoder dec)	创建一个建立在输入流 in 之上的对象，采用 dec 指定的解码方式
InputStreamReader(InputStream in, String charsetName)	创建一个建立在输入流 in 之上的对象，采用指定名称的字符集

8.3.2 OutputStreamWriter 类中的方法

OutputStreamWriter 类中的方法和 FileOutputStream 类中的方法很相似，使用上也差不多，最大的区别是它的构造方法。它的构造方法如表 8-6 所示。

表 8-6　OutputStreamWriter 类的构造方法

构造方法	说　明
OutputStreamWriter(OutputStream out)	创建一个建立在输出流 out 之上的对象，采用系统默认的编码方式
OutputStreamWriter(OutputStream out, Charset cs)	创建一个建立在输出流 out 之上的对象，采用 cs 对象指定的字符集
OutputStreamWriter(OutputStream out, CharsetEncoder enc)	创建一个建立在输出流 out 之上的对象，采用 enc 指定的编码方式
OutputStreamWriter(OutputStream out, String charsetName)	创建一个建立在输出流 out 之上的对象，采用指定名称的字符集

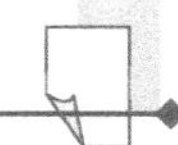

8.3.3　编程实例4：保存键盘输入中文到文件

本节用 InputStreamReader 和 OutputStreamWriter 类来实现一个简单的任务：从键盘读入用户的输入，并保存在文件中。

【例8-7】从键盘输入一行中文字符，并存储到文件“中文.txt”中。

```
1. import java.io.*;
2. public class ReadAndWrite{
3.     public static void main(String argv[]){
4.        int ch;
5.
6.        try{
7.            //创建输入流
8.          InputStreamReader fin=new InputStreamReader(System.in);
9.            //创建输出流，注意它的构造方法
10.           OutputStreamWriter fout=new OutputStreamWriter(
                                    new FileOutputStream("中文.txt")    );
11.             System.out.print("请输入一行字符：");
12.             while ((ch=fin.read())!='\r')
13.                   fout.write(ch);
14.             fout.close(); //如果不关闭输出流，则文件中什么也没有
15.             fin.close();
16.         }catch(IOException e){ System.out.println("输入流有误!");}
17.     }
18. }
```

程序 ReadAndWrite 和程序 MyFileOutput 很像，仅有的一点区别在于构造方法，输入流的创建参数是 System.in（如果是标准设备输出流，则应该是 System.out），而在字节流中，这个参数是 FileDescriptor.in（标准输出流是 FileDescriptor.out）。而输出流要连接在文件上时，也有一些区别，请注意第 10 行的代码。

但是程序 ReadAndWrite 在功能上有一点比程序 MyFileOutput 要强：如果用户输入的是中文，本程序也能正确保存，读者不妨试一试。

📖 为什么会造成这种差异呢？关键在于 InputStreamReader 和 OutputStreamWriter 是字符流，一次可以读写一个字符（两个字节）。而 FileInputStream 和 FileOutputStream 是字节流，一次只能处理一个字节。控制台输入的时候，它并不知道应用程序一次能读写几个字节，总是以字符为单位传递给应用程序。当用户输入中文的时候，控制台每次传递给应用程序的都是一个字符（两个字节），对于 InputStreamReader 这不是个问题，但 FileInputStream 一次无法处理两个字节，于是高字节的数据被抛弃，保存下来当然会出错了。

8.3.4　编程实例5：文件编码转换

这里先用字符流来仿照例 8-3 的字节流实现文件的复制，它们形式上也非常相似。

【例8-8】实现文件的复制。

```
import java.io.*;
public class ReadAndWriteFile{
```

```
    public static void main(String argv[]){
        int ch;
        InputStreamReader fin;
        OutputStreamWriter fout;
        if (argv.length!=2){
          System.out.println("参数格式不对，应为：java CopyFile 源文件名 目标文件名");
          return;
        }
        try{
            //创建输入流对象，注意这个构造方法
            fin=new InputStreamReader(new FileInputStream(argv[0]));
            //创建输出流对象
            fout=new OutputStreamWriter(new FileOutputStream(argv[1]));
            while ((ch=fin.read())!=-1)
                fout.write(ch);
            fout.close();
            fin.close();
            System.out.println("复制成功！ ");
        }catch(IOException e){   System.out.println("文件读写有误!");   }
    }
}
```

这个程序与例 8-3 相比流程完全相同，功能也完全相同，并没有什么出彩的地方。但有时候用户需要对文件编码做一些转换。比如某个文件来自 Linux 的世界，是用 Unicode 或者 UTF-8 编码的，而在 Windows 下，中文默认编码是 GBK（关于这三种编码方式的区别，本书限于篇幅，就不展开介绍了。读者可以在网上找到相关介绍），现在需要将这个 Unicode 编码文件转换成 GBK 编码文件。这种编码转换是很常见的需求，但如果使用 C/C++来编写，程序编写相当麻烦。而 Java 的 Reader 和 Writer 由于本身具备处理编码的功能，所以编写起来非常方便。

假定原文件的编码是 Unicode，需要转换成 GBK 编码，在程序 ReadAndWriteFile 的基础上只要修改两个地方：

- 创建输入对象时，指定文件的编码为 Unicode；
- 创建输出对象时，指定文件的编码为 GBK。

以 InputStreamReader 为例，它有一个构造方法：public InputStreamReader(InputStream in,Charset cs)；第二个参数就是用于指定输入流对象的编码。如果省略第二个参数，默认的就是当前环境所使用的编码。

下面的程序是对 ReadAndWriteFile 稍加改进而成的：

```
import java.io.*;
public class EncodingConvert{
    public static void main(String argv[]){
        int ch;
        InputStreamReader fin;
        OutputStreamWriter fout;
        if (argv.length!=2){
            System.out.println("格式不对，应为：java CopyFile 源文件名 目标文件名");
            return;
        }
        try{
```

```
            //创建输入流对象，注意第二个参数
            fin=new InputStreamReader(new FileInputStream(argv[0]),"Unicode");
            //创建输出流对象，注意第二个参数
            fout=new OutputStreamWriter(new FileOutputStream(argv[1]),"GBK");
            while ((ch=fin.read())!=-1)
                fout.write(ch);
            fout.close();
            fin.close();
            System.out.println("编码转换成功！");
        }catch(IOException e){
            System.out.println("文件读写有误!");
        }
    }
}
```

读者可以自己创建一个 Unicode 编码的文件来进行测试，创建 Unicode 文件的方法很简单，用前面介绍的 VS Code 编辑一个纯文本文件，保存的时候选择 Unicode 格式即可。

当然，这个程序写得很“死”——原文件必须是 Unicode 编码的，目的文件一定是 GBK 编码的。如果原文件的编码类型不是 Unicode，则转换出来的文件也会出错。如果想要程序具备自动内码识别功能，则还需要对文件内容进行分析，具体的分析方法，本书就不展开讲了，有兴趣的读者可以自行查找有关文章。

说明：上面这两个类在处理文件时不是很方便，构造方法的调用太麻烦，所以在处理一般文件时，更常用的是它们的子类：FileReader 和 FileWriter。另外，Reader 和 Writer 的子类要配套使用，InputStream 和 OutputStream 的子类也要配套使用，不可交错。

8.4　文件属性处理

前面讲的输入/输出流以顺序流的形式对文件内容进行处理，但它们毕竟不是专用的文件处理类，无法实现对文件某些外部特征的处理，如文件的大小、读写属性、创建时间等。另外，对于文件夹（或称目录）的创建和删除等操作，这些流也是无法处理的。在这种情况下，就需要使用 Java 中的一个专门的类：File 类。

8.4.1　File 类中的方法

每个 File 类的对象表示一个磁盘文件或目录，其对象属性中包含了文件或目录的相关信息，调用相应的方法可以完成对文件或目录的管理操作，如创建、删除等。

要注意的是，File 类的对象实例表示的只是一个“抽象”的文件或目录，当程序创建一个 File 类的对象时，并没有真正创建或准备创建一个文件，也不会去打开对应的文件，只是获取了文件的相关信息而已，所以也就不像文件流那样需要关闭。File 类也没有提供任何对文件内容进行读写的方法。例外的是它提供了两个方法：mkdir 可以用来创建目录；createNewFile 可以创建一个空文件。它的一些常用方法如表 8-7 所示。

表 8-7　File 类中的常用方法

方　法	说　明
File(File parent, String child)	创建一个 File 对象，以 parent 的绝对路径加上 child 成为新的目录或文件
File(String pathname)	创建一个 File 对象，将 pathname 指定路径转换为绝对路径
File(String parent, String child)	创建一个 File 对象，以 parent 的绝对路径加上 child 成为新的目录或文件
File(URI uri)	创建一个 File 对象，将 URI 转换为绝对路径
boolean canRead()	测试文件是否可读
boolean canWrite()	测试文件是否可写
int compareTo(File pathname)	按字典值比较两个 File 对象的绝对路径
boolean createNewFile()	创建一个空文件
boolean delete()	删除文件或目录
boolean exists()	测试文件或目录是否存在
String getName()	返回文件或目录的名字
String getPath()	将绝对路径转换为相对路径
boolean isDirectory()	测试是否为目录
boolean isFile()	测试是否为文件
boolean isHidden()	测试文件是否为隐藏属性
long lastModified()	返回文件最后一次被修改的时间
long length()	返回文件的长度
String[] list()	返回当前对象所指示的目录下的文件和目录列表
File[] listFiles()	返回当前对象所指示的目录下的文件列表
File[] listFiles(FileFilter filter)	返回当前对象所指示的目录下符合过滤器要求的文件列表
boolean mkdir()	创建一个新目录
boolean renameTo(File dest)	将文件改名成 dest 对象所指示的名字
boolean setLastModified(long time)	设置文件或目录的时间
boolean setReadOnly()	将文件或目录设置为只读

8.4.2　编程实例6：文件列表

这里编写一个简单的程序：列出指定目录下的所有文件和文件夹，如果没有指定目录，就以类文件所在目录为默认值。这个程序和 DOS 中的 dir 命令的基本功能相似。

【例 8-9】列出目录下的所有文件和子目录。

在设计程序之前，先要规划一下它的功能，因为 dir 命令可以列出文件名称、时间、大小及是否为目录等信息，所以该程序也应输出这些信息。

```
import java.io.*;
import java.util.*;
public class dir{
    public static void main(String argv[]){
        File fdir;
```

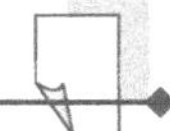

```
6.         File[] AllFile;
7.         String name;
8.         String dirFlag;
9.         long    size, date;
10.          if (argv.length<1)
11.             fdir = new File(".");   //用户没有指定目录，默认为当前目录
12.          else
13.             fdir = new File(argv[0]);
14.          AllFile=fdir.listFiles(); //获取文件和目录列表
15.          //输出目录下所有的文件和目录
16.          for(int i=0; i<AllFile.length; ++i){
17.              name = AllFile[i].getName();//获取文件或者目录名
18.              if (AllFile[i].isFile()){   //判断是否为文件
19.                  dirFlag = "                    ";
20.                  size = AllFile[i].length();
21.              }else{
22.                  dirFlag = "         <dir>          ";
23.                  size = -1;
24.              }
25.              date = AllFile[i].lastModified();   //获取文件时间
26.              //按照格式输出文件时间
27.              System.out.printf("%tY-%<tm-%<td %<tH:%<tM",date);
28.              //输出目录标志
29.              System.out.print(dirFlag);
30.              //输出文件大小
31.              if (size>=0)           System.out.printf("%10d",size);
32.              else               System.out.printf("%10s","");
33.              //输出文件名并换行
34.              System.out.println(" "+name);
35.          }
36.          System.out.println("共有"+AllFile.length+"个文件和目录");
37.     }
38. }
```

程序的流程并不难懂，不过关于时间的输出部分（第 27 行）还需注意一下。从 JDK5.0 起，Java 提供了 printf 方法用于格式化输出，其中有格式转换符“%t”专门用于时间的输出，功能很强，使用又方便，本书前面已经有详细的介绍。

执行该程序，运行效果与系统自带的 dir 命令几乎相同。

8.5　随机访问文件

前面介绍用流来处理文件，虽然比较简单，但是它有一些限制：流的读写是顺序的，无法实现对文件的随机访问，也不能在读取数据的同时写数据。要实现这些功能，需要用到专门的类：RandomAccessFile。

8.5.1　RandomAccessFile类中的方法

RandomAccessFile 类是 Object 类的直接子类，它提供了大量的方法用于对文件进行随机的读写。其常用方法如表 8-8 所示。

表 8-8　RandomAccessFile 类中的常用方法

方　法	说　明
RandomAccessFile(File file, String mode)	根据指定的模式打开 file 文件对象供读写
RandomAccessFile(String name, String mode)	根据指定的模式打开名为 name 的文件供读写
void close()	关闭文件
long getFilePointer()	获取文件指针所在的偏移位置
long length()	获取文件长度
int read()	从文件中读入一个字节的数据
int read(byte[] b)	从文件中读取最多 b.length 个字节的数据并存储在 b 中
int read(byte[] b, int off, int len)	从文件中读取最多 len 个字节的数据并存储在 b 从 off 开始的位置中
boolean readBoolean()	从文件中读取一个 boolean 值
byte readByte()	从文件中读取一个带符号的 8 位数据
char readChar()	从文件中读取一个 Unicode 字符
double readDouble()	从文件中读取一个 double 数据
float readFloat()	从文件中读取一个 float 数据
void readFully(byte[] b)	从文件中读取 b.length 个数据到 b 中，如果文件长度不够，则用重复数据填充
void readFully(byte[] b, int off, int len)	从文件中读取 len 个数据到 b 中，如果文件长度不够，则用重复数据填充，从 off 位置开始存放
int readInt()	从文件中读取一个 int 数据
String readLine()	从文件中读取下一行数据
long readLong()	从文件中读取一个 long 数据
short readShort()	从文件中读取一个 short 数据
int readUnsignedByte()	从文件中读取 8 位无符号数据
int readUnsignedShort()	从文件中读取 16 位无符号数据
void seek(long pos)	将文件指针移动到 pos 所指定的位置
void setLength(long newLength)	设置文件长度
int skipBytes(int n)	试图跳过 n 个字节的数据
void write(byte[] b)	将数组 b 中所有数据写入到文件
void write(byte[] b, int off, int len)	将数组 b 中从 off 位置起的 len 个数据写入到文件
void write(int b)	将字节数据 b 写入到文件
void writeBoolean(boolean v)	将 boolean 数据写入到文件，占 1 个字节位置
void writeByte(int v)	将 v 的低 8 位写入到文件，占 1 个字节位置
void writeBytes(String s)	将 s 作为一个顺序的字节序列写入到文件
void writeChar(int v)	将 v 的低 16 位写入到文件，高字节在前
void writeChars(String s)	将 s 作为一个顺序的字符序列写入到文件
void writeDouble(double v)	将 v 转换成 long 类型写入文件，占 8 个字节，高字节在前

续表

方　法	说　明
void writeFloat(float v)	将 v 转换为 int 类型写入文件，占 4 个字节，高字节在前
void writeInt(int v)	将 v 作为为 int 类型写入文件，占 4 个字节，高字节在前
void writeLong(long v)	将 v 作为 long 类型写入文件，占 8 个字节，高字节在前
void writeShort(int v)	将 v 作为 short 类型写入文件，占 2 个字节，高字节在前
void writeUTF(String str)	将字符串 str 写入文件，采用 UTF-8 编码

构造方法中的参数 mode 有四种模式：“r”——打开文件只读，“rw”——打开文件读写，“rws”“rwd”——按读写方式打开文件，但写的时候不使用缓冲。该类提供了大量的读写方法，都和 InputStream 及 OutputStream 的使用差不多。其中最为重要的是 seek()方法，它可以随意移动文件指针到任意位置，以实现随机的读写。

8.5.2 编程实例7：文件加密

本节来实现一个简单的文件加密软件，基本的思路是：将文件中的内容读入到一片缓冲区，将每个字符都按位取反，然后将内容写回原文件。为了简单起见，这里不考虑很大的文件的处理方法。

由于用的是按位取反，所以对同一文件执行两次该程序，就可以将文件解密。在例 8-7 中，采用了面向对象的思想来设计程序，请读者认真体会。

【例 8-10】文件加密/解密示例。

```
import java.io.*;
public final class Encrypt{
    private File    file;           //存储文件对象信息
    byte[]   buf;                   //缓冲区，存储文件中的所有数据
    RandomAccessFile fp;   //随机读写对象

    //用参数 filename 所指定的文件构造一个 filed 对象存储
    //同时为缓冲区 buf 分配与文件长度相等的内存空间
    public Encrypt(String filename){
        file = new File(filename);
        buf = new byte[(int)file.length()];
    }

    public Encrypt(File destfile){
        file = destfile;
        buf = new byte[(int)file.length()];
    }
    //按照读写方式打开文件
    public void openFile() throws FileNotFoundException{
        fp = new RandomAccessFile(file,"rw");
    }
    //关闭文件
    public void closeFile() throws IOException{
        fp.close();
    }
```

```
    //对文件进行加密/解密
    public void coding() throws IOException{
        fp.read(buf); //将文件内容读入到缓冲区中
        //将缓冲区中的内容按位取反
        for(int i=0; i<buf.length; i++)
            buf[i]=(byte)(~buf[i]);
        fp.seek(0);    //注意：将文件指针定位到文件头部
        fp.write(buf); //将缓冲区中的内容写入到文件中
    }
    //这是测试用的方法
    public static void main(String argv[]){
      Encrypt oa;
        if (argv.length<1){
            System.out.println("你需要指定待加密的文件名称！");
            return;
        }
        //下面利用 encrypt 对象 oa 对由命令行参数指定的文件进行加密处理
        try{
            oa = new Encrypt(argv[0]);
            oa.openFile();
            oa.coding();
            oa.closeFile();
            System.out.println("文件加密成功！");
        }catch(FileNotFoundException e){
            System.out.println("打不开指定文件："+argv[0]);
        }catch(IOException e){
            System.out.println("文件读写出错："+argv[0]);
        }
    }
}
```

程序读写的流程和流式读写并没有什么区别，唯独 seek()方法可以控制文件读写的位置。实际上，无论哪种读写文件的类，内部都有一个计数器，用于记录当前文件读写的位置，每读或写一个数据，就会将这个计数器向后移动相应的字节数。一般情况下，程序员无须关心计数器的值，只有在本例这种需要重复读写的情况下才要用 seek()来调整它的值。这种调整增加了出错的可能性，所以一定要慎用。

📖 说明：上例所写的程序仅仅只是一个展示随机读写文件的示例，真正的文件加密软件一定不能在同一个文件中既读又写，那有可能导致原文件被破坏。限于篇幅，这里不展开讨论。

8.6 序列化

如果需要存储相同类型的数据，使用固定长度的记录格式是一个很好的选择。然而，在面向对象的程序设计中，很少会出现相同类型的对象。例如，可能有一个名为 students 的数组，它名义上是 Student 类型的对象，但实际上可能有对象是子类的实例，比如 doctor。

如果存储的文件中包含了这种对象，为了能够正常读取，需要先保存每个对象的类型信息，然后保存实际对象的标记，再将对象存储。读取的时候需要先读取标记确定实际的对象，再查找对象信息，申请存储空间，最后取出数据。

这么做当然没有什么问题，但是实在过于乏味。JDK 提供了一种更好的机制可以自动完

成这件事情，这种机制就是对象序列化，它将刚刚这一过程完全自动化了。

要让一个类能够序列化，首先这个类要实现 Serializable 接口，如下：

```
class Student implements Serializable{ ……}
```

由于 Serializable 接口中没有任何方法，所以不需要对自己的类进行任何修改。随后要做的事情，是创建一个 ObjectOutputStream 对象。

```
ObjectOutputStream out = new ObjectOutputStream(new FileOutputStream("save.dat"));
```

表示要将对象存储在 save.dat 中。随后只需要使用 ObjectOutputStream 类中的 writeObject 方法，代码如下所示：

```
Student st = new Student("周勇","20200101",18,"计算机");
out.writeObject(st);
```

要读取对象，首先要取得一个 ObjectInputStream 对象：

```
ObjectInputStream in = new ObjectInputStream(new FileInputStream("save.dat"));
```

然后要按照当初写入对象的顺序来用 readObject 方法读取对象：

```
Student pupil = (Student) in.readObject();
```

readObject 每次调用都会读取类型为 Object 的一个对象，因此需要将它转化为正确的类型。如果不记得或是不需要确切的类型，可以将它转换为超类的类型，甚至让它的类型仍然为 Object。如果需要知道它的确切类型，可能需要使用 RTTI 机制。

实际上，对象序列化是使用了一种特殊的文件格式来存储对象，这是一种二进制格式的文件。不过对于 Java 程序而言，并不需要知道这些格式到底如何，只需要使用上面这些方法就可以很好地处理序列化问题。下面用一个完整的例子来演示序列化。

【例 8-11】用序列化来存储对象。

//----------先定义一个要用来序列化的类-----------

```
import java.io.*;
public class Student implements Serializable{     //必须实现 Serializable 接口
    private String name;
    private String ID;
    private int age;
    private String specialty;
    public Student (String name, String ID, int age, String specialty){
        this.name = name;
        this.ID = ID;
        this.age = age;
        this.specialty = specialty;
    }
    public Student(){   }
    public String getName(){     return name;   }
    public String getID(){     return ID;   }
    public int getAge(){     return age;   }
    public String getSpecialty(){     return specialty;   }
    public String toString(){
      return "姓名:"+name+" 学号："+ID+" 年龄："+age+" 专业："+specialty;
    }
}
```

//-----------写个主程序来存储上面的类-----------------

```
import java.io.*;
public class ObjectFileTest{
    public static void main(String args[]){
        Student st = new Student("周勇","20200101",18,"计算机");
        try{
            //将对象写入到文件 save.dat 中
            ObjectOutputStream out = new ObjectOutputStream(
                                                new FileOutputStream("save.dat"));
            out.writeObject(st);
            out.close();
            //从文件中读取对象信息
            ObjectInputStream in = new ObjectInputStream(
                                                new FileInputStream("save.dat"));
            Student pupil = (Student) in.readObject();
            in.close();
            System.out.println(pupil); //输出对象信息
            //测试其他方法是否可用
            System.out.println("姓名："+pupil.getName());
            System.out.println("学号："+pupil.getID());
            System.out.println("年龄："+pupil.getAge());
            System.out.println("专业："+pupil.getSpecialty());
        }catch(Exception e){   e.printStackTrace();   }
    }
}
```

读者可以用 十六进制编辑器打开 save.dat 文件看看存储的数据。关于序列化文件格式的更多信息，请参阅 API 手册。

第 9 章　多线程

多线程是现代软件的一大特点，一个服务端程序经常需要开启多个线程来服务多个客户端；一个普通的桌面程序也需要一边响应用户操作，一边在后台处理数据。可以说，不会编写多线程代码的程序员不是合格的程序员。Java 语言是跨平台的，无法像 C/C++语言一样通过调用系统的 API 来实现多线程程序，所以它加入了对多线程的支持。而且所有的多线程功能都是以面向对象的方式来实现的，学习起来比较简单，控制也很方便。本章就将对 Java 的多线程机制做一个简明的介绍。

9.1　线程的概念

在操作系统中，通常将进程看作是系统资源的分配单位和独立运行的基本单位。一个任务就是一个进程。比如现在正在运行 IE 浏览器，同时还可以打开记事本，系统就会产生两个进程。通俗地说，一个进程既包括了它要执行的指令，也包括了执行指令时所需要的各种系统资源，如 CPU、内存、输入/输出端口等，不同进程所占用的系统资源相对独立。进程具有动态性、并发性、独立性和异步性等。

一般情况下，程序员并不需要对进程有更多的了解，本书前面编写的程序一旦被执行，都是独立的进程。它所需要的资源，大多数由操作系统自动分配，无须程序员操心。

线程是一个比较新的概念，在 20 世纪 80 年代末才真正被引入，它在提高系统吞吐率、有效利用系统资源、改善用户程序之间的通信效率及发挥多处理机的硬件性能等方面都有显著的作用。因此线程在现代操作系统中得到了广泛的应用，如 Windows、UNIX、Linux 等都提供了多线程机制。

线程是比进程更小的执行单位。某一个进程在执行过程中，可以产生多个线程。每个线程都有自己相对独立的资源（这个和进程非常相似）、生存周期。线程之间可以共享代码和数据、实时通信、进行必要的同步操作。

在一个进程中间可以有一个或多个线程的存在。如果程序员不创建线程对象，那么系统至少会创建一个主线程。

9.1.1　多线程的特点

在基于线程（thread-based）的多任务处理环境中，线程是最小的执行单位。这意味着一个程序可以同时执行两个或者多个任务的功能。例如，一个文本编辑器可以在打印的同时格式化文本。进程是重量级的任务，需要分配它们自己独立的地址空间，进程间通信是昂贵和受限的，进程间的转换也是很需要花费机器时间的。相对而言，线程是轻量级的选手，它们共享相同的地址空间并且共同分享同一个进程。线程间通信是便宜的，线程间的转换也是低成本的。当 Java 程序使用多进程任务处理环境时，多进程程序不受 JVM 的控制，而多线程则受 JVM 控制。

设计好的多线程能够帮助程序员写出高效利用 CPU 的程序，可以使得 CPU 的空闲时间保持最低。这对 Java 运行的交互式的网络互连环境是至关重要的，因为空闲时间是公共的。举例来说，网络的数据传输速率远低于计算机处理能力，本地文件系统资源的读写速度远低于 CPU 的处理能力，当然，用户输入也比计算机慢很多。在传统的单线程环境中，你的程序必须等待每一个这样的任务完成以后才能执行下一步——尽管 CPU 有很多空闲时间。多线程使你能够获得并充分利用这些空闲时间。

进程和线程最大的区别在于：进程是由操作系统控制的，而线程是由进程控制的。所以很多由操作系统完成的工作必须交由程序员完成。进程都是相互独立，各自享有各自的内存空间。而一个进程中的多个线程是共享内存空间的，这意味着它们可以访问相同的变量和对象，这一方面方便了线程之间的通信，另一方面又带来了新的问题：多个线程同时访问一个变量可能会出现意想不到的错误。

在传统的 C/C++、OP 等语言中，都是利用操作系统的多线程支持库来完成多线程的程序设计，线程之间的同步、异步、并发、互斥等控制起来比较麻烦（当然好的开发环境也会用类来对这些进行封装）。前面所写的程序都是单线程的程序（当然，从本质上来说，这些程序也是多线程程序。Java 的程序需要运行在虚拟机中，应用程序运行的时候，JVM 的调度、内存收集等线程也在运行，这就决定了 Java 不可能像 C/C++那样写出真正的单线程程序，所以只能称为“用户单线程”程序），如果需要设计多线程的程序，难度就要大一些。

Java 提供了对多线程的支持，它本身就提供了同步机制，大大方便了用户，降低了设计程序的难度。

编制多线程程序对于程序员而言是一个极大的挑战。尽管 Java 的线程类已经做得不错了，但还远称不上完美。如果需要编制大型的、要求可靠性很高的多线程程序，还需要程序员花费大量的时间来设计和调试。如果要深入介绍线程控制的每一个细节，足够写出厚厚的一本书。限于篇幅，本章只做一些简明介绍。

9.1.2 线程的状态

Java 中用 Thread 类和它的子类对象来表示线程。一个线程总是处于下面 5 种状态之一：

- 新建：当创建一个 Thread 类和它的子类对象后，新产生的线程对象就处于新建状态，并获得除 CPU 外所需的资源。
- 就绪：当处于新建状态的线程被启动后，将进入线程队列等待 CPU 资源，这时它已经具备了运行的条件，一旦获得 CPU 资源，就可以脱离创建它的主线程独立运行了。另外，原来处于阻塞状态的线程结束阻塞状态后也将进入就绪状态。
- 运行：当一个就绪状态的线程获得 CPU 时，就进入了运行状态。每个 Thread 类

及其子类对象都有一个 run()方法，一旦线程开始运行，就是自动运行该方法。在这个方法中定义了线程所有的操作。

- 阻塞：一个正在运行的线程因为某种特殊的情况，比如某种资源无法满足，就让出 CPU 并暂时停止自身的运行，进入阻塞状态。只有当引起阻塞的原因消除时，它才能重新进入就绪状态。
- 死亡：不具备继续运行能力的线程处于死亡状态。这一般是由两种情况引起的：一是 run()方法已经运行完毕了，一是由其他的线程(一般是主线程)强制终止它。

需要指出的是，处于就绪状态的线程是在就绪队列中等待 CPU 资源的，而一般情况下，就绪队列中会有多个线程。为此，系统会给每一个线程分配一个优先级，优先级高的可以排在较前面的位置，能优先得到 CPU 资源。对于优先级相同的线程，一般按照先来先服务的原则进行调度。

9.2　Thread 类

在 Java 中，有两种方法可以创建线程，一是继承 Thread 类，一是实现 Runnable 接口。但不管采用哪种方式，都要用到 Java 类库中的 Thread 类及其相关方法。

9.2.1　Thread 类的构造方法

Thread 类的构造方法有多个，各有各的用途，如表 9-1 所示。

表 9-1　Thread 类的构造方法

构造方法	说　明
Thread()	构造一个线程对象
Thread(Runnable target)	构造一个线程对象，target 是被创建线程的目标对象，它实现了 Runnable 接口中的 run()方法
Thread(String name)	用指定字符串为名构造一个线程对象
Thread(ThreadGroup group, Runnable target)	在指定线程组中构造一个线程对象，使用目标对象 target 的 run()方法
Thread(Runnable target, String name)	用指定字符串为名构造一个线程对象，使用目标对象 target 的 run()方法
Thread(ThreadGroup group, Runnable target, String name)	在指定线程组中构造一个线程对象，以 name 作为它的名字，使用目标对象 target 的 run()方法
Thread(ThreadGroup group, Runnable target, String name, long stackSize)	在指定线程组中构造一个线程对象，以 name 作为它的名字，使用目标对象 target 的 run()方法，stackSize 指定堆栈大小

表中参数 Runnable 是一个接口，将在 9.3.2 小节介绍。

9.2.2　Thread 类的常用方法

为了能让线程正常运行及方便程序员对线程的控制，Thread 类提供了很多辅助方法，其中比较常用的方法如表 9-2 所示。

表 9-2 Thread 的常用方法

方　法	说　明
static int activeCount()	返回线程组中正在运行的线程数目
void checkAccess()	确定当前运行的线程是否有权限修改线程
static Thread currentThread()	判断当前哪个线程正在执行
void destroy()	销毁线程，但不收回资源
static void dumpStack()	显示当前线程中的堆栈信息
static int enumerate(Thread[] tarray)	将当前线程组中的线程复制到数组 tarray 中
String getName()	返回线程的名字
int getPriority()	获取线程的优先级
ThreadGroup getThreadGroup()	获取线程所属的线程组
static boolean holdsLock(Object obj)	当前线程被观测者所锁定时，返回真
void interrupt()	中断线程
static boolean interrupted()	测试当前线程是否被中断
boolean isAlive()	测试线程是否已经正常活动
boolean isDaemon()	测试线程是否在后台
boolean isInterrupted()	测试本线程是否被中断
void join()	等待，直到线程死亡
void join(long millis)	等待线程死亡，但最多只等待 millis 毫秒
void run()	如果类是使用单独的 Runnable 对象构造的，将调用 Runnable 对象的 run 方法，否则本方法不做任何事情就返回了。如果是子类继承 Thread 类，请务必实现本方法以覆盖父类的 run 方法
void setDaemon(boolean on)	将线程标记为后台或者用户线程
void setName(String name)	设置线程的名字为 name
void setPriority(int newPriority)	改变线程的优先级，Java 定义了三种级别：Thread.MIN_PRIORITY、Thread.MAX_PRIORITY 和 Thread.NORM_PRIORITY
static void sleep(long millis)	正在运行的线程睡眠（暂停），参数 millis 指定毫秒数
static void sleep(long millis, int nanos)	正在运行的线程睡眠（暂停），millis 指定毫秒数，nanos 指定纳秒数
void start()	启动线程，JVM 会自动调用 run()方法
static void yield()	正在运行的线程暂停，同时允许其他的线程运行

9.3 多线程程序的编写

上一节介绍了 Thread 类，但是如果要编写多线程程序，是无法直接使用该类的。用户需要继承 Thread 类或实现 Runable 接口才行。无论采用哪一种方法，程序员要做的关键性操作有三个：

- 定义用户线程的操作，也就是定义用户线程的 run()方法。
- 在适当的时候建立用户线程实例，也就是用 new 来创建对象。
- 启动线程，也就是调用线程对象的 start()方法。

下面通过几个例子分别来介绍这两种方式实现的多线程程序。

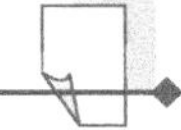

9.3.1　利用 Thread 的子类创建线程

要创建一个多线程程序，首先要写一个子类继承 Thread 类，并覆盖其中的 run()方法。run()方法中的代码就是这个线程要实现的功能。然后再创建子类对象，这和创建普通类的对象是一样的。最后调用 start()方法启动线程。如果要对线程加以其他的控制，就需要使用 Thread 类的其他辅助方法。

【例 9-1】用 Thread 子类创建多线程程序。

先定义一个 Thread 的子类，该类的 run 方法只用来输出一些信息。

```
public class MyThread extends Thread{
   private static int count=0;   //这是静态变量，所有线程对象共享
   //覆盖 run 方法，实现自己的功能
   public void run(){
      for(int i=0;i<100;i++){
         count = count+1;
         System.out.println("My name is "+getName()+" count= "+count);
         try{
            sleep(10);    //休眠 10 毫秒，让其他线程有机会运行
         }catch (InterruptedException e) { }
      }
   }
   public MyThread(String name){
      super(name);
   }
    public MyThread(){   }
}
```

下面这个程序用来创建线程对象并运行。

```
public class MulThread_1{
   public static void main(String argv[]){
      MyThread trFirst,trSecond;
      //创建两个线程对象
      trFirst=new MyThread("First Thread");
      trSecond=new MyThread("Second Thread");
      //启动这两个线程
      trFirst.start();
      trSecond.start();
   }
}
```

类中的成员 count 是一个静态变量，两个线程对象会共享这个变量。每个线程都会将这个变量循环加上 100 次，使得它的值最终变成 200。

按照程序员的设想，当程序运行时，第一个线程先运行，将 count 的值加 1，而后输出，再转入休眠状态；而后第二个线程按照同样的方法运行；如此交替运行，重复进行 100 次。程序的输出似乎也验证了这一点：

```
My name is First Thread count= 1
My name is Second Thread count= 2
My name is First Thread count= 3
My name is Second Thread count= 4
My name is First Thread count= 5
```

```
My name is Second Thread count= 6
…………
```

但问题远不是这么简单，当程序接着运行下去时，读者可能会看到这样的输出：

```
My name is Second Thread count= 152
My name is First Thread count= 153
My name is First Thread count= 154
My name is Second Thread count= 155
My name is First Thread count= 156
```

其中，First Thread 线程出现了连续两次运行的情况。也就是说，当线程调度时，系统不能够保证各个线程会严格交替地运行，它的调度具有一定的“随意性”，即当两个优先级相同的线程都进入就绪态后，调用哪一个都是有可能的，因此程序的输出结果不可预测。

最为极端的情况下，可能会出现下面这样的输出：

```
My name is Second Thread count= 172
My name is First Thread count= 172
My name is First Thread count= 173
My name is Second Thread count= 174
```

最后 count 的结果小于 200。

读者可能会觉得这不可思议，但确确实实有可能发生。设想下面的情况：

（1）线程 2 取得 count 的值（假定为 171），但还没执行完 count=count+1 这条语句（这条语句实际上是由取得 count 值、将 count 值加 1 和将新值赋给 count 等三条指令组成的）。

（2）线程 1 取得 CPU 的运行权，线程 2 进入就绪队列。

（3）线程 1 取得 count 的值（此时仍为 171），然后执行 count=count+1，现在 count 变成 172。

（4）线程 2 取得 CPU 的运行权，线程 1 进入就绪队列。

（5）线程 2 执行 count+1 和赋值指令，由于它前面取得的值是 171，所以 count 变成 172。

（6）线程 2 执行输出语句，输出 count = 172，然后自动转入休眠状态。

（7）线程 1 取得运行权，输出 count = 172，然后转入休眠状态。

上面的过程完全符合逻辑，但显然共享变量 count 的值不符合预期。所以当线程共享某个变量或资源时，一定要做好变量或资源的保护工作。关于如何做到这一点，将在 9.4.1 小节中介绍。

9.3.2 实现 Runnable 接口创建线程

除了继承 Thread 类，还有一种方式可以实现多线程程序：实现 Runnable 接口。Runnable 接口中只有一个方法：run()，因此只要实现了该方法，就可以写成多线程的形式。但问题是，Thread 所拥有的其他辅助方法都不存在，如果这些方法全部由程序员来实现，就过于烦琐。

为了解决这一问题，在实际编程中，实现 Runnable 的子类中，通常都会定义一个 Thread 类的对象，然后利用 Thread 的构造方法：

```
Thread(Runnable target) 或 Thread(Runnable target, String name)
```

将本对象作为参数传递给 Thread 对象，这样就可以指定要运行的 run()方法为本类所定义的 run()方法。同时还可以使用 Thread 类中定义好的其他辅助方法。除此之外，为了启动这个

线程，还需要定义一个 start()方法，以启动内部的 Thread 对象。

【例 9-2】继承 Runnable 接口实现多线程。

```
public class ThreadImRunnable implements Runnable{
    private static int count=0;
    private Thread trval; //需要一个 Thread 对象
    //定义自己的 run()方法
    public void run(){
        for(int i=0; i<100; ++i){
            ++count;
            //使用 Thread 对象的方法
            System.out.println("My name is "+trval.getName()+" count= "+count);
            try{
                trval.sleep(10);
            }catch (InterruptedException e) {    }
        }
    }
    //实现构造方法，将本对象传递给 trval 对象
    public ThreadImRunnable(String name){ trval=new Thread(this,name);    }
//将本对象传递给 trval 对象
    public ThreadImRunnable( ){      trval=new Thread(this);      }
    //定义自己的 start()方法来启动 trval 对象的线程
    public void start(){      trval.start();    }
}
```

另外还要编制一个程序来测试这个类，这个程序的编制和前面的 MulThread.java 几乎完全相同，仅仅只要修改一下类名为 ThreadImRunnable，运行的情况也相似，不再赘述。

```
public class MulThread_2{
    public static void main(String argv[]){
        ThreadImRunnable trFirst,trSecond;
        trFirst=new ThreadImRunnable("First Thread");
        trSecond=new ThreadImRunnable("Second Thread");
        trFirst.start();
        trSecond.start();
    }
}
```

程序例 9-2 和前面的例 9-1 完成同样的功能，不过例 9-2 明显要比前面的麻烦一些。那么，到底在什么时候使用 Thread 类，在什么时候使用 Runnable 接口呢？由于 Java 不支持类的多重继承，所以当某类已经是某个类的子类而同时又要完成多线程任务时，就可以考虑实现 Runnable 接口。典型的例子是 GUI 程序，由于大多数 GUI 程序都是 JFrame 的子类，所以如果要实现多线程任务的话，就只能实现 Runnable 接口了。

9.3.3　使用 isAlive()和 join()等待子线程结束

在例 9-1 中，主程序 main()其实也是一个线程，它也会有结束的时候。那么它到底是等待子线程结束之后才结束还是自己先就结束了呢？可以在程序中加入一条输出语句：

```
public class MulThread_3{
    public static void main(String argv[]){
        MyThread trFirst,trSecond;
```

```
        //创建两个线程对象
        trFirst=new MyThread("First Thread");
        trSecond=new MyThread("Second Thread");
        //启动这两个线程
        trFirst.start();
        trSecond.start();
        System.out.println("主线程结束");
    }
}
```

它的输出结果如下：

```
主线程结束
My name is First Thread count= 1
My name is Second Thread count= 2
My name is First Thread count= 3
My name is Second Thread count= 4
…………
```

可以看到，主线程在启动两个线程之后就自行结束了。但在大多数情况下，用户希望主线程最后结束，这样可以做一些扫尾工作。一种简单的方法是通过在 main()中调用 sleep()来实现的，经过足够长时间的延迟以确保所有子线程都先于主线程结束。然而，这不是一个令人满意的解决方法，它也带来一个大问题：一个线程如何知道另一线程已经结束？幸运的是，Thread 类提供了解决此问题的方法。

有两种方法可以判定一个线程是否结束。

第一，可以在线程中调用 isAlive()。这种方法由 Thread 定义，它的通常形式如下：

```
final boolean isAlive()
```

如果所调用线程仍在运行，则 isAlive()方法返回 true，如果不是则返回 false。但 isAlive()很少用到，因为它需要用一个循环来判断，这样太耗 CPU 资源。

第二，等待线程结束的更常用的方法是调用 join()，声明如下：

```
final void join() throws InterruptedException
```

该方法等待所调用线程结束。join()的重载版本允许给等待指定线程结束定义一个最大时间。

下面是 MulThread_3 的改进版本，利用 join()方法确保主线程最后结束。

【例 9-3】join()方法使用示例。

```
public class DemoJoin{
    public static void main(String argv[]){
        MyThread trFirst,trSecond;
        //创建两个线程对象
        trFirst=new MyThread("First Thread");
        trSecond=new MyThread("Second Thread");
        //启动这两个线程并等待它们结束
        try{
            trFirst.start();
            trSecond.start();
            trFirst.join();
            trSecond.join();
```

```
        }catch(InterruptedException e){    System.out.println("主线程被中断");   }
        System.out.println("主线程结束");
    }
}
```

程序输出如下：

```
………………
My name is First Thread count= 197
My name is Second Thread count= 198
My name is First Thread count= 199
My name is Second Thread count= 200
主线程结束
```

使用 join()方法很好地完成了预想的任务。

9.3.4　设置线程优先级

默认情况下，所有的线程都按照正常的优先级来运行、分配 CPU 资源。JVM 允许程序员自行设置线程优先级。理论上，优先级高的线程比优先级低的线程获得更多的 CPU 时间。实际上，线程获得的 CPU 时间通常由包括优先级在内的多个因素决定（例如，一个实行多任务处理的操作系统如何更有效地利用 CPU 时间）。

一个优先级高的线程自然比优先级低的线程优先。举例来说，当低优先级线程正在运行，而一个高优先级的线程被恢复（例如，从沉睡中或等待 I/O 中），它将抢占低优先级线程所使用的 CPU。理论上，等优先级线程有同等的权利使用 CPU。但由于 Java 是被设计成能在很多种环境下工作的。在某些环境下实现多任务处理从本质上与其他环境不同。为安全起见，高等优先级线程偶尔也受控制。这保证了所有线程在无优先级的操作系统下都有机会运行。很多线程不可避免地会遭遇阻塞，例如，等待输入/输出。遇到这种情形，阻塞的线程被挂起，其他线程即可运行。

设置线程的优先级，需要用 setPriority()方法，该方法也是 Thread 的成员。它的通常形式为：

```
final void setPriority(int level)
```

这里，level 指定了对所调用的线程的新的优先权的设置。level 的值必须在 MIN_PRIORITY 到 MAX_PRIORITY 范围内。通常，它们的值分别是 1 和 10。默认值是指定 NORM_PRIORITY，该值为 5。这些优先级在 Thread 中都被定义为 final 型常量。

用户也可以通过调用 Thread 的 getPriority()方法来获得当前的优先级设置。该方法如下：

```
final int getPriority()
```

下面的例子演示了两个不同优先级的线程，运行于 Windows 平台上的情况。一个线程设置了高于普通优先级两级的级数，另一个线程设置的优先级则低于普通级两级。两线程被启动并允许运行 1 秒。每个线程执行一个循环，用一个计数器记录循环的次数。1 秒后，主线程终止了两线程。然后显示两个线程循环的次数。

【例 9-4】设置线程优先级示例。

```
public class Clicker extends Thread{
    private int click = 0;
```

```
3.    private volatile boolean running = true; //循环控制变量
4.    public int getClick(){      return click;     }
5.    public void run(){
6.       while (running)
7.          click=click+1;   //计数器加 1
8.    }
9.    public void normalStop(){      running = false;     }
10. }
```

程序中第 3 行的循环变量 running 被声明成 volatile，这个关键字告诉编译器，不要自作主张为它进行编译优化，它会强制将修改的值立即写入变量存储区，这样可以保证在多个线程中使用的“running”这个变量的值保持一致。

还有一点，注意不要将第 7 行循环体中的“click=click+1”改成“++click”的形式，对于前者，编译器会生成多条指令，执行过程中系统有很大的机会将它中断；而后者的指令少很多，系统较难将其中断，这样其他的线程就难以有机会获得 CPU。

```
public class DemoPri{
   public static void main(String argv[]){
      Clicker trHigh,trLow;
      trHigh=new Clicker();
      trLow=new Clicker();
      //分别设置优先级
      trHigh.setPriority(Thread.NORM_PRIORITY+2);
      trLow.setPriority(Thread.NORM_PRIORITY-2);
      trLow.start();
      trHigh.start();
      try{
         Thread.sleep(1000);
      }catch(InterruptedException e){   }
      //结束两个线程
      trHigh.normalStop();
      trLow.normalStop();
      //等待它们完全结束
      try{
         trHigh.join();
         trLow.join();
      }catch(InterruptedException e){   }
      //输出两个线程的循环次数
      System.out.println("trHigh 的循环次数为："+trHigh.getClick());
      System.out.println("trLow 的循环次数为："+trLow.getClick());
   }
}
```

在单核 CPU 机器上，程序的输出结果为：

```
trHigh 的循环次数为：2031959251
trLow 的循环次数为：53200783
```

结果表明，优先级高的线程获得了更多的 CPU 运行时间。当然，不同的 JDK 版本和硬件系统会导致读者获得的这两个值与作者的有所区别。特别是，如果读者的机器是双核 CPU 的话，这两个循环次数的差异会很小。

9.4　线程的通信与协调

和进程一样，多线程的程序也要考虑各个线程之间的协调和配合。特别是当线程要共享资源时，就必须考虑线程之间的互斥、同步问题。如前面的例 9-1，count 变量的值之所以会出现错误，就是因为没有考虑线程间共享同一个变量的互斥问题。

多线程的程序，如果编写不当，还有可能发生死锁。关于互斥、同步、死锁、临界区这些概念，本节只做一个简单的介绍。详细的资料请参阅操作系统相关教程。

- 互斥：当多个线程需要访问同一资源，而这一资源在某一时刻只允许一个线程访问，那么这些线程就是互斥的。例如，线程 A 需要读取变量 comm，而线程 B 会给变量 comm 赋值，则 A 和 B 是互斥的。
- 同步：多个线程需要访问同一资源，而且需要相互配合才能正常工作，那么这些线程运行时就是一种同步关系。例如，线程 A 需要从缓冲区中读取数据，如果缓冲区为空则无法读取；而线程 B 会往缓冲区中写入数据，如果缓冲区已满则无法写入。那么 A 和 B 是同步线程。同步的线程必须是互斥的，因此也可以将同步看成是更为复杂的互斥，而互斥则是最简单的同步。
- 临界区：为了实现线程间的互斥和同步，需要将共享资源放入一个区域，该区域一次只允许一个线程进入，该区域被称为临界资源。线程在访问共享资源前需要进行检查，看自己能否对该资源访问；如果有权访问，还需要阻止其他线程进入该区域。该代码段就是临界区。
- 死锁：若有多个线程相互等待其他线程释放资源，且所有线程都不释放自己所占有的资源，从而导致相关线程处于永远等待的状态，这就称为线程的死锁。

9.4.1　线程的互斥

在 Java 的多线程程序中，如果要实现互斥，最常用的方法是使用关键字 synchronized。它使用起来很简单，但功能上有一些限制。

synchronized 关键字用来标识被同步使用的资源，这里的资源既可以是数据，也可以是方法，甚至是一段代码。凡是被 synchronized 修饰的的资源，系统都会为它分配一个管程，这样就能保证在某一时间内，只有一个线程对象在享有这一资源。这有点类似于街头的迷你 KTV 亭，当某人进去之后，可以从里面将其锁上。当另一个线程试图调用同一对象上的 syncronized 方法时，它无法打开它的门，因此它将暂停运行，所以 synchronized 也被称为“对象锁”。通常将被 synchronized 所控制的方法称为“同步方法”。

> 说明：“同步方法”这个名词来自于 synchronized 的直译。实际上从 synchronized 关键字的实际作用来看，它本身并不能达到同步的效果，翻译成互斥更贴切些。

synchronized 的使用形式有两种。

一种是保护整个方法。该方法可以是静态方法，也可以是实例方法。

```
访问类型 [static] synchronized 返回值 方法名([参数表]){ …… }
```

如果是实例方法，则 synchronized 只能锁定一个对象。也就是说，当一个对象 A 在不同的线程中执行这个实例方法时，它们之间会形成互斥。更进一步，如果一个类中有多个方法被 synchronized 所修饰，则只要某个对象调用了其中的任何一个同步方法，其他的同步方法也就被锁定，在其他线程中不能再同时通过这个对象调用其他的同步方法。但是这个对象所属的类所产生的另一个对象 B 却可以任意调用这个同步方法。

如果被锁定的是静态方法，则 synchronized 可以锁定该类所有的对象。即只要有一个线程在执行这个方法，其他所有线程都不能运行这个方法，直到该方法运行结束，锁才会被打开。

另外一种锁的形式是保护某个指定的对象及随后的代码块：

```
synchronized(对象名){ …… }
```

这种形式也是锁定某一个对象，性质与锁定实例方法基本相同。但是它的开销比锁定整个实例方法要小，因为它只锁定了一小段代码，对方法中的其他代码并没有锁定。通常的用法如下：

```
public void method(SomeObject so){
    synchronized(so){
    //.....
    }
}
```

这时，锁就是 so 这个对象，谁拿到这个锁谁就可以运行它所控制的那段代码。当有一个明确的对象作为锁时，就可以这样写程序，但当没有明确的对象作为锁，只是想让一段代码互斥时，可以创建一个特殊的对象来充当锁：

```
class Foo implements Runnable{
    private byte[] lock = new byte[0];   // 特殊的对象
        public void methodA(){
            synchronized(lock) { //... }
        }
}
```

这里用长度为 0 的数组对象，是因为创建它的开销最小。

下面这个例子来自例 9-1，多个线程需要访问同一个变量 count，这里用 synchronized 演示了如何实现三个线程之间的互斥。

【例 9-5】线程互斥示例 1（静态锁）。

```
public class  MutexThreadViaStatic extends Thread{
  private static int count=0;      //这是静态变量
   //这个静态方法被 synchronized 所控制，不会在执行过程中被本类的其他线程中断
  public static synchronized void incCnt(){
      count = count + 1;
      System.out.println("count= "+count);
  }
  public   void run(){
      for(int i=0;i<100;i++){
  incCnt();
  try{
   sleep(10);    //睡一下，让其他线程有机会运行
```

```
        }catch(Exception el){ }
      }
    }
}
```

下面再写一个程序测试它的运行情况：

```
public class DemoMutex{
    public static void main(String argv[]){
        MutexThreadViaStatic trFirst,trSecond,trThird;
        //创建 3 个线程对象
        trFirst=new MutexThreadViaStatic();
        trSecond=new MutexThreadViaStatic();
        trThird=new MutexThreadViaStatic();
        //启动这 3 个线程
        trFirst.start();
        trSecond.start();
        trThird.start();
    }
}
```

程序输出结果的最后几行如下：

```
count= 295
count= 296
count= 297
count= 298
count= 299
count= 300
```

无论 run()方法中循环多少次，也无论有多少个线程来访问 count 变量，count 的值都不会像在 9.3.1 小节中提到的那样出现错误。这里没有输出线程对象的名字，是因为输出方法写在了静态方法中，没法访问实例成员方法。

如果要使用 getName()来获取线程对象的名字，可以将这条语句：

```
System.out.println("My name is "+getName()+" count= "+count);
```

写在 run()方法的 for 循环里面。但是请注意，输出结果可能会是这样的：

```
…………
My name is First Thread count= 212
My name is third Thread count= 211
My name is Second Thread count= 213
…………
```

看上去，count 的值仍然是“错误”的。实际问题并不是出在 count 上面，而是在输出时，线程有可能被系统中断，转入阻塞（I/O 是最容易引起阻塞的操作）态。一个线程获得一个 count 值，还没来得及输出，另外一个线程被调入运行，并抢先输出，于是就出现了输出值和 count 的实际值不吻合的情况。

下面改动一下程序，用对象锁的方式来实现互斥。

【例 9-6】线程互斥示例 2（对象锁）。

```
public class  MutexThreadViaObj extends Thread{
    private static int count=0;        //这是静态变量
      private int [] lock;          //充当锁的数组
```

```
            public void incCnt(){
              synchronized(lock){    //用对象锁控制代码块
                count = count + 1;
                System.out.println("My name is "+getName()+" count= "+count);
              }
           }
           public    void run(){
              for(int i=0;i<100;i++){
             incCnt();
             try{
                sleep(10);
             }catch(Exception el){ }
              }
           }

           public MutexThreadViaObj(String name, int lock[]){
              super(name);
              this.lock = lock;
           }
           public MutexThreadViaObj( ){      }
        }
```

请特别注意程序中用于做锁的数组 lock，它不能由多个对象分别创建（synchronized 只能锁同一个对象），所以它需要由外部传入。测试使用程序如下：

```
        public class DemoMutex_2{
           public static void main(String argv[]){
              MutexThreadViaObj trFirst,trSecond,trThird;
              int lock[] = new int[0];    //用做锁的数组
              //创建 3 个线程对象，将锁传进去
              trFirst=new MutexThreadViaObj("first",lock);
              trSecond=new MutexThreadViaObj("second",lock);
              trThird=new MutexThreadViaObj("third",lock);
              //启动这 3 个线程
              trFirst.start();
              trSecond.start();
              trThird.start();
           }
        }
```

程序输出的最后几行如下，它既解决了 count 的访问互斥问题，又解决了显示错误问题：

```
        …………
        My name is second count= 297
        My name is third count= 298
        My name is first count= 299
        My name is second count= 300
```

📖 说明：笔者见过不少教材用 synchronized 来修饰整个 run()方法以期达到线程互斥的目的，这多半是出于对 synchronized 的误解，误认为它可以互斥本类所有的线程对象。而实际上，它只能互斥在不同线程中的同一个对象。用 sychronized 来修饰整个 run()方法几乎没有任何实际价值，因为 run()方法必定是实例方法，要运行多个线程，就必定要创建多个线程对象，而 sychronized 本身对这些不同的对象毫无控制能力。

9.4.2　线程的同步

在某些情况下，两个（或者多个）线程需要严格交替地运行。比如有一个存储单元，一个线程向这个存储单元中写入数据，另外一个线程从这个存储单元中取出数据。这就要求两个线程必须要严格交替地运行。要实现这一点，需要对线程进行同步控制。

为了解决进程间的同步问题，通常需要使用信号量，而信号量本身是公共资源，也有可能出现访问冲突，所以它的读取与设置必须使用 PV 原语（关于信号量和 PV 原语，请参考介绍操作系统的书籍）。而在 Java 中，信号量需要用户自己管理，系统只提供了起到 PV 原语作用的三个方法及关键字 syncronized。

- public final void wait()：告知被调用的线程放弃管程进入睡眠，直到其他线程进入相同管程并且调用了 notify()。
- public final void notify()：唤醒相同对象中第一个调用 wait()的线程。
- public final void notifyAll()：唤醒相同对象中所有调用 wait()的线程。具有最高优先级的线程最先运行。

上面三个方法是 Object 类的成员方法，由于该类是所有类的基类，所以在任何类中，可以直接使用这三个方法而无须用“对象名.方法名()”的格式。

wait()是将本线程转入阻塞状态，它和 sleep()不同，它会暂时释放占用的资源管程，wait(int mill)允许用户指定阻塞的时间。notify()是唤醒某一个在管程队列中排队等候的线程，notifyAll()则是唤醒所有的阻塞线程。相对而言，后者更为安全一些。

> 注意：notify()只能唤醒同一对象在其他线程中用 wait()阻塞的线程。也即，某一对象在线程 A 中用 wait()阻塞，在线程 B 中，可以用该对象的 notify()来唤醒线程 A。而且这三个方法，都只能使用在由 synchronized 控制的代码块中。

同步控制的基本思路和互斥是一样的，也通过信号量配合 wait()、notify()方法进行。不同的是，两个需要同步的线程会根据信号量的值来判断自己是否能进入临界区。比如一个线程只有当信号量为真时才进入，而另外一个线程只有当信号量为假时才进入。而且只需要用 notify()通知另外一个等待线程就可以了。总结起来需要这么几步：

- 设置一个各个线程共享的信号量，或者为 boolean 值，或者为整型值（视具体要求而定）。
- 线程需要访问共享资源前，先检测信号量的值。如果不可用，则调用 wait()转入等待状态。
- 如果可用，则改变信号量的状态，不让其他线程进入。
- 访问完共享资源后，再修改信号量的状态，允许其他线程进入。
- 调用 notify()或 notifyAll()，唤醒其他等待的线程。

下面写一个例子来演示线程的同步。由于这两个线程执行的任务不同，所以需要由两个不同的线程类来创建。前面实现线程间通信的时候，都采用静态成员变量作为信号量，这里由于是不同的线程类，无法直接使用这种方式。一种容易想到的方法是设计一个公共类，信号量和共享资源都以静态成员变量的形式存在于类中。这样无论哪个线程对象访问的都是同一个信号量和共享资源。这么做最为简单，但是不大符合 OOP 对数据的封装要求。9.4.4 小节将会采用另外一种解决办法。

这里面临的另外一个棘手的问题是：由于两个线程对象分属于不同线程类，而 notify()只能唤醒同一对象，所以需要用“对象名.notify()”的形式来唤醒指定的在其他线程中运行的同一对象。

【例 9-7】线程同步示例。

```
//--------------定义一个公共类，所有对象共享其中的数据------------
public class CommSource{
   volatile static boolean flag = true;   //信号量
   static int data;                 //共享数据资源
}
//--------------定义设置数据的类------------
public class   SetDataThread extends Thread{
    private ReadDataThread otherThread=null;      //存储另外一个线程对象的引用
    public   void run(){
         for(int i=0;i<100;i++){
              while (!CommSource.flag)
                try{
                     synchronized(this) {  //锁定当前对象
                          wait();    //阻塞自己
                     }
                }catch (InterruptedException e) {    }
               CommSource.flag = false;   //进入临界区后，重新设置标志
               CommSource.data = (int)(Math.random()*1000);
               System.out.println("设置数据："+CommSource.data);
               synchronized(otherThread) {
                     otherThread.notify();   //唤醒另外一个线程对象
               }
         }
    }
    public void setOtherThread(ReadDataThread rt){
       otherThread = rt;          //存储另外一个对象
    }
}
//--------------定义获取数据的类------------
public class   ReadDataThread extends Thread{
  private SetDataThread otherThread=null;
  public   void run(){
       for(int i=0;i<100;i++){
            while(CommSource.flag)
               try{
                 synchronized(this) {
                        wait();
                 }
               }catch (InterruptedException e) {     }
            CommSource.flag = true;
            System.out.println("获得数据："+CommSource.data);
            synchronized(otherThread) {
                 otherThread.notify();
            }
       }
```

```
    }
    public void setOtherThread(SetDataThread st){
        otherThread = st;
    }
}
//--------------编写测试用主程序------------
public class DemoSynchrony{
    public static void main(String argv[]){
        SetDataThread setTr=new SetDataThread();
        ReadDataThread readTr=new ReadDataThread();
        readTr.setOtherThread(setTr); //将其他对象传递进去
        setTr.setOtherThread(readTr);
        readTr.start();
        setTr.start();
    }
}
```

程序运行的部分结果如下：

```
设置数据：928
获得数据：928
设置数据：866
获得数据：866
设置数据：893
获得数据：893
设置数据：629
获得数据：629
设置数据：211
获得数据：211
…………
```

表明两个线程是严格交替运行的。再看一下程序 SetDataThread，从第 11 行到第 13 行的代码并没有用 synchronized 锁定，但由于前面有信号量的存在，两个线程会交替用 wait()把自己给阻塞，因此共享资源也是很安全的。

注意：上面的同步方案极为笨拙，并不是一个理想的解决方案，下一节将介绍更主流的同步方法。

9.4.3　暂停、恢复和停止线程

在某些情况下，一个线程可能需要去暂停、恢复和终止另外一个线程。在 JDK2.0 以前的版本中，实现这些功能的方法分别是 suspend()、resume()和 stop()。但从 JDK2.0 以后起，这些方法都已经被弃，原因是它们可能会引起严重的系统故障。

Thread 类的 suspend()方法不会释放线程所占用的资源。如果该线程在那里挂起，其他的等待这些资源的线程可能死锁。

Thread 类的 resume()方法本身并不会引起问题，但它不能离开 suspend()方法而独立使用。

Thread 类的 stop()方法同样已被弃用。这是因为该方法可能导致严重的系统故障。设想一个线程正在写一个精密的重要的数据结构且仅完成一个零头。如果该线程在此刻终止，则数据结构可能会停留在崩溃状态。因为在 JDK5.0 中不能使用 suspend()、resume()和 stop()方法来控制线程。读者也许会想那就没有办法来停止、恢复和结束线程。其实不然，只要程序员

在 run()方法中定期检查某些信号量就可以判定线程是否应该被挂起，恢复或终止它自己的执行。

其实，类 Clicker 中的 run()方法就是通过检测 running 变量来判断自己是否应该结束的。下面把这个程序改动一下，让它具备挂起、恢复和终止的功能。这需要用到 wait()和 notify()方法。

【例 9-8】自己编写线程的暂停、恢复和停止方法。

```
public class EnhanceThread extends Thread{
    public static final int STOP = 1;
    public static final int RUNNING = 2;
    public static final int SUSPEND = 3;
    private int state = STOP;
    public void run(){
        int cnt = 0;
        while(state!=STOP){
            if(state==SUSPEND){
              synchronized(this){
                    try{
                         wait();
                    }catch(InterruptedException e) {     }
                }
            }
            ++cnt;
            System.out.println("线程正在运行:"+cnt);
            try{
                sleep(100);   //让其他线程有机会获取 CPU
            }catch (InterruptedException e) { }
        }
    }   //终止线程运行
    public void normalStop(){     state = STOP;   }
    //将线程挂起
    public void normalSuspend(){    state = SUSPEND;    }
    //恢复线程运行
    public synchronized void normalResume(){
        state = RUNNING;
        notify();
    }
    public EnhanceThread(){     state = RUNNING;    }
}
```

在上面这个程序中，synchronized 并没有像前面的例子中那样起到关键作用，仅仅只是因为 wait()和 notify()方法需要这个关键字才能正常运行。下面是测试用的代码。

```
public class DemoEnhanceThread{
    public static void main(String argv[]){
        EnhanceThread tr = new EnhanceThread();
        System.out.println("启动线程");
        tr.start();
        try{
            Thread.sleep(1000);
            System.out.println("将线程挂起");
            tr.normalSuspend();
            Thread.sleep(1000);
            System.out.println("恢复线程运行");
```

```
            tr.normalResume();
            Thread.sleep(1000);
            System.out.println("终止线程运行");
            tr.normalStop();
        }catch(InterruptedException e){ }
    }
}
```

运行上面的程序，可以看到线程正确运行的情况。

9.4.4　编程实例：生产者-消费者问题

生产者-消费者问题（Producer_consumer）是操作系统中一个著名的进程同步问题。它一般是指：有一群生产者进程在生产产品，并将此产品提供给消费者进程去消费。为使生产者进程和消费者进程能并发执行，在它们之间设置有个缓冲区，生产者进程可将它所生产的产品放入一个缓冲区中，消费者进程可从一个缓冲区取得一个产品消费。尽管所有的生产者进程和消费者进程都是以异步的方式运行的，但它们之间必须保持同步，即不允许消费者进程到一个空缓冲区去取产品，也不允许生产者进程向一个已装有消息尚未被取走产品的缓冲区投放产品。这里将“进程”换成“线程”，问题仍然成立。下面要做的事情就是用线程来模拟这一过程。

其实在例 9-7 中所演示的线程的同步就是这个问题的一个简单特例：只有一个消费者和一个生产者，缓冲区的大小为 1。不过那个例子的设计上有一点问题，不符合 OOP 的原则，而且控制 wait()和 notify()时也过于麻烦。

这里将对它进行改进。笔者采用的方法是设计一个公共类，并用这个类创建一个对象，信号量和共享资源都以静态成员变量的形式存在于该对象中。在创建线程对象时，将这个公共对象传递进去，作为线程对象的私有数据。这样无论哪个线程对象访问的都是同一个信号量和共享资源。

同时，将生产方法和消费方法都封装在这个公共类中，这样就避免了使用形如“对象名.notify()”这样的麻烦。

【例 9-9】生产者-消费者实例。

```
//--------------定义一个公共类，存储所有的共享数据------------
public class Common{
    private int production[];
    private int count;      //产品的实际数目
    private int BUFFERSIZE = 6; //缓冲区的大小

    public Common(){
      production = new int[BUFFERSIZE];
      count = 0;
    }
    //从缓冲区中取数据
    public synchronized int get(){
        int result;
        //循环检测缓冲区是否可用
        while (count<=0)
            try{
```

```
                wait();
            }catch(InterruptedException e) { }
        result = production[--count];
        notifyAll();
        return result;
    }
    //向缓冲区中写数据
    public synchronized void put(int newproduct){
        //循环检测缓冲区是否可用
        while (count>=BUFFERSIZE)
            try{
                wait();
            }catch(InterruptedException e) { }
        production[count++]=newproduct;
        notifyAll();
    }
}
```

由于缓冲区是大于 1 的，同时会有多个生产线程或是消费线程等待进入，而且它也允许连续多个生产者线程或是消费者线程进入。所以这里的信号量不是一个 boolean 类型，而是一个介于[0，BUFFERSIZE）之间的整型数。注意它的检测语句是：

```
while (count>=BUFFERSIZE)
```

这里之所以没用 if 语句，是因为可能出现这样的情况：某生产者线程被检测时，count 值已经等于 BUFFERSIZE，它被阻塞在此处。然后一个消费者线程进入，将 count 值减 1，然后再调用 notifyAll()唤醒这个线程。而在此同时，另外一个生产者线程已经抢先进入，再次把 count 的值加 1。如果本线程不再检测 count 值而直接进入，将有可能导致下标越界的错误。

```
//--------------定义消费者线程类------------
public class Consumer extends Thread{
    private Common comm;
    public Consumer (Common co){      comm = co;      }
    public void run(){
        int i,production;
        for(i=1;i<=20;i++){
          production=comm.get();
          System.out.println("得到的数据是："+production);
          try{
            sleep(10);
          }catch (InterruptedException e) { }
        }
    }
}
//--------------定义生产者线程类------------
public class Producer extends Thread{
    private Common comm;
    public Producer(Common co){      comm = co;      }
    public void run(){
        int i;
        for(i=1;i<=10;i++){
          comm.put(i);
          System.out.println("生产的数据是："+i);
          try{
            sleep(10);
          }catch (InterruptedException e) { }
```

```
			}
		}
	}
	//--------------演示生产者-消费者线程-------------
	public class Producer_Consumer{
		public static void main(String argv[]){
			Common comm=new Common();
			//创建 2 个生产者和 1 个消费者线程
			//注意：不管有多少个消费者和生产者线程，comm 对象始终只有一个
			Producer ptr1=new Producer(comm);
			Producer ptr2=new Producer(comm);
			Consumer ctr=new Consumer(comm);
			ptr1.start();
			ptr2.start();
			ctr.start();
		}
	}
```

程序运行结果表明该程序已经很好地解决了生产者线程和消费者线程间的同步问题。

9.5 利用 Lock 接口实现线程互斥

用 syncronized 关键字和 notify()、wait()方法来配合实现线程的同步，对于程序员而言是比较难以掌握的，程序功能复杂时很容易出现错误。为了降低编程负担，从 JDK 5.0 开始，在 java.util.concurrent.locks 包下提供了一个新的接口 Lock，它可以用比较简洁的方式来实现线程同步。

Lock 提供了比 synchronized 更多的功能，但是要注意：synchronized 是 Java 语言的关键字，因此是内置特性。Lock 是一个接口，通过它的子类可以实现同步访问。Lock 和 synchronized 有一点非常大的不同，采用 synchronized 不需要用户手动释放锁，当 synchronized 方法或者 synchronized 代码块执行完之后，系统会自动让线程释放对锁的占用；而 Lock 则必须要用户去手动释放锁，如果没有主动释放锁，就有可能导致出现死锁现象。

Lock 接口中有几个常用方法，说明如下：

（1）lock()：用来获取锁。如果锁已被其他线程获取，则进行等待。

（2）tryLock()：尝试获取锁，如果获取成功，则返回“true”，如果获取失败（即锁已被其他线程获取），则返回“false”，也就是说这个方法无论如何都会立即返回。在拿不到锁时不会一直在那等待。

（3）tryLock(long time, TimeUnit unit)：在拿不到锁时会等待一定的时间，在时间期限之内如果还拿不到锁，就返回“false”。如果一开始拿到锁或者在等待期间内拿到了锁，则返回“true”。

（4）lockInterruptibly()：如果线程正在等待获取锁，则这个线程能够响应中断，即中断线程的等待状态。也就是说，当两个线程同时通过 lockInterruptibly()想获取某个锁时，假若此时线程 A 获取到了锁，而线程 B 只有再等待，那么对线程 B 调用 threadB.interrupt()方法能够中断线程 B 的等待过程。

（5）unLock()：用来释放锁，为保证释放成功，该方法应位于 finally 块中。

Lock 是一个接口，并不能直接使用，一般需要使用它的子类 ReentrantLock，意思是“可

重入锁”。ReentrantLock 是唯一实现了 Lock 接口的类，并且 ReentrantLock 提供了更多的方法辅助编程。下面通过编程实例具体看一下如何使用 ReentrantLock。

【例 9-10】Lock 使用示例。

```
import java.util.concurrent.locks.*;
public class DemoLock{
    private Lock lock = new ReentrantLock();    //创建 lock 对象
    public class InnerThread extends Thread{
        public InnerThread(String name){
            super(name);
        }
        public void run(){
            lock.lock();
            try {
                System.out.println(getName()+"得到了锁");
                for(int i=0;i<3;i++) {
                    System.out.println(i);
                    sleep(100);   //让其他线程有机会运行
                }
            } catch (Exception e) {
                e.printStackTrace();
            }finally {
                System.out.println(getName()+"释放了锁");
                lock.unlock();
            }
        }
    }
    public void show(){
        InnerThread first = new InnerThread("First");
        InnerThread second = new InnerThread("Second");
        first.start();
        second.start();
    }
    public static void main(String[] args)    {
        DemoLock dl = new DemoLock();
        dl.show();
    }
}
```

程序运行的结果如下：

```
Second 得到了锁
0
1
2
Second 释放了锁
First 得到了锁
0
1
2
First 释放了锁
```

运行结果表明，两个线程是严格互斥运行的。

仅从这个例子来看，Lock 并不比 synchronized 简单。但是如果出现这种情况：多个线程都只进行读操作，只有一个线程进行写操作；如果只使用 synchronized 进行互斥，当一个线

程在进行读操作时，其他线程只能等待，无法进行读操作。因此就需要一种机制来使得多个线程都只进行读操作时，线程之间不会发生冲突，通过 Lock 就可以办到。另外，通过 Lock 可以知道线程有没有成功获取到锁，这个是 synchronized 无法办到的。也就是说 Lock 提供了比 synchronized 更丰富的功能。

由于本书篇幅限制，无法演示 Lock 更多的功能，读者可以参阅《Java 开发编程》一书。

第 10 章　网络程序设计

Java 成功应用的一个重要领域是网络。为了让 Java 程序员能够方便地进行网络程序设计，Oracle 公司在 JDK 中加入了大量和网络相关的类，将多种 Internet 协议封装在这些类中。相比其他的编程语言，利用 Java 编写网络程序更为容易。

本章首先介绍一些与网络相关的术语；然后通过一些简明的示例来介绍 Java 中相关类的使用，让读者对这些类有一个大致了解和感性认识。由于篇幅关系，本章只介绍基于 C/S 模式的网络程序设计，而 B/S 模式的网络程序设计，读者需要参阅有关 Java Web 的书籍。本章中有几个例子利用 Swing 包中的控件编写了简单窗口程序，关于这一部分的知识，读者需要参阅有关窗口程序设计的书籍。

10.1　与网络相关的常用术语

Java 的网络功能集中在 java.net 包中。利用该包中相关类和接口，程序员不需要过深地理解各种协议，也能实现网络应用中的各种 C/S（客户机/服务器）或 B/S（浏览器/服务器）通信程序。但是掌握一些常见的网络术语，理解它们的含义，对于一名程序员而言，还是非常必要的。

1. TCP/IP 协议

构建网络是为了实现通信，不同计算机之间通信必须基于一定的标准。网络协议就是计算机通信双方在通信时必须遵循的一组规范。

TCP/IP 协议（Transmission Control Protocol/Internet Protocol）叫作传输控制/网际协议，又叫网络通信协议。虽然从名字上看 TCP/IP 只包括两个协议：传输控制协议（TCP）和网际协议（IP）。但 TCP/IP 实际上是一组协议，它包括上百个各种功能的协议，如文件传输和电子邮件等。而 TCP 协议和 IP 协议是保证数据完整传输的两个最重要的协议。通常说 TCP/IP 是 Internet 协议族，而不单单是 TCP 和 IP。

2. IP 地址

在因特网上，每一台主机都有一个唯一的 IP 地址，以区别网络上的其他计算机。该地址由一个叫“IANA”（Internet Assigned Numbers Authority，互联网网络号分配机构）的组织来管理。IP 地址是一种层次型地址，由网络号和主机号组成，如图 10-1 所示。

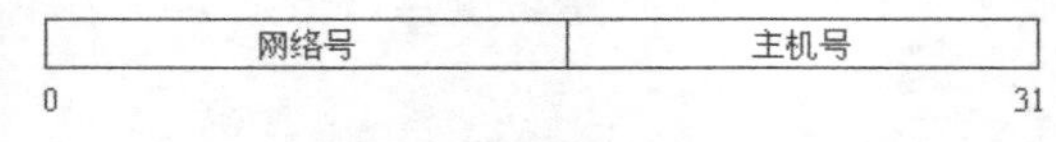

图 10-1　IP 地址的构成

按照 TCP/IP 协议规定，每个 IP 地址长 32bit，也就是 4 个字节，由 4 个小于 256 的数字组成，数字之间用“.”间隔。为了方便人们的使用，IP 地址经常被写成十进制的形式，这种方法叫点分十进制记法。例如，某计算机所在的网络号为 212.12.1，它的主机号为 10，则该计算机的 IP 地址为 212.12.1.10。

目前正在使用的 IP 地址为 4 个字节，又被称为 IPv4，由于地址空间有限，现在几乎已被耗尽，于是人们开始研制下一代 IP 协议，它用 16 个字节来存储 IP 地址，被称为 IPv6。Java 网络包 java.net 中分别提供了 Inet4Address 类和 Inet6Address 类对它们进行处理。

3. 域名

由于 IP 地址是用数字标识的，使用时难以记忆和书写，因此在 IP 地址的基础上又发展出一种符号化的地址方案，来代替数字型的 IP 地址。每一个符号化的地址都与特定的 IP 地址对应，这样网络上的资源访问起来就容易得多了。这个与网络上的数字型 IP 地址相对应的字符型地址，就被称为域名。例如，新浪网的域名是 www.sina.com.cn。不过域名不能直接被网络设备所识别，需要由域名服务器（DNS）转换成为 IP 地址才能访问。

4. 服务器

从广义上讲，服务器是指网络中能对其他机器提供某些服务的计算机系统（如果一个 PC 对外提供 FTP 服务，也可以叫服务器）。从狭义上讲，服务器是专指某些高性能计算机，能通过网络，对外提供服务。站在 Java 程序员的角度来看，一台服务器必须要侦听其他机器建立连接的请求，并做出应答。

5. 客户机

与服务器相对应，在网络上请求服务的机器就被称为客户机。通常，它会试着与一台服务器建立连接，一旦连接好，就变成了一种双向通信。无论对于客户机还是服务器，连接就成了一个 I/O 数据流对象，这时可以如同普通文件那样对待两台连接上的计算机。

6. 套接字

套接字（Socket）是 TCP/IP 中的基本概念，它负责将 TCP/IP 包发送到指定的 IP 地址。也可以看成是在两个程序进行通信连接中的一个端点，一个程序将信息写入 Socket 中（类似于插座），该 Socket 将这段信息发送到另一个 Socket 中（类似于插头），使这段信息能够传送到其他程序。这两端的程序可以在一台计算机上，也可以在因特网的远程计算机上。

7. 端口

计算机“端口”是英文 port 的意译，可以认为是计算机与外界通信交流的出口。其中硬件领域的端口又称接口，如 USB 端口、串行端口等。软件领域的端口一般指网络中面向连接服务和无连接服务的通信协议识别代码，是一种抽象的软件结构，包括一些数据结构和 I/O（基本输入输出）缓冲区。两台计算机通信时，需要通过指定的端口传递信息。通常，每个服务都同一个特定的端口编号关联在一起。客户程序必须事先知道所需服务的端口号。

端口号可以是 0～65535 之间的任意一个整数。一些系统中规定将 1024 以下的端口保留给系统服务使用（例如，WWW 服务使用 80 端口、发送电子邮件使用 25 端口等）。如果是自已规定的服务，则绑定连接端口时不应使用这些预定好的端口号。

8. URL

URL（Uniform Resoure Locator，统一资源定位器）表示因特网上某一资源的地址，它从左到右由下述部分组成：

（1）Internet 资源类型（scheme）：指出 WWW 客户程序用来操作的工具。如“http：//”表示 WWW 服务器，“ftp：//”表示 FTP 服务器，“gopher：//”表示 Gopher 服务器。

（2）服务器地址（host）：指出 WWW 页所在的服务器域名。

（3）端口（port）：对某些资源的访问来说，需为相应的服务器提供端口号。

（4）路径（path）：指明服务器上某资源的位置（其格式与 UNIX 系统中的格式一样，通常由“目录/子目录/文件名”这样的结构组成）。路径并非总是必要的。

例如，http://www.sohu.com:80/domain/index.htm 就是一个典型的 URL 地址，而 http://www.sohu.com 则是一个简化的 URL 地址。

上面这些概念在后面的章节中经常会使用到，请读者仔细领会。

10.2 InetAddress 类使用示例

前面已经介绍了 Internet 上的主机有两种表示地址的方式：域名和 IP 地址。有时候需要通过域名来查找它对应的 IP 地址，有时候又需要通过 IP 地址来查找主机名。这时候可以利用 java.net 包中的 InetAddress 类来完成任务。

InetAddress 类是 IP 地址封装类，同时它也是一个比较奇怪的类——没有公共的构造方法，程序员只能利用该类的一些静态方法来获取对象实例，然后再通过这些对象实例来对 IP 地址或主机名进行处理。该类常用的一些方法有：

（1）pulic static InetAddress getByName(String hostname)：根据给定的主机名创建一个 InetAddress 对象，可用来查找该主机的 IP 地址。

（2）public static InetAddress getByAddress(byte[] addr)：根据给定的 IP 地址创建一个 InetAddress 对象，可用来查找该 IP 地址对应的主机名。

（3）public String getHostAddress()：获取 IP 地址。

（4）public String getHostName()：获取主机名。

下面通过两个实际的例子来说明它的使用方法。

10.2.1 编程实例 1：根据域名查找 IP 地址

本节来编制一个小程序，该程序的功能是：获取用户通过命令行方式指定的域名，然后通过 InetAddress 对象来获取该域名对应的 IP 地址。当然，程序运行时，需要计算机正常连接到 Internet 上。

【例 10-1】根据域名查找 IP 地址。

```
import java.net.*;
public class GetIP {
```

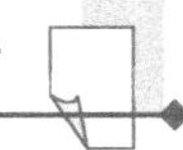

```
    public static void main(String[] args) {
        try{
            InetAddress ad=InetAddress.getByName(args[0]);
            // 用 getHostAddress()方法获取指定对象的 IP 地址
            System.out.println("IP 地址为："+ad.getHostAddress());
        }catch(UnknownHostException el){
            el.printStackTrace();
        }
    }
}
```

程序中的 InetAddress.getByName()方法返回一个 InetAddress 对象，它其中的参数可以是 IP 地址或是域名。这里用 args[0]作为参数，要求用户在运行时，输入一个域名作为参数，比如想获取网易的 IP 地址，就应该这样输入：

```
java  GetIP  www.163.com。
```

当网络有故障时，该方法会抛出 UnknowHostException 异常，需要程序员捕获。如果需要获取本机 IP 地址，则要使用静态的 getLocalHost()方法，将例 10-1 的程序修改如下：

【例 10-2】获取本机 IP 地址。

```
import java.net.*;
public class GetMyIP {
    public static void main(String[] args) {
        try{
            System.out.println("本机 IP 为："+InetAddress.getLocalHost());
        }catch(UnknownHostException el){
            el.printStackTrace();
        }
    }
}
```

运行时，只要输入：

```
java GetMyIP
```

就可以获取本机的 IP 地址了。

10.3　URL 类和 URLConnection 类的使用

IP 地址惟一标识了 Internet 上的计算机，而 URL 则标识了这些计算机上的资源。一般情况下，URL 是一个包含了传输协议、主机名称、文件名称等信息的字符串，程序员处理这样一个字符串时比较烦琐。为了方便程序员编程，JDK 中提供了 URL 类，该类的全名是 java.net.URL，有了这样一个类，就可以使用它的各种方法来对 URL 对象进行处理。

10.3.1　编程实例2：用 URL 类实现一个简单的浏览器

在这一节中，将利用 URL 类和 JEditorPane 类编写一个非常简单的浏览器。在动手编程之前，先来看看 URL 的构造方法。

URL 有 6 种构造方法，本例中使用了最常用的绝对路径构造法，该方法的原型是：

```
public URL(String spec)    throws MalformedURLException;
```

其中的参数 spec 是一个完整的 URL 字符串（必须要包含传输协议），例如：

```
URL    racehtml=new URL("http://xys.freedns.us/index.html");
```

注意：该方法会抛出 MalformedURLException 异常，需要在程序中捕获。

要显示网页的内容，需要用到 javax.swing 包中的 JEditorPane 类。由于本书篇幅所限，没有专门介绍如何利用 swing 包编写窗口程序的方法，请参考 Java 窗口程序设计类的书籍。创建 JEditorPane 类的对象后，使用该类的 setPage()方法可以显示 URL 所指定的网页内容。如果该对象处于不可编辑状态，它还能响应超链接事件 HyperlinkEvent。知道这些基本方法后，就可以动手编程了。如图 10-2 所示就是利用这两个类编制的程序界面。

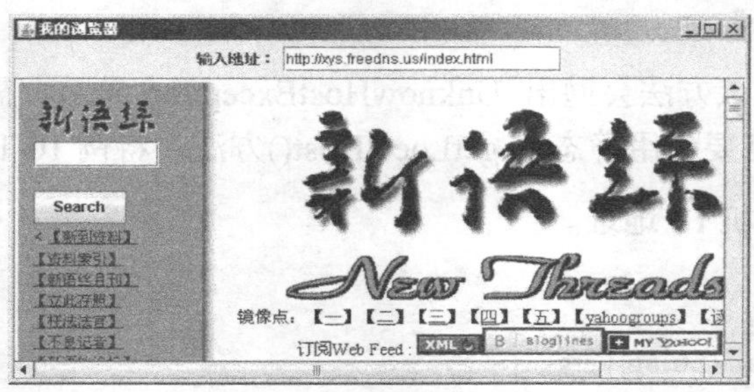

图 10-2　一个简单的浏览器

这个程序的交互界面只有两个主要控件：一个 JTextField 和一个 JEditorPane。用户在 JTextField 中输入 URL，完成后敲回车键，程序将利用 JEditorPane 来显示网页内容。下面是程序代码。

【例 10-3】一个简单的浏览器示例。

```
import java.awt.event.*;
import javax.swing.*;
import javax.swing.event.*;
import java.awt.*;
import java.net.*;
import java.io.*;
//本类需要实现 HyperlinkListener 接口，以响应用户单击超链接事件
public class MyBrowser implements ActionListener,HyperlinkListener{
  JLabel msgLbl;
  JTextField urlText;     //给用户输入 URL
  JEditorPane content;     //显示网页内容
  JScrollPane JSPanel;
  JPanel panel;
  Container con;
  JFrame mainJframe;
  //构造方法，用于程序界面的布局
  public MyBrowser(){
      mainJframe=new JFrame("我的浏览器");
      mainJframe.setDefaultCloseOperation(JFrame.EXIT_ON_CLOSE);
      con=mainJframe.getContentPane();
      msgLbl=new JLabel("输入地址：");
      urlText=new JTextField();
```

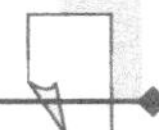

```
        urlText.setColumns(20);
        urlText.addActionListener(this);
        panel=new JPanel();
        panel.setLayout(new FlowLayout());
        panel.add(msgLbl);
        panel.add(urlText);
        content=new JEditorPane();
        content.setEditable(false);
       //为 content 添加超链接事件监听器
        content.addHyperlinkListener(this);
        JSPanel=new JScrollPane(content);
        con.add(panel,BorderLayout.NORTH);
        con.add(JSPanel,BorderLayout.CENTER);
        mainJframe.setSize(800,600);
        mainJframe.setVisible(true);
        mainJframe.setDefaultCloseOperation(JFrame.EXIT_ON_CLOSE);
    }
     //当用户按下回车键后，调用此方法
     public void actionPerformed(ActionEvent e){
        try{
            URL url=new URL(urlText.getText());           //根据用户输入构造 URL 对象
            content.setPage(url);                 //获取网页内容并显示
        }catch (MalformedURLException el){
            System.out.println(e.toString());
        }catch(IOException el){
            JOptionPane.showMessageDialog(mainJframe,"连接错误");
        }
    }
    //实现 hyperlinkUpdate 方法，当用户点击网页上的链接时，系统将调用此方法
    public void hyperlinkUpdate(HyperlinkEvent e){
        if(e.getEventType()==HyperlinkEvent.EventType.ACTIVATED){
            try{
                URL url=e.getURL();          //获取用户点击的 URL
                content.setPage(url);         //跳转到新页面
                urlText.setText(e.getURL().toString());   //更新用户输入框中的 URL
            }catch (MalformedURLException el){
                System.out.println(e.toString());
            }catch(IOException el){
                JOptionPane.showMessageDialog(mainJframe,"连接错误");
            }
        }
    }

    public static void main(String[] args) {     new MyBrowser();   }
}
```

上面这个程序中，由于 JEditorPane 功能比较弱，无法执行网页中 JavaScript/VBScript 等脚本语言，所以只能用于一些简单的静态网页的显示。

10.3.2　编程实例3：用 URLConnection 类实现文件下载

上面的例子中，利用 URL 配合 JEditorPane 类可以显示网页。但对于某些文件，例如.rar 文件，并不需要显示出来，而是要下载它到本地机器上，这时就不能再使用 JEditorPane 类的 setPage 方法，而需要使用 URLConnection 类。

URLConnection 类提供了以下方法返回输入/输出流，通过它们可以与远程对象进行通信：

（1）public InputStream getInputStream()：从打开的连接中返回一个输入流，以便读入数据。

（2）public OutputStream getOutputStream()：从打开的连接中返回一个输出流，以便写出数据。

文件下载的实质是从远程机器上复制文件到本地机器上，也就是说，它本质上不过是文件的复制。明白了这一点，就能够很好地理解下面的程序。

【例 10-4】文件下载示例。

```
import java.awt.event.*;
import javax.swing.*;
import java.awt.*;
import java.net.*;
import java.io.*;

public class DownFile implements ActionListener{
  JLabel msgLbl;
  JTextField urlText;
  JButton btn;
  Container con;
  JFrame mainJframe;

  public DownFile() {
      mainJframe=new JFrame("我的浏览器");
      con=mainJframe.getContentPane();
      msgLbl=new JLabel("请输入要下载的文件地址和名称");
      urlText=new JTextField();
      urlText.setColumns(15);
      btn=new JButton("下载");
      btn.addActionListener(this);
      con.setLayout(new FlowLayout());
      con.add(msgLbl);
      con.add(urlText);
      con.add(btn);
      mainJframe.setSize(300,300);
      mainJframe.setVisible(true);
      mainJframe.setDefaultCloseOperation(JFrame.EXIT_ON_CLOSE);
  }

  public static void main(String[] args) {    new DownFile();    }

  public void actionPerformed(ActionEvent e) {
      try{
          URL url=new URL(urlText.getText());
          URLConnection connect=url.openConnection();          //创建远程连接
          //创建输入流
          BufferedReader buf=new BufferedReader(
                              new InputStreamReader(connect.getInputStream()));
          //创建输出流，保存文件名为 temp.dat
          BufferedWriter file=new BufferedWriter(new FileWriter("temp.dat"));
          int ch;
          //复制文件
          while((ch=buf.read())!=-1)       file.write(ch);
          buf.close();
          file.close();
```

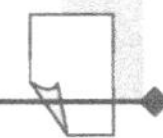

```
            JOptionPane.showMessageDialog(mainJframe,"下载成功");
        }catch(MalformedURLException el){
            System.out.println(el.toString());
        }catch(IOException el){
            JOptionPane.showMessageDialog(mainJframe,"连接错误");
        }
    }
}
```

这个程序主要是为了演示 URLConnection 的使用，所以写得很简单，使用者无法选择要保存的文件名，读者可以将它改写得更为实用一点。

10.4　Socket 的使用

在网络编程中，使用最多的就是 Socket 了，每一个实用的网络程序都少不了它的参与。本节来详细介绍它的使用。

Socket 是 TCP/IP 中的基本概念，它负责将 TCP/IP 包发送到指定的 IP 地址，也可以看成是在两个程序进行通信连接中的一个端点，一个程序将信息写入 Socket 中（类似于插座），该 Socket 将这段信息发送到到另一个 Socket 中(类似于插头)，使这段信息能够传送到其他程序。这两端的程序可以是在同一台计算机上，也可以在因特网的远程计算机上。

当两个程序需要通信时，可以使用 Socket 类建立套接字连接。呼叫的一方称为客户机，负责监听的一方称为服务器。由于 TCP/IP 协议是基于连接的、可靠的协议。所以客户机/服务器可以在这条连接上可靠地传输数据。服务器所用的套接字是 ServerSocket，客户机所用的套接字是 Socket。

注意：客户机和服务器必须使用同一个指定的端口号。

一个典型的客户机/服务器对话过程如下：

（1）服务器监听指定端口的输入。

（2）客户机发出一个请求。

（3）服务器接收到这个请求。

（4）服务器处理这个请求，并把结果返回给客户机。

（5）客户机接收结果，做出相应处理。

10.4.1　客户端创建 Socket 对象

Java 中提供了 Socket 类供程序员来创建对象，建立套接字。客户端创建 Socket 对象和创建其他类的对象没有什么不同，也是利用该类构造方法来创建。而后可以使用该类的一些方法对数据进行读写。Socket 类中的常用方法如表 10-1 所示。

Socket 类并没有定义数据的输入和输出方法。在使用 Socket 对象时，必须使用 getInputStream()方法获得输入流，然后用这个输入流读取服务器放入线路的信息。另外还可以使用 getOutputStream()方法获得输出流，然后利用这个输出流将信息写出到线路。

表 10-1　Scocket 中的常用方法

方　法	说　明
Socket(InetAddress address, int port)	创建一个 Socket 对象，address 表示要连接的 IP 地址，port 表示用于连接的端口
Socket(String host, int port)	创建一个 Socket 对象，address 表示要连接的主机名，port 表示用于连接的端口
void close()	关闭连接
void connect(SocketAddress endpoint)	将套接字连接到服务器
void connect(SocketAddress endpoint, int timeout)	将套接字连接到服务器，timeout 用于指定超时时间
InetAddress getInetAddress()	获得套接字连接的地址
int getPort()	获得套接字连接的远程端口
InputStream getInputStream()	获得套接字所用的输入流
OutputStream getOutputStream()	获得套接字所用的输出流

在实际编程中，经常将 getInputStream()方法获得的输入流连接到另一个数据流上，比如 DataInputStream 上，因为该流有更方便的方法处理信息。同样，getOutputStream()方法获得的输出流也会连接到 DataOutputStream 上。

10.4.2　服务器端创建 ServerSocket 对象

服务器端使用的套接字与客户端不同，叫作 ServerSocket。ServerSocket 本身的方法比较少，也没有提供任何输入和输出功能，它仅仅只起到一个“侦听”的功能。

程序首先需要使用它的构造方法

```
ServerSocket(int port)
```

创建一个对象。这里的端口号 port 须与客户端指定的一致。其默认的最大连接数目为 50。如果想改变这个连接数目，可以使用 ServerSocket(int port, int backlog)。

当 ServerSocket 对象建立后，可以利用它的 accept()方法接收客户端发来的信息。该方法采用“阻塞”方式监听，直到有信息传过来，它才会返回一个 Socket 对象。接下来，服务器就可以利用这个 Socket 对象与客户端进行通信了。它的使用方法与客户端的相同。当读写活动完毕后，需要调用 close 方法关闭连接。

10.4.3　编程实例 4：一对一的通信

【例 10-5】是一个简单的客户端/服务器的 Socket 通信程序。

在本程序中，客户端从命令行输入一个半径值并传送到服务器；服务器根据这个半径值计算出圆面积并发送给客户；客户端显示这个值；客户端输入“bye”命令将结束通信。

```
//--------客户端程序 Client.java--------------------
import java.io.*;
import java.net.*;
public class Client {
  public static void main(String[] args) {
```

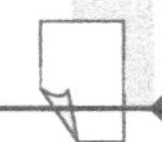

```
    try{
      //连接到本机，端口号 5500
        Socket connectToServer=new Socket("localhost",5500);
        //将数据输入流连接到 Socket 上
        DataInputStream inFromServer=new DataInputStream(
                                        connectToServer.getInputStream());
        //将数据输出流连接到 Socket 上
        DataOutputStream outToServer=new DataOutputStream(
                                        connectToServer.getOutputStream());
        System.out.println("输入半径数值发送到服务器，输入 bye 结束。");
        String outStr,inStr;
        boolean goon=true;
        BufferedReader buf=new BufferedReader(new InputStreamReader(System.in));
        //反复读用户的数据并计算
        while(goon){
            outStr=buf.readLine();          //读入用户的输入
            outToServer.writeUTF(outStr);//写到 Socket 中
            outToServer.flush();              //清空缓冲区，立即发送
            inStr=inFromServer.readUTF();//从 Socket 中读数据
            if(!inStr.equals("bye"))
                System.out.println("从服务器返回的结果是"+inStr);
            else
                goon=false;
        }
        inFromServer.close();
        outToServer.close();
        connectToServer.close();
    }catch(IOException e){
        e.printStackTrace();
    }
  }
}
```

一般情况下，客户端程序和服务端程序要分别运行在不同的机器上，但多数读者都只有一台机器，所以将客户端程序的连接地址写成了“localhost”，即本机既是客户机，又是服务器。如果需要让程序运行在不同的机器上，这个地址应该是服务器端程序所在机器的 IP 地址。

```
//--------服务器端程序 Server.java--------------------
import java.io.*;
import java.net.*;
public class Server {
    public static void main(String[] args) {
      try{
          System.out.println("等待连接");
          //创建服务器端套接字，端口号 5500 必须与客户端一致
          ServerSocket serverSocket=new ServerSocket(5500);
          //侦听来自客户端的连接请求
          Socket connectToClient=serverSocket.accept();
          System.out.println("连接请求来自"+
                         connectToClient.getInetAddress().getHostAddress());
          DataInputStream inFromClient=new DataInputStream(
                                       connectToClient.getInputStream());
          DataOutputStream outToClient=new DataOutputStream(
                                       connectToClient.getOutputStream());
```

```
                String str;
                double radius,area;
                boolean goon=true;
                while(goon){
                    //从 socket 中读取数据
                    str=inFromClient.readUTF();
                    if(!str.equals("bye")){
                            radius=Double.parseDouble(str);
                            System.out.println("接收到的半径值为："+radius);
                            area=radius*radius*Math.PI;
                            str=Double.toString(area);
                            //向 socket 中写数据
                            outToClient.writeUTF(str);
                            outToClient.flush();
                            System.out.println("圆面积"+str+"已经发送");
                    }else{
                            goon=false;
                            outToClient.writeUTF("bye");
                            outToClient.flush();
                    }
                }
                inFromClient.close();
                outToClient.close();
                serverSocket.close();
            }catch(IOException e){
                e.printStackTrace();
            }
        }
    }
```

客户端程序运行截图如图 10-3 所示。服务器端程序运行截图如图 10-4 所示（服务程序必须先启动）。

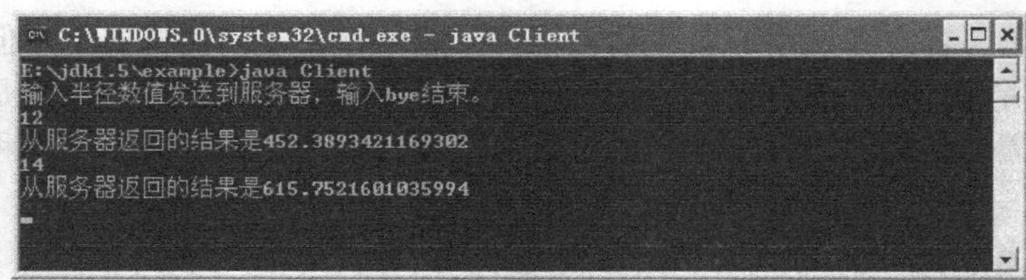

图 10-3　客户端程序运行截图

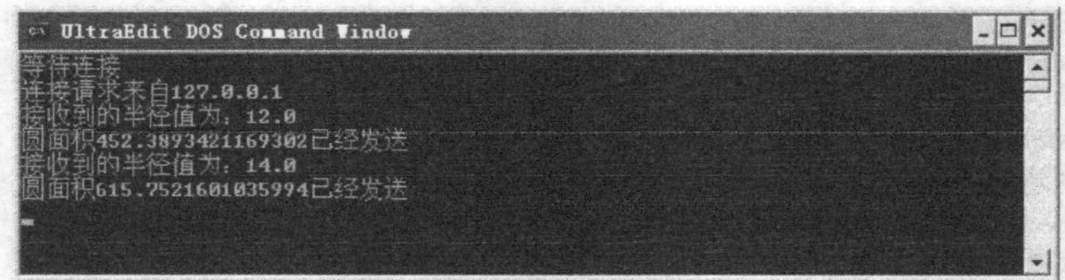

图 10-4　服务器端程序运行截图

10.4.4　编程实例5：一对多的通信

上面的程序示例只能响应一个客户端程序的连接请求。而实际运行当中，服务器是要求

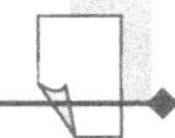

同时响应多个客户请求的。其实，ServerSocket 对象的 accept()方法每当有一个连接请求发生时，就会产生一个 Socket 对象，所以只要用此方法反复监听客户请求，就可以为每一个客户生成一个专用的 Socket 对象进行通信。

另一个问题是如何管理这么多的Socket 对象？通用的解决办法是将Socket 对象放置到线程中，这样当每一个 Socket 对象执行任务完成后，只有包含其的线程会终止，对其他的线程没有任何影响。当然开启线程需要消耗更多的计算机资源，所以服务器端能够允许同时响应的客户端数目总是有限的。

【例 10-6】可以响应多个客户端的服务程序。

```
//--------文件名 ServerThread.java--------------------
//利用本线程来完成服务器与客户端的通信工作
import java.io.*;
import java.net.*;
public class ServerThread extends Thread{
   private Socket connectToClient;
   private DataInputStream inFromClient;
   private DataOutputStream outToClient;
   //在构造方法中为每个套接字连接输入和输出流
   public ServerThread(Socket socket) throws IOException{
       super();
       connectToClient=socket;
       inFromClient=new DataInputStream(
                                    connectToClient.getInputStream());
       outToClient=new DataOutputStream(
                                    connectToClient.getOutputStream());
       start(); //启动 run()方法
   }
   //在 run()方法中与客户端通信
   public void run() {
       try{
            String str;
            double radius,area;
            boolean goon=true;
            while(goon){
                str=inFromClient.readUTF();
                if(!str.equals("bye")){
                    radius=Double.parseDouble(str);
                    System.out.println("接收到的半径值为："+radius);
                    area=radius*radius*Math.PI;
                    str=Double.toString(area);
                    outToClient.writeUTF(str);
                    outToClient.flush();
                    System.out.println("圆面积"+str+"已经发送");
                }else{
                    goon=false;
                    outToClient.writeUTF("bye");
                    outToClient.flush();
                }
            }
            inFromClient.close();
            outToClient.close();
            connectToClient.close();
        }catch(IOException e){
```

```
                e.printStackTrace();
            }
        }
    }
```

然后再写一个主程序来使用此线程。

```
//--------文件名 MultiServer.java--------------------
//这是主程序，它只要简单地启动线程就可以了
import java.io.*;
import java.net.*;
public class MultiServer {
    public static void main(String[] args) {
        try{
            System.out.println("等待连接");
            ServerSocket serverSocket=new ServerSocket(5500);
            Socket connectToClient=null;
            while (true){   //这是一个无限循环
                //等待客户端的请求
                connectToClient=serverSocket.accept();
                //每次请求都启动一个线程来处理
                new ServerThread(connectToClient);
            }
        }catch(IOException e){
            e.printStackTrace();
        }
    }
}
```

客户端的程序就是前面编制的例 10-5 中的程序，无须修改。

当 MultiServer 运行起来之后，可以同时启动多个 Client 程序与它进行通信。程序界面也与前面的例子完全相同，这里不再截图。

这个程序还有一个小问题：服务器端的程序是一个无限循环，如何编程才能让它受用户控制而结束？请读者自行思考。

10.4.5 编程实例6：简单的聊天程序

这里再来写一个 GUI 界面的聊天小程序。这个程序与前面程序的区别是客户端和服务器端程序都可以由用户输入数据向对方发送。这就引起了一个问题：当用户在输入文字时，程序如何接收对方发来的数据？解决的办法是将接收数据部分放在线程中，它始终在后台运行，一旦对方发来了数据，就立即显示在界面上；而主界面负责输入文字和发送数据，这样发送和接收数据互不影响。

【例 10-7】聊天程序示例。

```
//--------服务器端程序 ChatServer.java--------------------
import java.io.*;
import java.net.*;
import java.awt.event.*;
import java.awt.*;
import javax.swing.*;
```

```
public class ChatServer implements ActionListener,Runnable{
    JTextArea showArea;
    JTextField msgText;
    JFrame mainJframe;
    JButton sentBtn;
    JScrollPane JSPane;
    JPanel pane;
    Container con;
    Thread thread=null;
    ServerSocket serverSocket;
    Socket connectToClient;
    DataInputStream inFromClient;
    DataOutputStream outToClient;

    public ChatServer() {
        //设置界面
        mainJframe=new JFrame("聊天——服务器端");
        con=mainJframe.getContentPane();
        showArea=new JTextArea();
        showArea.setEditable(false);
        showArea.setLineWrap(true);
        JSPane=new JScrollPane(showArea);
        msgText=new JTextField();
        msgText.setColumns(30);
        msgText.addActionListener(this);
        sentBtn=new JButton("发送");
        sentBtn.addActionListener(this);
        pane=new JPanel();
        pane.setLayout(new FlowLayout());
        pane.add(msgText);
        pane.add(sentBtn);
        con.add(JSPane,BorderLayout.CENTER);
        con.add(pane,BorderLayout.SOUTH);
        mainJframe.setSize(500,400);
        mainJframe.setVisible(true);
        mainJframe.setDefaultCloseOperation(JFrame.EXIT_ON_CLOSE);
        try{
            //创建服务套接字
            serverSocket=new ServerSocket(5500);
            showArea.append("正在等待对话请求\n");
            //侦听客户端的连接
            connectToClient=serverSocket.accept();
            inFromClient=new DataInputStream(connectToClient.getInputStream());
            outToClient=new DataOutputStream(connectToClient.getOutputStream());
            //启动线程在后台来接收对方的消息
            thread=new Thread(this);
            thread.setPriority(Thread.MIN_PRIORITY);
            thread.start();
        }catch(IOException e){
            showArea.append("对不起，不能创建服务器\n");
            msgText.setEditable(false);
            sentBtn.setEnabled(false);
        }
    }

    public static void main(String[] args) {        new ChatServer();    }
```

```
    //响应按钮事件，发送消息给对方
    public void actionPerformed(ActionEvent e) {
        String s=msgText.getText();
        if (s.length()>0){
          try{
                outToClient.writeUTF(s);
                outToClient.flush();
                showArea.append("我说： "+msgText.getText()+"\n");
                msgText.setText(null);
          }catch(IOException el){
                showArea.append("你的消息：“"+msgText.getText()+"” 未能发送出去\n");
          }
        }
    }
    // 本线程负责将客户机传来的信息显示在对话区域
    public void run() {
        try{
            while(true){
                showArea.append("对方说： "+inFromClient.readUTF()+"\n");
                Thread.sleep(1000);
            }
        }catch(IOException el){
        }catch (InterruptedException e) { }
    }
}
//--------客户端程序 ChatClient.java--------------------
import java.io.*;
import java.net.*;
import java.awt.event.*;
import java.awt.*;
import javax.swing.*;
public class ChatClient implements ActionListener,Runnable{
   JTextArea showArea;
   JTextField msgText;
   JFrame mainJframe;
   JButton sentBtn;
   JScrollPane JSPane;
   JPanel pane;
   Container con;
   Thread thread=null;
   Socket connectToServer;
   DataInputStream inFromServer;
   DataOutputStream outToServer;

   public ChatClient() {
      mainJframe=new JFrame("聊天——客户端");
      con=mainJframe.getContentPane();
      showArea=new JTextArea();
      showArea.setEditable(false);
      showArea.setLineWrap(true);
      JSPane=new JScrollPane(showArea);
      msgText=new JTextField();
      msgText.setColumns(30);
      msgText.addActionListener(this);
      sentBtn=new JButton("发送");
      sentBtn.addActionListener(this);
      pane=new JPanel();
```

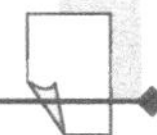

```
            pane.setLayout(new FlowLayout());
            pane.add(msgText);
            pane.add(sentBtn);
            con.add(JSPane,BorderLayout.CENTER);
            con.add(pane,BorderLayout.SOUTH);
            mainJframe.setSize(500,400);
            mainJframe.setVisible(true);
            mainJframe.setDefaultCloseOperation(JFrame.EXIT_ON_CLOSE);
            //创建套接字连接到服务器
            try{
                connectToServer=new Socket("localhost",5500);
                inFromServer=new DataInputStream(connectToServer.getInputStream());
                outToServer=new DataOutputStream(connectToServer.getOutputStream());
                showArea.append("连接成功，请说话\n");
                //创建线程在后台处理对方的消息
                thread=new Thread(this);
                thread.setPriority(Thread.MIN_PRIORITY);
                thread.start();
            }catch(IOException e){
                showArea.append("对不起，没能连接到服务器\n");
                msgText.setEditable(false);
                sentBtn.setEnabled(false);
            }
        }

        public static void main(String[] args) {        new ChatClient();   }

        //响应按钮事件，发送消息给对方
        public void actionPerformed(ActionEvent e) {
            String s=msgText.getText();
            if (s.length()>0){
                try{
                        outToServer.writeUTF(s);
                        outToServer.flush();
                        showArea.append("我说："+msgText.getText()+"\n");
                        msgText.setText(null);
                }catch(IOException el){
                        showArea.append("你的消息："“+msgText.getText()+"”未能发送出去\n");
                }
            }
        }
        // 本线程负责将服务器传来的信息显示在对话区域
        public void run() {
            try{
                while(true){
                        showArea.append("对方说："+inFromServer.readUTF()+"\n");
                        Thread.sleep(1000);
                }
            }catch(IOException el){
            }catch (InterruptedException e) { }
        }
    }
```

服务器端程序运行截图如图 10-5 所示。客户端程序运行截图如图 10-6 所示。

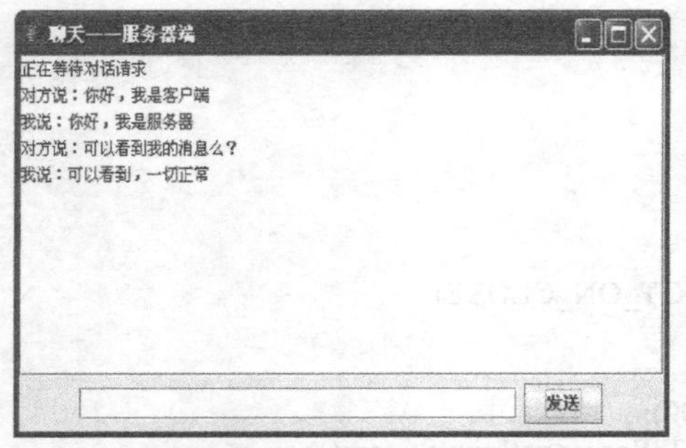

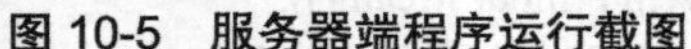
图 10-5　服务器端程序运行截图

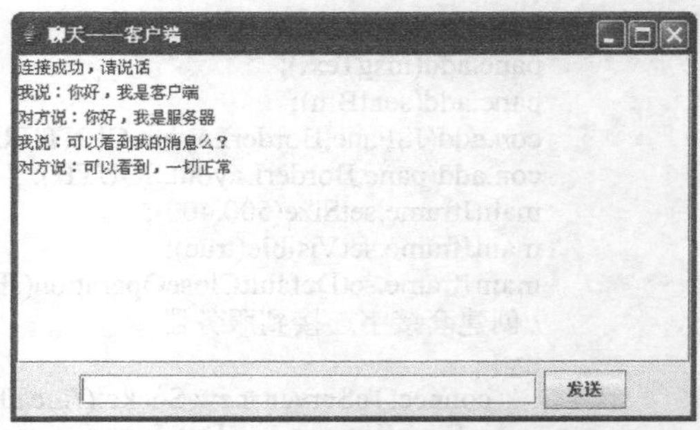

图 10-6　客户端程序运行截图

这个聊天程序的服务器端和客户端的界面完全一样，功能也相似，唯一的区别是服务端程序需要多启动一个服务用的套接字。而实际上聊天时，双方应该是对等的，无所谓客户和服务——正如 QQ 一样，这需要使用 UDP 通信。

10.5　UDP 数据报通信

用户数据报协议（UDP）是一种无连接的客户/服务器通信协议。它不保证数据报会被对方完全接收，也不保证它们抵达的顺序与发出时一样，但它的速度比 TCP/IP 协议要快得多。所以对于某些不需要保证数据完整准确的场合，或是数据量很大的场合（比如声音、视频）等，通常采用 UDP 通信。另外在局域网中，数据丢失的可能性很小，也常采用 UDP 通信。

UDP 通信中，需要建立一个 DatagramSocket，与 Socket 不同，它不存在“连接”的概念，取而代之的是一个数据报——DatagramPacket。这个数据报必须知道自己来自何处，以及打算去哪里。所以本身必须包含 IP 地址、端口号和数据内容。

10.5.1　DatagramSocket的使用方法

DatagramSocket 可以用来创建收、发数据报的 Socket 对象。如果用它来接收数据，应该用下面这个创建方法：

```
public DatagramSocket(int port) throws SocketException
```

参数 port 用于指定接收时的端口。

如果用来发送数据，应该用这个：

```
public DatagramSocket() throws SocketException
```

所有的端口、目的地址和数据，需要由 DatagramPacket 来指定。

接收数据时，可以使用它的 receive(DatagramPacket data)方法。获取的数据报将存放在 data 中。发送数据时，可以使用它的 send(DatagramPacket data)方法。发送的端口、目的地址和数据都在 data 中。

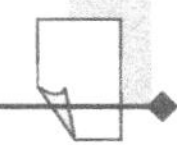

10.5.2　DatagramPacket的使用方法

DatagramPacket 的对象就是数据报的载体。如果用来接收数据，用下面这个方法创建：

```
public DatagramPacket（byte []buf, int length）
```

其中 buf 表示存放数据的字节型数组，length 表示能接收的最大长度。

如果是发送数据报，用下面这个方法：

```
public DatagramPacket(byte []buf, int length, InetAddress address, int port)
```

后两个参数分别是目的地址和端口。它还有以下一些常用的方法。

（1）public byte[] getData()：获取存放在数据报中的数据。

（2）public int getLength()：获取数据的长度。

（3）public InetAddress getAddress()：获取数据报中的 IP 地址。

（4）public int getPort()：获取数据报中的端口号。

（5）public void setData(byte []buf)：设置数据报中的内容为 buf 所存储的内容。

10.5.3　编程实例7：用 UDP 实现的聊天程序

本节介绍一个用 UDP 实现的聊天程序，它的界面及功能与上一节的聊天程序差不多，只是用于通信的协议是 UDP。

用 UDP 协议通信不需要使用服务器，所以用于聊天的程序只要写一个，分别在不同的机器上运行就可以了，而无须写成服务端和客户端两种形式。

【例 10-8】用 UDP 实现的聊天程序示例。

```
import java.io.*;
import java.net.*;
import java.awt.event.*;
import java.awt.*;
import javax.swing.*;
public class UDPChat implements Runnable,ActionListener{
    JTextArea showArea;
    JLabel lbl1,lbl2,lbl3;
    JTextField msgText,sendPortText,receivePortText,IPAddressText;
    JFrame mainJframe;
    JButton sendBtn,startBtn;
    JScrollPane JSPane;
    JPanel pane1,pane2;
    Container con;
    Thread thread=null;
    DatagramPacket sendPack,receivePack;
    DatagramSocket sendSocket,receiveSocket;
    private InetAddress sendIP;
    private int sendPort,receivePort; //存储发送端口和接收端口
    private byte inBuf[], outBuf[];
    public static final int BUFSIZE=1024;
    public UDPChat() {
      mainJframe=new JFrame("聊天——UDP 协议");
      con=mainJframe.getContentPane();
```

```
        showArea=new JTextArea();
        showArea.setEditable(false);
        showArea.setLineWrap(true);
        lbl1=new JLabel("接收端口号:");
        lbl2=new JLabel("发送端口号:");
        lbl3=new JLabel("对方的地址:");
        sendPortText=new JTextField();
        sendPortText.setColumns(5);
        receivePortText=new JTextField();
        receivePortText.setColumns(5);
        IPAddressText=new JTextField();
        IPAddressText.setColumns(8);
        startBtn=new JButton("开始");
        startBtn.addActionListener(this);
        pane1=new JPanel();
        pane1.setLayout(new FlowLayout());
        pane1.add(lbl1);
        pane1.add(receivePortText);
        pane1.add(lbl2);
        pane1.add(sendPortText);
        pane1.add(lbl3);
        pane1.add(IPAddressText);
        pane1.add(startBtn);
        JSPane=new JScrollPane(showArea);
        msgText=new JTextField();
        msgText.setColumns(40);
        msgText.setEditable(false);
        msgText.addActionListener(this);
        sendBtn=new JButton("发送");
        sendBtn.setEnabled(false);
        sendBtn.addActionListener(this);
        pane2=new JPanel();
        pane2.setLayout(new FlowLayout());
        pane2.add(msgText);
        pane2.add(sendBtn);
        con.add(pane1,BorderLayout.NORTH);
        con.add(JSPane,BorderLayout.CENTER);
        con.add(pane2,BorderLayout.SOUTH);
        mainJframe.setSize(600,400);
        mainJframe.setVisible(true);
        mainJframe.setDefaultCloseOperation(JFrame.EXIT_ON_CLOSE);
    }
    public static void main(String[] args) {    new UDPChat();   }
    public void actionPerformed(ActionEvent e) {
        try{
          if(e.getSource()==startBtn){ //按下了开始按钮
              inBuf=new byte[BUFSIZE];
              sendPort=Integer.parseInt(sendPortText.getText());
              sendIP=InetAddress.getByName(IPAddressText.getText());
              sendSocket=new DatagramSocket();
              receivePort=Integer.parseInt(receivePortText.getText());
              receivePack=new DatagramPacket(inBuf,BUFSIZE);          //创建接收数据包
              receiveSocket=new DatagramSocket(receivePort);         //指定接收数据的端口
              thread=new Thread(this);             //创建线程准备接收对方的消息
              thread.setPriority(Thread.MIN_PRIORITY);
              thread.start();
              startBtn.setEnabled(false);
```

```
                sendBtn.setEnabled(true);
                msgText.setEditable(true);
            }else{   //按下了发送按钮或回车键
                outBuf=msgText.getText().getBytes();
                //组装要发送的数据包
                sendPack=new DatagramPacket(outBuf,outBuf.length,sendIP,sendPort);
                 sendSocket.send(sendPack);         //发送数据
                showArea.append("我说："+msgText.getText()+"\n");
                msgText.setText(null);
            }
        }catch(UnknownHostException el){ showArea.append("无法连接到指定地址\n");
        }catch(SocketException el){ showArea.append("无法打开指定端口\n");
        }catch(IOException el){ showArea.append("发送数据失败\n");
        }
    }
    //在线程中接收数据
    public void run() {
        String msgstr;
        while (true){
            try{   //注意这个 try 的位置
                  receiveSocket.receive(receivePack);
                msgstr=new String(receivePack.getData(),0,receivePack.getLength());
                  showArea.append("对方说："+msgstr+"\n");
            }catch(IOException el){        showArea.append("接收数据出错\n");   }
        }
    }
}
```

程序运行时截图如图 10-7 和图 10-8 所示。

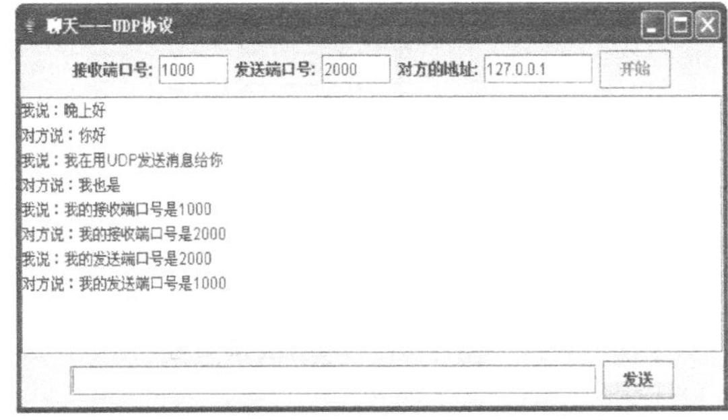

图 10-7 聊天程序的一端

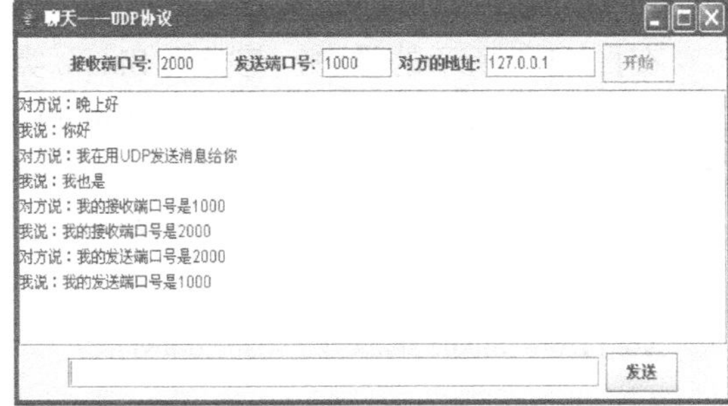

图 10-8 聊天程序的另一端

这个程序在运行时，需要先指定接收端口号和发送端口号，这两个端口号应该不一样。另外，两个聊天程序的接收端口和发送端口恰好是对应起来的。其中一个的发送端口是 1000，另一个的接收端口也应该是 1000；而后者的发送端口是 2000，则前者的接收端口就是 2000。这样才能正常通信。

第 11 章　运行时类型识别

本章将介绍 RTTI（Run-Time Type Identification，运行时类型识别）的相关知识。RTTI 是任何一门面向对象的语言都必须提供的功能。不仅系统本身要利用该功能来识别目前正在运行的对象真正所属的类别，程序员有时候也需要利用这一机制来识别对象，以设计程序做出恰当的反应。

本章将讨论如何利用 Java 在运行期间查找对象和类信息。这主要采取两种形式：一种是“传统”RTTI，它假定我们已在编译和运行期拥有所有类型；另一种是 Java 特有的“反射”机制，利用它可在运行期独立查找类信息。本章先讨论“传统”的 RTTI，再讨论反射问题。由于 RTTI 属于比较高级的技术，应用级程序员平常使用的可能性很小，初学者可以跳过本章。

11.1　RTTI 的作用

RTTI 是运行时类型识别的简称，对于面向对象的语言而言，它是必备功能。先来看看如图 11-1 所示的一种类继承关系。

在图 11-1 所示的类中，基类是 Shape 类，由它派生出来的类是 Circle、Square 和 Triangle。这 4 个类都拥有同名的方法：draw()。子类的 draw()方法会覆盖父类的方法。假定有下面的代码：

```
void Draw(Shape shape){    shape.draw();}
```

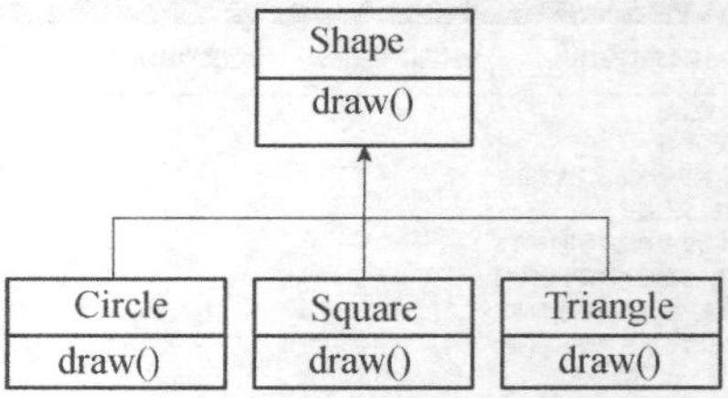

图 11-1　类结构示意图

然后分别采用下面的方法来调用：

```
Circle    circle = new Circle();
Square square = new Square();
Triangle triangel = new Triangle();
Shape shape = new Shape();
Draw(cirle);
Draw(square);
Draw(triangle);
Draw(shape);
```

由于多态特性的存在，shape.draw()实际上会执行 4 个不同的方法。它会根据实际执行时 shape 对象所属的真正类别来决定调用哪一个类的 draw()方法。多态特性对于程序员而言是非常有用的，不过大多数情况下，它对程序员是透明的，程序员并不需要关心系统是如何实现它的。

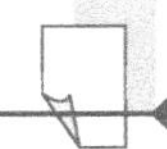

但是，有时候会碰上一些特殊的程序设计问题，只有在知道对象所属的确切类型后，才能最容易地解决这个问题。举例来说，程序员有时候想让自己的用户将某一具体类型的几何形状（如三角形）全都变成紫色，以便突出显示它们，并快速找出这一类型的所有形状。此时便要用到 RTTI 技术，用它查询某个 shape 对象的准确类型。

这里要做的事情就是系统自动完成的事情，不过由程序员自己来做，现在的问题就是如何来确定这个类型。其实有一点可以肯定，对象在运行时一定携带了某些信息，系统可以通过某种方式获取这些信息，从而确定对象所属的类。

注意：Java 提供了两种方式来获取对象的信息：一种是利用传统的方法；一种是利用反射机制。

11.2　用 Class 类来加载对象

为了理解 RTTI 在 Java 里是如何工作的，首先必须了解类型信息在运行期是如何表示的。这要用到一个名为“Class”的特殊形式的对象，其中包含了与类有关的信息（有时也把它叫作“元类”）。事实上，可以用 Class 对象创建属于某个类的全部“常规”或“普通”的对象。

任何一个作为程序一部分的类，都有一个 Class 对象。换言之，每次写一个新类时，同时也会创建一个 Class 对象（更恰当地说，它会被保存在一个完全同名的.class 文件中）。在运行期，一旦程序员想生成那个类的一个对象，用于执行程序的 Java 虚拟机（JVM），首先就会检查那个类型的 Class 对象是否已经载入。若尚未载入，JVM 就会查找同名的.class 文件，并将其载入。所以 Java 程序启动时并不是完全载入的，这一点与许多传统语言都不同。一旦那个类型的 Class 对象进入内存，就用它创建那一类型的所有对象。

Class 类中间提供了很多有用的方法，其中 forName()方法是用来加载一个对象的。使用它，可以不必用关键字 new 来创建对象。它是一个静态方法，一般使用形式如下：

```
Class.forName("类名");
```

下面举一个简单的例子来看看这个方法是如何加载对象的。

【例 11-1】用 Class 加载对象示例。

```
public class Candy {
    static {
        System.out.println("Loading Candy in static block.");
    }
    public static void main(String args[]){
        System.out.println("Loading Candy in main method.");
    }
}
```

下面这个程序用来加载 Candy 对象。

```
public class LoadClass{
      public static void main(String args[]){
        System.out.println("Before loding Candy. ");
        try{
            Class.forName("Candy");    //加载 Candy 对象
        }catch(ClassNotFoundException e) {    e.printStackTrace(); }
```

```
    }
}
```

程序的输出如下：

```
Before loding Candy.
Loading Candy in static block.
```

从程序输出来看，用这种方式和用 new 来创建对象并没有什么不同。其实二者之间是有很大区别的：用 new 创建对象是要通过编译器静态检查的，如果编译时 Candy 类不存在，那么使用 Candy 对象的类也无法通过编译。而 forName 方法是动态加载的，即便编译时 Candy 类不存在，编译也是可以通过的，只是在运行时会抛出异常。

使用 forName 还有一个问题，它返回的是一个 Class 类型，而不是加载的那个类的类型，所以无法做下面这样的声明：

```
Candy candy = Class.forName("Candy");
```

而只能写成：

```
Class candy = Class.forName("Candy");
```

也就是说 candy 无法直接使用 Candy 类中定义的方法。解决的办法是利用反射机制（这一点将在 11.6 节中详细介绍），不过这比直接用 new 来创建对象要麻烦得多。所以用 forName()加载对象多用在加载驱动程序的情况下。

11.3 使用 getClass()方法获取类信息

获取对象所属类信息最常用的方法是 getClass()方法。这个方法是 Object 类中的一个最终方法。所以所有类都可以直接使用它，但不能覆盖它。

getClass()的原型如下：

```
public final Class<? extends Object> getClass()
```

它的返回值是一个泛型类，读者暂时可以认为它就是返回一个简单的 Class 类。获得返回值之后可以利用 Class 类的各种方法对对象进行处理，使用上并不复杂，请看下面的例子。

【例 11-2】getClass()方法使用示例。

```
public class Shape{
    void showMsg(){   System.out.println("This is Shape class");   }
}
//--------------定义子类 Circle------------
public class Circle extends Shape{
    void showMsg(){ System.out.println("This is Circle class"); }
}
//--------------主程序 GetClassName-----
public class GetClassName{
    public static void main(String args[]){
        showName(new Circle());
        showName(new Shape());
    }
    public static void showName(Shape shape){
        Class cl = shape.getClass();   //获取 shape 实际所属的类
```

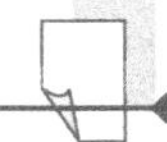

```
        System.out.println(cl.getName());
        //对类进行判断，并做出相应处理
        if (cl.getName().equals("Shape"))
            System.out.println("This is a shape object.");
        else if(cl.getName().equals("Circle") )
            System.out.println("This is a circle object.");
    }
}
```

程序的输出如下：

```
Circle
This is a circle object.
Shape
This is a shape object.
```

程序中用 getName 获取类名，然后进行比较，判断所属的类，比较麻烦，速度也比较慢。其实可以使用更为简单一点的方法：采用类标记。

11.4　使用类标记

Java 提供了一种简便的生成 Class 对象的方法：类标记。如果 T 是任意的 Java 类型，那么 T.class 就代表匹配的类对象，例如：

```
Class c1 = int.class;
Class c2 = double[].class;
Class c3 = Shape.class;
```

有了类标记，程序 GetClassName 可以改成下面的样子。

【例 11-3】类标记使用示例。

```
public class GetClassNameSe{
    public static void main(String args[]){
        showName(new Circle());
        showName(new Shape());
    }
    public static void showName(Shape shape){
        Class cl = shape.getClass();
        System.out.println(cl.getName());
        if (cl == Shape.class)
            System.out.println("This is a shape object.");
        else if(cl == Circle.class )
            System.out.println("This is a circle object.");
    }
}
```

这个程序的输出和 GetClassName 是完全一样的，不过它明显要简洁一些，而且运行效率也更高一些。不过这里仍然要生成一个 Class 对象。为避免创建对象的消耗，Java 还提供了更为简单的方法：使用关键字 instanceof。

11.5 使用关键字 instanceof 判断所属类

Java 提供了一个关键字 instanceof 来帮助程序员判断一个对象真正所属的类，它是一个二元运算符，一般形式如下：

```
objectName    instanceof    className
```

左侧的操作数是一个对象名，右侧的操作数是类名，计算结果为 true 或 false。如果左侧对象所属类与右侧类相容（即或者相等，或者是后者的子类），则返回 true，否则返回 false。

利用 instanceof，可以将程序 GetClassNameSe 稍作改动，如例 11-4 中的程序所示。

【例 11-4】使用 instanceof 判断所属类。

```
public class GetClassNameThd{
   public static void main(String args[]){
      showName(new Circle());
      showName(new Shape());
   }
   public static void showName(Shape shape){
      Class cl = shape.getClass();
      System.out.println(cl.getName());
      if (shape instanceof Shape)
         System.out.println("This is a shape object.");
      else if(shape instanceof Circle )
         System.out.println("This is a circle object.");
   }
}
```

程序运行结果与 GetClassName 完全相同，这么做已经完全不需要创建 Class 对象了。也许有读者认为既然有了 instanceof 这么简便的方法，那么应该不需要使用 Class 类。但事实是，对于这个例子 instanceof 有速度上的优势，但由于它仅仅是一个用来判断所属类的运算符，缺乏其他的功能，所以在稍微复杂一点的情况下，它就很难派上用场。事实上它的功能完全能被运行时多态所取代，所以多数人不赞成使用 instanceof。而 Class 类则有相当多的辅助方法，能够被使用在反射机制中，不仅可以“读取”对象所属类别，还能根据用户需要在程序运行过程中来动态创建某一类别的对象，以满足程序的各种需要，所以用途要广泛得多。

11.6 利用反射获取运行时类信息

反射（Reflection）是 Java 语言的特征之一，它允许运行中的 Java 程序对自身进行检查，或者说“自审”，并能直接操作程序的内部属性。例如，使用它能获得 Java 类中各成员的名称并显示出来。

Java 的这一能力被大量应用于 JavaBeans 中。使用反射，Java 可以支持快速开发（RAD）工具。特别是在设计或运行中添加新类时，快速地应用开发工具能够动态地查询新添加类的功能。

反射是一种强大且复杂的机制，使用它的主要是工具的构造者，而一般应用程序中用得相当少，但是在其他的程序设计语言中根本就不存在这一特性。例如，Pascal、C/C++中就没

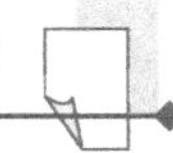

有办法在程序中获得函数定义相关的信息。限于篇幅，本节只介绍反射机制最重要的内容——检查类的结构。

先来看一个简单的例子，让读者对反射的工作模式有一个感性的认识。

【例 11-5】使用反射机制示例。

```
import java.lang.reflect.*;
public class DumpMethods{
    public static void main(String args[]) {
        try{
            Class c = Class.forName(args[0]);   //装载类命令行指定的类对象
            Method m[] = c.getDeclaredMethods(); //获取类中声明的方法
            for (int i = 0; i < m.length; i++)
                System.out.println(m[i].toString());
        }catch (Throwable e) {      System.err.println(e); }
    }
}
```

按如下语句执行：

```
java   DumpMethods   java.util.Stack
```

它的结果输出为：

```
public synchronized java.lang.Object java.util.Stack.pop()
public java.lang.Object java.util.Stack.push(java.lang.Object)
public boolean java.util.Stack.empty()
public synchronized java.lang.Object java.util.Stack.peek()
public synchronized int java.util.Stack.search(java.lang.Object)
```

这样就列出了 java.util.Stack 类的各方法名及它们的限制符和返回类型。

例 11-5 中的程序先使用 Class.forName 载入指定的类，然后调用 getDeclaredMethods 来获取这个类中定义的方法列表。

在 java.lang.relfect 包中，有三个类最为重要：Field、Method 和 Constructor，分别用来描述类的成员属性（域）、方法和构造器。这三个类都有一个 getName()方法，可以返回相应条目的名称。

使用这些类的时候，必须要遵循三个步骤：

（1）获得你想操作的类的 java.lang.Class 对象。获取 Class 对象方法前面已经介绍过，分别是 forName 和类标记。另外，如果是封装了简单数据类型的封装类，还提供了一个 TYPE 作为类标记，例如：

```
Class c = Integer.TYPE;
```

这种方法访问的是基本类型的封装类 Integer 中预先定义好的 TYPE 字段。

（2）调用诸如 getDeclaredMethods()的方法，以取得该类中定义的所有方法的列表。一旦取得这个信息，就可以进行第三步。

（3）使用 reflection API 来操作这些信息，如下面这段代码所示。

```
Class c = Class.forName("java.lang.String");
Method m[] = c.getDeclaredMethods();
System.out.println(m[0].toString());
```

它将以文本方式打印出 String 中定义的第一个方法的原型。

11.6.1 使用isInstance()方法判断所属类

Class 类中提供了一个 isInstance()方法，可以用来替代 instanceof 关键字。它的原型声明如下：

```
public boolean isInstance(Object obj)
```

注意：它的参数不是一个类名，而是一个类所属的对象。该方法判断参数 obj 所属的类与当前调用者所代表的类是否相容。如果 obj 所属的类与调用者类相同，或者是调用者类的子类，返回 ture，否则返回 false。

这里仍然假定例 11-2 中的程序定义的 Shape 类和 Circle 类存在。只对程序 GetClassName 做修改，用 isInstance()方法来判断所属类。

【例 11-6】使用 isInstance()方法判断所属类。

```
public class UseInstanceMethod{
   public static void main(String args[]){
      judge(new Circle());
      judge(new Shape());
   }
   public static void judge(Shape shape){
      Class cl = shape.getClass();
      System.out.println(cl.getName());
      if (cl.isInstance(new    Shape()) )   //注意它的参数
         System.out.println("This is a shape object.");
      else if(cl.isInstance(new Circle()) )
         System.out.println("This is a circle object.");
   }
}
```

程序输出与例 11-2 中的程序完全相同。

与 11.5 节介绍的运算符 instanceof 相比较，isInstance()的基本功能与其相同，都是判断某个对象所属的真正类别，不过判断的方向恰好是相反的。

11.6.2 获取成员方法信息

找出一个类中定义了些什么方法，这是一个非常有价值也非常基础的功能，这需要用到 Class 类中的 getDeclaredMethods()方法及 Method 类。下面的代码就实现了这一用法：

【例 11-7】列出类中的成员方法。

```
import java.lang.reflect.*;
public class ListMethods extends Circle{
      private int onlyTest(Object p, int x) throws NullPointerException {
          if (p == null)
              throw new NullPointerException();
          return x;
   }
   public static void main(String args[]){
       try {
          Class cls = Class.forName("ListMethods");
          Method methlist[] = cls.getDeclaredMethods();
```

```
        //循环显示类中所有方法的信息
        for (int i = 0; i < methlist.length; i++){
            System.out.println("------第"+i+"个方法------");
            Method m = methlist[i];
            //显示方法名称
            System.out.println("name = " + m.getName());
            //显示定义方法的类名称
            System.out.println("decl class = " + m.getDeclaringClass());
            //显示方法所有的参数类型
            Class pvec[] = m.getParameterTypes();
            for (int j = 0; j < pvec.length; j++)
                System.out.println("param #" + j + " " + pvec[j]);
            //显示方法所有可能抛出的异常
            Class evec[] = m.getExceptionTypes();
            for (int j = 0; j < evec.length; j++)
                System.out.println("exc #" + j + " " + evec[j]);
            //显示方法的返回值类型
            System.out.println("return type = " + m.getReturnType());
        }
    }catch (Throwable e){     System.err.println(e);   }
  }
}
```

程序输出结果如下：

```
------第 0 个方法------
name = onlyTest
decl class = class listMethods
param #0 class java.lang.Object
param #1 int
exc #0 class java.lang.NullPointerException
return type = int
------第 1 个方法------
name = main
decl class = class listMethods
param #0 class [Ljava.lang.String;
return type = void
```

不过读者可能会注意到，尽管本类是 Circle 的一个子类，但是并没有列出从 Circle 中继承下来的方法。如果想要获取父类的方法，需要在程序中使用 getMethods 来代替 getDeclaredMethods，不过它只能获得所有的 public 类型的方法。

11.6.3 获取构造方法信息

有时候需要获取的是构造方法的信息，它的用法与上述获取普通方法的用法类似。只要将其中的 getDeclaredMethods()改成 getDeclaredConstructors()方法，并将 Method 类替换成为 Constructor 就可以了。

【例 11-8】列出构造方法信息。

```
import java.lang.reflect.*;
public class ListConstructors extends Circle{
   public ListConstructors(){ }
   public ListConstructors(int i, double d){ }
   public static void main(String args[]){
```

```
        try {
            Class cls = Class.forName("ListConstructors");
            Constructor ctorlist[] = cls.getDeclaredConstructors();
            for (int i = 0; i < ctorlist.length; i++){
                    System.out.println("------第"+i+"个构造方法------");
                    Constructor m = ctorlist[i];
                    System.out.println("name = " + m.getName());
                    System.out.println("decl class = " + m.getDeclaringClass());
                    Class pvec[] = m.getParameterTypes();
                    for (int j = 0; j < pvec.length; j++)
                        System.out.println("param #" + j + " " + pvec[j]);
                    Class evec[] = m.getExceptionTypes();
                    for (int j = 0; j < evec.length; j++)
                        System.out.println("exc #" + j + " " + evec[j]);
            }
        } catch (Throwable e){ System.err.println(e);    }
    }
}
```

程序输出如下：

```
------第 0 个构造方法------
name = listConstructors
decl class = class listConstructors
param #0 int
param #1 double
------第 1 个构造方法------
name = listConstructors
decl class = class listConstructors
```

由于构造方法没有返回值，所以 Constructor 类中也就没有 getReturnType()方法。

11.6.4 获取类的成员属性

利用 Field 类可以获取类的成员属性。它的使用步骤和前面两个类相似，只是方法的名称有一些区别。

【例 11-9】列出成员属性。

```
import java.lang.reflect.*;
public class ListFields{
    private double d;
    public static final int i = 37;
    String s = "testing";
    public static void main(String args[]){
        try{
            Class cls = Class.forName("ListFields");
            Field fieldlist[] = cls.getDeclaredFields();
            //循环显示所有成员属性
            for (int i = 0; i < fieldlist.length; i++){
                System.out.println("----第"+i+"个属性----");
                Field fld = fieldlist[i];
                //显示属性名称
                System.out.println("name = " + fld.getName());
                //显示定义它的类
                System.out.println("decl class = " + fld.getDeclaringClass());
```

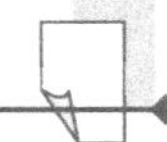

```
                //显示属性数据类型
                System.out.println("type = " + fld.getType());
                //显示修饰符
                int mod = fld.getModifiers();
                System.out.println("modifiers = " + Modifier.toString(mod));
            }
        } catch (Throwable e){    System.err.println(e);        }
    }
}
```

程序输出如下：

```
----第 0 个属性----
name = d
decl class = class listFields
type = double
modifiers = private
----第 1 个属性----
name = i
decl class = class listFields
type = int
modifiers = public static final
----第 2 个属性----
name = s
decl class = class listFields
type = class java.lang.String
modifiers =
```

这个例子和前面两个例子非常相似。该例子使用了一个新"东西"：Modifier，它也是一个 reflection 类，用来描述字段成员的修饰语，如"private int"。这些修饰语自身由整数描述，而且使用 Modifier.toString()方法来返回以"官方"顺序排列的字符串描述（如"static"在"final"之前）。

和获取方法的情况一样，获取属性的时候也可以只取得在当前类中定义的属性信息（getDeclaredFields），如果要取得父类中定义的属性，需要使用 getFields。

11.6.5　根据方法的名称来执行方法

本章前面所举的例子无一例外都与如何获取类的信息有关。其实也可以用反射机制来做一些其他的事情，比如执行一个指定了名称的方法。下面的示例演示了这一操作。

【例 11-10】根据方法名称来执行方法。

```
import java.lang.reflect.*;
public class InvokeMethod{
    public int add(int a, int b){
        return a + b;
    }
    public static void main(String args[]){
        try{
            Class cls = Class.forName("InvokeMethod");
            //创建参数类型数组
            Class partypes[] = new Class[2];
            partypes[0] = Integer.TYPE;
            partypes[1] = Integer.TYPE;
```

```
                //根据方法名（字符串形式）来创建方法对象
                Method meth = cls.getMethod("add", partypes);
                InvokeMethod methobj = new InvokeMethod();
                //创建实际参数数组
                Object arglist[] = new Object[2];
                arglist[0] = new Integer(37);
                arglist[1] = new Integer(47);
                //调用方法
                Object retobj = meth.invoke(methobj, arglist);
                //获取方法返回值
                Integer retval = (Integer) retobj;
                System.out.println(retval.intValue());
            }catch (Throwable e){ System.err.println(e);    }
        }
    }
```

假如一个程序在执行到某处的时候才知道需要执行某个方法，这个方法的名称是在程序的运行过程中指定的（例如，JavaBean 开发环境中就会做这样的事），那么上面的程序就演示了如何做到这一点。

例 11-10 中，getMethod 用于查找一个具有两个整型参数且名为“add”的方法。找到该方法并创建了相应的 Method 对象之后，在正确的对象实例中执行它。执行该方法的时候，需要提供一个参数列表，这在上例中是分别包装了整数 37 和 47 的两个 Integer 对象。执行方法返回的同样是一个 Integer 对象，它封装了返回值 84。

11.6.6 创建新的对象

对于构造方法，则不能像执行成员方法那样进行，因为执行一个构造方法就意味着创建了一个新的对象（准确地说，创建一个对象的过程包括分配内存和构造对象）。

执行构造方法和执行成员方法有三个区别：

（1）用 getConstructor()获取构造方法替代 getMethod()。

（2）用 newInstance()调用构造方法替代 invoke()。

（3）不需要获取返回值。

二者的基本步骤相同，相比之下，调用构造方法来创建新对象还要稍显简单一点。

【例 11-11】创建新对象。

```
import java.lang.reflect.*;
public class InvokeConstructor{
    public InvokeConstructor(){
        System.out.println("This is a constructor without parameter.");
    }
    public InvokeConstructor(int a, int b){
        System.out.println("a = " + a + " b = " + b);
    }
    public static void main(String args[]){
        try{
            Class cls = Class.forName("InvokeConstructor");
            //创建参数类型数组
            Class partypes[] = new Class[2];
            partypes[0] = Integer.TYPE;
            partypes[1] = Integer.TYPE;
```

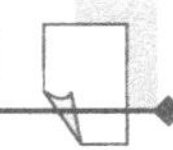

```
            //创建构造方法对象
            Constructor ct = cls.getConstructor(partypes);
            //创建实际参数数组
            Object arglist[] = new Object[2];
            arglist[0] = new Integer(37);
            arglist[1] = new Integer(47);
            //调用构造方法创建对象
            Object retobj = ct.newInstance(arglist);
        }catch (Throwable e){   System.err.println(e);   }
    }
}
```

根据指定的参数类型找到相应的构造函数并执行它，以创建一个新的对象实例。使用这种方法可以在程序运行时动态地创建对象，而不是在编译的时候创建对象，这一点非常有价值。

11.6.7　改变属性的值

反射的另外一个用处就是改变对象成员变量的值。利用反射机制可以从正在运行的程序中根据名称找到对象的成员变量并改变它，这个过程比较简单，下面的例子说明了这一点。

【例 11-12】改变属性的值。

```
import java.lang.reflect.*;
public class ChangeFields{
    public double d;
    public static void main(String args[]){
        try{
            Class cls = Class.forName("ChangeFields");
            //根据指定的变量名（字符串形式）获取 Field 对象
            Field fld = cls.getField("d");
            //用普通方法创建对象，以供验证
            ChangeFields f2obj = new ChangeFields();
            System.out.println("d = " + f2obj.d);
            //设置变量 d 的值
            fld.setDouble(f2obj, 12.34);
            System.out.println("d = " + f2obj.d); //输出新值
        }catch (Throwable e){    System.err.println(e);   }
    }
}
```

11.6.8　使用数组

本节介绍反射的最后一种用法：创建并操作数组。数组在 Java 语言中是一种特殊的类类型，一个数组对象可以赋给 Object 引用。观察下面的例子，看看数组是怎样工作的。

【例 11-13】使用数组示例 1。

```
import java.lang.reflect.*;
public class UseArray_1{
    public static void main(String args[]){
        try{
            //加载 String 类
```

```
            Class cls = Class.forName("java.lang.String");
            //创建 String 类型的数组对象，有 10 个元素
            Object arr = Array.newInstance(cls, 10);
            //为 0 号元素赋值
            Array.set(arr, 0, "this is a test");
            //获得 0 号元素的值
            String s = (String) Array.get(arr, 0);
            System.out.println(s);
        }catch (Throwable e){
            System.err.println(e);
        }
    }
}
```

程序中创建了有 10 个元素的 String 数组，为第 1 个位置的字符串赋了值，最后将这个字符串从数组中取得并打印了出来。注意：Array.set()为数组赋值时，仍然要遵循数组的基本规定——第一个元素的下标是 0。

该例中创建数组时的类型是动态的，在编译时并不知道其类型，也就不能检测类型错误。如果类型有错，将会在运行时抛出异常。

第 12 章　泛型

在程序设计中有很多算法，不管运用于哪一种数据类型，它们在逻辑上是一样的。在传统编程模式下，由于数据类型不一样，就需要重写代码，为了减少程序员的重复劳动，JDK 5.0 中加入了新的语言特性：泛型。在程序中如果使用泛型的话，一旦定义了一个算法，就可以独立于任何特定的数据类型，不需要额外的操作就可以将这个算法应用到各种数据类型中，大大提升了代码复用度。使用泛型，程序员可以以类型安全模式处理各种数据的类、接口和方法。正由于泛型的强大功能，JDK 5.0 改写了老版本中很多核心 API 的类和方法，从根本上改变了 Java 代码的编写方式。本章将介绍泛型的语法和基本应用，同时展示泛型如何提供类型安全。

12.1　泛型概述

泛型在本质上是指类型参数化。所谓类型参数化，是指用来声明数据的类型本身，也是可以改变的，它由实际参数来决定。在一般情况下，实际参数决定了形式参数的值。而类型参数化，则是实际参数的类型决定了形式参数的类型。

举个简单的例子。用方法 max 求两个参数中较大的那个，可以这么写：

```
Integer max(Integer a, Integer b){
    return a>b?a:b;
}
```

这个当然没有什么问题，不过如果需要比较的不是 Integer 类型的数据，而是 Double 或是 Float 类型的数据。那么就需要另外再写 max()方法，有多少种类型，就要写多少个 max()方法。但是无论怎么改变参数的类型，实际上 max()方法体内部的代码是不需要改变的。如果有一种机制，能够在编写 max()方法时，不必确定参数 a 和 b 的数据类型，而等到调用的时候再来确定这两个参数的数据类型，那么只需要编写一个 max()就可以了，这将大大降低程序员编程的工作量。

在 C++中，提供了函数模板和类模板来实现这一功能。而从 JDK 5.0 开始，也提供了类似的机制：泛型。在泛型出现之前，Java 的程序员可以采用一种变通的办法：将参数的类型均声明为 Object 类型。由于 Object 类是所有类的父类，所以它可以指向任何类的对象，不过这样做不能保证类型安全呢？泛型则弥补了这么做所缺乏的类型安全，也简化了过程，程序中不必显式地在 Object 与实际操作的数据类型之间进行强制转换。通过泛型，所有的强制类型转换都是自动和隐式的。从形式上看，泛型和 C++的模板很相似，但它们是采用完全不同的技术来实现的。因此，泛型扩展了重复使用代码的能力，而且既安全又简单。

12.1.1 编程实例1：一个关于泛型的简单例子

这里用一个简单的例子来开始泛型的学习，让读者对泛型有一个感性的认识。

【例 12-1】泛型类示例。

```
public class Generic<T>{
   T ob;    //ob 的类型是 T,现在不能具体确定它的类型，需要到创建对象时才能确定
   Generic(T o) {      ob = o;   }
   //下面这个方法的返回类型也是 T
   T getOb() {      return ob;   }
   //下面显示 T 的类型
   void showType(){
       System.out.println("Type of T is:"+ob.getClass().getName() );
   }
}
```

下面这个程序使用上面这个泛型类。

```
public class DemoGeneric{
   public static void main(String args[]){
      //声明一个 Integer 类型的 Generic 变量
      Generic <Integer> iobj;
      //创建一个 Integer 类型的 Generic 对象
      iobj = new Generic<Integer>(100);
      //输出它的一些信息
      iobj.showType();
      int k = iobj.getOb();
      System.out.println("k="+k);
      //声明一个 String 类型的 Generic 变量
      Generic <String> sobj;
      //创建一个 String 类型的 Generic 对象
      sobj = new Generic<String>("Hello");
      //输出它的一些信息
      sobj.showType();
      String s = sobj.getOb();
      System.out.println("s="+s);
   }
}
```

程序输出结果如下：

```
Type of T is:java.lang.Integer
k=100
Type of T is:java.lang.String
s=Hello
```

下面来仔细分析一下这个程序。

首先注意程序是如何声明 Generic 的：

```
public class Generic<T>
```

这里的 T 是类型参数的名称。在创建一个对象时，这个名称用作传递给 Generic 的实际类型的占位符。因此，在 Generic 中，每当需要类型参数时，就会用到 T。注意 T 是被括在“<>”中的。每个被声明的类型参数，都得放在尖括号中。由于 Generic 使用了类型参数，所以它是

一个泛型类，也被称为参数化类型。

接下来用 T 来声明一个成员变量 ob：

```
T ob;
```

由于 T 不过是个占位符，所以 ob 的实际类型要由创建对象时的参数传递进来。比如，传递给 T 的类型是 String，那么 ob 的类型就是 String 类型。

再来看 Generic 的构造方法：

```
Generic(T o) {    ob = o; }
```

它的参数 o 的类型也是 T。这意味着 o 的实际类型是由创建 Generic 对象时传递给 T 的类型来决定的。而且，由于参数 o 和成员变量 ob 的类型都是 T 类型，所以无论实际类型如何，这二者都是同一个实际类型。

参数 T 还可以用来指定方法的返回类型，如下所示：

```
T getOb() {     return ob; }
```

因为 ob 的类型是 T 类型，所以方法的返回类型必须也由 T 来指定。

showType()方法是通过使用 Class 对象来获取 T 的实际类型，这是本书上一章介绍的 RTTI 机制。

综合上面的用法可以看出，T 就是一个数据类型的说明，它可以用来说明任何实例方法中的局部变量、类的成员变量、方法的形式参数及方法的返回值。

注意：如果静态方法没有被声明成泛型方法，则类型参数 T 不能使用在该静态方法中，因为静态方法不能保证对象的实际存在。

例 12-1 中的程序示范了如何使用一个泛型类 Generic。它首先声明了 Generic 的一个整型版本：

```
Generic <Integer>iobj;
```

这里，类型 Integer 被括在尖括号内，表明它是一个类型实际参数。在这个整型版本中，所有对 T 的引用都会被替换为 Integer。所以 ob 和 o 的类型都是 Integer 类型，而且方法 getOb()的返回类型也是 Integer 类型。

这里有必要说明一下，Java 的编译器并不会创建多个不同版本的 Generic 类。相反，编译器会删除所有的泛型信息，并进行必要的强制类型转换。这个过程被称为擦拭或擦除。但对程序员而言，这一过程是透明的，仿佛编译器创建了一个 Generic 的特定版本。这也是 Java 的泛型和 C++的模板类在实现上的本质区别。

下面这条语句真正创建了一个 Integer 版本的实例对象：

```
iobj = new Generic<Integer>(100);
```

圆括号中的 100 是普通参数。尖括号中的 Integer 是类型参数，它不能被省略。因为 iobj 的类型是 Generic，所以用 new 返回的引用必须是 Generic<Integer>类型。无论是省略 Integer 还是将其改成其他类型，都会导致编译错误。例如：

```
iobj = new Generic<Double>(1.234); //错误
```

因为 iobj 是 Generic<Integer>，它不能引用 Generic<Double>对象。泛型的一个好处就是

类型检查，所以它能确保类型安全。

再回顾一下 Generic 的构造方法的声明：

```
Generic(T o)
```

实际参数应该是个 Integer 类型，而现在的实际参数 100 是个 int 类型的，这似乎不正确。这里其实是用到了 Java 的自动装箱机制。当然，创建对象也可以写成这种形式：

```
iobj = new Generic<Integer>(new Integer(100));
```

不过这么写没有任何必要。接下来，程序通过下面的语句获得 ob 的值：

```
int k = iobj.getOb();
```

注意到，getOb 的返回类型也是 Integer 类型。当它赋值给一个 int 变量时，系统会自动拆箱，所以没有必要这么来写：

```
int k = iobj.getOb().intValue();
```

后面创建 String 版本的过程和前面的完全一样，不再赘述。

最后还有一点需要读者特别注意：声明一个泛型实例时，传递给类型形参的实参必须是类类型，而不能使用 int 或 char 之类的简单类型。比如不能这么写：

```
Generic <int> ob = new Generic <int>(100);   //错误
```

注意：如果要使用简单类型，只能使用它们的包装类，这也是泛型和 C++模板的一个重大区别。

12.1.2 编程实例2：带两个类型参数的泛型类

在泛型中，可以声明一个以上的类型参数，只需要在这些类型参数之间用逗号隔开。下面看一个简单的例子。

【例 12-2】带两个类型参数的泛型。

```
public class TwoGen<T,V>{
    T ob1;
    V ob2;
    //构造方法也可以使用这两个类型参数
    TwoGen(T o1, V o2){
        ob1 = o1;
        ob2 = o2;
    }
    //显示 T 和 V 的类型
    void showTypes(){
        System.out.println("Type of T is "+ob1.getClass().getName());
        System.out.println("Type of V is "+ob2.getClass().getName());
    }
    T getOb1() {   return ob1;   }
    V getOb2() {   return ob2;   }
}
```

下面这个程序演示了如何使用上面这个泛型类。

```
public class SimpGen{
    public static void main(String args[]){
```

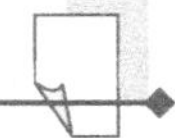

```
        TwoGen<Integer, String> tgObj;      //指定类型参数的实际类型
        //构造方法中需要再次指定类型参数，同时还要传递实际参数
        tgObj = new TwoGen<Integer, String>(100,"Hello");
        tgObj.showTypes();
        int v = tgObj.getOb1();
        System.out.println("value: "+v);
        String    str = tgObj.getOb2();
        System.out.println("value: "+str);
    }
}
```

相比于只有一个类型参数的泛型，这个例子并没有什么难以理解的地方。Java 并没有规定这两个类型参数是否要相同，比如下面这样来创建对象也是可以的：

```
twoGen<String, String> tgObj = new twoGen<String, String> ("Hello","World");
```

这样 T 和 V 都是 String 类型，这个例子并没有错。但如果所有的实例都如此，那么就没有必要用两个参数了。

12.2　泛型的基础知识

12.2.1　有界类型

在前面的例子中，参数类型可以替换成类的任意类型。在一般情况下这是没有问题的，不过有时候程序员需要对传递给类型参数的类型做出限制。

比如，程序员需要创建一个泛型类，它包含了一个求数组平均值的方法。这个数组的类型可以是整型、浮点，但显然不能是字符串类型或是其他非数值类型。如果程序员写出下面这样的泛型类：

```
class Stats<T>{
    T [] nums;
    Stats (T [] obj) {    nums = obj; }
    double average(){
        double sum = 0.0;
        for (int i=0; i<nums.length; ++i)
            sum += nums[i].doubleValue();         //这里有错误！
        return sum / nums.length;
    }
}
```

其中的 nums[i].doubleValue()是返回 Ingeger、Double 等数据封装类的转换成双精度数后的值，所有的 Number 类的子类都有这个方法。但问题是，编译器无法预先知道程序员的意图是只能使用 Number 类来创建 Stats 对象。因此编译时会报告 doubleValue()方法找不到。

为了解决这个问题，Java 提供了有界类型（bounded types）。在指定一个类型参数时，可以指定一个上界（也被称为限界），声明所有的实际类型都必须是这个超类的直接或间接子类，语法形式如下：

```
class    classname <T extends superclass>
```

采用这种方法，就可以正确地编写 Stats 类了。

【例 12-3】有界类型程序示例。

下面这个泛型的实际类型参数只能是 Number 或它的子类：

```
public class Stats<T extends Number>{
    T [] nums;
    Stats (T [] obj) {    nums = obj;    }
    double average(){
        double sum = 0.0;
        for (int i=0; i<nums.length; ++i)
            sum += nums[i].doubleValue();          //现在正确！
        return sum / nums.length;
    }
}
```

下面演示如何使用这个类：

```
public class DemoBounds{
    public static void main(String args[]){
        Integer   inums[] = {1,2,3,4,5};
        Stats <Integer>      iobj = new Stats<Integer>(inums);
        System.out.println("平均值为："+iobj.average());
        Double   dnums[] = {1.1,2.2,3.3,4.4,5.5};
        Stats <Double>      dobj = new Stats<Double>(dnums);
        System.out.println("平均值为："+dobj.average());
        //如果像下面这样创建 String 类型的对象将无法编译通过
        //String   snums[] = {"1","2","3","4","5"};
        //Stats <String>      sobj = new Stats<String>(snums);
        //System.out.println("平均值为："+sobj.average());
    }
}
```

前面的上界都是类，其实接口也可以用来做上界，比如：

```
class Stats<T extends Comparable>
```

📖 注意：这里使用的关键字仍然是 extends 而非 implements。

一个类型参数可以有多个上界，比如：

```
class Stats<T extends Comparable & Serializable>
```

📖 注意：上界类型用“&”分隔，因为逗号用来分隔类型参数。在多个上界中，可以有多个接口，但最多只能有一个类。如果用一个类作为限界，它必须是上界列表中的第一个。

12.2.2 通配符参数

前面介绍的泛型已经可以解决大多数的实际问题，但在某些特殊情况下，仍然会有一些问题无法轻松地解决。

以 Stats 类为例，假设在其中存在一个名为 doSomething()的方法，这个方法有一个形式参数，也是 Stats 类型，于是就会写成下面这个样子：

```
class Stats<T>{
    …………
```

```
    void doSomething(Stats <T> ob){
        System.out.println(ob.getClass().getName());
    }
}
```

如果在使用的时候，像下面这么来写是有问题的：

```
1. Integer   inums[] = {1,2,3,4,5};
2. Stats <Integer>     iobj = new Stats<Integer>(inums);
3. Double   dnums[] = {1.1,2.2,3.3,4.4,5.5};
4. Stats <Double>     dobj = new Stats<Double>(dnums);
5. dobj.doSomething(iobj);   //错误
```

注意看第 5 行那一条出现错误的语句，dobj 是 Stats<Double>类型，iobj 是 Stats<Integer>类型，由于实际类型不同，而声明时用的是：

```
void doSomething(Stats <T> ob)
```

它的类型参数也是 T，声明对象时的类型参数 T 相同。于是在实际使用中，就要求 iobj 和 dobj 的类型必须相同。

读者也许会想，将 doSomething 的声明改一下：

```
void doSomething(Stats <U> ob)
```

但这样是无法通过编译的，因为并不存在一个 State<U>的泛型类。

解决这个问题的办法是使用 Java 提供的通配符“?”，它的使用形式如下：

```
genericClassName <?>
```

比如上面的 doSomething 可以声明成这个样子：

```
void doSomething(Stats <?> ob)
```

它表示这个参数 ob 可以是任意的 Stats 类型，于是调用该方法的对象就不必和实际参数对象类型一致了。下面这个例子实际演示了通配符的使用。

【例 12-4】通配符使用示例。

```
public class WildChar<T extends Number>{
    T [] nums;
    WildChar (T [] obj){   nums = obj;   }
    double average(){
        double sum = 0.0;
        for (int i=0; i<nums.length; ++i)
            sum += nums[i].doubleValue();
        return sum / nums.length;
    }
    void doSomething(WildChar <?> ob){   //这里使用了类型通配符
        System.out.println(ob.getClass().getName());
    }
}
```

然后像下面这样来调用它：

```
public class DemoWildcard{
    public static void main(String args[]){
        Integer   inums[] = {1,2,3,4,5};
        WildChar <Integer>     iobj = new WildChar<Integer>(inums);
```

```
        Double    dnums[] = {1.1,2.2,3.3,4.4,5.5};
        WildChar <Double>      dobj = new WildChar<Double>(dnums);
        dobj.doSomething(iobj);    //iobj 和 dobj 的类型不相同
    }
}
```

读者应该注意到这个声明：

```
void doSomething(Stats <?> ob)   //这里使用了类型通配符
```

它与泛型类的声明有区别，泛型类的声明中，T 是有上界的：

```
class Stats<T extends Number>
```

这里通配符“?”有一个默认的上界，就是 Number。如果想改变这个上界，也是可以的，比如：

```
Stats <? extends Integer> ob
```

但是不能写成这样：

```
Stats <? extends String> ob
```

因为 Integer 是 Number 的子类，而 String 不是 Number 的子类。通配符无法将上界改变得超出泛型类声明时的上界范围。

最后读者需要注意一点，通配符是用来声明一个泛型类的变量的，故不能创建一个泛型类，比如下面这种写法是错误的：

```
class Stats<? extends Number>{……}
```

12.2.3 泛型方法

在 C++中，除了可以创建模板类，还可以创建模板函数。在 Java 中也提供了类似的功能：泛型方法。一个方法如果被声明成泛型方法，那么它将拥有一个或多个类型参数，不过与泛型类不同，这些类型参数只能在它所修饰的泛型方法中使用。

创建一个泛型方法常用的形式如下：

```
[访问权限修饰符] [static] [final] <类型参数列表> 返回值类型  方法名([形式参数列表])
```

- 访问权限修饰符（包括 private、public、protected）、static 和 final 都必须写在类型参数列表的前面。
- 返回值类型必须写在类型参数表的后面。
- 泛型方法可以写在一个泛型类中，也可以写在一个普通类中。由于在泛型类中的任何方法，本质上都是泛型方法，所以实际使用当中，很少会在泛型类中再用上面的形式来定义泛型方法。
- 类型参数可以用在方法体中修饰局部变量，也可以用在方法的参数表中，修饰形式参数。
- 泛型方法可以是实例方法或是静态方法。类型参数可以使用在静态方法中，这是它与泛型类的重大区别。

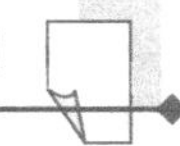

使用一个泛型方法通常有两种形式：

```
<对象名|类名>.<实际类型>方法名(实际参数表);
```

和：

```
[对象名|类名].方法名(实际参数表);
```

如果泛型方法是实例方法，要使用对象名作为前缀。如果是静态方法则可以使用对象名或类名作为前缀。如果是在类的内部调用，且采用第二种形式，则前缀都可以省略。

注意到这两种调用方法的差别在于前面是否显式地指定了实际类型。是否要使用实际类型，需要根据泛型方法的声明形式及调用时的实际情况（就是看编译器能否从实际参数表中获得足够的类型信息）来决定。下面来看一个例子。

【例 12-5】泛型方法使用示例。

```
1. public class DemoGenMethods{
2.     //定义泛型方法，有一个形式参数用类型参数 T 来定义
3.     public static <T> void showGenMsg(T ob, int n){
4.        T localOb = ob; //局部变量也可以用类型参数 T 来定义
5.        System.out.println(localOb.getClass().getName());
6.     }
7.     public static <T> void showGenMsg(T ob){
8.        System.out.println(ob.getClass().getName());
9.     }
10.     public static void main(String args[]){
11.        String str = "parameter";
12.        Integer k = new Integer(123);
13.        //用两种不同的方法调用泛型方法
14.        demoGenMethods.<Integer>showGenMsg(k,1);
15.        showGenMsg(str);
16.     }
17. }
```

程序中定义的两个泛型方法（第 3 行和第 7 行）都是静态方法，而且这两个泛型方法相互重载（参数的个数不同）。在方法体中，类型参数 T 的使用和泛型类中的使用是相同的。再来看看第 14 行、第 15 行如何调用这两个泛型方法：

```
demoGenMethods.<Integer>showGenMsg(k,1);
showGenMsg(str);
```

在第一种调用形式中，传入了一个实际类型<Integer>，它表明类型参数是 Integer 类型。要注意它的写法，在这种情况下，不能省略作为前缀的类名，也就是不能写成这样：

```
<Integer>showGenMsg(k,1);
```

由于传递了一个实际的类型参数 Integer，所以编译器知道如何将方法内部的占位符 T 替换掉。不过需要注意，实际参数 k 的类型必须也是 Integer 型，否则编译器会报错。

第二种调用形式明显要简洁一些。这是因为实参 str 是 String 类型的，编译器已经有了足够多的信息知道类型参数 T 是 String 类型。

由于两种形式都能完成任务，而第二种明显要比第一种方便，所以多数情况下会使用第二种方式。不过在某些情况下，实参无法提供足够的类型信息给编译器，那么就需要使用第

一种形式。例如：

```
public    <T> void doSomething(){
    T ob;
    …………
}
```

调用它的时候，根本就没有实际参数，所以编译器无法知道 T 的实际类型，这种情况下，就必须使用第一种形式。

前面还提到，泛型方法也可以写在泛型类中，比如：

```
public class Generic<T>{
    public <U> void showGenMsg(U ob){
        System.out.println(ob.getClass().getName());
    }
    …………
}
```

这么写当然没有错误，但多数程序员都会将这个泛型方法所需要的类型参数 U 写到类的头部，即让泛型类带两个参数：

```
public class Generic<T, U>{
    public void showGenMsg(U ob){
        System.out.println(ob.getClass().getName());
    }
    …………
}
```

这么写，类的结构更为清晰。只有以下一种情况必须在泛型类中将方法声明为泛型方法：方法本身是静态的，那就无法像上面这样更改了。

12.2.4 泛型接口

除了泛型类和泛型方法，还可以使用泛型接口。泛型接口的定义与泛型类非常相似，它的声明形式如下：

```
interface 接口名<类型参数表>
```

下面的例子创建了一个名为 MinMax 的接口，用来返回某个对象集的最小值或最大值。

【例 12-6】泛型接口示例。

```
public interface MinMax<T extends Comparable<T>>{
    T min();
    T max();
}
```

这个接口没有什么特别难懂的地方，类型参数 T 是有界类型，它必须是 Comparable 的子类。注意到 Comparable 本身也是一个泛型类，它是由系统定义在类库中的，可以用来比较两个对象的大小。

接下来的事情是实现这个接口，这需要定义一个类来实现。笔者实现的版本如下：

```
public class InstanceMinMax<T extends Comparable<T>> implements MinMax<T>{
    T [] vals;
```

```
    InstanceMinMax(T [] ob) {   vals = ob; }
    public T min(){
        T val = vals[0];
        for(int i=1; i<vals.length; ++i)
            if (vals[i].compareTo(val) < 0)
                val = vals[i];
        return val;
    }
    public T max(){
        T val = vals[0];
        for(int i=1; i<vals.length; ++i)
            if (vals[i].compareTo(val) > 0)
                val = vals[i];
        return val;
    }
}
```

类的内部并不难懂，只要注意 InstanceMinMax 的声明部分：

```
class InstanceMinMax<T extends Comparable<T>> implements MinMax<T>
```

看上去有点奇怪，它的类型参数 T 必须和要实现的接口中的声明完全一样。反而是接口 MinMax 的类型参数 T 原先是写成有界形式的，现在已经不再需要重写一遍。如果重写成下面这个样子：

```
class InstanceMinMax<T extends Comparable<T>> implements MinMax<T extends Comparable<T>>
```

编译将无法通过。

通常，如果一个类实现了一个泛型接口，则此类也是泛型类。否则它无法接收传递给接口的类型参数。比如下面这种声明是错误的：

```
class InstanceMinMax   implements MinMax<T>
```

因为在类 InstanceMinMax 中需要使用类型参数 T，而类的使用者无法把它的实际参数传递进来，所以编译器会报错。不过，如果实现的是泛型接口的特定类型，比如：

```
class InstanceMinMax implements MinMax<Integer>
```

这么写是正确的，现在这个类不再是泛型类。编译器会在编译此类时就将类型参数 T 用 Integer 代替，而无须等到创建对象时再处理。

最后写一个程序来测试 InstanceMinMax 的工作情况。

```
public class DemoGenIMM{
    public static void main(String args[]){
        Integer inums[] = {56,47,23,45,85,12,55};
        Character chs[] = {'x','w','z','y','b','o','p'};
        InstanceMinMax<Integer> iob = new InstanceMinMax<Integer>(inums);
        InstanceMinMax<Character> cob = new InstanceMinMax<Character>(chs);
        System.out.println("Max value in inums: "+iob.max());
        System.out.println("Min value in inums: "+iob.min());
        System.out.println("Max value in chs: "+cob.max());
        System.out.println("Min value in chs: "+cob.min());
    }
}
```

在使用类 InstanceMinMax 创建对象的方式上，和前面使用普通的泛型类没有任何区别。

12.3 泛型类的继承

和普通类一样，泛型类也是可以继承的，任何一个泛型类都可以作为父类或子类。不过泛型类与非泛型类在继承时有一定的区别，主要在于：泛型类的子类必须将泛型父类所需要的类型参数沿着继承链向上传递，这与构造方法参数必须沿着继承链向上传递的方式类似。

12.3.1 以泛型类为父类

当一个类的父类是泛型类时，这个子类必须要把类型参数传递给父类，所以这个子类也必定是泛型类。下面是一个简单的例子。

【例 12-7】继承泛型类示例。

```
//--------------定义一个泛型类 SuperGen-----------
public class SuperGen<T> {
   T ob;
   public SuperGen(T ob) {   this.ob = ob; }
   public SuperGen()   {   ob = null;   }
   public T getOb()   {   return ob;   }
}
//--------------定义子类 DerivedGen-----------
1. public class DerivedGen <T> extends superGen<T>{
2.     public DerivedGen(T ob) {         super(ob);   }
3. }
```

注意该类的第 1 行 DerivedGen 是如何声明成 SuperGen 的子类的。这两个类型参数必须用相同的标识符 T。这意味着传递给 DerivedGen 的实际类型也会传递给 SuperGen。例如下面的定义：

```
DerivedGen<Integer> number = new DerivedGen<Integer>(100);
```

将 Integer 作为类型参数传递给 DerivedGen，再由它传递给 SuperGen，因此，后者的成员 ob 也是 Integer 类型的。

虽然 DerivedGen 里面并没有使用类型参数 T，但由于它要传递类型参数给父类，所以它不能定义成非泛型类。当然 DerivedGen 中也可以使用 T，还可以增加自己需要的类型参数。下面这个程序展示了一个更为复杂的 DerivedGen 类。

```
public class DerivedGenEx <T, U> extends SuperGen<T>{
   U dob;
   public DerivedGenEx(T ob1, U ob2){
      super(ob1);   //传递参数给父类
      dob = ob2;    //为自己的成员赋值
   }
   public U getDob()   {    return dob;   }
}
```

使用泛型子类和使用其他的泛型类并没有什么区别，使用者根本无须知道它是否继承了其他的类。下面是一个测试用的程序：

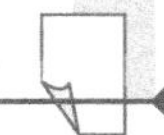

```
public class DemoHerit_1{
    public static void main(String args[]){
      //创建子类的对象，它需要传递两个参数，Integer 类型给父类，自己使用 String 类型
      DerivedGenEx<Integer,String> oa = new
                          DerivedGenEx<Integer,String>(100,"Value is: ");
      System.out.print(oa.getDob());
      System.out.println(oa.getOb());
    }
}
```

12.3.2　以非泛型类为父类

前面介绍的是以泛型类作为父类，一个泛型类也可以以非泛型类为父类。这个时候不需要传递类型参数给父类，所有的类型参数都是为自己准备的。下面是一个简单的例子。

【例 12-8】继承非泛型类示例。

```
//--------------定义一个普通类 NonGen-----------
public class NonGen{
   int num;
   public NonGen(int n) {       num = n;    }
   public NonGen()   {       num = 0;    }
   public int getNum()   {    return num; }
}
//------定义一个泛型类 DerivedNonGen 作为它的子类---
public class DerivedNonGen<T> extends NonGen{
   T ob;
   public DerivedNonGen(T ob, int n){
      super(n);
      this.ob = ob;
   }
   public T getOb() {      return ob;    }
}
```

这个泛型类仍然传递了一个普通参数给它的父类，所以它的构造方法需要两个参数。

下面是用于测试的程序：

```
public class DemoHerit_2{
   public static void main(String args[]){
      DerivedNonGen<String> oa =new DerivedNonGen<String> ("Value is: ", 100);
      System.out.print(oa.getOb());
      System.out.println(oa.getNum());
   }
}
```

12.3.3　运行时类型识别

和其他的非泛型类一样，泛型类也可以进行运行时类型识别的操作，既可以使用反射机制，也可以采用传统的方法，比如 instanceof 操作符。

需要注意的是，由于在 JVM 中，泛型类的对象总是一个特定的类型，这个时候它不再是泛型。所以，所有的类型查询都只会产生原始类型，无论是 getClass()方法还是 instanceof 操作符。

例如，对象 a 是 Generic<Integer>类型（Generic 是例 12-1 中定义的泛型类），那么：

```
a instanceof Generic< ? >
```

测试结果为真，下面的测试结果也为真：

```
a instanceof Generic
```

📖 注意：尖括号中只能写通配符“？”，而不能写 Integer 之类确定的类型。其实在测试时，“？”会被忽略。

同样道理，getClass()返回的也是原始类型。若 b 是 Generic<String>类型，则下面的语句：

```
a.getClass() == b.getClass()
```

测试结果也为真。下面的程序演示了这些情况。

【例 12-9】泛型类的类型识别示例 1。

```
public class DemoRTTI_1{
   public static void main(String args[]){
       Generic<Integer> iob = new Generic<Integer>(100);
       Generic<String> sob = new Generic<String>("Good");
       if (iob instanceof Generic)
          System.out.println("Generic<Integer> object is instance of Generic");
       if (iob instanceof Generic<?>)
          System.out.println("Generic<Integer> object is instance of Generic<?>");
       if (iob.getClass() == sob.getClass())
          System.out.println("Generic<Integer> class equals Generic<String> class");
   }
}
```

程序输出如下：

```
Generic<Integer> object is instance of Generic
Generic<Integer> object is instance of Generic<?>
Generic<Integer> class equals Generic<String> class
```

泛型类对象的类型识别还有另外一个隐含的问题，它会在继承中显示出来。比如对象 a 是某泛型子类的对象，当用 instanceof 来测试它是否为父类对象时，测试结果为真。但如果用 Class 类的 isInstace()方法来测试，结果却不同。下面的例子使用了例 12-7 中的两个类 SuperGen 和 DerivedGenEx，并展示了这其中的区别。

【例 12-10】泛型类的类型识别示例 2。

```
public class DemoRTTI_2{
   public static void main(String args[]){
       SuperGen <Integer> oa = new SuperGen<Integer>(100);
       DerivedGenEx<Integer,String> ob = new DerivedGenEx<Integer, String>(200,"Good");
        if (oa instanceof DerivedGen)
          System.out.println("SuperGen object is instance of DerivedGen");
        if (ob instanceof SuperGen)
           System.out.println("DerivedGen object is instance of SuperGen");
     //下面是测试 isInstance()的代码，从结果上能看出它们的区别。
        Class obc=ob.getClass();
        if (obc.isInstance(oa))
```

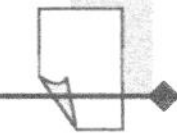

```
            System.out.println("DerivedGen Classobject isInstance SuperGen's instance");
        else
            System.out.println("DerivedGen Classobject isInstance superGen's instance is not crrect");
        if(oa.getClass() == ob.getClass())
            System.out.println("SuperGen class equals DerivedGen class");
    }
}
```

输出结果如下：

```
DerivedGen object is instance of SuperGen
DerivedGen Classobject isInstance superGen's instance is not crrect
```

只有子类对象被 instanceof 识别为父类对象。而子类的 Class 对象 isInstance（父类对象）返回 false。

12.3.4　强制类型转换

和普通对象一样，泛型类的对象也可以采用强制类型转换转将其换成另外的泛型类型，不过只有当两者在各个方面兼容时才能这么做。

泛型类的强制类型转换的一般格式如下：

```
(泛型类名<实际参数>) 泛型对象
```

下面的例子展示了两个转换，一个是正确的，一个是错误的。它使用了例 12-7 中的两个类：SuperGen 和 DerivedGenEx。

【例 12-11】强制类型转换示例。

//--------------文件名 DemoForceConvert.java-----------

```
public class DemoForceConvert{
    public static void main(String args[]){
        SuperGen <Integer> oa = new SuperGen<Integer>(100);
        DerivedGenEx<Integer,String> ob = new DerivedGenEx
                                                  <Integer, String>(200,"Good");
        //试图将子类对象转换成父类，正确
        if ((SuperGen<Integer>)ob instanceof SuperGen)
            System.out.println("DerivedGen object is changed to SuperGen");
        //试图将父类对象转换成子类，错误
        if ((DerivedGenEx<Integer,String>)oa instanceof DerivedGenEx)
            System.out.println("superGen object is changed to derivedGen");
    }
}
```

这个程序编译时会出现一个警告，如果不理会这个警告，继续运行程序将会看到一个异常，表明第一个类型转换成功，而第二个则不能成功。因为 oa 转换成子类对象时无法提供足够的类型参数。由于强制类型转换很容易引起错误，所以对于泛型类的强制类型转换的限制是很严格的，即便是下面这样的转换，也不能成功：

```
(DerivedGenEx<Double,String>)ob
```

因为 ob 本身的第一个实际类型参数是 Integer 类型，无法转换成 Double 类型。

建议读者如果不是十分必要，不要做强制类型转换的操作。

12.3.5 继承规则

现在再来讨论一下关于泛型类的继承规则。前面所看到的泛型类之间是通过关键字extends来直接继承的，这种继承关系十分的明显。不过，如果类型参数之间具有继承关系，那么对应的泛型是否也会具有相同的继承关系呢？比如，Integer 是 Number 的子类，那么 Generic<Integer>是否是 Generic<Number>的子类呢？答案是：否。比如，下面的代码将不会编译成功：

```
Generic<Number> oa = new Generic<Integer>(100);
```

因为oa 的类型不是 Generic<Integer>的父类，所以这条语句无法编译通过。事实上，无论类型参数之间有什么联系，对应的泛型类之间都是没有什么直接联系的。我们可以这样理解：泛型类是存储某种数据类型的数据结构，参数变量<T>声明这个数据结构中可存放的数据类型，即声明可装入 T 的版本。我们可以用箱子做个比喻来理解。一个箱子可以贴个标签<衣服>，也可以贴个标签<阿迪牌的衣服>，生成的这两个箱子对象都是箱子的实例，这两个箱子并不存在继承关系，尽管所装的东西存在继承关系。这一限制看起来过于严格，但对于类型安全而言是非常必要的。其关系如图 12-1 所示。

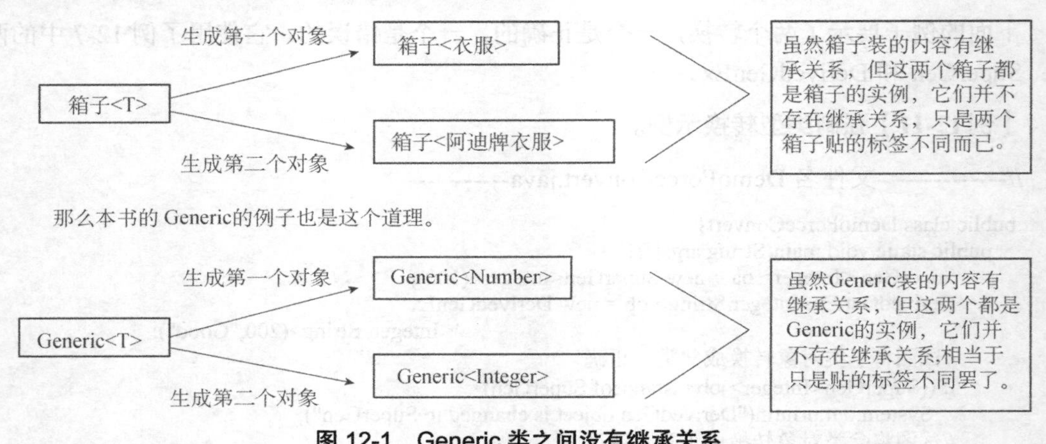

图 12-1 Generic 类之间没有继承关系

12.4 泛型的本质

12.4.1 擦拭

通常，程序员不必知道有关 Java 编译器将源代码转换成为 class 文件的细节。但在使用泛型时，对此过程进行一般的了解是必要的，因为只有了解了这一细节，程序员才能理解泛型的工作原理，以及一些令人惊讶的行为——如果程序员不知道，可能会认为这是错误的。

Java 在 JDK 5.0 以前的版本中是没有泛型的，为了保证对以前版本的兼容，Java 采用了

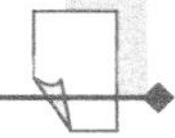

与 C++的模板完全不同的方式来处理泛型（尽管它们二者的使用看上去很相似），Java 采用的方法称为擦拭。

擦拭的工作原理是这样的：当 Java 代码被编译时，全部的泛型类型的信息会被删除（擦拭），也就是使用了限界类型来替换类型参数，如果没有指定界限，则默认类型是 Object，然后运用相应的强制转换（由类型参数来决定）以维持与类型参数的类型兼容。编译器会强制这种类型兼容。对于泛型来说，这种方法意味着在运行时不存在类型参数，它们仅仅只是一种源代码机制。

为了更好地理解泛型是如何工作的，请看下面两个例子。

【例 12-12】无限界的擦拭。

```
//默认情况下，T 是由 Object 限界
public class Gen<T>{
   //下面所有的 T 将被 Object 所代替
   T ob;
   Gen(T ob) {      this.ob = ob;   }
   T getOb() {      return ob;   }
}
```

将这个类编译完成后，在命令行中输入：

```
javap Gen
```

javap 是由系统提供的一个反编译命令，可以获取 class 文件中的信息或者是反汇编代码。这个命令执行后输出如下：

```
Compiled from "Gen.java"
public class Gen extends java.lang.Object{
      java.lang.Object ob;
      Gen(java.lang.Object);
      java.lang.Object getOb();
}
```

可以很清晰地看到，所有被 T 所占据的位置都被 java.lang.Object 所取代，这也是前面将 T 称为“占位符”的原因。

如果类型参数是指定了上界的，那么就会用上界类型来代替它，下面的例子表明了这一点。

【例 12-13】有限界的擦拭。

```
//T 由 String 限界
public class GenStr<T extends String>{
   //下面所有的 T 将被 String 所代替
   T ob;
   GenStr(T ob) {     this.ob = ob;   }
   T getOb()   {    return ob;       }
}
```

用 javap 来反编译这个类，可以得到下面的结果：

```
Compiled from "GenStr.java"
public class GenStr extends java.lang.Object{
      java.lang.String ob;
      GenStr(java.lang.String);
```

```
    java.lang.String getOb();
}
```

在使用泛型对象时，实际上所有的类型信息也都会被擦拭，编译器自动插入强制类型转换。比如：

```
Gen<Integer> oa =new Gen<Integer>(100);
Integer ob=oa.gerOb();
```

由于 getOb 的实际返回类型是 Object 类型，所以后面这一句相当于：

```
Gen<Integer> ob= (Integer)oa.gerOb();
```

正是由于擦拭会去除掉实际的类型，所以在运行时做类型识别将得到原始类型，而非具体指定的参数类型。

12.4.2 擦拭带来的错误

擦拭是一种很巧妙的办法，但它有时候会带来一些意想不到的错误：两个看上去并不相同的泛型类或是泛型方法，由于擦拭的作用，最后会得到相同的类和方法。这种错误，也被称为冲突。冲突主要发生在以下三种情况下。

1. 静态成员共享问题

在泛型类中可以有静态的属性或者方法。前面已经介绍过，静态方法不能直接使用类型参数。那么其中的静态成员是否可以使用类型参数或者是本泛型类的对象呢？答案是：否。

下面的例子展示了这一错误。

【例 12-14】静态成员不能使用类型参数。

```
1. public class Foo<T>{
2.     static T sa;              //错误
3.     static Foo<T> sb = new Foo<T>();    //错误
4.     static Foo<Integer> si = new Foo<Integer>(100);
5.     static Foo<String> ss = new Foo<String>("Good");
6.     T ob;
7.     public Foo( T ob) {      this.ob = ob;       }
8.     public Foo( ) {      this.ob = null;   }
9. }
```

第 2 和第 3 行出现错误的两个变量 sa 和 sb 都用不同形式使用了类型参数 T。由于它们是静态成员，是独立于任何对象的，也可以在对象创建之前就被使用，而这个时候编译器无法知道用哪一个具体的类型来替代 T，所以编译器不允许这么来使用。在非泛型方法的静态方法中不允许出现类型参数 T 也是出于同样的道理。

2. 重载冲突问题

擦拭带来的另外一个问题是重载的冲突，像下面这样的两个方法重载：

```
void conflict(T o){    }
void conflict(Object o){    }
```

由于在编译时 T 会被 Object 所取代，所以这两个方法实际上声明的是同一个方法，重载

就出错了。另一种情形不那么直观，比如下面的方法重载：

```
public    int conflict(Foo<Integer> i){...}
public    int conflict(Foo<String> s){...}
```

编译时会报错：

```
名称冲突：conflict(Foo<java.lang.Integer>) 和 conflict(Foo<java.lang.String>) 具有相同疑符
```

注意到编译器只是怀疑它可能会引发冲突，如果加上一些其他信息能够消除这一歧义的话，编译是可以通过的，比如这么写：

```
public    int conflict(foo<Integer> i){...}
public    Sring conflict(foo<String> s){...}
```

只是将返回类型修改一下，编译器就能从调用者处获得足够的信息，编译就可以通过了。

3. 接口实现问题

由于接口也可以是泛型接口，而一个类又可以实现多个泛型接口，所以也可能会引发冲突。比如：

```
class Foo implements Comparable<Integer>, Comparable<Long>
```

由于 Comparable<Integer>、Comparable<Long>都被擦除成 Comparable，所以这实际上实现的是同一个接口。要实现泛型接口，只能实现具有不同擦除效果的接口，否则就只能按照第 12.2 节所介绍的方法来写：

```
class Foo<T> implements Comparable<T>
```

12.5　泛型的局限

使用泛型时有一些限制，多数限制是由于类型擦拭引起的。这些局限主要包括不能使用基本类型、不能使用泛型类异常、不能使用泛型数组、不能实例化参数类型这四个方面。

12.5.1　不能使用基本类型

泛型中使用的所有类型参数都是类类型，不能使用基本类型，比如可以用 Generic<Integer>，而不能用 Generic<int>。原因很简单，基本类型无法用 Object 来替换。

尽管这有点令人（特别是 C++程序员）感到麻烦，但并不是什么大问题。因为 Java 中只有 8 个基本类型，而且系统为每个基本类型都提供了包装类。即便这些包装类不能完成预定任务，也完全可以使用独立的类和方法来处理它们。

12.5.2　不能使用泛型类异常

Java 中不能抛出也不能捕获泛型类的异常。事实上，泛型类继承 Throwable 及其子类都不合法，例如下面的定义将不会通过编译：

```
class MyException<T> extends Exception{……}
```

也不能在 catch 子句中使用参数类型。例如，下面的方法不能通过编译：

```
public   void doSomething(T oa){
   try{
      throw   oa; //错误
   }catch(T el){ //错误
      ……
   }
}
```

先来看第一个错误，抛出一个 T 类型的对象 oa 作为异常，这是不允许的。因为在没指定上界的情况下 T 会被擦拭成 Object 类，而 Object 类显然不会是 Throwable 的子类，因此它不符合异常的有关规定。第二个错误的原因也是一样的。

改正第一个问题的办法是在类的头部加上限界：<T extends Throwable>。

但是没有什么办法能够改正第二个错误。编译器在处理 catch 语句时，将它当作静态上下文来看待，尽管这么做给程序员带来了一点不便。但考虑到 catch 语句必须在异常发生时才会执行，而且必须有足够的运行时信息，而泛型在这一方面比不上非泛型类，所以这么做仍然是可以接受的。

12.5.3　不能使用泛型数组

Java 规定不能使用泛型类型的数组，比如：

```
Generic<Integer> arr[] = new Generic<Ingeger>[10];
```

在擦拭之后，arr 的类型为 Generic[]，这里可以将它转换成为 Object[]数组：

```
Object [] obj = arr;
```

数组是可以记住它的元素类型的，如果试图存入一个错误类型的元素，编译器就会抛出一个 ArrayStoreException 类型的异常，比如：

```
obj[0]="foolish"; //非泛型情况下会抛出异常
```

不过，对于泛型而言，擦拭将降低这一检测机制的有效性。像下面这样的赋值：

```
obj[0]=new Generic<String>("foolish");
```

做了擦拭之后，只剩下 Generic，编译器将无法检测到 String 和原始定义中 Integer 的不兼容，所以可以通过编译器的检测，但运行时会导致类型错误，所以禁止使用泛型数组。

12.5.4　不能实例化参数类型对象

不能直接使用参数类型来构造一个对象。比如下面这么写是错误的：

```
public class foo< T >{
   T ob = new T(); //错误
```

```
}
```

这里的 T 被擦拭成 Object，而程序员的本意肯定不是希望调用 new Object()。

类似地，也不能创建一个泛型数组：

```
public class foo< T >{
    T [] ob = new T [100]; //错误
}
```

因为它实际上创建的是数组 Object[100]。通常情况下，上面这些由参数类型所指定的对象和数组都不会在泛型类中创建，而是由外部创建泛型对象时传递进来。如果一定要在泛型类中创建参数类型所指定的对象和数组，可以通过反射机制中的 Class.newInstance 和 Array.newInstance 方法来实现。

第 13 章　集合

面向对象的程序设计（OOP）通常将数据封装在各个类中。与传统的面向过程的语言相比，如何在类中对数据进行组织，以及如何对数据进行操作，这个问题的重要性一点也没有降低。一个简单的例子就是如何对大量的数据进行查找，如何对它们进行排序。当你用不同的方法实现相同功能的时候，它们之间的内存占用、运行效率可能存在着巨大的差异。

在计算机科学中，有两门很重要的课程：数据结构和算法。这两门课程告诉你如何完成这些常见的任务。这两门课程的学习都是很费时间和精力的。本书不可能详细介绍它们。不过 Java 的设计者为了帮助程序员快速越过这一门槛，设计了大量的类，将常用的数据结构和算法封装在里面。程序员不必花过多的精力学习这两门课程，利用这些类就可以处理大多数和数据结构有关的编程问题。这些处理数据结构和算法的类，都统一放在集合库中，本章就将介绍这些类的使用。

在 JDK 5.0 之前，使用集合是比较麻烦的事情。JDK 5.0 对集合框架做了根本性的改进，极大地提高了它的性能，同时还简化了它的使用。本章会通过一些例子对它们做详细的介绍。所有的集合都位于 java.util 包中，使用时需要引入该包。

13.1　集合接口与抽象类

与新型数据结构库中常见的情况一样，Java 集合库也将接口与实现类分开。以数据结构中的队列为例，可以想象集合库中有一个队列接口，它可能是下面这种形式：

```
public interface Queue{
    void add(Object obj); //向队列中插入元素
    Object remove();      //从队列中取出元素
    int size();     //获取队列的长度
}
```

这个接口并没有展示队列究竟是如何实现的。队列通常有两种实现方法，一种是使用循环数组，另一种是使用链表。不过这两种实现方式有一些区别：循环数组的执行效率很高，但容量是有限的；而链表队列的容量则可以接近系统可以提供的最大容量，不过效率要低一些。

无论使用哪一种方式来实现这个队列接口，接口中的这三个方法都是必须实现的。队列的使用者只需要调用这几个方法就可以实现队列的基本操作，而无须关心队列中元素的具体存储方式。在使用时只要根据实际情况选择一个具体的类即可，这就是将接口与实现类分隔开的好处。

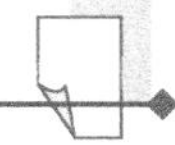

当然，实际的情况并没有这么简单。由于一些具体的问题，Java 库中没有为普通队列设计专门的类，而是采用了一些更具有通用性的接口和方法来实现它的功能。

13.1.1　Collection 接口

Java 库中用于集合类的基本接口是 Collection 接口，该接口配有下面两个基本方法：

- boolean add(Object obj);
- Iterator iterator();

除了这两个基本方法，还有若干辅助方法，将在后面的实际例子中进行介绍。

add()方法用于向集合中添加对象。如果添加对象之后，集合确实发生了变化，那么返回值为 true，否则为 false。例如，如果试图将一个对象添加到集合中，而集合中已经有该对象了，那么 add() 方法将返回 false，因为集合拒绝纳入重复的对象。

iterator()方法用于返回一个实现了 Iterator 接口的对象，下一节将详细介绍该接口。程序员可以使用这个迭代对象逐个访问集合中的各个元素。

13.1.2　Iterator 接口

Iterator 接口又被称为迭代器，它有下面 3 个基本方法：

- Object next();
- boolean hasNext();
- void remove();

通过反复调用 next()方法，可以逐个访问集合中的各个元素。但是如果到了集合的末尾，那么 next()方法将抛出一个 NoSuchElementException 异常。因此，在调用 next()之前必须先调用 hasNext()方法进行测试。如果测试的对象仍然拥有可供下一次访问的元素，那么 hasNext()将返回 true。下面是使用迭代器的一段示意程序：

```
Iterator iter = c.iterator();
while(iter.hasNext()){
    Object obj = iter.next();
    //use obj
}
```

最后一个方法是 remove()，它用于删除上次调用 next()方法时返回的元素。

按照一般的想法，remove()方法应该是属于某个集合的，很难想象居然将它放到了迭代器中。JDK 的设计者认为，如果已经知道了某个元素所处的位置，那么程序可以更有效地将它删除。而迭代器知道元素在集合中的位置，因此将 remove()方法设计成了迭代器的一个组成部分。

读者还应该更深入地了解迭代器的本身的工作方式和 next()方法的作用。可以想象迭代器本身是一个指针，不过和一般数组中的下标表示某个元素不同，这个指针并不直接指向某个元素，而是位于各个元素之间，如图 13-1 所示。

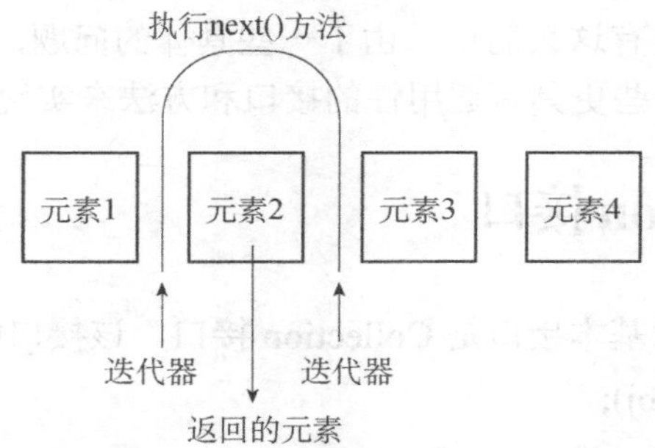

图 13-1 迭代器的工作方式

一种形象的比喻是将 Iterator.next()看成是 InputStream.read()，它每次从数据流中返回一个字节，而且将指针移动到下一个位置，准备下一次的读取。

使用 remove()方法必须要小心。在调用 remove()方法时，删除的是上次调用 next()返回的元素。如果你要删除某个位置上的元素，首先要跳过这个元素。下面的程序片段是删除第一个元素的示意：

```
Iterator it = c.iterator();
it.next();  //越过第一个元素
it.remove(); //删除它
```

由于 remove()和 next()方法是互相关联的，在调用 remove()方法之前，至少要保证调用了一次 next()方法，否则将会抛出一个 IllegalStateException 异常。

如果想要删除两个相邻元素，不能简单地写成下面的形式：

```
it.remove();
it.remove();
```

而应该先调用 next()，像下面这样写：

```
it.remove();
it.next();
it.remove();
```

13.1.3 AbstractCollection抽象类

前面介绍了 Collection 接口中的两个主要方法。不过实际上它拥有的方法很多，例如下面这些方法：

- int size()：返回集合中元素的数目。
- boolean isEmpty()：判断集合是否为空。
- boolean contains(Object obj)：如果集合中包含了一个 obj 对象，则返回 true。
- boolean containsAll(Collection c)：如果集合中包含了 c 中所有的元素，则返回 true。
- boolean equals(Object other)：如果集合相等则返回 true。
- boolean addAll(Collection from)：将 from 中所有元素添加到集合中，成功则返回 true。
- boolean remove(Object obj)：删除元素 obj，成功则返回 true。

- boolean removeAll(Collection c)：删除集合中所有与 c 中相同的元素，只要集合发生变化则返回 true。
- void clear()：将本集合清空。
- boolean retainAll(Collection c)：删除集合中所有不在 c 中的元素，只要集合发生变化则返回 true。
- Object [] toArray()：返回集合中所有元素组成的数组。

这些方法的含义都很明确，无须更多的解释，读者如有疑问，请查阅 API 手册。

不过如果实现 Collection 的每个类都要提供这么多方法，那么将是一件很麻烦的事情。为了减轻程序员的工作量，系统用一个 AbstractCollection 类来实现这个接口，程序员可以直接继承这个类。由于接口中的方法都已经在这个类中实现，所以只有少数几个方法可能要根据需要来修改，这样就大大避免了重复劳动。Java 中这种专门用来实现某个系统预定义接口的类被称为“适配器类”。在 JDK 中，这一设计思路被广泛使用。

13.1.4　几个常用术语

在本章中，将会经常出现下面一些术语，读者有必要弄清楚它们的基本含义。

1. 数据

数据是客观事物的符号表示。例如，学生张三的 Java 语言考试成绩为 92 分，92 就是该同学的成绩数据。数据也可能是一幅图像、一段声音等。

2. 数据元素和数据项

数据元素是数据的基本单位，它也可以再由不可分割的数据项组成。数据元素通常也简称为元素。例如，张三的学号是 21，他的语文成绩 82 分，数学成绩 91 分，外语成绩 88 分。那么这些描述张三的所有数据就是一个数据元素，任意一门成绩及学号都是一个数据项。

3. 数据对象

数据对象是性质相同的数据元素的集合。例如，一个班级的成绩表可以看作一个数据对象，它的每个数据元素就是一个学生的成绩。

4. 记录

集合中的数据元素就是记录。这里的数据元素通常拥有两个或两个以上的数据项。

5. 关键字

关键字是指数据元素（或记录）中某个数据项的值。如果这个值能够唯一标识某个记录，那么就称为主关键字；如果可以标识多个记录，就称为次关键字。

例如，“张三”只能作为次关键字，而他的学号是唯一的，才能作为主关键字。

说明：在本书中，一般称的关键字都是主关键字。

13.2　集合类的使用

本节具体介绍 Java 中各种集合类的基本功能和使用方法。在介绍每一种类之前，都会简单介绍一下它的作用，如果读者曾经学过数据结构，那么可以跳过这些介绍。

13.2.1　顺序表（ArrayList）使用示例

线性表是最常用且最简单的一种数据结构。一个线性表是 *n* 个数据元素的有限序列。数据元素的数目 *n* 就是该线性表的长度。数据元素可以是一个数、一个符号，也可以是一幅图、一页书或更复杂的信息。如图 13-2 所示都是线性表。

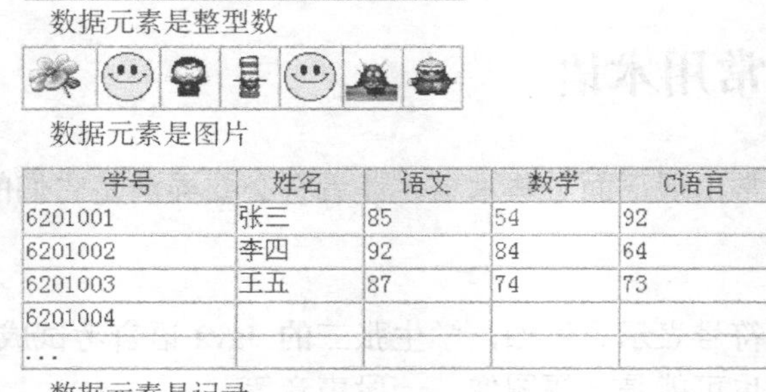

图 13-2　线性表示例

通常，在数据元素的非空有限集中：

- 存在唯一的一个被称作“第一个”的数据元素；
- 存在唯一的一个被称作“最后一个”的数据元素；
- 除第一个之外，集合中的每个数据元素均只有一个前驱；
- 除最后一个之外，集合中每个数据元素均只有一个后继。

在线性表中，所有相邻数据元素之间存在着先后顺序关系。在如图 13-3 所示的线性表中，a_i 是 a_{i+1} 的直接前驱元素，a_{i+1} 是 a_i 的直接后继元素。在不引起混淆的情况下，可以省略“直接”两个字，称为前驱和后继。

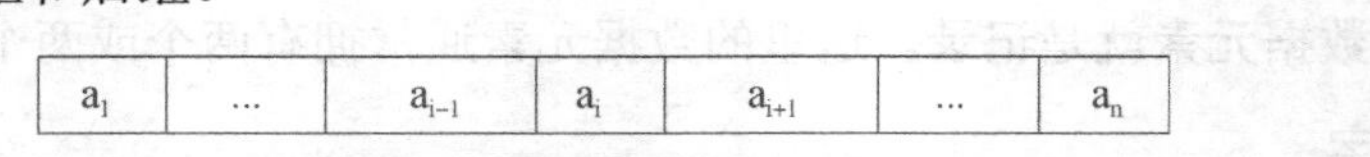

图 13-3　长度为 *n* 的线性表

线性表有两种存储方式：顺序表和链表。其中的链表将在下一小节介绍。顺序表的特点是以元素在计算机内物理位置相邻来表示线性表中数据元素之间的逻辑关系。例如，元素 a_{i-1} 存储在 a_i 的前面，那么就表示 a_{i-1} 是 a_i 的前驱。最常见的顺序表是用数组来存储的。不过，在 Java 中提供了功能更强大的 ArrayList 类来表示它。

在 Java 中，ArrayList 类的原型声明如下：

```
public class ArrayList<E>
extends AbstractList<E>
implements List<E>, RandomAccess, Cloneable, Serializable
```

它是一个泛型类，类型参数 E 指存储在其中的数据的类型。它是 AbstractList 的子类，因此 AbstractList 中的方法它都拥有，所以这里不再介绍重复的方法，只介绍它新增加的一些方法，如表 13-1 所示。

表 13-1　ArrayList 中增加的一些方法

方　法	说　明
ArrayList()	构造一个空的顺序表，默认大小为 10
ArrayList(Collection<? extends E> c)	构造一个顺序表，包含了 c 中所有元素
ArrayList(int initialCapacity)	构造一个指定容量的空表
void add(int index, E element)	将元素 element 插入到由 index 指定的位置
E get(int index)	获取表中 index 位置的元素
E remove(int index)	删除指定位置的元素
E set(int index, E element)	将指定位置的元素置为 element

在顺序表中，删除和插入元素是最常见但也最耗时的操作。在插入一个元素时，顺序表需要将插入点后面的所有元素向后移动位置，如图 13-4 所示。在删除一个元素时，需要将被删除元素后面所有元素向前移动位置，如图 13-5 所示。

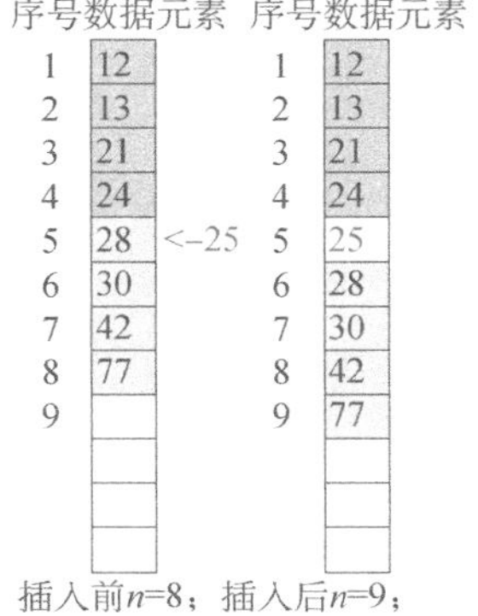

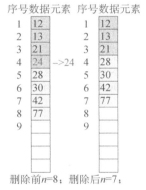

图 13-4　在顺序表中插入一个元素

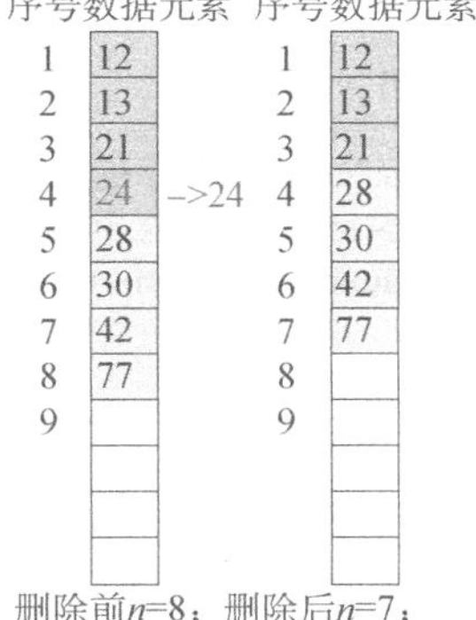

图 13-5　在顺序表中删除一个元素

无论是插入还是删除元素，平均需要移动 $n/2$ 个元素，这是相当耗时的。不过，如果插入或删除的元素是最后一个，那么就无须移动元素了。

实际上，ArrayList 的使用者无须关心类到底是如何实现插入和删除元素的，不过了解这一点，有助于程序员编出更有效率的程序。ArrayList 的使用非常方便，当插入元素时，如果原来的空间不够，它会自动增加空间；删除时则会自动减少空间。这一切对于应用程序员而言都是透明的。

在下面这个例子中，先创建一个 ArrayList 对象，它用来存储学生的姓名，再向其中插入元素，然后删除其中的一些元素，最后列出剩余的元素。

【例 13-1】ArrayList使用示例。

```
import java.util.*;   //ArrayList 在 util 包中
import java.io.*;   //Scanner 在 io 包中
public class DemoArrayList{
   public static void main(String args[]){
      ArrayList<String> stu = new ArrayList<String>();//创建一个 String 类型的顺序表
      Scanner in = new Scanner(System.in);        //准备从键盘输入
      String name;
      System.out.println("请依次输入学生姓名，空行表示结束");
      boolean goon = true;
      while(goon){          //循环输入学生姓名
         name = in.nextLine();
         if (name.length()>0)   //若读入了空行，则 name 的长度为 0
            stu.add(name);     //插入到顺序表中
         else
            goon=false;
      }
      System.out.println("请输入要删除的学生姓名，空行表示结束");
      goon=true;
      while(goon){     //循环删除指定的学生
         name = in.nextLine();
         if (name.length()>0){
            if(stu.remove(name)) //删除指定元素
               System.out.println("删除成功: "+name);
            else
               System.out.println("没有找到此人: "+name);
         }
         else
            goon=false;
      }
      System.out.println("还剩下的学生有：");
      for(String stName : stu)//遍历顺序表
        System.out.println(stName);
      in.close();
   }
}
```

在程序的末尾，使用了 for-each 循环来遍历这个顺序表，这么做，比用 Iterator 来迭代要简单一些。

13.2.2 链表（LinkedList）使用示例

链表是存储线性表的另外一种结构。链表的特点是该线性表中的数据元素可以用任意的存储单元来存储。线性表中逻辑相邻的两元素的存储空间可以是不连续的。为表示逻辑上的顺序关系，除了每个数据元素除存储本身的信息之外，还需存储一个指示其直接后继的信息。这两部分信息组成数据元素的存储映象，称为结点。图 13-6 所表示的就是一个链表。

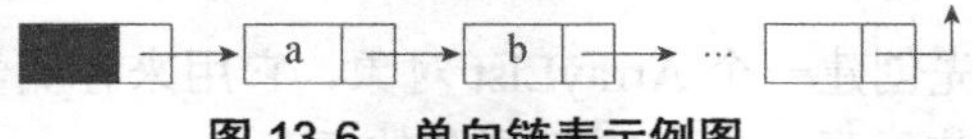

图 13-6 单向链表示例图

图中黑色的节点不存储数据，是为了操作方便而添加的头节点。最后一个节点的指针是悬空的。在数据节点中，节点 a 是节点 b 的前驱，节点 b 是节点 a 的后继。在实际存储过程中，节点 a 的物理位置不一定和节点 b 相邻，也不一定在节点 b 的前面，它是通过那根指针来表示元素之间的逻辑关系的。所有的节点都只有一根指针，从前驱指向后继，这样的链表被称为单向链表。

对于单向链表，可以很方便地从一个节点找到它的后继。但如果要找到某个节点的前驱就不太方便了，它可能需要遍历整个链表才行，在这种情况下，还需要有指向前驱的指针。于是每个节点都有两根指针，分别指向前驱和后继，这种链表称为双向链表，如图 13-7 所示。

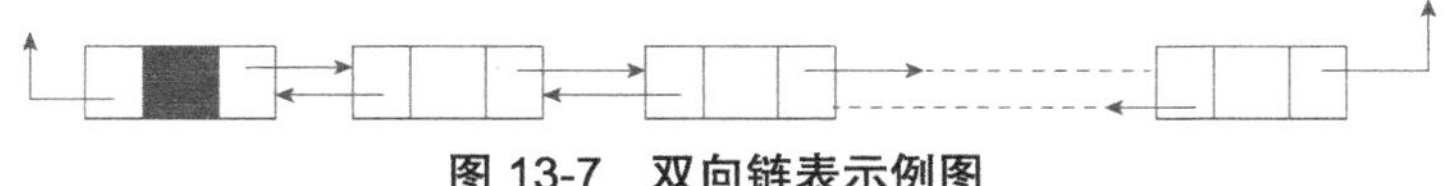

图 13-7　双向链表示例图

双向链表比单向链表需要更多的存储空间，而且在删除和插入节点时需要多操作一根指针。LinkedList 实现的是双向链表。

相对于顺序表，链表的最大好处是插入节点和输出节点时无须移动任何元素，而只需要修改相应的指针就行，这样时间效率要高得多。

图 13-8 所示的是如何在双向链表中删除一个节点 B。图 13-9 所示的是如何在双向链表中插入一个新的节点 X。

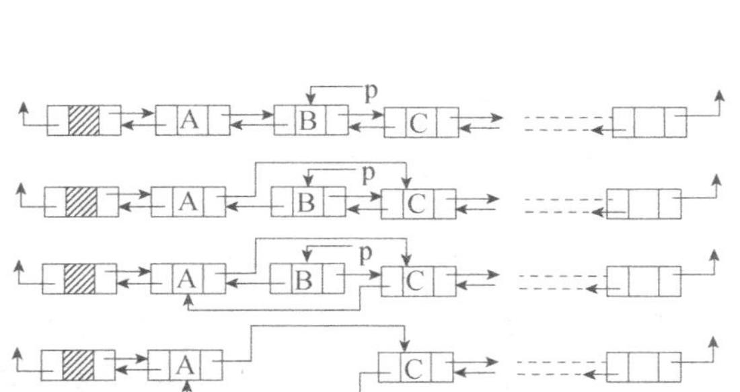

图 13-8　双向链表删除节点示例

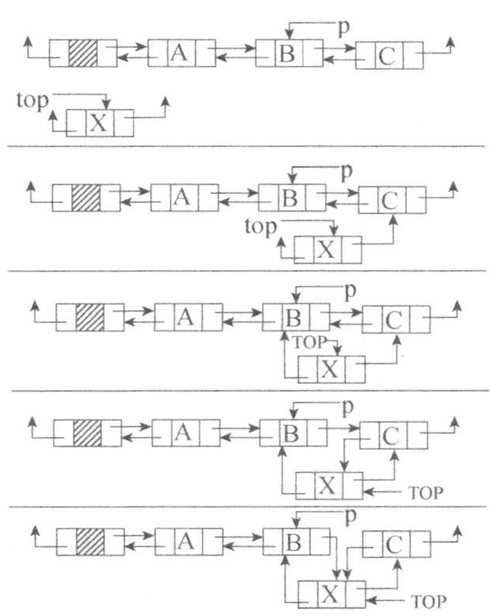

图 13-9　在双向链表中插入一个节点

从示意图可以看出，无论是删除还是插入节点，都需要操作多步，每一步都要修改一个指针，而且其中的顺序不能任意调换。这对程序员而言是一件烦琐而易错的事情。幸运的是，LinkedList 已经帮助应用程序员做好了这些事情。你甚至都不需要知道它到底是如何操作的，而只管调用 add()、remove()方法就可以了。

LinkedList 是从 AbstractCollection 的子类继承而来的，它的声明原型如下：

```
public class LinkedList<E>
extends AbstractSequentialList<E>
implements List<E>, Queue<E>, Cloneable, Serializable
```

与 ArrayList 相比，它的最大优势是在删除和插入时不要移动元素，但它其余的操作要复杂一些，因此它除了继承 AbstractList 中的方法，还提供了更多的辅助方法。表 13-2 介绍了它独有的一些方法。

表 13-2　LinkedList 的独有方法

方　法	说　明
void addFirst(E o)	将给定元素插入到链表的最前面
void addLast(E o)	将给定元素插入到链表的最后面
E element()	获取链表中的第一个元素，但不删除它
E get(int index)	获取指定位置的元素，不删除它
E getFirst()	获取第一个元素，不删除它
E getLast()	获取最后一个元素，不删除它
int indexOf(Object o)	获取 o 在链表中第一次出现的位置，如果是–1，表示链表中没有这个元素
int lastIndexOf(Object o)	获取 o 在链表中最后一次出现的位置，如果是–1，表示链表中没有这个元素
ListIterator<E> listIterator(int index)	获取从指定位置开始的迭代器
boolean offer(E o)	将元素 o 加入到链表的尾部
E peek()	获取第一个元素，不删除它
E pool()	获取并删除第一个元素
E remove()	获取并删除第一个元素
E remove(int index)	获取并删除指定位置的元素
E removeFirst()	获取并删除第一个元素
E removeLast()	获取并删除最后一个元素
E set(int index, E element)	将指定位置节点的值用 element 取代
Object[] toArray()	将所有元素组织成一个数组

从表中可以看出，LinkedList 不仅提供了大量的辅助方法，而且其中有些方法似乎完全是重复的，比如 pool()和 remove()，element()和 getFirst()。之所以出现这种奇怪的情况，并非是设计者的失误，而是因为 LinkedList 身兼两职：既要做一般的链表用，又可以当作链式队列来用。它同时实现了 List 和 Queue 两个接口。不过，在本节中，只介绍作为一般链表的使用方法，关于队列，将在下一节介绍。

【例 13-2】猴子选大王。

猴子选大王的问题是这样的：100 只猴子坐成一个圈，从 1 开始报数，报到第 14 的那只猴子退出圈外，并重新开始计数。依次循环下去，直到圈中只剩下一只猴子，就是大王。这个问题其实是一个特例，将其中的 100 和 14 换成变量 *n* 和 *m*，就是约瑟夫环问题。

这里用链表来解决这个问题。将每一只猴子的编号存入链表的一个节点中，将这些节点组成一个链表。为了让它围成一个圈，编程的时候需要稍微处理一下，用一个迭代器指示每次到达链表尾部的时候，又重新回到链表的头部来。可以用一个计数器 number 模拟报数，当

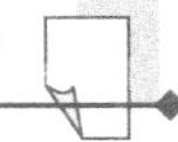

number 等于 14 时，就将指向的节点删除，表示这只猴子要退出圈外。另外还需要知道链表中剩余的节点数目，这个数目的初始值为 100，当它等于 1 时表示已经选出了大王。LinkedList 中的 size()方法已经提供了该功能。

具体的程序如下所示：

```
import java.util.*;
public class Monkey{
    public static void main(String args[]){
      //创建一个元素类型为 Integer 的链表
      LinkedList <Integer> monkeys = new LinkedList<Integer>();
      int number;
      //将猴子编号依次放入到链表中
      for (number=1; number<=100; ++number)
          monkeys.addLast(number);
      number = 0;
      Iterator it = monkeys.iterator();
      //循环删除退出的猴子，直到只剩下一只
      while(monkeys.size()>1){
          if (it.hasNext()){
              it.next();  //往后面数
              ++number;   //计数器加 1
          }else{    //迭代器已经到达末尾，重新将它置回到链表头部
              it = monkeys.iterator();
          }
          //删除应该退出圈外的猴子
          if(number == 14){
              number = 0;
              it.remove();
          }
      }
      //最后链表中剩下的就是大王
      System.out.println("大王编号为："+monkeys.element());
    }
}
```

这个程序用 LinkedList 模拟实现了猴子选大王的过程。这其中稍微显得麻烦一点的就是迭代器的移动，当它到达末尾时，需要用

```
it = monkeys.iterator();
```

重新创建迭代器，使得它回到链表头部，而不能始终使用 next()方法。

> 注意：迭代器回到头部的时候并没有跨过任何一个节点，所以不必使用“++number”。

可以想象，如果最后一个节点的指针是指向第一个节点的，如图 13-10 所示。那么就应该可以一直使用 next()方法了。这种链表，被称为循环链表，它在处理约瑟夫环这类问题上有优势。不过遗憾的是，LinkedList 并不是一个循环链表，所以要用它实现循环链表的功能，就显得麻烦一些。

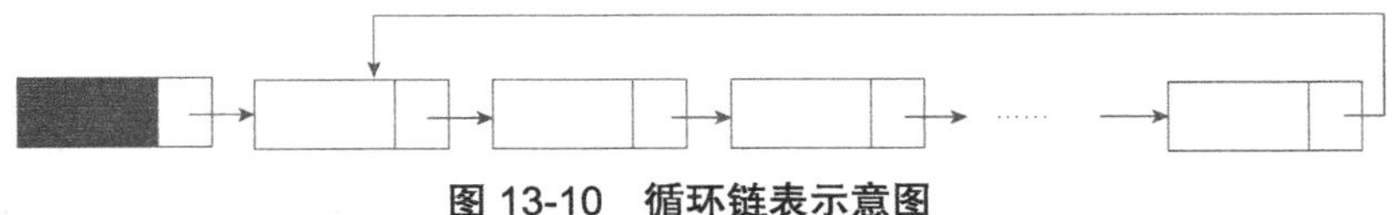

图 13-10　循环链表示意图

最后还有一点需要读者特别注意，虽然 LinkedList 中提供了 get(int index)方法来获取指定位置的元素，但与数组中用下标访问元素及 ArrayList 中的 get(int index)方法的实现不同。后两者都是直接读取元素，也就是说，读取元素的时间是固定的，与元素所在的位置无关；而前者需要一个个元素数过来，才能确定 index 所在的位置，这样一来，读取元素的时间和元素的位置是有关的，平均下来，执行一次 get(int index)需要访问半个链表中的元素，比直接读取要耗时得多。所以如果要遍历一个 LinkedList，尽量使用 for-each 循环或者是迭代器，不要写成下面的样子：

```
for(int i=0; i<list.size(); ++i)
   do something with list.get(i);
```

13.2.3　优先队列（PriorityQueue）使用示例

队列是一种先进先出（FIFO）的线性表。它只允许在表的一端进行插入，而在另一端删除元素。比如日常生活中的排队，最早入队的最早离开，后来者都只能排到队列的尾部。

在队列中，允许插入的的一端叫队尾，允许删除的一端则称为队头。如图 13-11 所示是一个队列的示意图。

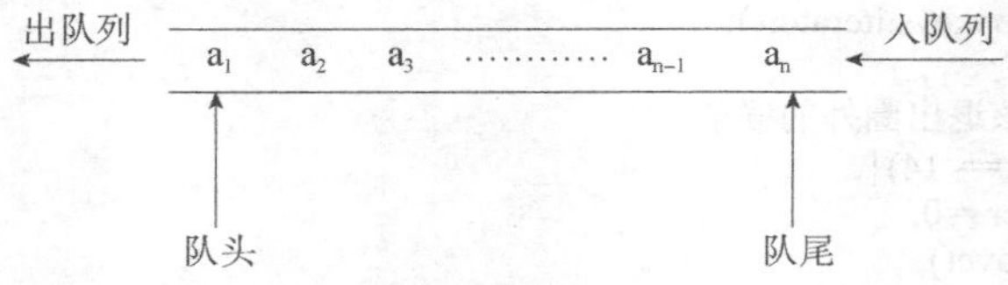

图 13-11　队列示意图

一般情况下，队列中的元素按照先来后到的顺序从前往后排。不过有时候这么做并不太合适。我们也可以给每个元素赋予一个优先级，在队列中根据这个优先级的高低从前往后排，这种队列被称为优先队列。很明显，普通队列就是以入队时间为优先级的一种特殊的优先队列。

队列的具体实现也有两种：循环数组和链表。在 Java 中，可以使用 LinkedList 来实现普通队列的所有功能，不过它还提供了一个使用上更为简单一点的优先队列类：PriorityQueue。

PriorityQueue 的原型声明如下：

```
public class PriorityQueue<E>
extends AbstractQueue<E>
implements Serializable
```

它的常用方法如表 13-3 所示。

表 13-3　PriotityQueue 的常用方法

方　法	说　明
PriorityQueue()	创建一个空的优先队列，以元素默认的比较方法来决定优先级，初始值大小为 11
PriorityQueue(int initialCapacity, Comparator<? super E> comparator)	创建一个指定大小的优先队列，元素的优先级由 comparator 来决定

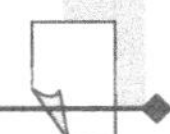

续表

方　　法	说　　明
PriorityQueue(SortedSet <? extends E> c)	创建一个优先队列，其中包含了 c 中所有的元素
boolean add(E o)	插入指定元素到队列中
void clear()	清空队列
Comparator<? super E> comparator()	返回队列中所用的比较方法
Iterator<E> iterator()	获得队列的迭代器
boolean offer(E o)	将指定元素插入到优先队列中
E peek()	获取队头元素，但不删除它
E poll()	获取并删除队头元素
boolean remove(Object o)	从队列中删除指定的对象
int size()	返回队列中元素的数目

表 13-3 中的多数方法都很容易理解和使用，只有用 Comparator 来指定优先级看上去有点难以理解。下面就以一个例子来说明如何创建和使用一个优先队列。

【例 13-3】模拟操作系统的进程调度。

操作系统对进程的调度有很多策略，多数采用的是 FIFO，即先来先服务。不过也有一些采用的是短作业优先法。即预先估计作业运行所需要占用的时间，时间短的先运行。将每一个作业作为一个元素，将运行时间看成是元素的优先级，就可以用优先队列来处理这个问题。不过这里需要定义两个类：一个类用于创建作业对象，一个类用于实现 Comparator 接口。

```
//-----------创建作业对象 Job-----------------
public class Job{
    private int number;   //记录作业的编号
    private int spend;   //记录作业所需时间
    public Job(int num, int time){
        number = num;
        spend = time;
    }
    public int getNumber() { return number; }
    public void setNumber(int num) { number = num;   }
    public int getSpend()   { return spend;   }
    public void setSpend(int time) {   spend = time; }
}
//-----------本类实现 Comparator 接口，提供给优先队列使用----------------
import java.util.*;
public class MyCompare implements Comparator<Job>{ //比较的对象是 job
    //根据 job 对象所需时间来确定优先级
    public int compare(Job o1, Job o2){
        if (o1.getSpend() > o2.getSpend())
            return 1;
        if (o1.getSpend() < o2.getSpend())
            return -1;
        return 0;
    }
    public boolean equals(Object obj){
        return super.equals(obj);
```

```
    }
}
//-----------本程序模拟操作系统的作业调度过程-----------------
import java.util.*;
import java.io.*;
public class Scheduling{
    public static void main(String args[]){
        Scanner in = new Scanner(System.in);
        MyCompare comp = new MyCompare();
        //创建 job 类型的队列，以 comp 为比较方法
        PriorityQueue<Job> priQue = new PriorityQueue<Job>(20, comp);
        System.out.println("请依次输入作业所需要的时间，0 表示结束：");
        boolean goon = true;
        int time;
        for(int cnt=1;goon; cnt++){
            System.out.print("作业"+cnt+"所需时间：") ;
            time = in.nextInt();
            if(time>0)
                priQue.add(new Job(cnt,time));//插入作业到队列，优先队列会自动调整它的位置
            else
                goon = false;
        }
        System.out.println("作业调度的顺序是：");
        //队列中所有元素依次从队头出列，即为调度的顺序
        while(priQue.size()>0){
            Job    tj;
            tj = priQue.poll();
            System.out.println("作业编号："+tj.getNumber()+" 所需时间："+tj.getSpend());
        }
    }
}
```

程序中使用的是出队列的方式来遍历整个队列。这是因为优先队列尽管也可以返回迭代器，但是并不保证迭代得到的结果是按照预定义优先级排列的结果。

13.2.4 哈希集合（HashSet）使用示例

在一般的线性表中，记录在结构中的相对位置是随机的，即和记录的关键字之间不存在确定的关系。因此，在线性表中查找记录时需进行一系列的比较。这一类查找方法建立在“比较”的基础上，查找的效率依赖于查找过程中所进行的比较次数。

理想的情况是能直接找到需要的记录，因此必须在记录的存储位置和它的关键字之间建立一个确定的函数对应关系 f，使每个关键字和记录中一个唯一的存储位置相对应。人们称这个对应关系 f 为哈希（Hash）函数，按这个思想建立的表称为哈希表或者散列表。也把这种方法称为哈希杂凑法。

哈希表最常见的例子是以学生学号为关键字的成绩表，1 号学生的记录位置在第 1 条，10 号学生的记录位置在第 10 条……如表 13-4 所示。

表 13-4　以学号为关键字建立的直接哈希表

表中的位置	学　号	语　文	数　学	外　语
1	001	87	95	88
2	002	75	95	68
3	003	80	69	71
4	004	62	81	79
……	……	……	……	……
n	*n*	64	77	82

如果用一个数组来存储这个哈希表，那么查找任何学生的成绩，只需要用“数组名[学号]”的方式就可以直接定位到记录所在的位置，无须任何比较，速度飞快。在这里，哈希函数 f 是：$f(x)=x$，其中，x 就是学号。

不过，大多数情况下，问题要比这复杂得多。很多情况下，关键字并不是一个整型数，或者这个整型数很大（比如身份证号码），因此需要设计专门的哈希函数 f，使得 $f(\text{key})=h$，而 h 总是一个比较小的整型数。这个 h 就称为哈希地址或散列地址，而计算哈希函数值的过程就称为哈希造表或散列。

关于哈希函数的设计，有很多专门的方法，比如直接定址法、数字分析法、平方取中法、折叠法和除留余数法等。根据不同的问题，这个哈希函数可以由程序员来自行构造。有兴趣的读者可以参考数据结构的书籍。

使用哈希表必须要处理的一个问题是冲突。所谓冲突，是指两个不同的关键字，根据哈希函数 f 计算得到的哈希地址相同。

比如有两个学生，一个叫刘丽，一个叫李兰。假如哈希函数 f 是这么构造的：取姓名的第一个字母的 ASCII 码值之和，那么就有：f(刘丽)='L'+'L'=76+76=152，而 f(李兰)=152，这就导致两个记录会存放在哈希表中的同一个位置，这就是冲突。

为了解决冲突，人们也设计了一系列的存储方法，比较常用的有开放定址法、再哈希法、链地址法及建立公共溢出区等。而其中的链地址法（也叫拉链法）又以其使用方便，处理简单而最为常用。

在 JDK5.0 中，提供了 HashSet 类，它就是根据上述知识实现的哈希表。程序员无须知道它到底采用了什么哈希函数和处理冲突的方法，也仍然可以轻松地使用它来建立哈希表。HashSet 声明的原型如下：

```
public class HashSet<E>
extends AbstractSet<E>
implements Set<E>, Cloneable, Serializable
```

它是一个泛型类，意味着存入哈希表中的数据可以是任意类型的对象。HashSet 的常用方法如表 13-5 所示。

表 13-5　HashSet 的常用方法

方　法	说　明
HashSet()	创建一个空的哈希表，初始容量为 16，装填因子为 0.75
HashSet(Collection<? extends E> c)	创建一个哈希表，包含了 c 中所有元素

续表

方　法	说　明
HashSet(int initialCapacity)	创建一个指定大小的哈希表，装填因子为 0.75
HashSet(int initialCapacity, float loadFactor)	创建一个指定大小的哈希表，装填因子由 loadFactor 指定
boolean add(E o)	如果 o 在表中不存在，将 o 加入到哈希表中
void clear()	清除哈希表中所有元素
boolean contains(Object o)	如果表中存在元素 o，返回 true，否则为 false
boolean isEmpty()	测试表是否为空
Iterator<E> iterator()	获取哈希表的迭代器
boolean remove(Object o)	从表中删除元素 o
int size()	获取哈希表中元素的数目

下面的这个例子中，先建立一个哈希表，然后向其中插入学生姓名，再删除其中的部分学生，最后输出所有剩余的学生姓名。

【例 13-4】HashSet 使用示例。

```
import java.util.*;  //HashSet 在 util 包中
import java.io.*;    //Scanner 在 io 包中
public class DemoHashSet{
  public static void main(String args[]){
    HashSet<String> stu = new HashSet<String>();//创建一个 String 类型的哈希表
    Scanner in = new Scanner(System.in);    //准备从键盘输入
    String name;
    System.out.println("请依次输入学生姓名，空行表示结束");
    boolean goon = true;
    while(goon){          //循环输入学生姓名
       name = in.nextLine();
       if (name.length()>0)       //若读入了空行，则 name 的长度为 0
          stu.add(name);        //插入到哈希表中
       else    goon=false;
    }
    System.out.println("请输入要删除的学生姓名，空行表示结束");
    goon=true;
    while(goon){      //循环删除指定的学生
       name = in.nextLine();
       if (name.length()>0){
          if(stu.remove(name))     //删除指定元素
            System.out.println("删除成功: "+name);
          else
            System.out.println("没有找到此人: "+name);
       }
       else             goon=false;
    }
    System.out.println("还剩下的学生有：");
    for(String stName : stu)     //遍历哈希表
      System.out.println(stName);
    in.close();
  }
}
```

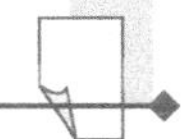

这个程序看上去和例 13-1 中很像，确实在这里使用 HashSet 和使用 ArrayList 的方式没有什么区别，它们真正的区别在执行的时间效率上，从 HashSet 中添加和删除元素要比从 ArrayList 中做同样的操作要快，不过这需要大量的数据才能看出差别。

它们的另外一个区别可以从程序的运行结果看出来，如图 13-12 所示。

```
C:\WINNT\system32\cmd.exe
E:\jdk1.5\example>java demoHashSet
请依次输入学生姓名，空行表示结束
杨保明
刘新
张力
王杰
王长喜
鲁健翔
唐勇

请输入要删除的学生姓名，空行表示结束
张力
删除成功：张力
刘新
删除成功：刘新

还剩下的学生有：
杨保明
唐勇
王长喜
鲁健翔
王杰

E:\jdk1.5\example>_
```

图 13-12　程序运行结果

注意看最后输出的剩余元素，它的顺序和原先插入的顺序不相同，这是因为插入的时候使用的是散列码计算位置，并不像 ArrayList 那样顺序插入在表的后面。

哈希表的一个重要作用是查找，HashSet 本身只提供了一个查找方法：

```
boolean contains(Object o)
```

查找对象 o，如果成功则返回 true。注意，这并不符合一般的查找情况。比如说，建立了一个对象 student 如下：

```
class student{
    String name;   //姓名
    int score;     //成绩
}
```

已经将某个学生对象（包括姓名和成绩）存入到哈希表中，现在用户需要根据学生的姓名来获得他的成绩。显然，contains 方法是无法满足这一要求的，它要求查询者提供对象 o，而不是这个对象中的某个关键字。而对象中就已经包含了 score，既然已经知道了 score，那么查询者根本无须再查询哈希表了。

要满足这种查询，需要使用下一节所介绍的哈希映射。

13.2.5　哈希映射类（HashMap）使用示例

上一小节介绍的 HashSet 没有解决常用的查找功能，如果需要正常查找关键字所对应的记录，需要使用 HashMap。HashMap 中用于散列和查找的只能是主关键字，其他的次关键字不能用于散列或查找。

HashMap 的原型声明如下：

```
public class HashMap<K,V>
extends AbstractMap<K,V>
implements Map<K,V>, Cloneable, Serializable
```

这个泛型类有两个类型参数 K 和 V，其中的 K 是关键字的类型，V 是要存储的记录类型。

HashMap 仍然使用哈希函数来计算关键字的哈希码，并存储在对应的位置上，所以记录之间是无序的，但它的存储和查找速度都飞快，远远超过其他类型的集合。

HashMap 中的方法很多，其中最常用的一些方法如表 13-6 所示。

表 13-6　HashMap 中的常用方法

方　　法	说　　明
HashMap()	构造一个空表，初始容量 16，装填因子 0.75
boolean containsKey(Object key)	如果有记录包含关键字 key，返回 true
boolean containsValue(Object value)	如果有记录和 value 的值相等，返回 true
V get(Object key)	如果有记录包含关键字 key，返回这条记录
Set<K> keySet()	返回所有关键字的集合
V put(K key, V value)	根据关键字 key 计算散列码，将记录 value 存储到此位置
V remove(Object key)	从表中删除包含关键字 key 的记录，并返回这条记录

有了这些方法，就可以轻松实现前面所介绍的查找功能。请看下面的例子。

【例 13-5】HashMap 使用示例。

```
import java.util.*;
import java.io.*;
public class DemoHashMap{
  public static void main(String args[]){
    //创建一个关键字为 String 类型、记录为 Integer 类型的哈希表
    HashMap<String,Integer> stu = new HashMap<String,Integer>();
    Scanner in = new Scanner(System.in); //准备从键盘输入
    String name;
    Integer score;
    System.out.println("请依次输入学生姓名和成绩，空行表示结束");
    boolean goon = true;
    while(goon){   //循环输入学生姓名和成绩
        System.out.print("请输入姓名：");
        name = in.nextLine();
        if (name.length()>0){
          System.out.print("请输入成绩：");
          score = new Integer(in.nextLine());
          stu.put(name,score); //插入到哈希表中
        }
        else          goon=false;
    }
    System.out.println("请输入要查找的学生姓名，空行表示结束");
    goon=true;
    while(goon){
        name = in.nextLine();
        if (name.length()>0){
            score=stu.get(name);   //查找指定学生
            if(score!=null)          System.out.println(name+"的成绩为："+score);
```

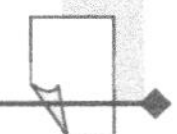

```
                else                System.out.println("没有找到此人: "+name);
            }
            else            goon=false;
        }
        in.close();
    }
}
```

程序运行情况与例 13-4 类似。

13.2.6　有序树（TreeSet）使用示例

TreeSet 是一个与 HashSet 类似的集合，不过与哈希表不同，它是一个有序集。即它内部的元素都是按照一定的顺序组织起来的。当用迭代器访问该集合时，各个元素将按照排序之后的顺序出现。

TreeSet 所实现的数据结构是大名鼎鼎的红黑树。红黑树是一种改进的平衡二叉查找树。它是在 1972 年由 Rudolf Bayer 发明的，称为"对称二叉 B 树"。它的操作相当复杂，但是即便在最坏情形下，它的运行效率仍然很高：它可以在 $O(\log n)$时间内做查找、插入和删除操作，这里的 n 是树中元素的数目，这已经是基于比较的查找算法中最快的了（它比哈希表的查找速度慢，但哈希表是不基于比较的查找）。图 13-13 所示的是一棵典型的红黑树（由于本书没有色彩，故图中用较黑的圆形表示红色节点）。

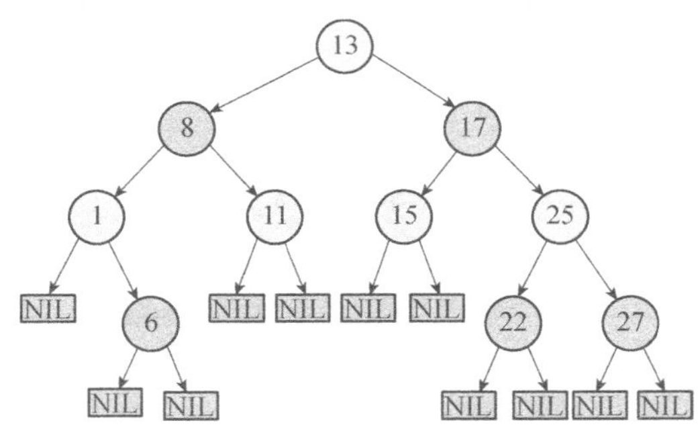

图 13-13　一棵红黑树

由于红黑树也是二叉查找树，它的每一个根节点都必须大于或等于在它的左子树中的所有节点，并且小于或等于在它的右子树中的所有节点。这确保红黑树能够快速在树中查找给定的值。

TreeSet 实现了红黑树除了查找之外的所有功能，它的原型声明如下：

```
public class TreeSet<E>
extends AbstractSet<E>
implements SortedSet<E>, Cloneable, Serializable
```

注意它实现了 SortedSet 接口，是一个有序集。因此，笔者没有按照字面意思翻译，而是将它翻译成有序树。有些书籍将它翻译成树集，很容易让人误解成数据结构中的普通树。

TreeSet 的常用方法如表 13-7 所示。

表 13-7　TreeSet 常用方法

方　　法	说　　明
TreeSet()	创建一棵空树，按照元素的自然顺序排列
TreeSet(Comparator<? super E> c)	创建一棵空树，按照指定的 comparator 来排序
boolean add(E o)	如果在树中不存在 o，添加 o 到树中
Comparator<? super E> comparator()	返回树所用的比较器
boolean contains(Object o)	如果树中存在元素 o，返回 true
E first()	返回树中第一个（即最小的）元素
SortedSet<E> headSet(E toElement)	返回比 toElement 小的所有元素集合
boolean isEmpty()	如果树为空，返回 true
Iterator<E> iterator()	返回树的迭代器
E last()	返回树中最后一个（最大的）元素
boolean remove(Object o)	从树中删除元素 o
int size()	返回树中元素的数目
SortedSet<E> subSet(E fromElement, E toElement)	返回从 fromElement 到 toElement 中的所有元素，不包括 toElement
SortedSet<E> tailSet(E fromElement)	返回大于等于 fromElement 的所有元素

下面的例子中，用户输入学生姓名和成绩，将其插入到 TreeSet 集合中，然后输出按照成绩排序的结果。

【例 13-6】TreeSet 使用示例。

```
//----------本类用于创建学生对象，作为 TreeSet 的元素----------------
public class Student{
   private String name;
   private int score;
   public Student(String name, int score){
       this.name = name;
       this.score = score;
   }
   public String getName() {      return name;    }
   public void setName(String name) {     this.name = name;   }
   public int getScore() {     return score;    }
   public void setScore(int score){ this.score = score;    }
}
//-----------本类作为比较器，指定比较方法-----------------
import java.util.*;
public class CompareScore implements Comparator<Student>{
   public int compare(Student st1, Student st2){
       if (st1.getScore() < st2.getScore())   //需要降序排列，所以这个比较结果是相反的
          return 1;
       if (st1.getScore() > st2.getScore())
          return -1;
       return 0;
   }
   public boolean equals(Object obj){
       return super.equals(obj);
   }
```

```
    }
    //-----------从键盘输入学生姓名和成绩，降序排列后输出-----------------
    import java.util.*;
    import java.io.*;
    public class DemoTreeSet{
      public static void main(String args[]){
        Scanner in = new Scanner(System.in);
        CompareScore comp = new CompareScore();
        //用 comp 指定的比较方法，创建一棵红黑树
        TreeSet<Student> stuTree = new TreeSet<Student>(comp);
        String name;
        Integer score;
        System.out.println("请依次输入学生姓名和成绩，空行表示结束");
        boolean goon = true;
        while(goon){
            System.out.print("请输入姓名：");
            name = in.nextLine();
            if (name.length()>0){
              System.out.print("请输入成绩：");
              score = new Integer(in.nextLine());
              stuTree.add(new Student(name,score)); //插入到树中，它会自动排序
            }
            else
                goon=false;
        }
        in.close();
        System.out.println("学生成绩按降序排列：");
        //用迭代器来遍历这棵树
        Iterator it = stuTree.iterator();
        while(it.hasNext()){
            Student st = (Student)it.next();
            System.out.println("姓名："+st.getName()+"  成绩:"+st.getScore());
        }
      }
    }
```

程序运行情况与例 13-4 类似。

这个程序看上去和优先队列的逻辑差不多，但是红黑树的排序算法要比优先队列的插入排序法快得多，如果数据量大，可以很明显地看出差别。

13.2.7　有序树映射类（TreeMap）使用示例

TreeSet 的一个弱点和 HashSet 相同：无法完成普通的查找。而红黑树的一个重要特点就是查找迅速。为了弥补这一点，Java 又提供了 TreeMap，它也是红黑树的实现，具有 TreeSet 的基本功能，另外还提供了根据关键字查找相应记录的功能。

TreeMap 的原型声明如下：

```
public class TreeMap<K,V>
extends AbstractMap<K,V>
implements SortedMap<K,V>, Cloneable, Serializable
```

它有两个类型参数，K 是关键字的类型，V 是记录的类型。

TreeMap 中常用的方法如表 13-8 所示。

表 13-8　TreeMap 中的常用方法

方　法	说　明
TreeMap()	创建一个空的映射树，以关键字的自然顺序排序
TreeMap(Comparator<? super K> c)	创建一个空的映射树，以给定的 comparator 排序
boolean containsKey(Object key)	如果有元素包含关键字 key，返回 true
boolean containsValue(Object value)	如果有元素等于 value，返回 true
K firstKey()	返回映射树中的第一个（最小的）关键字
V get(Object key)	返回包含关键字 key 的元素
SortedMap<K,V> headMap(K toKey)	返回一个包含所有比 key 小的元素的集合
Set<K> keySet()	返回映射树中所有关键字的集合
K lastKey()	返回最后一个（最大的）关键字
V put(K key, V value)	根据关键字 key 计算 value 的存储位置，并存储到映射树中
V remove(Object key)	将包含 key 的元素从映射树中删除
SortedMap<K,V> subMap(K fromKey, K toKey)	返回关键字范围从 fromKey 到 toKey 之间的所有元素集合，不含 toKey
SortedMap<K,V> tailMap(K fromKey)	返回关键字大于等于 fromKey 的元素集合

其中比 TreeSet 多了一个 V get(Object key)方法，可以根据指定的关键字来查询它对应的记录。一个必须要注意的地方是它的构造方法：

TreeMap(Comparator<? super K> c)

注意它所用的比较器 Comparator 必须是一个泛型，且泛型参数是关键字的子类，也就是说，如果要指定排序的方法，只能是根据关键字来排序，而且查找时也是根据关键字来查找的。

这似乎很符合情理，但在某些情况下却并不实用。比如由姓名和成绩组成的记录，以什么为关键字呢？很容易想到，因为查找的时候输入的是姓名，所以应该以姓名为关键字。问题是，按照姓名来排序，没有太多意义；更多情况下，需要以成绩来排序。但以成绩为关键字排序之后，查找就根本无法使用了。

要解决这个问题，需要将记录存放到一个顺序表中，并按照成绩排序，然后为姓名建立索引，查找的时候再根据姓名这个索引来查。但这么做已经是个小型数据库的功能了。可见无论设计得多么巧妙的数据结构，总有力所不及的时候。

下面的程序中，我们不打算考虑这么复杂的应用，就直接按照姓名来排序。先由用户输入学生的姓名和成绩，建立一个映射树，然后根据用户输入的姓名来查询对应的成绩。

【例 13-7】TreeMap 使用示例。

这里需要用到两个类：Student 和 DemoTreeMap 类，前一个类是例 13-6 中编写好的，这里不再重复，下面只要看 DemoTreeMap 类的编写。

```
import java.util.*;
import java.io.*;
public class DemoTreeMap{
    public static void main(String args[]){
        Scanner in = new Scanner(System.in);
```

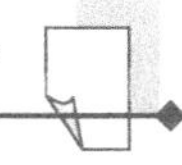

```
        //以姓名为关键字，以学生记录为元素，创建一棵映射树
        TreeMap<String,Student> stuTreeMap = new TreeMap<String,Student>();
        String name;
        Integer score;
        Student st;
        System.out.println("请依次输入学生姓名和成绩，空行表示结束");
        boolean goon = true;
        while(goon){    //循环输入学生姓名和成绩
            System.out.print("请输入姓名：");
            name = in.nextLine();
            if (name.length()>0){
                System.out.print("请输入成绩：");
                score = new Integer(in.nextLine());
                st = new Student(name,score);
                stuTreeMap.put(name, st); //插入到映射树中
            }
            else
                goon=false;
        }
        System.out.println("请输入要查询的学生姓名，空行表示结束");
        goon = true;
        while(goon){    //循环输入学生姓名
            System.out.print("请输入姓名：");
            name = in.nextLine();
            if (name.length()>0){
                st = (Student)stuTreeMap.get(name);
                if(st!=null)
                    System.out.println(st.getName()+"的成绩为："+st.getScore());
                else
                    System.out.println("没有找到与"+name+"相应的记录");
            }
            else
                goon=false;
        }
        in.close();
    }
}
```

程序运行情况与例 13-4 类似。

13.3　常用算法

所谓算法，是指计算机求解问题时特定的步骤。掌握必要的算法是成为一个真正程序员必不可少的基本功。计算机的算法非常多，本书不可能一一介绍，这里只介绍 JDK5.0 封装好的一些常用算法。

13.3.1　Collections 中的简单算法

Collections 类中包含了若干简单而常用的算法，它包括查找集合中最大和最小元素、将元素从一个表中拷贝到另外一个表中，将表的顺序进行反转等。另外一些复杂的算法比如排

序和二分查找将在下面的小节中介绍。

Collections 中常用的简单算法如表 13-9 所示。

表 13-9　Collections 中的简单算法

方　法	说　明
static <T> void　copy(List<? super T> dest, List<? extends T> src)	将 src 中的元素复制到 dest 中
static <T> void　fill(List<? super T> list, T obj)	用 obj 填充表 list，使得其中每个元素的值都相同
static <T extends Object & Comparable<? super T>>T max(Collection<? extends T> coll)	求 coll 中的最大元素，按照元素的自然方法比较
static <T> T　max(Collection<? extends T> coll, Comparator<? super T> comp)	求 coll 中的最大元素，按照 comp 指定的方法比较
static <T extends Object & Comparable<? super T>>T min(Collection<? extends T> coll)	求 coll 中的最小元素，按照元素的自然方法比较
static <T> T　min(Collection<? extends T> coll, Comparator<? super T> comp)	求 coll 中的最小元素，按照 comp 指定的方法比较
static <T> boolean　replaceAll(List<T> list, T oldVal, T newVal)	将表 list 中所有值为 oldVal 的元素用 newVal 代替
static void reverse(List<?> list)	将表中元素全部反转（逆向排列）
static void rotate(List<?> list, int distance)	按照指定方向旋转表中的元素
static void shuffle(List<?> list)	将表中元素重新随机排列（洗牌）

表中所有的方法都是静态的泛型方法，而且参数也多是接口类型，这就保证了这些方法能被前面一节介绍的大多数集合所使用。

【13-8】Collections 中简单算法使用示例。

在本例中，以 ArrayList 为操作对象，先为它随机生成一些数据，然后用 max()和 min()方法求出中间的最大和最小值，再用 reverse()方法将所有元素反转。

```
import java.util.*;
public class DemoAlgorithm{
    public static void main(String args[]){
        ArrayList<Integer> ls =new ArrayList<Integer>();
        Integer elem;
        for (int i=0;i<10;i++)
            ls.add((int)(Math.random()*1000));
        System.out.print("生成的数据是：");
        showList(ls);
        elem = Collections.max(ls);
        System.out.println("最大的元素是："+elem);
        elem = Collections.min(ls);
        System.out.println("最小的元素是："+elem);
        Collections.reverse(ls);
        System.out.print("反转后的数据是：");
        showList(ls);
    }
    public static void showList(ArrayList<Integer> ls){
        for(Integer elem : ls)
            System.out.print(elem + " ");
        System.out.println();
    }
```

```
}
```

虽然 Collections 的泛型方法看上去比较难懂，但使用起来却很简单，示例程序中各个方法的作用一目了然，不需要更多的说明。

13.3.2 排序

所谓排序，是指将集合中的元素按照预先定义好的大小关系进行升序或者降序排列。排序算法是计算机中最常用的算法之一，也是人们研究最多的算法。据不完全统计，已经研究出 100 多种排序算法，常用的也有 10 多种。有些排序算法浅显易懂，比如直接插入排序、简单选择排序、冒泡排序、归并排序等；而另外一些算法则要难以理解得多，比如堆排序、快速排序、希尔排序、基数排序等。这些算法各有各的优势，适用于不同的排序场合，很难说谁更好一些。一般来说，基于比较的排序方法中，快速排序是公认的速度最快的排序算法，它的时间复杂度为 $O(n\log_2 n)$，在 C/C++的标准库中，都实现了该算法，但它不是一种稳定的排序。归并排序的运行效率上要比快速排序慢一个常量倍，但它是稳定的，而且适合顺序表和链表两种场合。

归并算法的基本思路是：设两个有序的子序列放在同一列表中相邻的位置上：R[low..m]，R[m+1..high]。先将它们合并到一个局部的暂存列表 R1 中，待合并完成后将 R1 复制回 R[low..high]中。

合并过程中，设置 i，j 和 k 三个指针，其初值分别指向这三个记录区的起始位置。合并时依次比较 R[i]和 R[j]的关键字，取关键字较小的记录复制到 R1[k]中，然后将被复制记录的指针 i 或 j 加 1，以及指向复制位置的指针 k 加 1。重复这一过程直至两个输入的子序列中有一个已全部复制完毕（不妨称其为空），此时将另一非空的子序列中剩余记录依次复制到 R1 中即可。

现在的问题是如何让这两个子序列分别有序。一般的做法是把这两个长度为 *n*/2 的子序列继续分割成 4 个，每个长度为 *n*/4；然后再次分割成 *n*/8……直到子序列的长度为 1，就已经有序了，然后两两归并起来。

整个步骤以递归的方式进行。如图 13-14 所示演示了归并排序的思路。

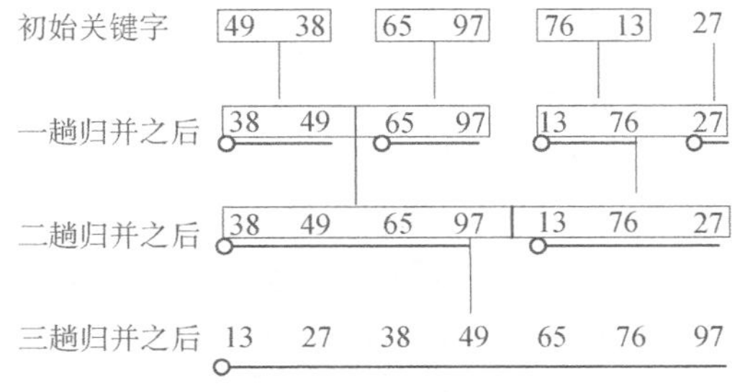

图 13-14 2 路归并示意图

上述归并过程中，是将待排序的序列分成两部分，所以又称为 2 路归并。关于归并排序更详细的讨论，可以参见各种数据结构的书籍。

在 JDK5.0 的 Collections 中，提供了一个排序方法：sort()。它采用的就是归并排序算法。sort 方法有两个重载的版本：

- static <T extends Comparable<? super T>> void sort(List<T> list)：对 list 进行升序排列，以自然方法比较。
- static <T> void　sort(List<T> list, Comparator<? super T> c)：对 list 进行升序排列，用 Comparator 指定的比较方法进行比较。

归并排序算法写起来比较复杂，但封装好之后用起来却很简单，看下面的例子。

【例 13-9】排序使用示例。

```
import java.util.*;
public class DemoSort{
    public static void main(String args[]){
        ArrayList<Integer> ls =new ArrayList<Integer>();
        Integer elem;
        for (int i=0;i<10;i++)
          ls.add((int)(Math.random()*1000));
        System.out.print("生成的数据是：");
        showList(ls);
        Collections.sort(ls); //排序
        System.out.print("排序后的数据是：");
        showList(ls);
    }
    public static void showList(ArrayList<Integer> ls){
         for(Integer elem : ls)
            System.out.print(elem + " ");
        System.out.println();
    }
}
```

13.3.3　二分查找

在集合中查找指定的元素也是计算机中最常见的操作。本章前面的小节中也提到了查找，不过和本节要介绍的查找不同，那些查找是基于特定的数据结构的：哈希表或者有序树，而本节要介绍的查找，叫作二分查找，它是基于有序顺序表的。

二分查找又被称为折半查找，它的时间效率为 $O(\log_2 n)$，这是所有基于比较的查找中速度最快的（哈希表的查找更快，但它不是基于查找的），要比顺序查找快得多。不过由于二分查找之前先要对顺序表排序，而排序是相当耗时的操作。所以这种查找适合于元素排序后经常要查找但很少发生变动的场合。而且二分查找只能用于顺序表，而不能用于链表。如果一定要用于链表，则它的时间效率将大幅度降低，达到 $O(n)$，与顺序查找相当。

设 R[low..high]是当前的查找区间，且已经升序排列，元素中有一个属性 key 用于保存待查找的数据。二分查找的基本思想是：首先确定该区间的中点位置，mid=(low+high)/2。然后将待查的 K 值与 R[mid].key 比较。若相等，则查找成功并返回此位置，否则须确定新的查找区间，继续二分查找，具体方法如下：

（1）若 R[mid].key>K，则由表的有序性可知 R[mid..n].key 均大于 K，因此若表中存在关键字等于 K 的节点，则该节点必定是在位置 mid 左边的子表 R[1..mid-1]中，故新的查找区间是左子表 R[1..mid-1]。

（2）类似地，若 R[mid].key<K，则要查找的 K 必在 mid 的右子表 R[mid+1..n]中，即新的查找区间是右子表 R[mid+1..n]。下一次查找是针对新的查找区间进行的。

因此，从初始的查找区间 R[1..n]开始，每经过一次与当前查找区间的中点位置上的节点关键字的比较，就可确定查找是否成功，不成功则当前的查找区间就缩小一半。这一过程重复直至找到关键字为 K 的节点，或者直至当前的查找区间为空（即查找失败）时为止。

在 Collections 中，已经将二分查找算法封装在方法 binarySearch()中，它有两个重载版本：

- public static <T> int binarySearch(List<? extends Comparable<? super T>> list, T key)：在顺序表 list 中查找关键字等于 key 的记录，以自然方法比较。返回该记录在 list 中的位置。如果不成功，返回−1。
- public static <T> int binarySearch(List<? extends T> list, T key, Comparator<? super T> c)：在顺序表 list 中查找关键字等于 key 的记录，以 Comparator 指定的方法比较。返回该记录在 list 中的位置。如果不成功，返回−1。

下面的例子演示了如何使用二分查找方法。

【例 13-10】二分查找示例。

```
import java.util.*;
public class DemoBinSearch{
  public static void main(String args[]){
    ArrayList<Integer> ls =new ArrayList<Integer>();
    Integer key;
    Scanner in = new Scanner(System.in);
    boolean   goon=true;
    int index;
    for (int i=0;i<10;i++)
      ls.add((int)(Math.random()*1000));
    Collections.sort(ls);
    System.out.print("已排序的数据是：");
    showList(ls);
    System.out.println("请输入你要查找的关键字，小于等于 0 表示结束：");
    while(goon){
       System.out.print("请输入你要查找的关键字：");
       key = in.nextInt();
       if (key>0){
          index = Collections.binarySearch(ls,key);   //调用二分查找
          if(index>=0)
             System.out.println("查找成功，在"+index+"号位置");
          else
             System.out.println("没有找到"+key);
       }
       else
          goon=false;
    }
    in.close();
  }
  public static   void showList(ArrayList<Integer> ls){
    for(Integer elem : ls)
       System.out.print(elem + " ");
    System.out.println();
```

```
    }
}
```

再次强调一下，如果顺序表没有先排序，编译器并不会提示，只是查找的结果是错误的。

13.4 遗留的类和接口

在 JDK5.0 之前，系统也提供了一些集合类和接口，不过它们已经被前面所介绍的集合所取代。当然在以前编制的程序中仍然可以看到这些类和接口，所以本节对它们做一个简单的介绍。

13.4.1 Enumeration接口简介

老的集合使用 Enumeration 接口来遍历各个元素。Enumeratioin 接口拥有两个方法，即 hasMoreElements()和 nextElement()。这些方法的使用与 Iterator 接口中的 hasNext()和 Next()方法完全相同。

新集合没有实现这个接口，所以也不能使用这两个方法。但是在老的集合比如 Vector、HashTable 中就只能使用这个接口。

13.4.2 向量类（Vector）简介

向量 Vector 是一个动态数组，这与 ArrayList 相似。在 ArrayList 出现之前，它是使用最为广泛的顺序表。但它们之间存在两个重要区别：首先，Vector 是线程安全的，它通过同步机制来保证多个线程存储时不会出现错误。这对于多线程程序很重要，但这么做效率就会大大降低。而 ArrayList 没有使用同步机制，适合单线程的存储，效率更高。其次，Vector 不是集合框架的一部分，它包含了许多不是集合框架的遗留方法。随着集合的出现，老版本的 Vector 与现行的集合框架中的数据结构及算法不兼容。

为了保证兼容性，从 JDK5.0 开始，Vector 被重新设计为泛型，并成为了 AbstractList 的子类，实现了 Iterable 接口，已经能够和集合充分兼容，它还可以通过 for-each 循环访问所有元素。JDK5.0 中，Vector 声明的原型如下：

```
public class Vector<E>
extends AbstractList<E>
implements List<E>, RandomAccess, Cloneable, Serializable
```

Vector 中的常用方法如表 13-10 所示。

表 13-10　Vector 中的常用方法

方　法	说　明
Vector()	创建一个空对象，默认容量为 10
Vector(int initialCapacity)	创建一个容量为 initialCapacity 的空对象

续表

方　法	说　明
Vector(int initialCapacity,　int capacityIncrement)	创建一个容量为 initialCapacity 的空对象，如果容量不够，每次增加的容量为 capacityIncrement
boolean add(E o)	插入元素 o 到向量的尾部
void add(int index, E element)	插入元素到指定位置
void addElement(E obj)	增加元素 obj 到向量的尾部，如果容量不够，增加一个存储单元
int capacity()	返回本向量的容量
void clear()	清空本对象
boolean contains(Object elem)	如果向量中包含元素 elem，返回 true
E elementAt(int index)	返回指定位置的元素
E firstElement()	返回向量中的第一个元素
E get(int index)	返回指定位置的元素
int indexOf(Object elem)	查找 elem 在向量中第一次出现的位置，如果没有返回-1
E lastElement()	返回向量中最后一个元素
int lastIndexOf(Object elem)	查找 elem 在向量中最后一次出现的位置，如果没有返回-1
E remove(int index)	删除向量中指定位置的元素
boolean remove(Object o)	删除向量中第一次出现的元素 o，如果没有删除成功，返回 false
E set(int index, E element)	将 index 位置的元素值设为 element
void setSize(int newSize)	重新设置向量的大小
int size()	获取向量中元素的数目
List<E> subList(int fromIndex, int toIndex)	获取从 fromIndex 到 toIndex 位置为止的一个子序列
Object[] toArray()	获取一个包含向量中所有元素的数组

除了这些方法之外，它还继承了 AbstractList 中的所有方法，包括获取迭代器。另外，Vector 还有 3 个成员变量，如表 13-11 所示。

表 13-11　Vector 中的成员变量

成员变量	说　明
protected　int capacityIncrement	指定容量增长的数目。如果这个值小于等于 0，则增加的容量为所需容量的两倍
protected　int elementCount	向量中元素的数目
protected　Object[] elementData	向量中数据的实际存储区域

Vector 的使用和 ArrayList 差不多，下面的例子演示了 Vector 的创建、向 Vector 中添加元素、从 Vector 中删除元素、统计 Vector 中元素的个数和遍历 Vector 中的元素。

【例 13-11】Vector 使用示例。

```
import java.util.*;
public class DemoVector{
```

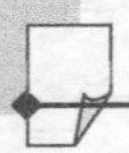


```
    public static void main(String[] args){
        //使用 Vector 的构造方法进行创建
        Vector<String> v = new Vector<String>(4);
        //使用 add 方法直接添加元素
        v.add("Test0");
        v.add("Test1");
        v.add("Test0");
        v.add("Test2");
        v.add("Test2");
        System.out.println("向量中的元素：");
        showVector(v);
        //从 Vector 中删除元素
        v.remove("Test0");   //删除指定内容的元素
        v.remove(0);         //按照索引号删除元素
        //获得 Vector 中现有元素的个数
        System.out.println("现在元素的数目:" + v.size());
        System.out.println("向量中的元素：");
        showVector(v);
    }
    //遍历 Vector 中的元素
    public static void  showVector(Vector<String> v){
        Iterator it = v.iterator();
        while(it.hasNext()){
            System.out.print(it.next()+" ");
        }
        System.out.println();
    }
}
```

程序输出结果如下：

```
向量中的元素：
Test0 Test1 Test0 Test2 Test2
现在元素的数目：3
向量中的元素：
Test0 Test2 Test2
```

向量中前面两个元素都已经被删除。Vector 的方法比 ArrayList 更多，操作也很方便，不过由于效率问题，在单线程的情况下仍然推荐使用 ArrayList，而不是 Vector。

13.4.3 栈（Stack）使用示例

栈是一种特殊的线性表。它是限定仅在表尾进行插入或删除操作的线性表。栈的表尾称为栈顶，表头称为栈底，不含元素的空表称为空栈。栈操作的最重要原则是“后进先出”（LIFO）。就像是堆碟子，后来放上的碟子会被先取走。这一原则也导致栈的操作只在栈顶进行。栈操作的示意图如图 13-15 所示。

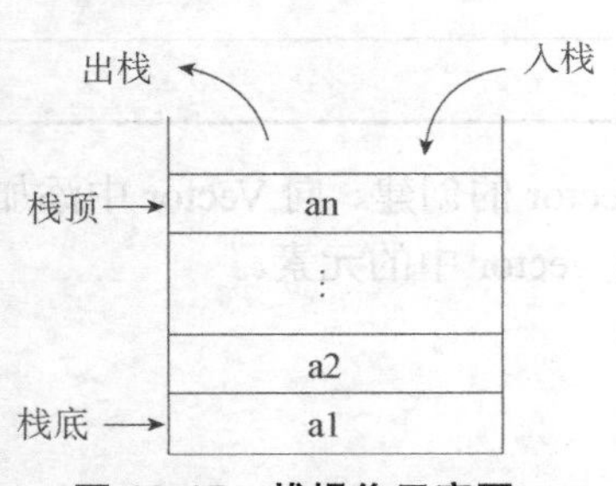

图 13-15 栈操作示意图

栈的使用很广泛，计算机运行程序时，对方法的调用和返回就是通过栈来进行的，如果没有栈，计算机甚至无法正常工作。栈的使用很简单，因为它只有两个主要操作：入栈和出栈，而且这两个操作都在栈顶进行，操作耗时为

常量。

在 JDK5.0 以前的版本中，专门提供了一个 Stack 类来封装栈，它是 Vector 的子类。在 JDK5.0 中，没有提供替代 Stack 的新类，而是将它重写为泛型类。当然，完全可以使用 ArrayList 来实现 Stack。

Stack 的声明原型如下：

```
public class Stack<E> extends Vector<E>
```

它的常用方法如表 13-12 所示：

表 13-12　Stack 的常用方法

方　　法	说　　明
Stack()	创建一个栈
boolean empty()	测试栈是否为空
E peek()	获取栈顶元素，但不删除它
E pop()	弹出栈顶元素
E push(E item)	将元素 item 压入到栈里
int search(Object o)	返回元素 o 在栈里的位置，起始位置为 1

另外，由于 Stack 是从 Vector 继承而来的，所有的 Vector 方法都可以被它使用，包括用迭代器访问栈内的所有元素，所以 Stack 的实际功能远超普通的栈。

下面的例子中，用户从键盘输入一个字符串，然后利用栈将这个字符串逆序输出。

【例 13-12】利用栈将字符串逆序输出。

```
import java.io.*;
import java.util.*;
class ReverseString{
  public static void main(String argv[]){
    FileInputStream fin;
    FileOutputStream fout;
    char ch;
    //创建一个空栈，用于存放字符
    Stack <Character> stack = new Stack<Character>();
    try{
      fin=new FileInputStream(FileDescriptor.in);
      System.out.println("请输入一行字符：");
      while((ch=(char)fin.read())!='\r')
          stack.push(ch);
      fin.close();
      fout=new FileOutputStream(FileDescriptor.out);
      //如果栈内还有元素，则反复输出
      while(!stack.empty())
        fout.write((char)stack.pop()); //弹出栈顶元素
      fout.close();
    }catch(IOException e){
        System.out.println("输入输出流有误!");
    }
  }
}
```

程序的思路很简单，就是每读入一个字符，就将其压入到栈内。所有的字符都压入完毕后，再将字符依次从栈顶弹出。由于后压入的字符会先弹出，所以整个字符串就被逆序输出了。

13.4.4 字典（Dictionary）简介

在 JDK5.0 以前的版本中，设计了一个抽象类“Dictionary”来定义集合的功能，然后再用 HashTable 来继承它真正实现哈希表的功能。在 JDK5.0 中，Dictionary 被重新写成泛型的式样，声明原型如下：

```
public abstract class Dictionary<K,V>extends Object
```

其中，K 是关键字类型，V 是记录类型。它用 get()方法获取关键字所对应的记录，用 put()方法向字典中插入记录，用 remove()方法删除记录等。操作上和 HashMap 很相似。在 API 手册中特别提示不要再使用这个类，所以本书不做详细介绍。

13.4.5 哈希表（Hashtable）简介

Hashtable 是 Dictionary 的具体实现，它封装了哈希表的数据结构及算法，功能上和 HashMap 相同，操作上也差不多。由于 Hashtable 使用了同步机制以确保线程安全，所以它的操作效率要比 HashMap 低。JDK5.0 重写了 Hashtable，将它改写为泛型类，声明如下：

```
public class Hashtable<K,V>
extends Dictionary<K,V>
implements Map<K,V>, Cloneable, Serializable
```

其中，K 是关键字类型，V 是记录类型。

由于它的各种方法和 HashMap 极为相似，所以本书不再详细介绍，有兴趣的读者可以参阅 API 手册。不过，Hashtable 最好只在多线程的情况下使用，否则无法体现它的优势。